海洋公益性行业科研经费专项(200905010)资助出版

象山港电厂温排水温升的监测及影响评估

黄秀清　叶属峰 主编

海洋出版社

2014年·北京

内 容 简 介

本专著是2009年海洋行业公益性科研经费专项“滨海电厂污染损害监测评估及生态补偿技术研究”项目(编号:200905010)和国家海洋局“象山港海域海洋环境质量综合评价方法”[编号:DOMEP(MEA)-03-02]项目的研究成果之一。以象山港电厂温排水温升的监测与影响评估为主线,全书分为9章,分别阐述温排水温升的影响研究进展、对电厂前沿海域的环境与生态影响、数值模拟、监测方法研究与生态影响评估,最后进行了总结与展望。

本书适合从事物理海洋学、海洋生物学、生态学、环境科学专业研究人员、教学人员参考,亦可作为海洋管理、环境影响评价、海洋环境监测部门以及有关涉海企事业单位的科研与管理人员参考借鉴。

图书在版编目(CIP)数据

象山港电厂温排水温升的监测及影响评估/黄秀清,叶属峰主编. —北京:海洋出版社,2014.10

ISBN 978-7-5027-8722-6

Ⅰ.①象… Ⅱ.①黄… ②叶… Ⅲ.①发电厂-排水-水温-监测-评估-宁波市 Ⅳ.①X773

中国版本图书馆CIP数据核字(2013)第261646号

责任编辑:张 荣
责任印制:赵麟苏
海洋出版社 出版发行
http://www.oceanpress.com.cn
北京市海淀区大慧寺路8号 邮编:100081
北京画中画印刷有限公司印刷 新华书店北京发行所经销
2014年10月第1版 2014年10月第1次印刷
开本:787 mm×1092 mm 1/16 印张:19.5
字数:450千字 定价:80.00元
发行部:62132549 邮购部:68038093 总编室:62114335

《象山港电厂温排水温升的监测及影响评估》编写委员会

主　编：黄秀清　叶属峰

副主编：任　敏　纪焕红　蔡燕红　杨　红　堵盘军

编　委：何琴燕　李道季　杨耀芳　陈昞睿　王晓波
徐国锋　魏　超　赵　瀛　韩　旭　魏永杰
戴桂香　秦铭俐　葛春盈　曹　维　龙绍桥
张海波　周巳颖　何东海　丁　骏　叶　然
陈靓瑜　王　丹　林　军

前　言

滨海电厂是海洋工程的重要类型之一，其温排水对邻近海域生态环境的影响是多方面的、长久的、持续的和潜在的。温排水是兼含能量（余热）、物质（余氯、核素）的复合污染方式，具有热量大、水量大的特点，是电厂运行期间最主要的影响。目前，我国温排水对海洋环境及海洋生物产生的热影响引起了有关专家、学者的普遍关注，已成为热（核）电厂工程建设规划和环评中必须考虑的首要问题之一，温排水用海已成为滨海电厂海域使用确权面积的重要指标之一。

国外热污染研究始于20世纪50年代初，美国J R Brett（1952）和E C Black（1953）等发表了鱼类各项温度指标的实验方法。70年代热污染研究从室内实验走向与野外生态监测相结合的综合影响研究阶段，G C Teleki等（1976）合著的《热生态学》，首次综合了热影响研究的成果；苏联A. 阿里莫夫等（1979）总结出版了生态热影响论文集。80年代后，热污染研究向纵深发展，S H Jenkin等（1982）编著的《火电厂冷却水排放：水污染问题》，系统介绍了法国在温排水热污染影响方面的研究成果（金岚等，1993）。

随着我国经济的快速发展，用电量也日益增多，特别是东南沿海的浙江，经济发展速度较快，用电缺口更为突出。为解决用电矛盾，在浙江沿海兴起一批滨海电厂，如秦山核电站、宁海国华电厂、大唐乌沙山电厂、华能玉环电厂、温州电厂，以及即将上马的华润苍南电厂、三门核电站等。滨海电厂的建立有效地缓解了用电紧张的矛盾，但由此造成对海洋环境的影响也日益突出。

我国开展电厂温排水研究工作始于20世纪70年代末。东北师范大学金岚教授主编（1993）的《水域热影响概论》是国内第一部总结内陆（东北及华北）4个半封闭型的湖泊、水库电厂温排水的热影响研究专著。自20世纪90年代中期以来，随着我国滨海火（核）电厂的建设，相继开展了大量的电厂温排水跟踪监测与评价工作，尤其是进入21世纪以来，发表了大量学术论文和为数不多的论文集。90年代末至今，国内开展了大量以象山港为主题的专题研究工作，出版了一系列以象山港为主题的专著，如以养殖生态与养殖容量为核心的《象山港养殖生态和网箱养鱼的养殖容量研究与评价》（宁修仁等，2002），以环境容量及总量控制为核心的《象山港海洋环境容量及污染物总量控制研究》（黄秀清等，2008），以环境保护与生态修复为核心的《象山港环境保护与生态修复技术研究》（尤仲杰等，2011）。然而，国内外以温排水为主题的研究专著却并不多，象山港亦是如此。

象山港位于宁波市东南部，穿山半岛与象山半岛之间，东临太平洋，是一个由东北向西南深入内陆的狭长形半封闭型海湾，岸线总长 280 km，总面积 563 km^2。港域狭长，岸线曲折，自然环境优越，水产资源丰富，生态类型多样，是浙江省重要的水产养殖基地。然而，近年来随着海洋经济的迅猛发展，象山港沿岸人类开发活动急剧上升，涉及种养殖业、化工制造、电镀业、船舶制造修理业、造纸、漂染、火力发电、旅游等产业。自 2005 年，国华电厂投厂运营以来，尤其是大唐乌沙山电厂运营以来，电厂温排水排入象山港的大量热污染，对象山港尤其是电厂邻近海域的海洋生态环境产生了明显影响。

迄今为止，虽然对滨海电厂温排水的温升监测及其生态影响开展了众多研究与评价实践，但对于温排水温升监测、实验研究、对照站位选择及其生态影响（损害）损失评估等方面，不仅研究不够，而且尚未形成成型的业务化方法。因此，在海洋公益专项"滨海电厂污染损害监测评估及生态补偿技术研究"项目和国家海洋局项目"象山港海域海洋环境质量综合评价方法"的专题研究基础上，集成这几个方面的研究成果形成本专著。本专著以温排水温升的监测与影响评估为主线，将全书分为温排水温升的影响研究进展概述（第 1 章）、环境特征及变化趋势（第 3、4 章）、实验研究（第 5 章）、数值模拟（第 6 章）、温升监测方法研究（第 7 章）及生态影响评估（第 8 章）五大部分，最后进行总结与展望（第 9 章）。编著者分别如下：由黄秀清、叶属峰主编；第 1 章由黄秀清、纪焕红、任敏、王丹、陈靓瑜编写，第 2 章由杨耀芳、周巳颖，第 3 章由秦铭俐、王晓波、葛春盈、曹维、魏永杰、张海波、何东海编写，第 4 章由王晓波、徐国锋、任敏编写，第 5 章由杨红、李道季、赵瀛、韩旭、魏永杰编写，第 6 章由堵盘军、陈晒睿、林军、何琴燕、龙绍桥编写，第 7 章由何琴燕、何东海、任敏编写，第 8 章由纪焕红、李道季、韩旭、秦玉涛、叶然，第 9 章由黄秀清、叶属峰、任敏编写。全书由黄秀清、叶属峰统稿。

本专著出版得到了 2009 年海洋公益性行业科研经费专项项目"滨海电厂污染损害监测评估及生态补偿技术研究"（编号：200905010）和国家海洋局"象山港海域海洋环境质量综合评价方法"[编号：DOMEP（MEA）－03－02]项目的资助。同时，在专题研究与成书过程中，得到了国家海洋局东海分局原局长张惠荣教授、国家海洋环境预报中心原主任余宙文研究员、厦门大学杨圣云教授和国家海洋局东海环境监测中心主任徐韧教授等领导与专家的大力支持与指导。在此，表示由衷的谢意！

由于本专著研究时间及编写时间短促，著者水平有限，书中难免有错误存在，敬请各位领导与专家批评指正。

编者

2014 年 2 月

目 次

1 概 述

1.1 滨海电厂温排水对海洋生态环境的影响

1.1.1 温升对海洋生态环境的影响

1.1.1.1 温升对海水水质的影响

一般来说,滨海电厂温排水排放的水体温度比受纳水体环境高6~11℃。大量的温排水(含热废水)排入海洋,首先使水体温度升高,其次因水温升高引起水的多种理化性质的变化,其中最受关注的是水中溶解氧的变化。徐镜波(1990)对大伙房水库的水温和溶解氧关系进行了研究,分析认为:除湖底层外,水库表层溶解氧含量与水温呈负相关,增温水体每升高6~10℃,表层DO含量要减少1.0~3.0 mg/L;水温低于40℃时,DO含量仍大于4.0 mg/L;但电厂取排水口多次测定结果表明,溶解氧含量无显著增减;电厂热排水的扩散作用,改变了水体温度——溶解氧的季节分布状况,使热成层、溶氧成层提早并延长。盛连喜等(2000)在电厂热排水对三个水库水体溶解氧含量影响研究结果与徐镜波(1990)基本一致,并同时指出,在由水温升高造成水体分层的水库中,深层溶解氧含量相当低。胡国强(1989)研究得到水温升高还会加速底泥中有机物的生物降解,分解速度加快,耗氧量增加,更加重了水体的缺氧。

温排水使水域温度升高,造成溶解氧的溶解度降低,将会对生物产生不利的影响,特别在夏季,高温对生物的胁迫作用会被温排水的升温所强化,而且溶解氧浓度的减小会造成生物的缺氧,甚至窒息。这种影响会在夏季升温较高的局部海域发生。

温排水还能引起营养盐、pH、水体的总硬度等因子的变化。水体中硝酸盐、磷酸盐、硅酸盐是水生生物生长和繁殖重要的营养因素,温排水造成水体的增温会使氨氮总量、总磷含量逐渐增加,增温区的硅酸盐含量较自然水温区高(金岚,1993),这些营养盐类的增加对水体富营养化的发生起到促进作用。从全年平均状况来看,温排水会使水体的pH值增大,非离子氨的含量也会随着水温和pH值的升高而增高(徐镜波,1994)。

盛连喜等(2000)报道,非离子态氨(NH_3)对水生生物有害,其含量随着水温的升高而升高,相关方程为:

$$A = 0.042e^{0.417T}, r = 0.98$$

式中,A为非离子态氨浓度(mg/L),T为水温(℃),r为相关系数。

热排水还能明显增加水体中某些离子的含量。另据报道,水温增高会使一些毒物的毒性增高，如水温由8℃升高到18℃时，氰化钾对鱼类的毒性将增加1倍。水温增至30℃时，铜、锌、镉三种金属离子对浮游动物和底栖动物的毒性增加2～4倍。Friedlander等(1996)的研究结果也说明，热污染可引起水中有毒物质的毒性增大，腐殖质增多，水体恶化等环境效应。

Carl W Chen等(2000)报道，热排放还有可能使水色变浊，透明度降低，氨氮含量增高，水质矿化度增高，总磷、总氮含量偏高。许炼烽(1990)研究认为，电厂大量温排水的排放，水域中水生物的增殖使水中溶解氧减少和水体自净能力下降，促进底泥中磷素的释放，使水中氮磷比例更趋于适合富营养化特征藻类的增殖需要，在某种程度上加速了富营养化的发生。

温排水排入海洋水体后，局部水域温度升高，水体密度降低，温差所产生的浮力效应，温排水趋于海水上层运移，随潮流的运动呈现涨落分布。温排水在一定程度上改变了邻近海域的流场，但与大环境的流场相比，这种影响是局部的，且是非常有限的。

1.1.1.2 温升对海洋生物的影响

水温对海洋生态系统和各类海洋生物活动起着极为重要的作用，它对生物个体的生长发育、新陈代谢、生殖细胞的成熟及生物生命周期都有显著的影响。在自然条件下，海洋水温的变化幅度要比陆地环境和淡水环境小得多，因此海洋生物对温度的忍受程度也较差，热污染对它们的影响更大，且即使温度的变化很小，但作用时间长期持续，对海洋环境的影响也是不可忽视的。

浮游植物处于整个食物链的底端，极易受到温度的影响，其结构变化必然会影响整个生态系统。Blake N J(1976)认为佛罗里达州坦帕湾海区在温升3℃时，蓝绿藻成为海水中浮游植物的优势种。Aderson A等(1994)研究认为，从0℃升温到10℃后，波罗的海南部海域的浮游植物群落由典型的春季种群(硅藻和甲藻为优势种)向夏季种群(自养兼异养的鞭毛虫为优势种)演替。Chen Y L(1992)指出，温排水作用的季节性明显，尤其在夏季其热效应的影响较大，会使某些藻类暂时消失，使海区浮游植物基本的种类组成发生改变。刘胜等(2006)研究发现：大亚湾核电站运行后浮游植物种类较丰富，甲藻与暖水性种类的数量有增多的趋势，网采型浮游植物数量明显减少。曾江宁(2008)在象山港电厂温排水对海洋生态影响的试验说明，随着水温的升高，浮游植物群落的优势种逐渐变为耐热性较强的物种。但亦有相关研究表明，温排水对浮游植物的种类和数量有一定的促进作用，如金腊华等(2003)报道，当水体适度增温时($\Delta T<3$℃)，群落中的种类数增加，其中浮游植物的种类数平均增加50%；彭云辉等(2001)研究发现，大亚湾核电站运转后受纳水体中浮游植物量高出运转前一个数量级。

温升对浮游动物的分布和生活习性因增温的幅度不同，对其产生的影响不同。海洋桡足类是海洋生态系统中次级生产力的主要承担者，占净浮游动物生物量的60%～80%，在生态系统的物质循环与能量流动中起着重要作用。有研究表明，夏季海水温度普遍较高，轻微的海水温升即可能对桡足类生物的生存造成较大影响，如Hoffineyer(2001)等发现，在阿根廷Bahia Blanca河口区，盛夏季节温排水对汤氏纺锤水蚤(*Acartia tonsa*)造成的死亡率最高，冬季最低。金琼贝等(1991)通过室内模拟试验对辽宁电厂邻近海域进行了研究，发现当水温超过30℃时，桡足类种群生物量随着温度的升高而显著降低。印度滨海电厂的调查也表明，桡足类的生物密度显著降低，电厂关闭后，邻近水体恢复到自然水温，桡足类的种群数量也得到恢复(Suresh K et al. ,1996)。

水温升至30℃以上,在强增温水域($\Delta T>3$℃)时,则大多数浮游动物停止繁殖,甚至死亡或种类灭绝;在中增温水域,浮游动物的产量可能增高也可能降低;在弱增温水域(即$\Delta T<3$℃)中,多数情况下不会对其种群有不利影响,浮游动物的种类、数量和生物量都有所增加,在冬季尤为明显(邹仁林,1996)。金腊华等(2003)研究认为,在水体强增温时($\Delta T>3$℃),水生生物群落中种类开始减少,特别是在夏季自然水温较高时在强增温区内,亦即水温超过35℃时,浮游动物的种类和数量都会减少,群落的多样性降低,有些种类的个体数量明显减少,而个别耐热种类数量开始增多,并成为优势种。而当水体适度增温时($\Delta T<3$℃),浮游动物的种类平均增加76%。Roemmich D(1995)研究认为,1951年以来,南加利福尼亚海域大型浮游动物生物量降低了50%,造成这种现象的直接原因便是海水温度的升高。

底栖动物相对迁移能力弱,在自然高水温情况下若再提高水温,动物有可能生长受到抑制或导致死亡,在受到热排放冲击的情况下很难回避,容易受到不利的影响,主要反映在强增温区($\Delta T>6$℃)底栖动物的消失。胡德良等(2001)研究指出,湘潭电厂温排水对底栖生物的不利影响主要是高增温区($\Delta T>6$℃)会减少底栖动物栖息地;在7—9月高温季节增温会使底栖动物丰度和生物多样性指数下降;而有利影响则是,在自然水温在26 ℃以下的季节里,中、低增温区($\Delta T<4$℃)底栖动物种类和数量比自然水体要丰富,多样性指数值相应增高。许炼烽等(1991)通过室内控温实验研究认为,温升不利于近江牡蛎的生长,其生长量随着温度升高而降低,当水温大于30℃时,牡蛎的性腺成熟减慢和孵化率明显降低,畸形率升高,从而影响到牡蛎的繁殖。钱树本和陈怀清等(1993)研究发现温排水改变了底栖海藻的群落结构,大量种群消失,刺松藻等个别海藻的生物量却提高了。王友昭(2004)研究发现,大亚湾,特别是西部水域(核电站附近) 底栖生物种类明显减少,尤其是夏季。珊瑚的文石构成的骨骼生长会受外界环境因子,如温度、光线等的影响。有研究表明,核电站温排水会造成珊瑚白化或者褪色现象,甚至会导致珊瑚停止生长(陈镇东等,2000)。

1.1.1.3 温升对渔业资源的影响

水温是鱼类生命活动中最重要的环境因子,因此温排水对鱼类的影响是不容忽视的。温度急变对某些鱼类的繁殖、胚胎发育、鱼苗的成活等均有不同程度的影响。热排放进入受纳水体后,会改变鱼类等水生生物在水体中的正常分布,引起群落结构的变化,甚至会引起鱼类异常发育事件的发生,对某些有洄游习惯的鱼类造成严重影响。

Sandstroem等(1997)研究发现,核电站的温排水使鲈鱼生长能力降低,在个体很小的时候就成熟,产卵时间提早,产卵期延长,尽管受精率提高了,但很少有受精卵能正常发育至孵化。林昭进等(2000)研究发现,温排水对整个大鹏澳水域鱼卵和仔鱼的总数量及其季节变化均无明显影响,对鱼卵死亡率的影响也不显著,但鱼类的种群结构发生了一定的改变,如小沙丁鱼(*Sadinella* spp.)鱼卵和仔鱼数量明显增多,斑鰶(*Clupanodon punctatus*)和鲷科(Sparidae) 鱼类的鱼卵和仔鱼数量显著减少。研究还发现,热排放对邻近水域鱼类的产卵活动影响较为明显,而对仔鱼的生存及分布影响不大。鱼类一般避开温升1.0℃以上水域而趋于在进水口水域以及温排水的边缘区域(温升0.5~1.0℃)产卵。

热排放进入受纳水体后,会改变鱼类等水生生物在水体中的正常分布,引起群落结构的变化。不同增温区对鱼类的影响也不同，通常增温幅度大于3℃对某些鱼类的危害比较明显，例如大亚湾核电站运行后邻近水域中银汉鱼科的仔鱼消失，河鲈的数量迅速减少，有些种群变化会表现出滞后效应；增温幅度小于3℃对鱼类则表现出有利的影响，一定范围内种群数量随水温升高而增加，并且鱼类的迁入增多、迁出减少，其个体数量也增加（蔡泽平，1999；姜礼燔，2000）。金琼贝等（1989）研究表明，强增温区水域抑制了饵料生物的生长而导致鳙鱼生物量低于弱增温水体和自然水体。

1.1.1.4　温升导致赤潮等灾害的发生

众所周知，象山港是浙江省的一个赤潮高发区。一般首次赤潮多出现在春季的5月，此时水温通常为17～22℃，然而在宁海国华电厂投产后的第一年冬季（2006年1月），象山港顶部（象山港峡山网箱养殖区以西海域，面积17 km^2，赤潮生物为具槽直链藻，2006年宁波市海洋环境公报）连续数日出现赤潮现象。初步分析该次赤潮产生原因可能是：电厂温排水导致港顶局部水温升高、港顶水动力交换条件较差、水产养殖业残饵为浮游植物生长提供了足够的氮、磷等营养物质。

滨海电厂冷却水废热对水环境的影响较大时，会发生严重的热污染，造成渔业资源的直接损失。1978年夏季，望亭发电厂的温排水直接排入望虞河使水温高达40 ℃以上。造成渔业损失73 t，三水作物损失118×10^4 t，蚌珠损失414万只。装机容量大的电站，有时还会引起大范围水域内生物的消失。例如，美国佛罗里达州的比斯坎湾，一座核电站排放的温排水使附近水域水温增加了8℃，造成1.5 km^2海域内生物消失（贺益英，2004）。

另外，由于滨海电厂温排水的排放对电厂附近海域的生态环境造成了影响，从而引起渔业资源间接损失。自象山港宁海国华电厂投产以来发生了多起牡蛎渔业事故。如2006年的奉化市莼湖镇狮子口水域牡蛎养殖区渔业事故，牡蛎平均亩产值由7 000元下降至2 000元左右，牡蛎个体单个重量不及投产前同期的1/4水平，且出现大批死亡现象。2008年6月，宁海县峡山镇牡蛎养殖区的渔业事故，牡蛎出现大量死亡，死亡率在20%～90%之间，且成活个体与往年相比偏小，肉质偏瘦，尤其是距宁波国华电厂排水口较近的片区和低潮时电厂温排水流经过较多的区域牡蛎死亡更加严重（何东海，2009）。

1.1.2　余氯对海洋生态环境的影响

滨海电厂、海水淡化等企业通常采用海水作为冷却水。作为一种价格低廉、使用简便且非常有效的生物杀灭剂，氯气被广泛用于防止海水冷却系统的海洋生物附着。余氯进入受纳水体后，其存在的化学形态比较复杂。在海洋或者河口水域，Br^-能够迅速与ClO^-反应，产生HBrO或者BrO^-，甚至溴胺。这些不同形态的活性氯或者活性溴，统称氯导氧化物（chlorine－produced oxidants，CPO）。这些氯导氧化物不稳定易于有机物质发生反应生成有机卤代烃（OX），其中三卤甲烷（尤其是溴仿）是重要副产物。

浮游植物是海洋生态系统的基础生产者，而大量的研究结果表明，进行氯化的冷却水，其排放口邻近海域浮游植物光合作用和呼吸作用受到抑制，初级生产力下降。Eppley等（1976）实验研究余氯对海洋浮游植物初级生产力的影响，发现当初始余氯浓度为0.1 mg/L，经2～4 h后浮游植物的光合作用速度下降了50%；而0.01 mg/L的初始余氯作用浓度经24 h

后也使浮游植物的光合作用速度下降了50%。Langford 等(1988)研究表明,0.2 mg/L 的氯可以直接杀死冷却水中60%～80%的藻类。Shafiq Ahamed 等(1993)发现印度东部海岸某一电厂排水口的初级生产力显著低于进水口,当余氯浓度为0.05～0.20 mg/L 时,排水口的初级生产力降低30%～70%;当余氯浓度为1.10～1.50 mg/L 时,初级生产力降低80%～83%;而冷却系统不加入余氯时,仅降低16%～17%。电厂温排水中的余氯对邻近水域中的游浮植物的影响(以0.01 mg/L 为阈限)可达数千米范围,Eppley 等(1976) 曾估算 San Qnofre 电厂温排水对邻近水域初级生产力的影响,发现损失的有机碳达到15～30 kg/d。

浮游植物具较强恢复潜能,但活性氯可能导致浮游植物群落的优势种发生更替。Sarvanane 等(1998)在滨海电厂排水口有效氯浓度控制在0.2～0.5 mg/L 时,将取水口、冷却管内、排水口的3份水样进行室内培养,硅藻的初始浓度分别为413 ind/mL、352 ind/mL 和381 ind/mL, 达到同一细胞密度(6.7×10^4～8.3×10^4 ind/mL)分别需要3 d、6 d 和8 d,说明余氯对浮游植物的损伤能得到较快恢复。但恢复后的浮游植物种类组成发生变化,电厂取水口、冷却管内、排水口水样的藻类培养试验表明透明海链藻(*Thalassiosira*)在培养初期所占比例与其他浮游植物接近,但在冷却管内和排水口水样的培养后期却成为优势种,优势度达到100%。此外,不同水质条件下,氯对浮游植物的影响程度不一。当海水中总颗粒物和溶解有机碳占比例较高时,大量活性氯被消耗,同样浓度的氯对浮游植物的影响较小。

浮游动物虽是水生生态系统的重要组成部分,但目前对浮游动物受氯的影响研究报道较少。浮游动物对氯较敏感,较低浓度的氯即可对浮游动物产生明显的影响。例如,桡足类(*Acartia tonsa*) 的48 h LC50 余氯浓度为0.029 mg/L。浮游动物对余氯的敏感程度与水温密切相关,温度高时,敏感性提高,即余氯对水生动物的毒害作用增强。Capuzzo 等(1976)用美洲龙虾蚤状幼体进行研究,也发现在相同浓度下,30℃条件时的死亡率明显高于20℃条件下。Cairns(1990)等认为温度的升高将使生物的代谢加强,从而增加了对氧的需求,而余氯抑制了氧的供应,结果使生物因缺氧窒息而死。浮游动物受氯连续暴露影响的浓度低于间歇暴露的浓度。

余氯可造成贝类滤食率、足活动频率、外壳开闭频率、耗氧量、足丝分泌量、排粪量等亚致死参数的降低,从而使贝类失去附着能力。当余氯浓度低于1 mg/L 时,贝类仍可以打开外壳进行摄食,但摄食速率降低;浓度更高时,贝类便被迫关闭外壳,依靠体内积蓄的能量和缺氧呼吸作用生存,直至能量完全消耗或代谢废物达到毒害水平。

排放口海域余氯对海洋环境及海洋生物的确存在一定影响,但冷却水中的余氯通过排放系统排入海洋环境中,在pH 大于7时主要产物为氯胺,而且余氯衰减速度较快。刘兰芬等(2004)进行余氯衰减实验表明,排水口余氯由0.25 mg/L 经过20 h 后衰减至0.01 mg/L,远比在自来水中的衰减速度快。余氯浓度大于0.05 mg/L,时才会破坏海洋的初级生产力,在考虑温排水热污染影响的前提下,余氯对附近海域的影响是有限的。

1.1.3 机械卷载对海洋生物的影响

除了温升、余氯的影响之外,温排水水体中还可能发生对海洋生物资源的机械损伤。因冷却用吸入大量海水,经挡网、水泵、冷凝器后,水中挟带的鱼卵、鱼苗、幼鱼和浮游生物可能受到伤害,引起死亡。

浮游植物是个体小、寿命短、世代更替快、死亡率高,但繁殖力强的一类生物,生态学将其称为 r 类有机体(r - organis)。正是由于藻类具有这样的生殖特点,国外的许多研究都认为,电厂对其造成损伤可因其高繁殖速率而得到补偿,即卷载效应对藻类损伤所产生的危害程度取决于藻类本身的恢复速率。沈楠(2007)关于长山热电厂取排水研究结果显示,浮游植物的损伤率在 18.8% ~26.6%。

卷载效应对浮游动物数量损伤率较浮游藻类高,据沈楠(2007)关于长山热电厂取排水浮游动物的卷载损伤率达 67.6% ~75.5%,其损伤率远大于浮游植物,这与生物自身形态结构有关,浮游动物尤其是枝角类体积较大,受卷载效应的损伤较大。盛连喜等(1994)研究了青岛电厂对浮游藻类的机械损伤率为 11.98% ~27.08%。浮游动物的数量损伤率为 31% ~90%,受损伤最重的类群是桡足类和无节幼虫;并研究了青岛电厂冷却水系统对梭幼鱼和对虾仔虾的卷载率,在一定流速和一定孔径的前提下,对虾仔虾致死率范围为 28.3% ~66.9%,梭幼鱼的致死率范围为 63.4% ~78.8%。Lacroix 对法国海岸 Grave. 1ines 核电站进行了长期观察和研究,发现被携带进入冷却水系统的鱼卵、仔鱼大部分的死因是机械作用造成的,约占总死亡率的 75% ~90%(李沫等,2001)。

1.1.4 核素对海洋生态环境的影响

除温升、余氯和机械卷载外,对核电站而言,还存在放射性核素对海洋生态环境污染的问题。放射性元素^{137}Cs、^{3}H 和^{58}Co 是核电站运行需要重点监测的潜在污染因子。^{137}Cs 由于其半衰期比较长(30.17 a),更有可能通过食物链转移进入人体,也由于^{137}Cs 测量方法比较成熟,在核设施环境监测中最受重视。刘广山等(1998)用 r 光谱法测定了大亚湾核电站运行前后大亚湾海洋生物、海水和沉积物中^{137}Cs 的含量,结果表明,核电站运行一年后海洋生物、海水和沉积物中的^{137}Cs 含量没有明显变化。

Osterberg 等对核电站排出的放射性核素进行追踪调查发现,在核电站投产后约有 5.18×10^{14} Bq 的^{65}Zn 进入太平洋,但这些同位素的浓缩富集量比推荐的测量过程控制(MPC)标准量还低,因此对周围海洋生物是不会有害的(李沫,2001)。程舸(1996)采用邻苯三酚自氧化法,测定了大亚湾核电站Ⅰ、Ⅱ号机组运转前与后第 1 年、第 2 年附近地区动物体肝组织及红细胞中超氧物歧化酶活性变化,结果发现鱼类细鳞红细胞与肝组织中超氧化物歧化酶(SOD)活性较运转前明显升高,血红蛋白略有下降,肝组织蛋白无明显变化。

从现有资料来看,在目前的核电站技术水平条件下,核电站的运行过程中,仅有极少量的放射性物质进入周围的水体环境,经过海洋的稀释和转移,在水平中的含量均低于天然本底水平,并不会对海洋生物造成明显的伤害。

1.2 滨海电厂温排水监测及生态影响评估技术研究进展

1984 年联合国海洋污染专家组(GESAMP)撰写的《*Thermal discharges in the marine environment*》报告(Riou, 1989),总结了世界各国科学家近几十年在温排水领域研究成果,温排水以及其引起的水质、生态环境影响的研究已成为世界各国海洋环境学家密切关注的重要课题。

1.2.1 温排水监测及模拟技术

电厂温排水对水生生态的影响一直是海洋和环保领域的重要问题。国内外所开展的温排水温升扩散范围的确定,所采用的方法基本归纳为现场监测、遥感观测及数学模拟三类。以美国、加拿大为代表的发达国家对此问题关注较早,20 世纪 50 年代开始陆续开展了一系列水环境热影响的现场调查工作,并进行了水质及生物分析。

1.2.1.1 现场监测

国外学者在电厂温排水对邻近海域环境的影响方面,所做调查和研究工作尚多。美国、日本、苏联等国家从在 20 世纪 50 年代陆起续开展了有关研究温排水的环境影响研究。苏联 A. 阿里莫夫等出版了生态热影响论文集,总结了苏联在这领域的研究成果(金岚,1993)。日本水产资源保护协会谷井法(许学龙,1982)根据他对温排水的多次实测调查,认为温排水的扩散范围大致上可以按照下列公式进行计算:单位时间内的排水量(m^3/s)×20,其最终结果以米为单位。美国 Shoener Brian Olmstead Kevin (2003)采用 CORMIX (Cornell Mixing Zone Expert System)方法模拟温水对河流造成的影响,确定河流中温排水温度降到水质标准要求时的点,从而计算出温排水羽状分布的大小。

国内,也有许多学者进行了大量的研究。金腊华等(2003)通过现场调查和实测资料,分析了湛江电厂排水口及邻近海域的温升分布,并分析了温升对浮游生物和鱼类的影响。刘胜等(2006)根据大亚湾核电站运行前后的环境与浮游植物相关资料,对其环境变迁与生物进行了相应分析,核电站运行后大鹏澳区域平均水温上升约 0.4℃。徐晓群等(2008)为了评估滨浙江嘉兴电厂对浮游动物的影响程度,调查了浮游动物分布现状,并进行了浮游动物 24 h 半致死温度的耐热性实验。何琴燕(2013)为了解象山港国华电厂和乌沙山电厂的温升分布情况,2010 年 7 月在象山港海域采用了 CTD 走航测温和定点颠倒温度计测温相结合的方式进行了水温观测。温升计算方法采用走航测值减去对照点,并利用建厂前本地调查资料做了温升修正。

1.2.1.2 遥感观测

遥感是一种估算海表水温(SST)的有效手段。目前,国内外遥感 SST 地表温度反演主要利用热红外,包括中红外(MIR,3 – 6 μm)和远红外(6 – 15 μm)数据,以及被动微波遥感数据(1 mm ~ 1 m)。

AVHRR 及 MODIS 热红外数据虽已被广泛应用到全球 SST 的反演中,但 AVHRR 及 MODIS 等热红外波段数据空间分辨率均为 1.1 km,在近海岸及陆地水环境中的运用显得过于粗糙,使得它们在地形复杂的近海 SST 反演的应用受到限制。DanLing Tang 等(2003)曾应用 AVHRR 数据对大亚湾核电站的温排水的季节变化特征进行了监测,但其空间分辨效果不太令人满意。而 TM 的热红外波段则具有较高的空间分辨率(120 m),在陆地及近海环境监测中有较高的应用价值。覃志豪等(2003)根据地表热辐射传导方程,针对 TM6 数据提出了单窗算法。刑前国(2007)等曾应用 TM 数据进行过 SST 的反演。吴传庆等(2006)利用多个时相的 TM 数据热红外波段影像,对大亚湾核电站温排水水域进行了水温的反演,有效地对核电站温排水强度、扩散范围和环境影响进行了评价。

目前,航测遥感技术已被应用到大亚湾、秦山等核电站周围海域的温排水调查中。如张文全等(2004)利用遥感资料对大亚湾核电站和岭澳核电站循环冷却水排放的热影响进行了分析。卫星遥感测量的优点是可以经济、快速地获取大区域温度场的特征数据,但由于空间分辨率所限,不能用于小面积的温度场变化测量,也不能对海岸造成其附近海域温度场的影响进行有效的测量。航空遥感技术的优点是可以获得温排水区域的高精度温度数据,最小调查区域面积可以小于10 m^2。同时,还可以有效地测量海岸造成其附近海域温度场的影响。但该方法需要进行多个时间段的测量,而且费用很高,结合潮汐的飞行操作难度大,具有一定的风险性。因此,卫星遥感测量可用于核电站运行前的大范围海域温度资料调查,而航空遥感技术则可以进行小面积测量区域的典型季节、典型潮汐状况的水温调查,提供全面、高精度、典型潮汐时刻的温度场特征数据。

1.2.1.3 数学模拟预测

国内外学者利用数学模拟方法对滨海电厂温排水温升的分布及特征进行了大量的研究。然而,想要准确地模拟温排水扩散的温升,必须要对潮流场进行正确的模拟。有作者用物模的方法(华祖林,1996;江洧,2001)对这一问题进行处理,虽然物模是一种比较有效的方法,但是具体实施的造价太高。有的学者采用二维的流场模式和迁移扩散模式(丁德文,1995;吴碧君,1996)。

随着理论和实践的发展和高速大容量计算机的出现,自20世纪70年代以来,三维海洋流体动力学的数值计算得到了广泛的推广。黄平(1996)采用三维数值模拟,建立了汕头港水域温排水扩散的三维数学模型,并利用特征差分方法求其解。韩康等(1998)针对数值求解浅水方程中的难点问题,运用嵌套方法模拟计算了三亚电厂附近海域潮流场,运用建立在对流扩散理论基础上的输运扩散模型模拟了被动扩散过程,给出了几个方案下的温升场特征值。徐啸等(1998)运用平面二维数学模型,计算和分析了福建漳州后石电厂在不同装机容量、各种工况和潮型条件下受纳水体温度场的时空变化。陈华等(2002)利用二维ADI数值方法对后石电厂海区做了流场和温度场的模拟。杨海燕(2005)设计了受潮汐影响的冷却水影响物理模型实验,得出福建省宁德电厂一、二期取排水工程温排水影响的表层温度分布场和取水口取水温升。郝瑞霞等(2004)采用浮力修正的k－e湍流模型,三维离散型边界拟合坐标变换下的控制体积法,进行滨海电厂冷却水工程的潮汐水流和热传输的三维数值模拟研究。以泉州湾水域某核电厂冷却水工程为例,对表排深取的工程布置方案进行了数值计算。汪一航等(2006)基于POM模式,应用了考虑四个主要分潮的三维数值模式,对电厂附近海域进行了潮汐潮流三维数值模拟。曹颖(2007)建立了基于FVCOM模式的温排水三维数值模拟,并在象山港乌沙山电厂进行了水平和垂向温度场分布。周巧菊(2008)利用普林斯顿海洋模式(POM),结合温度输运扩散模型,对大亚湾核电站和岭澳核电站一期工程合排后夏季两核电站温排水的稀释扩散过程进行了数值计算,得到了涨憩、涨急、落憩、落急四个典型时刻温升场的特征值及温升场的变化特征。刘海成(2009)应用局部加密的非结构化网格(Mike21－FM模块)建立了平面二维潮流温排水数学模型,计算分析了亚齐电厂温排水扩散范围及电厂取水口温度的变化。此外,还有很多作者也做过温排水扩散方面的相关工作。

在二维和三维数值模拟计算中,张学庆(2003)在研究中提出:"Leendertse(1977)的工作具有开创性,他在垂直方向采用固定分层法,即将水域分为固定的多层,在每层中沿水深积分使之成为二维问题。"而美国普林斯顿大学三维海洋模式(POM)及河口海岸海洋模式(ECOMSI)因国际海洋界的认可而得到广泛应用。苗庆生等(2010)利用近海潮流模式(ECOMSED)建立了象山港潮流三维数值模型,对研究海域的潮流和水温扩散进行了模拟。

水动力—生态耦合模型也在评估电厂温排水对受纳水体生态系统变化中得到了运用,如鲁光四(2001a,2001b)在进行电厂温排水对陡河水库富营养化影响的研究中,运用生态动力学模型证实了温排水造成的温升会加剧受纳水体富营养化的进程。

1.2.2 温排水生态影响评估技术

1.2.2.1 温升标准

美国环境保护局(EPA)在1976年公布的标准中规定:在海水中,由于人为原因导致的海水最大可接受的标准是每周温度提高范围为1.0℃,全年四季都一样;关于夏季排放区的温度上限,白天美国沿岸海域的最大平均温度值为27.8~29.4℃,短时间内温度的最大范围值为30.6~32.2℃。美国学者Brett. J. R(1952)认为,在任何时候任何地方,水体的温度都不能达到34℃,这是水生生物的最高温度极限。该标准认为,美国电厂冷却水温升为5~15℃,已经大大超出了可接受的温升范围,温排水在排放前必须进行冷却处理。20世纪60年代前后,欧美各国通过大量的实验和调查,相继指定了温升评价标准。例如,英国《防止河道污染法》中规定:温排水温度不能超过26~28℃,温升不能超过5℃;法国《环境法》中规定河流温度不能超过30℃;苏联《卫生立法纲要》中规定,夏季温排水引起受纳水体温度不得超过3℃,冬季不得超过5℃。

在国内,我国科研人员一般采用多项指标或综合指标来评价,常采用的温度指标有:起始致死温度、最高致死温度、临界热最大值、最适温度、最高周平均温度等。在《景观娱乐用水水质标准》(GB 12941—91)中规定A类和B类用水的水温不高于近10年当月评价水温2℃,C类水不高于近10年当月平均水温4℃。我国《中华人民共和国海洋环境保护法》第36条规定:向海域排放含热废水,必须采取有效措施,保证邻近渔业水域的水温符合国家海洋环境质量标准,避免热污染对水产资源的危害。《海水水质标准 GB 3097—1997》按照海域的不同使用功能和保护目标,将海水水质分为四类,同时规定在第一、第二类地区人为造成的海水温升夏季不超过当时当地1℃,其他季节不超过2℃,在第三、第四类地区人为造成的海水温升不超过当时当地4℃。

1.2.2.2 生态影响评估技术

我国近些年开展了电厂温排水对环境生物影响的研究和评估试探,如张维翥(1996)研究了核电站温排水对大亚湾鲷科(Sparidae)鱼卵、仔鱼分布的影响。林昭进等(2000)曾经就大亚湾核电站温排水对邻近水域鱼卵仔鱼的影响做了研究分析。陈全震等(2004)对鱼类热忍耐温度进行了研究。盛连喜等(1994)论述了青岛电厂卷载效应对浮游生物损伤率的时空变化及受损后的恢复速度。徐兆礼等(2007)机械卷载和余氯对渔业资源损失进行了试探性的评估。

许多学者对溢油、海洋工程、围填海、海洋化学品泄漏等的生态损害评估技术进行了大量的研究工作。杨建强等(2011)研究了海洋溢油生态损害快速预评估模式,将该模式应用于“塔斯曼海”轮溢油案件进行验证,结果较为符合实际,而且缩短了评估时间,具有一定的实际应用价值。彭本荣等(2005)建立了一系列生态-经济模型,用于评估填海造地生态损害的价值以及被填海域作为生产要素的价值。张继伟等(2009)选择厦门市海沧化工园区为典型案例区,以二甲苯为研究对象,采用数值模拟技术,对海岸带化工园区化学品泄漏的环境风险与生态效应进行了预测和识别,评估了海洋生态服务功能、水质、生物、潮滩生境4种对象的价值损失。

根据实践,山东省制定了《山东省海洋生态损害赔偿和损失补偿评估方法》(DB37/T 1448—2009),该方法规定了海洋工程、海岸工程和污染物对海洋环境特别是海洋生物资源造成经济损失的评估方法。国家海洋局发布了《海洋溢油生态损害评估技术导则》(HY/T 095—2007)。中华人民共和国农业部于2007年发布了《建设项目对海洋生物资源影响评价技术规程》(SC/T 9110—2007),该规程中涉及了部分电厂温排水、含氯废水及卷载效应的生物资源影响评估,但比较笼统,可操作性不强。从现有资料和有关文献来看,关于温排水专项的生态影响评估技术尚缺乏专门的理论研究。

1.3 环境调查与研究内容

1.3.1 环境调查

1.3.1.1 调查范围

调查范围为象山港海域及海岸带向陆10 km范围,港区跨越奉化、宁海、象山、鄞州、北仑五个县(市、区),岸线总长406 km,水域总面积563 km^2(表1.3-1和图1.3-1)。其中,海域面积392 km^2,滩涂面积171 km^2。

表1.3-1 象山港调查区域拐点坐标

序号	经度(E)	纬度(N)
1	121°54′42.35″	29°44′56.81″
2	121°56′49.77″	29°38′08.05″

1.3.1.2 调查站位设置

1)大面调查

海上调查在研究海域布设水文(流速、流向、底质粒度)1个站,自动潮位站1个;水质、沉积物、生物大面站31个;潮间带生物布设8条断面(表1.3-2,图1.3-2)。

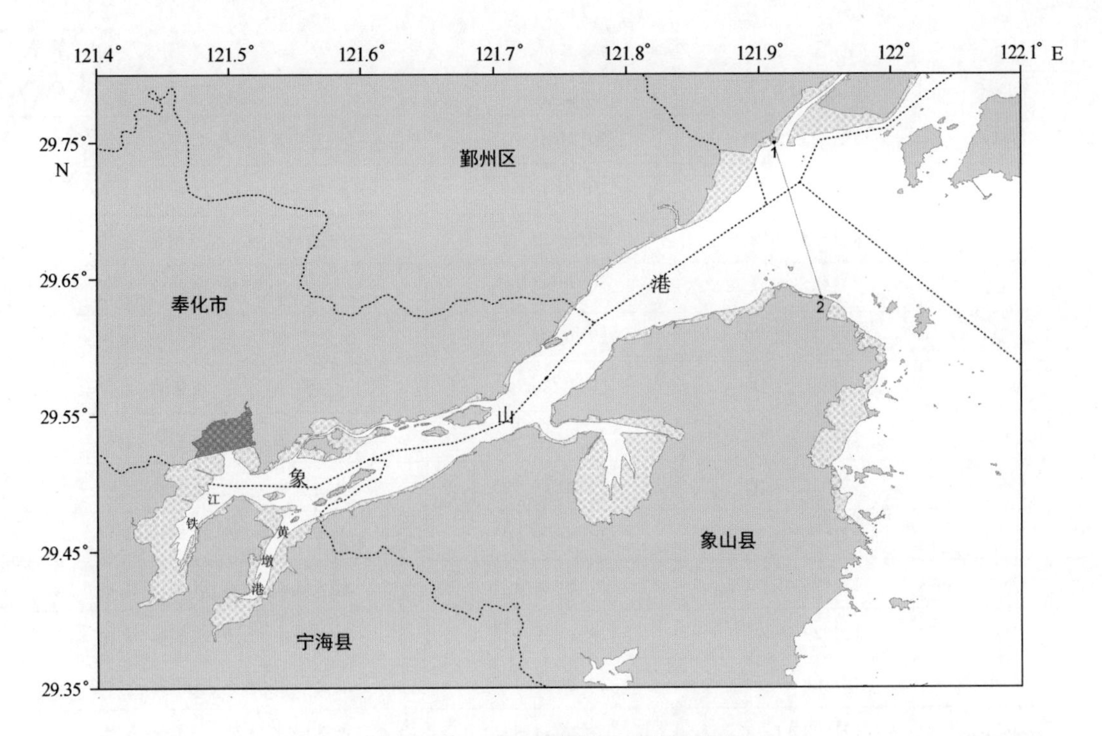

图 1.3－1　象山港海域大面调查范围

表 1.3－2　2011 年象山港海域生态环境调查站位

站位	东经(E)	北纬(N)	监测介质
QS1	121°50′39.52″	29°40′55.82″	水文气象、水质、沉积物、生物
QS2	121°51′20.00″	29°40′00.00″	水文气象、水质、沉积物、生物
QS3	121°52′05.33″	29°38′45.36″	水文气象、水质、沉积物、生物
QS4	121°48′32.40″	29°38′34.80″	水文气象、水质、沉积物、生物
QS5	121°46′34.20″	29°37′24.60″	水文气象、水质、沉积物、生物
QS6	121°47′06.00″	29°36′21.60″	水文气象、水质、沉积物、生物
QS7	121°46′18.00″	29°36′11.99″	水文气象、水质、沉积物、生物、水文
QS8	121°45′18.00″	29°34′48.00″	水文气象、水质、沉积物、生物
QS9	121°43′07.46″	29°33′43.99″	水文气象、水质、沉积物、生物
QS10	121°43′41.64″	29°33′10.50″	水文气象、水质、沉积物、生物
QS11	121°44′14.00″	29°32′44.00″	水文气象、水质、沉积物、生物
QS12	121°47′53.49″	29°31′48.88″	水文气象、水质、沉积物、生物
QS13	121°47′53.00″	29°30′30.99″	水文气象、水质、沉积物、生物
QS14	121°40′57.00″	29°32′18.99″	水文气象、水质、沉积物、生物
QS15	121°41′08.00″	29°31′57.00″	水文气象、水质、沉积物、生物
QS16	121°38′12.00″	29°32′03.99″	水文气象、水质、沉积物、生物
QS17	121°38′45.00″	29°31′27.00″	水文气象、水质、沉积物、生物
QS18	121°39′17.00″	29°30′47.99″	水文气象、水质、沉积物、生物

续表

站位	东经(E)	北纬(N)	监测介质
QS19	121°35′42.00″	29°31′04.00″	水文气象、水质、沉积物、生物
QS20	121°36′22.00″	29°29′48.99″	水文气象、水质、沉积物、生物
QS21	121°33′44.50″	29°30′22.70″	水文气象、水质、沉积物、生物
QS22	121°32′04.00″	29°27′33.00″	水文气象、水质、沉积物、生物
QS23	121°31′42.39″	29°26′31.17″	水文气象、水质、沉积物、生物
QS24	121°31′22.00″	29°25′30.00″	水文气象、水质、沉积物、生物
QS25	121°31′47.00″	29°29′42.00″	水文气象、水质、沉积物、生物
QS26	121°31′09.00″	29°30′24.99″	水文气象、水质、沉积物、生物
QS27	121°30′56.99″	29°30′00.00″	水文气象、水质、沉积物、生物
QS28	121°30′41.98″	29°29′24.17″	水文气象、水质、沉积物、生物
QS29	121°29′50.05″	29°29′59.63″	水文气象、水质、沉积物、生物
QS30	121°28′17.53″	29°28′19.11″	水文气象、水质、沉积物、生物
QS31	121°27′43.73″	29°26′44.82″	水文气象、水质、沉积物、生物
T1	121°42′20.00″	29°33′57.00″	潮间带生物
T2	121°40′31.00″	29°33′28.00″	潮间带生物
T3	121°37′586″	29°32′789″	潮间带生物
T4	121°40′19″	29°31′05″	潮间带生物
T5	121°39′00″	29°30′04″	潮间带生物
T6	121°27′462″	29°30′124″	潮间带生物
T7	121°32′29″	29°26′07″	潮间带生物
T8	121°46′716″	29°38′821″	潮间带生物

水文:共设置同步连续站1个(QS7站)。

水质、浮游生物:共设置大面站31个。

水文气象、沉积物和底栖生物:共设置大面站31个站。

潮间带生物:共设置断面8条。

潮位:引用乌沙山1个潮位自动观测站。

2)电厂邻近海域环境调查

(1)乌沙山电厂

电厂邻近海域共布设11个水质、沉积物和生物大面调查站位,2条潮间带断面、2个浮游生物对比调查站(进水口和排水口各设1个)(表1.3-3,图1.3-3),以及1个定点测温站和3条水温走航断面(表1.3-4,图1.3-4)。

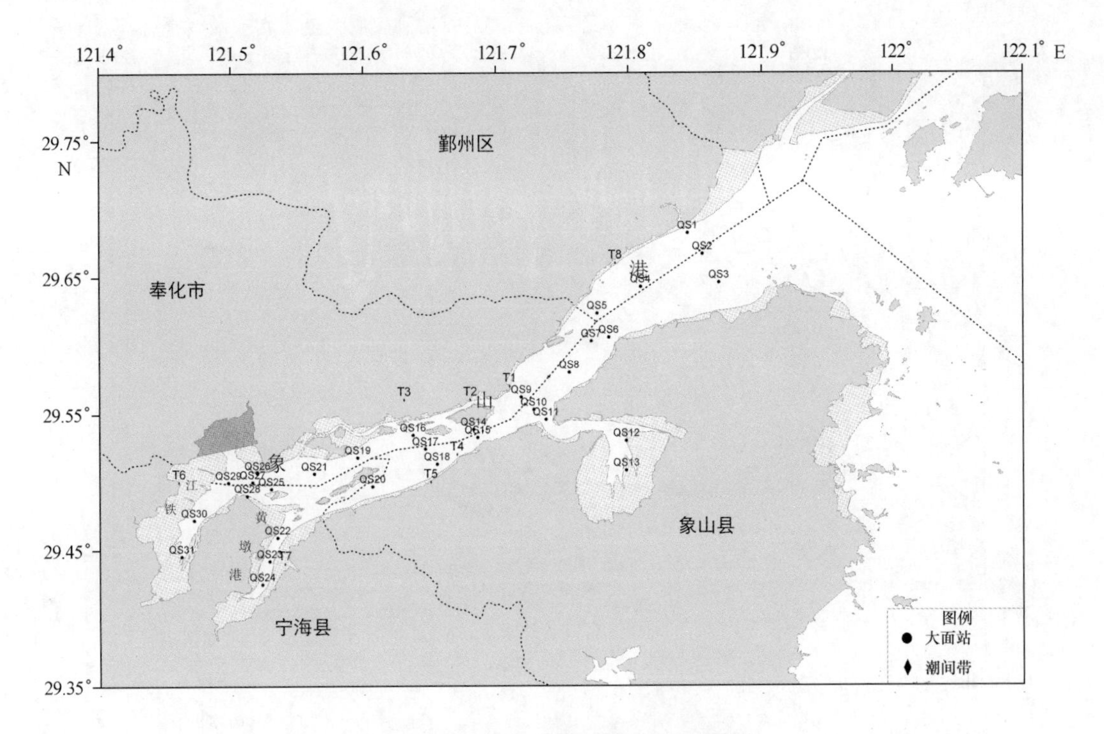

图 1.3－2　2011 年象山港海域调查站位

表 1.3－3　2011 年乌沙山电厂海洋环境调查站位

站号	经度(E)	纬度(N)	监测项目
排水口 2	121°39′17″	29°30′48″	水质、沉积物、生物
排水口 4	121°38′45″	29°31′27″	水质、沉积物、生物
排水口 6	121°38′12″	29°32′04″	水质、沉积物、生物
左侧 1	121°35′42″	29°31′04″	水质、沉积物、生物
左侧 4	121°36′22″	29°29′49″	水质、沉积物、生物
右侧 1	121°41′16″	29°31′45″	水质、沉积物、生物
右侧 3	121°41′02″	29°32′06″	水质、沉积物、生物
右侧 5	121°40′53″	29°32′28″	水质、沉积物、生物
W8	121°46′18″	29°36′12″	水质、沉积物、生物
新增 1	121°34′50″	29°30′35″	水质、沉积物、生物
新增 3	121°32′37″	29°30′12″	水质、沉积物、生物
A	设在进水口,具体经纬度现场定位		浮游植物、浮游动物
B	设在排水口,具体经纬度现场定位		浮游植物、浮游动物
T1	121°40′19″	29°31′05″	潮间带生物
T2	121°39′00″	29°30′04″	潮间带生物

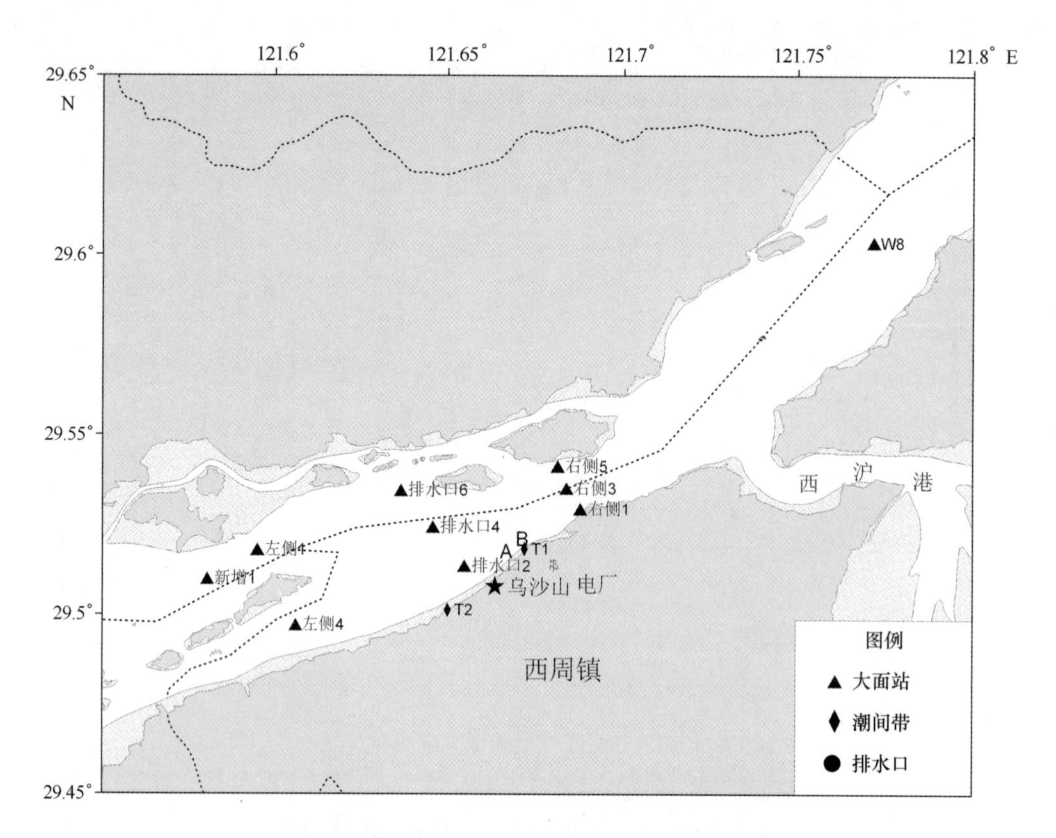

图 1.3－3 2011 年乌沙山电厂邻近海域大面调查站位

表 1.3－4 乌沙山电厂邻近海域水温走航断面

断面名称	站位	经度(E)	纬度(N)
E－新增断面	E1	121°37′59″	29°29′51″
	E2	121°36′06″	29°31′13″
	新增 1	121°34′50″	29°30′35″
	新增 2	121°33′44″	29°30′23″
	新增 3	121°32′37″	29°30′12″
F 断面	F1	121°39′30″	29°30′32″
	F2	121°38′12″	29°32′04″
G 断面	G1	121°41′16″	29°31′45″
	G2	121°40′53″	29°32′28″
定点	W8	121°46′18″	29°36′12″

(2)国华电厂

在国华电厂前沿设置 4 个水文站、水质监测站位 12 个、沉积物监测站位为 6 个、生物生态调查站位为 7 个，另外，在排水口和取水口进行浮游生物监测，潮间带调查断面 3 条、4 条水温走航断面(表 1.3－5，图 1.3－5)。

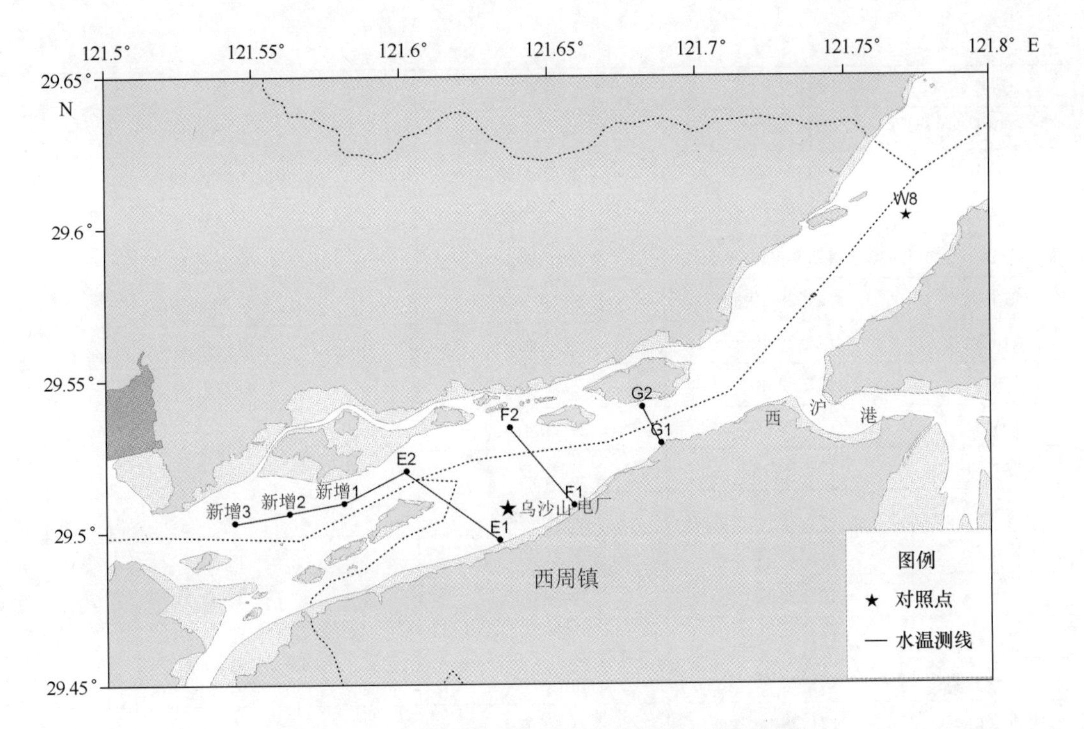

图 1.3－4 2011 年乌沙山电厂邻近海域水温走航断面

表 1.3－5 2011 年国华电厂邻近海域大面调查站位

站号	经度(E)	纬度(N)	项目
S1	121°28′00″	29°28′32″	水质、沉积物、生物、定点水温
S2	121°29′54″	29°29′39″	水质、生物、
S3	121°30′29″	29°30′23″	水质、沉积物、生物
S4	121°31′01″	29°29′38″	水质、沉积物
S5	121°31′32″	29°29′04″	水质、生物
S6	121°32′43″	29°28′09″	水质、沉积物、生物
S7	121°32′08″	29°30′13″	水质
S8	121°32′31″	29°29′46″	水质、沉积物、生物
S9	121°33′00″	29°29′10″	水质
S10(SW4)	121°34′50″	29°30′35″	水质、沉积物、生物、水文观测
S11	121°34′01″	29°30′07″	水质
S12	121°29′52″	29°30′02″	水质
取水口	121°29′13″	29°29′25″	定点水温、浮游生物
直排口	121°29′47″	29°29′33″	定点水温
排水口(海域)	121°29′06″	29°29′04″	浮游生物
CJD1	121°29′53″	29°29′04″	潮间带生物
CJD2	121°31′29″	29°28′16″	潮间带生物
CJD3	121°28′23″	29°31′13″	潮间带生物

续表

站号	经度(E)	纬度(N)	项目
SW1	121°29′13″	29°29′25″	水文观测
DD3(SW2)	121°31′42″	29°29′49″	水文观测(含定点水温)
SW3	121°32′07″	29°27′29″	水文观测
W8	121°46′18″	29°36′12″	定点水温
DD1	121°29′30″	29°29′44″	定点水温
DD2	121°30′19″	29°30′26″	定点水温
DD4	121°32′40″	29°29′18″	定点水温
A1	121°29′10″	29°30′4.4″	水温 A 测线
(取水口)	121°29′13″	29°29′25″	
A2(S1 站)	121°28′04″	29°28′33″	
排水口	121°29′06″	29°29′04″	水温 B 测线
B	121°29′57″	29°31′7″	
排水口	121°29′06″	29°29′04″	水温 C 测线
C	121°32′56″	29°31′03″	
排水口	121°29′06″	29°29′04″	水温 D 测线
D	121°34′23″	29°29′29″	

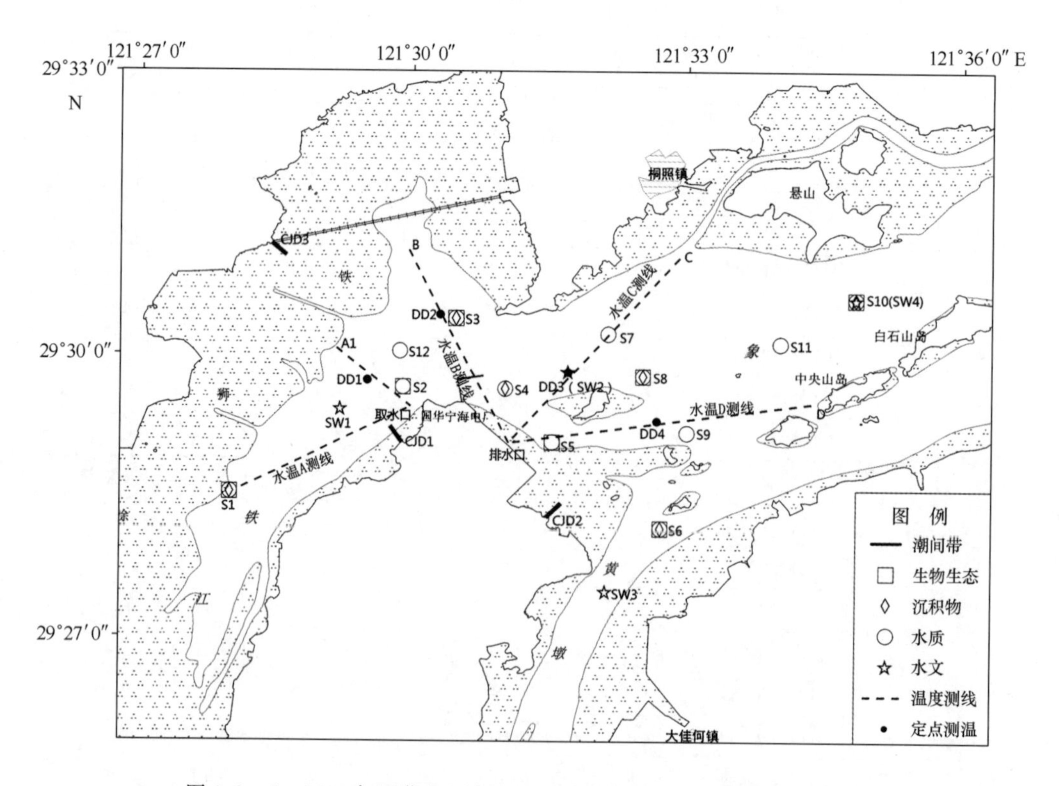

图 1.3－5　2011 年国华电厂邻近海域大面调查站位及水温走航断面

1.3.1.3 调查项目

1)大面环境调查

水文气象:风向、风速、气压、气温、相对湿度、简易天气现象、水温、水色、水深、透明度和海况。

海水水质:溶解氧、pH、盐度、亚硝酸盐-氮、硝酸盐-氮、氨-氮、活性磷酸盐、活性硅酸盐、化学需氧量、总有机碳、石油类、汞和叶绿素a。

沉积环境:有机碳、石油类、硫化物。

海洋生物生态:包括浮游植物(水样、网样)、浮游动物(I型网)、底栖生物和潮间带生物。

2)电厂附近海域环境调查

(1)乌沙山电厂

水温观测:走航、定点测温。

水质:水温、盐度、pH、溶解氧、COD、氨氮、硝酸盐、亚硝酸盐、磷酸盐、石油类等。

沉积物:有机碳、硫化物、石油类等。

生物生态:叶绿素a、浮游植物、浮游动物、底栖生物。

(2)国华电厂

水文:风速、风向、气温、水温、盐度、流向、流速、潮位。

水温:走航、定点测温。

水质监测:水温、盐度、pH、溶解氧、COD、氨氮、硝酸盐、亚硝酸盐、磷酸盐等。

沉积物:有机碳、硫化物、石油类等。

生物:叶绿素a、浮游植物、浮游动物、底栖生物、潮间带生物。

1.3.1.4 调查时间和频率

1)大面环境调查

2011年夏(8月)、冬季(2月)共进行2个航次监测。

2)电厂附近海域环境调查

乌沙山电厂:2011年夏、冬大小潮涨落潮各进行一次监测。

国华电厂:2011年夏、冬大小潮涨落潮各进行一次监测。

1.3.2 研究内容

本专著的研究内容主要包括:

①根据象山港电厂运营前本底环境资料及“象山港海洋环境容量及污染物总量控制研究”(黄秀清等,2008)象山港大面调查资料,与2011年象山港大面调查结果比较,分析象山港电厂温排水对象山港整体生态环境影响;

②通过象山港电厂运营后多年的跟踪监测结果,分析象山港电厂温排水对电厂邻近海域环境的影响;

③通过室内亚急性实验、热冲击实验和现场围隔实验说明温排水对海洋生物生态的影

响，获取温排水污染损害评估所需的关键参数，为开展温排对生物多样性损害的评估和生态补偿估算提供基础；

④建立象山港海域三维温排水扩散模型，通过数值模拟，计算不同热排放情况下温升影响面积和体积；初步建立温升影响生态模型，研究温升对邻近海域浮游生物数量时空分布的影响；

⑤探讨象山港电厂温升对照点选取、CTD走航观测及其温升数据处理技术等，初步建立港湾型电厂温排水的温升监测方法；

⑥基于生态系统服务价值评估技术，建立滨海电厂温排水对海洋生态环境的影响评估方法，并初步评估了象山港国华电厂温排水对象山港海洋环境生态影响价值。

2 象山港的自然环境特征与社会经济状况

2.1 自然环境

2.1.1 地理概况

象山港位于六横岛西侧，南北两侧为象山半岛和穿山半岛，地理坐标29°24′—29°48′N，121°25′—122°03′E，是一个东北—西南走向的狭长形半封闭型港湾，港域狭长，岸线曲折，全长406 km，其中岛屿岸线109 km。主湾中心线长约60 km，口门宽约20 km，内港宽3～8 km。港区跨越奉化、宁海、象山、鄞州、北仑五个县(市、区)，总面积2 270 km^2，其中陆域面积1 706.8 km^2、海域面积约392 km^2，滩涂面积171 km^2。港内有大小岛屿59个，总面积约10 km^2，其中以缸爿山最大，面积3 km^2。象山港海域纵深，沿岸有大小溪流95条，年平均径流量12.9 $\times 10^9$ m^3。港内风平浪静，水色清澈，象山港主槽较深，一般在10～20 m，最深处可达47 m。象山港滩涂平坦广阔，水体交换口门良好，港底较差。

2.1.2 气候与气象

象山港属欧亚大陆东部的亚热带季风区，暖湿多雨，光照充足，热量丰富；四季分明，冬夏季风交替显著；气温适中，具有夏热少酷暑，冬冷寡严寒的气候特征。年平均气温16.2～17.0℃，极端最高气温38.8℃，极端最低气温-7.5℃，年平均日照时数为1 904～1 999 h，年平均降水量1 239～1 522 mm，一年中有两个相对干季和湿季，3—6月和9月为相对湿季，7—8月和10月—翌年2月为相对干季。主要异常的灾害性天气有台风、暴雨、洪涝、高温、干旱、强冷空气、霜冻以及局部性冰雹、龙卷风等。

2.1.3 水文特征

象山港的潮汐属不正规半日潮，涨潮历时大于落潮历时，落潮流速大于涨潮流速。港口附近平均落潮流速可达1 m/s，而港中、港底只有0.5～0.6 m/s。除港口海域，均属往复流，潮差大，平均达3.18 m。象山港是一个东西向的潮汐通道，口外有六横等岛屿掩护，内湾岛屿众多，地形复杂，水域掩护条件好，风浪影响小。象山港水体透明度一般在1 m左右，最小0.1 m，最大2.8 m，其变化与季节、潮汛和风浪等有关。水温平均在16.4℃左右，最热月在8月，平均温度在26.5～27.0℃，最冷月在1月，平均温度在3.0～7.2℃；盐度平均为21.90～29.11。

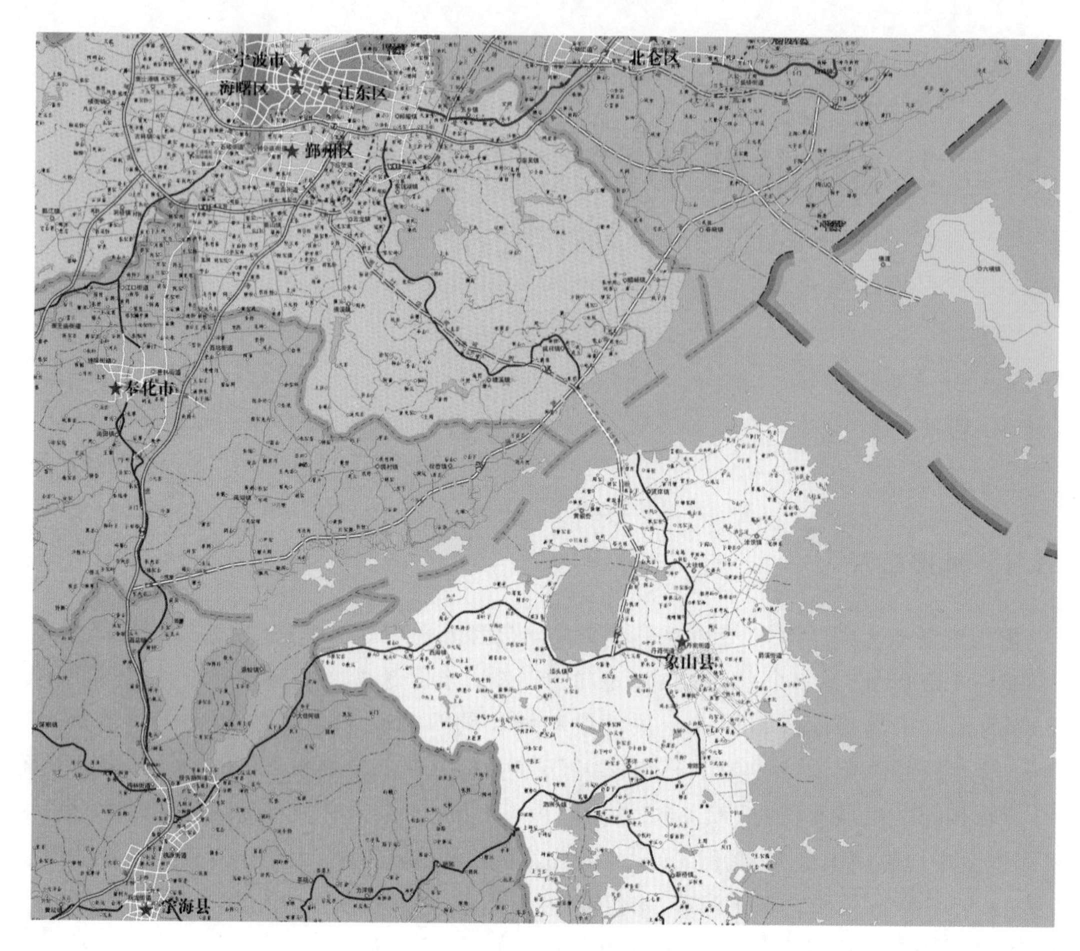

图 2.1－1　象山港地理位置

2.1.4　地形地貌特征

象山港是一个循东北向的向斜断裂谷发育起来的潮汐通道港湾。表层沉积物以泥质沉积为主,内湾主要为分选好、中等的灰黄色粉砂质黏土,口门段为分选中等的灰黄色黏土质粉砂。水道底部则多为分选差的砂、贝壳砂、粉砂和黏土,局部有贝壳砂,厚度可达数米,主要为牡蛎壳。基岩海岸主要由酸性凝灰岩夹酸性火山岩等岩石组成(主要出现在港内的岛屿,大陆海岸较少)。淤泥质海岸主要由粉砂质黏土构成。在风浪作用下,口门段北岸岸滩比较平坦。由于象山港是狭长形的港湾,其内湾段顶端掩护条件好,水域内风平浪静,因此在缸爿山以内的水域常年清澈,淤积甚微,岸滩稳定。

2.2　社会经济

象山港区域以其丰富的自然资源和优越的地理环境为依托,近几十年经济和社会事业的发展有了长足的进步,特别是宁波市总体开发功能的明确,将象山港区域的开发作为繁荣宁波市、优化区域布局、促进全市经济协调发展的重要环节，是建设“海洋经济强市”的重要组成部分。宁波市正努力打造该区域成为我国著名的生态经济型港湾、“长三角”南翼特色海洋旅游休闲基地、国家级海洋产业基地、现代国际物流基地。

象山港区域为狭长形东北—西南走向，跨越北仑、鄞州、奉化、宁海、象山5个县(市、区)20个乡镇(表2.2-1)。

表2.2-1 象山港沿岸城镇一览表

县(市、区)	象山县	奉化市	宁海县	鄞州区	北仑区
乡(镇)	西周镇、贤庠镇、墙头镇、涂茨镇、大徐镇、黄避岙、丹城	莼湖镇、裘村镇、松岙镇	城关镇、大佳何镇、强蛟镇、西店镇	瞻岐镇、咸祥镇、塘溪镇	白峰镇、春晓镇、梅山乡

根据2010年第六次人口普查初步结果，全区常住人口约80.5万人，工业总产值约为737.04亿元，其中第一产业生产总值60.80亿元。象山港区域除宁海城关以及西周、松岙两个镇人均财政收入达1万元左右外，其他乡镇人均财政收入基本在2 000~4 000元。2011年，养殖从业人员达1.47万人，创造产值11.99亿元。

2.3 象山港电厂及周边海域开发活动概况

2.3.1 象山港电厂简介

2.3.1.1 宁海国华浙能发电有限公司概况

宁海国华浙能发电有限公司(图2.3-1)(简称国华电厂)位于象山港底部浙江省宁波市宁海县强蛟镇的月岙村，距强蛟镇约1.5 km，距宁海县城23 km。厂址北、东面临象山港滩地，西面与白石山相连，场地为铁港与黄墩港之间的半岛状地形。主厂区位于苏家岙白石山东坡及东面浅滩区。一期工程由4×600 MW燃煤发电机组组成，二期为2×1 000 MW超临界燃煤抽凝式汽轮发电机组组成。一期工程第一台机组600 MW于2005年12月开始运营，到2006年12月，一期工程竣工，4台600 MW机组均投入运营。二期工程2×1 000 MW机组，于2009年年底投产，采用二次循环模式进行冷却。

国华电厂各台机组每5年大修1次，大修时间为2个月；每台机组每1年小修1次，小修时间为2个月。大、小修一般安排在冬、夏季来临之前的用电淡季。

1)取水口概况

电厂一期循环水系统采用海水直流循环冷却水系统，冷却水采用海水直流供水系统。取水口位于狮子口水道码头引桥上游800~950 m位置，取水口伸出岸线约685 m，布置在白象山西侧的铁港-10~-11 m等深线海床上，与现强蛟码头相距约600 m。电厂4×600 MW时循环冷却水量86 m^3/s，循环水外排时初始温升8.0℃。

二期供水系统采用带逆流式自然通风冷却塔的海水循环供水系统，二台机组配一座循

图 2.3－1　国华电厂

环水泵站，每台机组配一座自然通风逆流式海水冷却塔，冷却塔淋水面积为 13 000 m^2，二期海水补给水从一期工程的循环水取排水系统中取水，增加水量约 1.5 m^3/s，即一期引水量增加 1.81%。

2）排水口概况

国华电厂温排水为敞开式浅层明渠排放。排水口位于厂区北侧，近岸排放，伸出岸线约 140 m，排水口水深 －2 m，排水口布置在白石山嘴东侧的基岩上，排水暗沟道从主厂房前接至山坡边的排水连接井，从排水连接井至排水口在白石山通过隧道相连接。

一期工程排水量较大，夏季温排水量达 80.0 m^3/s，冬季温排水量为 40.0 m^3/s。二期工程采用二次循环模式进行冷却，产生的温排水量相对较少。

电厂一期、二期均采用非氧化性杀菌剂对循环海水进行定期冲击杀菌处理，非氧化性杀菌剂在自然平衡 pH 条件下，可有效控制海水冷却系统的生物繁殖，且该杀菌剂易生物降解成无毒副产物，无生物积累，对环境无害，从环境保护的角度来看也有很大优势。

2.3.1.2　浙江大唐乌沙山电厂概况

浙江大唐乌沙山发电厂（图 2.3－2）（简称乌沙山电厂）位于象山县西周莲花乡乌沙村境内，距西周 2.5 km。厂址北临象山港，东面为乌沙山。主厂区位于乌沙山以西，甬台温高速公路象山连接线以北的西周东北部。电厂一期工程建设规模为 4 × 600 MW 超临界燃煤机组，电厂主供电输向华东电网，2006 年年底，乌沙山电厂的四台机组已经试运行，陆域环保设置均已投入运行。电厂燃料为煤炭，运输采用船运方式。电厂北侧建有 3.5 万吨级燃煤码头与 3 000 吨级综合码头，煤码头有 2 个泊位。

乌沙山电厂各台机组每 5 年大修 1 次，大修时间为 2 个月；每台机组每 1 年小修 1 次，小修时间为 2 个月。大、小修一般安排在冬、夏季来临之前的用电淡季。

1）电厂取水水源

循环冷却水采用象山港海水直流供水，取水口位于厂区北侧象山港水域，排水口位于燃煤码头西侧。淡水水源取自厂址西北约 7 km 的平潭水库。

图 2.3-2 乌沙山电厂

循环水系统从取水口经自流引水隧道、循环水泵、循环水进水管与机组相连，再由吸虹井经循环排水沟、排水隧道至排水口。循环水系统涉海部分取水口采用每 2 台 600 MW 机组设一条 8 头多点式取水组，进水窗上沿标高为 -7.07 ~ -7.27 m，下沿标高为 -9.40 ~ -9.60 m，自流引水隧道内径为 4.84 m；排水口采用每 2 台 600 MW 机组设内径为 4.84 m 隧道一条，头部设竖井 8 头方式。

2) 电厂温排水位置及排水情况

电厂温排水位置位于 29°30′24″N，121°39′30″E。循环水排水系统，每台 600 MW 机组设虹吸井 1 座、钢筋混凝土排水沟 1 根，排水系统由凝汽器出口排水钢管、虹吸井、钢筋混凝土排水沟、排水连接井、排水盾构隧道、排水口排入象山港。

循环水排水口，采用了岸边滩面敞开式明渠排水的方案，该方案 4×600 MW 机组合建 1 个排水口，排水口与排水连接井之间采用 2 条 4.2 m×4.2 m 排水箱涵连接，长度约 125 m。发电厂温排水流量四季均为 53 m^3/s。

乌沙山电厂采用加氯处理方法对循环海水进行连续冲击杀菌处理，使冷却系统中一直保持低浓度的氯，其浓度在冷凝器入口处应不低于 0.1 ~ 0.5 mg/L。

2.3.2 海洋功能区划、主要资源及开发利用状况

2.3.2.1 主要海洋功能区划

根据《宁波市海洋功能区划》(2006 年)，国华电厂和乌沙山电厂周边主要海洋功能区划主要为养殖区。

1) 国华电厂

宁海国华电厂前沿海域处于“宁海强蛟度假旅游区”，周边主要海洋功能区划如下。

宁海黄墩港滩涂养殖区：位于电厂南部，1 243 hm^2，主要为滩涂贝类养殖。

宁海大佳何围塘养殖区:位于电厂东南部,172 hm^2,已建内塘海水养殖,是宁波市绿色水产品养殖基地,主要养殖品种和方式为虾蟹贝混养。

宁奉历试山附近增殖区:位于电厂东北部,1 291 hm^2,属于传统的海洋渔业增殖保护区,历试山周围海域为毛蚶天然繁殖场所。

奉化桐照渔港和渔业设施基地建设区:位于电厂东北部,880 hm^2,现有奉化桐照国家一级渔港、鸿峙渔港、双山渔港等,可停泊渔船1 800艘。

宁奉铁港滩涂养殖区:位于电厂西北部,1 049 hm^2,主要为滩涂贝类养殖,近岸海域有一些群众小渔港。

宁奉铁港浅海养殖区:位于电厂西部,1 635 hm^2,区域现大部分为奉化海带养殖区和牡蛎筏式养殖区,宁海牡蛎筏式养殖区。

另外还有西部宁海强蛟港口区、宁奉避风锚地区,南部的宁海强蛟度假旅游区、宁海大佳何度假旅游区,东部的宁海强蛟群岛风景旅游区。

2)乌沙山电厂

乌沙山电厂位于象山乌沙山港口区,周边主要海洋功能区为养殖区。

奉化增殖区:位于电厂西部,3 736 hm^2,属于传统的海洋渔业增殖区,内侧有一定的内塘养殖、渔港和港口码头和规划的滨海旅游度假区。

象山西沪港口西部增殖区:位于电厂西北部, 476 hm^2,属于象山港海洋特别保护区,需要进行渔业资源增殖。

象山港内航道区:位于电厂西北部,1 855 hm^2,目前由于象山乌沙山电厂码头和宁海强蛟电厂码头运营需要,已经进行3.5万吨级通航建设。

奉化双德山电厂锚地区:位于电厂西北部,57 hm^2,现主要是捕捞增殖区。

宁象中央山岛南侧增殖区:位于电厂西部,970 hm^2,属于传统的海洋渔业增殖保护区,宁海象山交界处有一地方造船厂。

奉化增殖区:位于电厂西北部,凤凰山附近至象山港大桥海域,3 736 hm^2,属于传统的海洋渔业增殖区,内侧有一定的内塘养殖、渔港和港口码头和规划的滨海旅游度假区。

奉化裘村浅海养殖区:位于电厂西北部, 388 hm^2,现有鸿峙港网箱养殖区、凤凰山网箱养殖区、南沙网箱养殖区、夹成海带养殖区,是象山港区域最大的网箱养殖区域。

另外,西部还有象山港白石山特殊用海区和象山港双德山特殊用海区。

2.3.2.2 海洋资源

1)港口、岸线资源

象山港口门宽广,约20 km,出东北通过佛渡水道与舟山海域相连;港内较窄,3~8 km,区域内海域面积约391 km^2。水深为中部最深,最大水深在30 m以上,口门和港底部较浅,一般在10~20 m之间,最大潮差5.4 m,万吨级轮可候潮进出。沿岸陆域条件较好,宜建港岸段大多有陆域可以依托,水深条件较好,距岸50 m处水深8 m。适宜建造3 000~5 000吨级码头的岸线有多处。

2)海洋渔业资源

象山港自然环境优良,生物资源丰富,种类繁多,形成了各种经济水产资源的集中分布区，是浙江省乃至全国的重要海水增养殖区。象山港及其附近海域渔业资源品种多、蕴藏量丰富、渔期长，主要经济鱼类有大小黄鱼、带鱼、鲳鱼、鳓鱼、马鲛鱼、鳗鱼等。本区域的潮间带海洋生物资源也很丰富，潮间带平均总生物量达 107 g/m^2。优势经济品种有菲律宾蛤仔、泥螺、彩虹明樱蛤（海瓜子）、四角蛤蜊等，均可作人工养殖或自然增殖品种。

3）滩涂资源

滩涂资源是象山港区域一项重要的自然资源，自北仑器崎头角至象山钱仓 270 km 的岸线范围内，共有海涂 25.7 万亩①，约占全市海涂总量 144.1 万亩的 17.8 %，其中比较集中地分布在铁港、西沪港、黄墩港内，滩涂宽度一般在 200 ~ 1 000 m 之间，坡度在 2% ~ 8%。港域内滩涂饵料丰富，气候条件适宜，发展水产养殖非常有利。

4）潮汐能资源

象山港港湾具有潮差大、湾口小、有效库容大、水清、港深等优越的自然条件，蕴藏着丰富的潮汐能资源。其中，黄墩港和狮子口两处均是象山港底的港中之港，口门窄，库面较大，且港内滩涂遍布，滩面坡度平缓，加之潮差较大，故港内蓄潮量相当可观。且两港内潮流运动具有平均落潮流流速大于平均涨潮流流速的特点，如黄墩港口表层平均涨潮流流速为 0.33 m/s，平均落潮流流速为 0.56 m/s，致使随潮流进入的泥沙不易在港内淤积，从而使港内水深得以维持。许多地方具有建立潮汐能发电站的理想位置。

5）旅游资源

象山港内湾段水域水色清澈，风平浪静，气候温和、四季分明、山清水秀、空气清新、环境优美。湾内岛屿众多，星罗棋布，山地低小，离大陆岸线近。绵延曲折的海岸线及鲜明的河姆渡文化伴生了具有“滩、岛、海、景、特”五大特色的滨海旅游资源。浓郁的海洋自然景观和丰富独特的历史人文景观有机地融合成一体，为发展滨海旅游业提供了良好的条件。

2.3.2.3 电厂周边开发利用状况

国华电厂和乌沙山电厂周边开发利用主要为海水养殖业、交通运输业、临海工业、滨海旅游业及其他。

1）海水养殖业

国华电厂和乌沙山电厂位于象山港的中底部，周边海水养殖历史悠久，渔业资源具有类型丰富、品种繁多、捕捞期长的特点。海水养殖类型有内塘养殖、滩涂养殖和网箱养殖等形式（图 2.3 – 3 和图 2.3 – 4），主要养殖种类为鱼类、虾类、蟹类和贝类。2011 年电厂周边海洋渔业养殖的地区有宁海县的西店镇、强蛟镇和大佳何，奉化市松岙镇、裘村镇和莼湖镇，象山县西周镇、墙头镇和黄避岙，鄞州区的咸祥镇，根据宁波市海洋渔业局 2011 年的统计资料，这些地区滩涂总养殖面积有 48 905 亩，池塘总养殖面积有 5 445 亩，网箱总养殖面积有 18 824 亩，其他养殖面积有 9 898 亩（图 2.3 – 5，表 2.3 – 1）。

---

① 亩为非法定单位，1 亩 = 0.066 7 hm^2。

图 2.3－3　网箱养殖

图 2.3－4　滩涂养殖

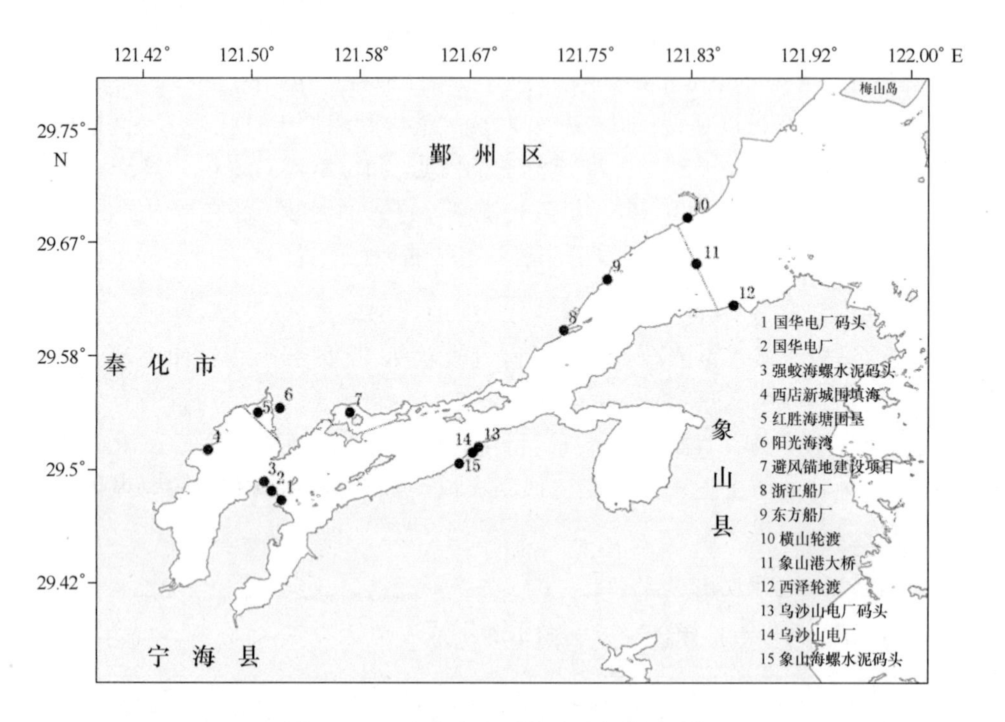

图 2.3－5　象山港电厂附近开发利用现状

表 2.3－1　2011 年电厂周边地区海洋渔业养殖情况　　单位:亩

区县	乡镇	滩涂	池塘	网箱	其他
宁海县	西店镇	23 728	4 992	500	3 000
	强蛟镇	4 230	650	7 550	600
	大佳何	3 577	8 662	0	0
奉化市	松岙镇	2 150	7 030	420	525
	裘村镇	620	5 824	2 669	3 322
	莼湖镇	1 150	2 300	5 000	916

续表

区县	乡镇	滩涂	池塘	网箱	其他
象山县	西周镇	250	7 800	160	500
	墙头镇	8 000	2 400	25	1 035
	黄避岙	3 100	4 800	2 500	0
鄞州区	咸祥镇	2 100	10 000	0	0
总计		48 905	54 458	18 824	9 898

2)交通运输业

电厂周边的交通运输业主要包括象山港大桥、码头和锚地。

(1)象山港大桥

象山港公路大桥及接线工程北岸起始于宁波绕城高速所在鄞州云龙镇,向南跨象山港,终点戴港。象山港大桥工程全长约47 km,其中象山港大桥长约6.7 km,宽度25.5 m,为双塔双索面斜拉桥桥型,主跨688 m。为双向四车道高速公路,路基宽度26 m,行车道宽度15 m,设计时速为100 km。于2013年1月1日完工,目前已经通车(图2.3-6)。

图2.3-6 象山港大桥

(2)码头

象山港形成了一定规模的码头设施,主要是企业码头和渔业码头及船厂船坞。第一,企业码头主要是国华电厂、乌沙山电厂和两个海螺水泥企业码头,第二,修造船厂大量占用岸线资源,形成颇具规模的码头设施,包括浙江船厂、东方造船有限公司等,但主要是以修造船的船坞和船台设施,生产用为主;第三,象山港码头建造于20世纪50年代,随着海水养殖业的兴起,渔民自发建设了一批养殖渔船停泊港,多是在沿岸滩涂或是海岸搭建一些渔船靠岸平台或者道口,规模较小;第四,建有部分地方车客渡码头,如现有的横山轮渡和西泽轮渡,同时建有部分500吨级以下的小型民用码头和地方交通码头(表2.3-2)。

表 2.3-2　电厂周边的企业码头状况

码头名称	产能	位置	码头数量
宁海国华电厂	已运营 440×10^4 kW，规划 200×10^4 kW	宁海临港开发区	一期 3.5 万吨级煤炭码头 2 座（年通过能力 700×10^4 t）；二期 1 座 5 万吨级煤炭码头和 1 座 3 000 吨级综合码头
大唐乌沙山电厂	已运营 240×10^4 kW，规划 200×10^4 kW	象山西周内	一期 3 000 吨级综合码头 1 座（能力 38×10^4 t，用于熟料运输）和 2 座 3.5 万吨级煤炭码头（兼靠 5 万吨级）；年设计能力 670×10^4 t；二期设计 1 座 5 万吨级煤码头
宁海强蛟海螺水泥	320×10^4 t	宁海临港开发区	2 个 5 000 吨级泊位，3 000 吨级泊位 1 座，年装卸能力达 500×10^4 t
象山海螺水泥	440×10^4 t	象山西周工业园区	3 个 5 000 吨级码头泊位 1 座

（3）锚地

象山港区避风锚地建设项目位于奉化市莼湖镇象山港北侧，用海面积约 40 hm^2，围护形成的锚地水域面积约 6 km^2，非透水性构筑物长约 3 000 m，宽约 100 m，东侧水闸（船闸）长约 500 m，西侧水闸（船闸）长约 300 m。建成后可供 580 艘 200 吨级以上渔船日常靠泊，在台风等极端气候情况下，可容纳 2 000 艘渔船靠泊避风。项目于 2010 年 10 月开工，计划于 2013 年底竣工。

3）临海工业

象山港临海工业随着象山港开发建设逐步兴起，电厂周边的临海工业有船舶修造业、水泥业及其他。

（1）船舶修造业

象山港主要的船舶修造业有浙江造船有限公司和宁波市东方船舶修造有限公司。

浙江造船有限公司：位于象山港畔松岙镇湖头渡，占地约 136×10^4 m^2，一期和二期已经建成，现拟建三期，目前共有 5 条生产线，其中 3 条为海洋工程船舶产品专项生产线，有 2 条室内船台生产线，配有 1 座万吨级浮船坞，专门建造世界高端海洋工程船舶产品，如 PX105、SX130、GPA696 等型号的海洋工程船舶。年造各种海工船 30 ~ 36 艘，其他船舶 10 艘。

宁波市东方船舶修造有限公司：位于宁波市鄞州区咸祥镇，紧邻 71 省道，占地超 40×10^4 m^2，建筑面积 100 000 m^2 多，拥有万吨级以上船台 12 个，拥有先进的涂装车间、造船设备，并采取了目前世界上较先进的建造工艺，具备年产 30 余载重吨的建造能力。

（2）水泥业

宁海强蛟海螺水泥有限公司：位于宁海县临港开发区，依山傍水，占地面积 202 亩。规划建设 4 套 Φ4.2 m × 14.5 m 磨机，年水泥产能规模 380×10^4 t。项目由安徽海螺水泥股份有限公司投资兴建，该项目被列为 2006—2007 年宁波市重点工程和浙江省发展循环经济示范项目。一期工程建设 2 套 Φ4.2 m × 14.5 m 磨机。

象山海螺水泥有限责任公司：位于宁波市象山县西周镇工业园区，由安徽海螺水泥股份有限公司投资兴建，工厂占地224.65亩，建设4套Φ4.2 m×13 m带辊压机的粉磨系统，该生产系统具有工艺先进、设备成套、能耗低的优点，同步配套建设3个5 000吨级码头泊位1座，水泥年产440×10^4 t，年消纳电厂的工业废渣粉煤灰、脱硫石膏80×10^4 t以上。一期建设2套Φ4.2 m×13 m带辊压机的粉磨系统，年水泥产能220×10^4 t。

(3)其他

受建设用地的限制，各地都将开发重点转向了滨海地区。目前电厂附近的围填海活动主要有在建的象山港区避风锚地建设项目、奉化市红胜海塘围垦工程和宁海西店新城围填海工程。

奉化市红胜海塘围垦工程：红胜海塘位于奉化市莼湖镇，象山港末端，围涂面积1.6万亩，将建设50年一遇标准堤坝4 600 m，20年一遇标准堤坝3 000 m，建设排涝水闸2座（净孔53 m）。围垦工程完工后，将大大提高莼湖沿海地区的防洪标准，增加抵御风暴潮能力。

宁海西店新城围填海工程：位于象山港底铁港西海岸，北与樟树海塘相接，南抵茅洋海塘北部。围区总面积约0.445万亩，防潮标准为50年一遇，新建海堤全长6.86 km、水闸4座、节制闸5座、交通桥1座、修建水闸5座等配套工程，主要用于西店新城建设，计划于2015年完工。

4)滨海旅游业

电厂附近的乡镇大多环境宜人，保留一些较完整的古寺院、古街道等人文景观，可以说该地区环境山清水秀、海岛风光、海产丰富、渔乡风情。此区域港湾风情度假区凭借优良的自然资源、滨海休闲度假、水上运动、游艇休闲等特色成为“长三角”重要的港湾旅游度假区和滨海生态人居社区。

目前电厂附近已有的主要旅游项目有黄贤森林公园、莼湖海上餐饮、横山岛小普陀、象山黄避岙北黄金海岸度假村，在建的主要旅游项目有宁海湾旅游度假区和宁海游艇基地，拟建的主要旅游项目有松岙峰景湾和奉化阳光海湾（表2.3－3）。

表2.3－3 电厂附近主要滨海旅游开发项目

单位：km^2

序号	项目名称	用地面积	备注
1	黄贤森林公园	7.48	已建
2	莼湖海上餐饮	/	已建
3	横山岛小普陀	0.175	已建
4	象山黄避岙北黄金海岸度假村	/	已建
5	宁海湾旅游度假区	5.57	在建
6	游艇基地（宁海）	4.27	在建
7	松岙峰景湾	0.87	拟建
8	奉化阳光海湾	21.78	拟建

3　电厂温排水对象山港海域生态环境影响分析

电厂温排水对海洋生态环境的影响是一个长期、缓慢的过程。温排水排入海洋后引起了一系列的生态与环境效应，主要包括一定范围内水体的升温，对营养盐、光照强度、水温和pH等水体环境因子具有综合的影响，对浮游生物、鱼类产卵场、索饵场、养殖场以及鱼类的产卵、卵化、生长能力产生一定的负面影响。象山港是一个封闭型港湾，水动力交换周期长，由电厂温排水引起的海洋生态环境效应尤为明显。通过象山港电厂运营前环境资料（2001年调查）与象山港电厂运营后环境现状（2011年调查）比较，分析象山港电厂温排水对象山港整体生态环境影响。

3.1　电厂运营前象山港海域生态环境状况

宁波海洋环境监测中心站2001年于在象山港海域开展夏冬两个航次调查（黄秀清，2008）。该项目水文动力设置了12个站，水质设置了大面站20个，沉积物设置了大面站20个站，生物生态共设置了大面站8个，潮间带生物设置了5条断面（图3.1－1）。水文指标为：流速、流向、含沙量、潮位。水质调查指标为：水温、水色、透明度、盐度、pH、溶解氧、化学

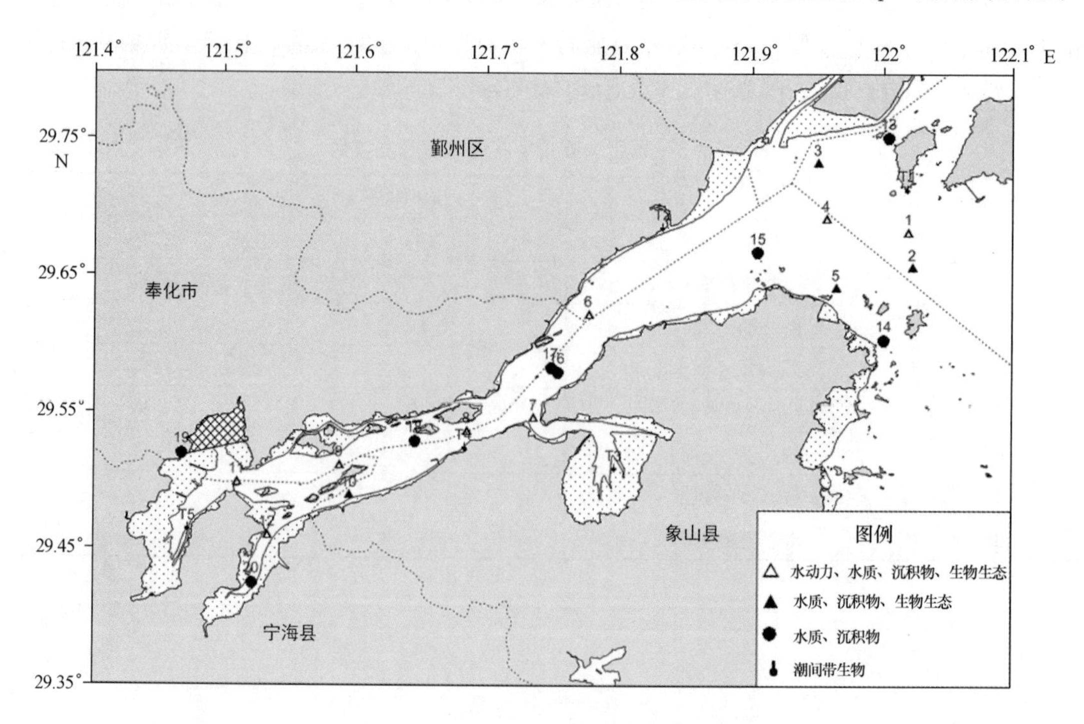

图3.1－1　2001年象山港海域大面调查范围

需氧量、氨氮、亚硝酸盐、硝酸盐、活性磷酸盐、石油类、总有机碳、重金属项目(铜、铅、锌、镉、铬、汞和砷)。沉积物调查指标为粒度、硫化物、有机质、石油类。生物生态为:浮游植物、浮游动物、底栖生物、潮间带生物的种类、数量、生物量。

3.1.1 水质

3.1.1.1 水温、盐度

1)水温

象山港海域水温随季节变化比较明显,夏季水温高、冬季水温低。夏、冬季水温变化范围分别为24.0~31.0℃、3.0~14.2℃,平均水温分别为28.7℃和11.3℃。同一季节的涨、落潮水温相差不明显。

夏季,象山港近岸水温较高,外海水温较低。象山港港底,表层水温水平差异较小,温差不超过0.4℃;象山港港中,表层水温水平差异也较小,温差不超过0.6℃;象山港港口相对温差较大,为0.9℃。冬季,象山港近岸水温较低,外海水温较高。象山港港底,表层水温水平差异较小,温差不超过0.5℃;象山港港中,表层水温水平差异也较小,温差不超过0.8℃;象山港港口相对温差较大,为1.0℃(图3.1-2)。

2)盐度

象山港海域盐度变化与季节、潮时有关,夏、冬季盐度测值范围分别为23.657~31.322、12.386~25.126,平均值分别为28.136和23.670,底层大于表层。涨潮时的盐度平均值大于落潮,但差值较小。

总体来看,象山港盐度的空间分布基本呈港口高,由港口向港底逐渐降低的趋势。落潮和涨潮时盐度等值线走向与流向相同,落潮时盐度等值线向港口方向凸出,涨潮时盐度等值线向港底方向凸进;从时间分布上看,不同季节盐度相差较大,夏季盐度明显大于冬季,相同季节内的不同潮时之间、不同水层之间盐度相差不大(图3.1-3)。

3.1.1.2 营养盐

1)无机氮

象山港海域无机氮含量夏、冬季测值范围分别为0.334~1.778 mg/dm^3、0.299~1.717 mg/dm^3,平均值分别为0.618 mg/dm^{3}和0.678 mg/dm^3。总的来看,象山港海域无机氮含量冬、夏季节相差很小,仅相差0.05 mg/dm^3,冬季低平潮大于高平潮。在平面分布上除夏季大潮高平潮表层无机氮外,基本上呈港底、港中大于港口海域,且内港铁港、黄墩港和西沪港多为无机氮的高含量区。但不同季节、不同潮时之间的无机氮的平面分布又存在细微的差别(图3.1-4)。

2)无机磷

象山港海域无机磷含量夏、冬季测值范围分别为0.013~0.062 mg/dm^3、0.005~0.359 mg/dm^3,平均值分别为0.035 mg/dm^{3}和0.042 mg/dm^3。无机磷含量变化特征为落潮大于涨潮。无机磷平面分布上呈现港底大于港中和港口的趋势(图3.1-5)。

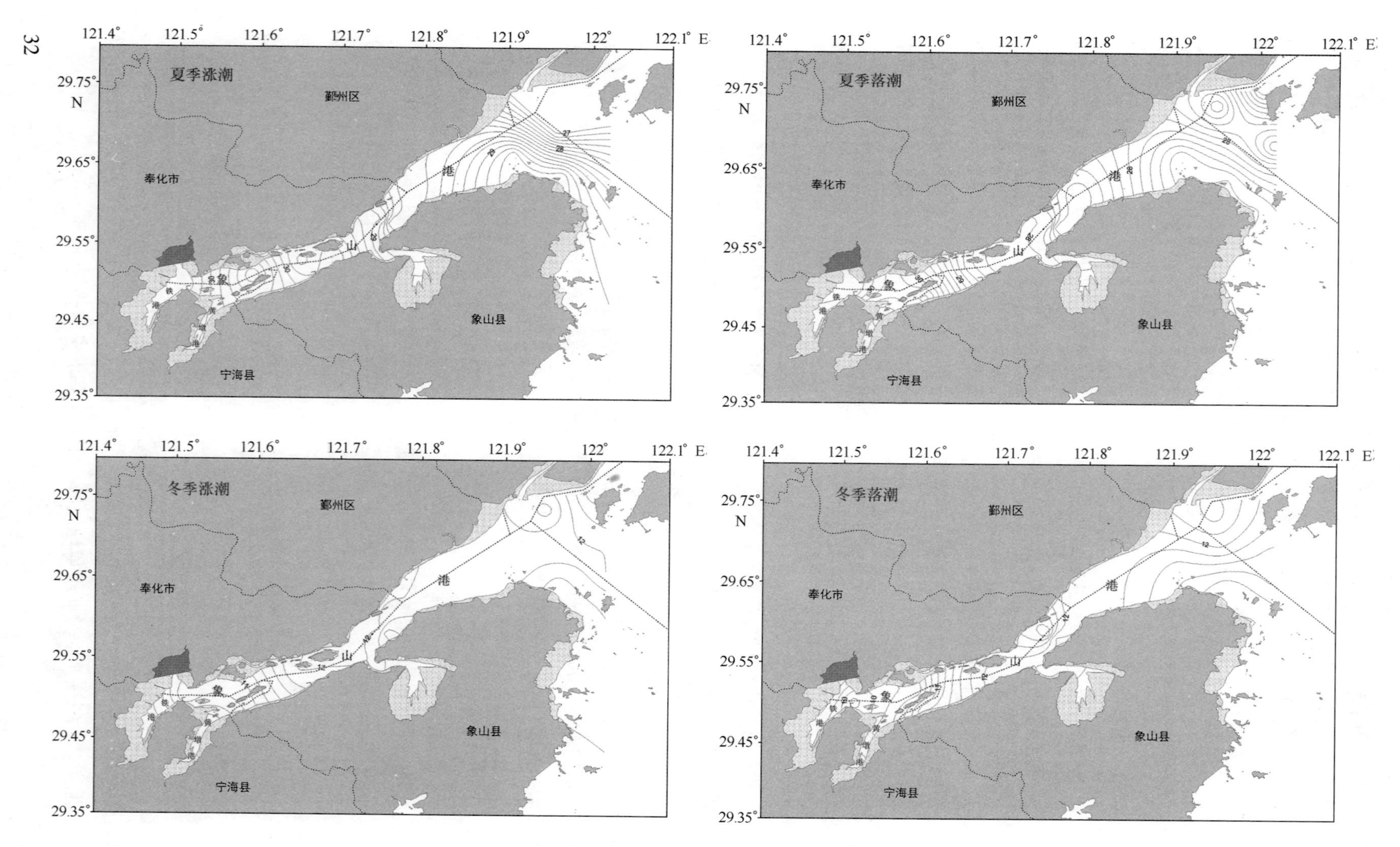

图 3.1-2　2001 年表层水温平面分布（℃）

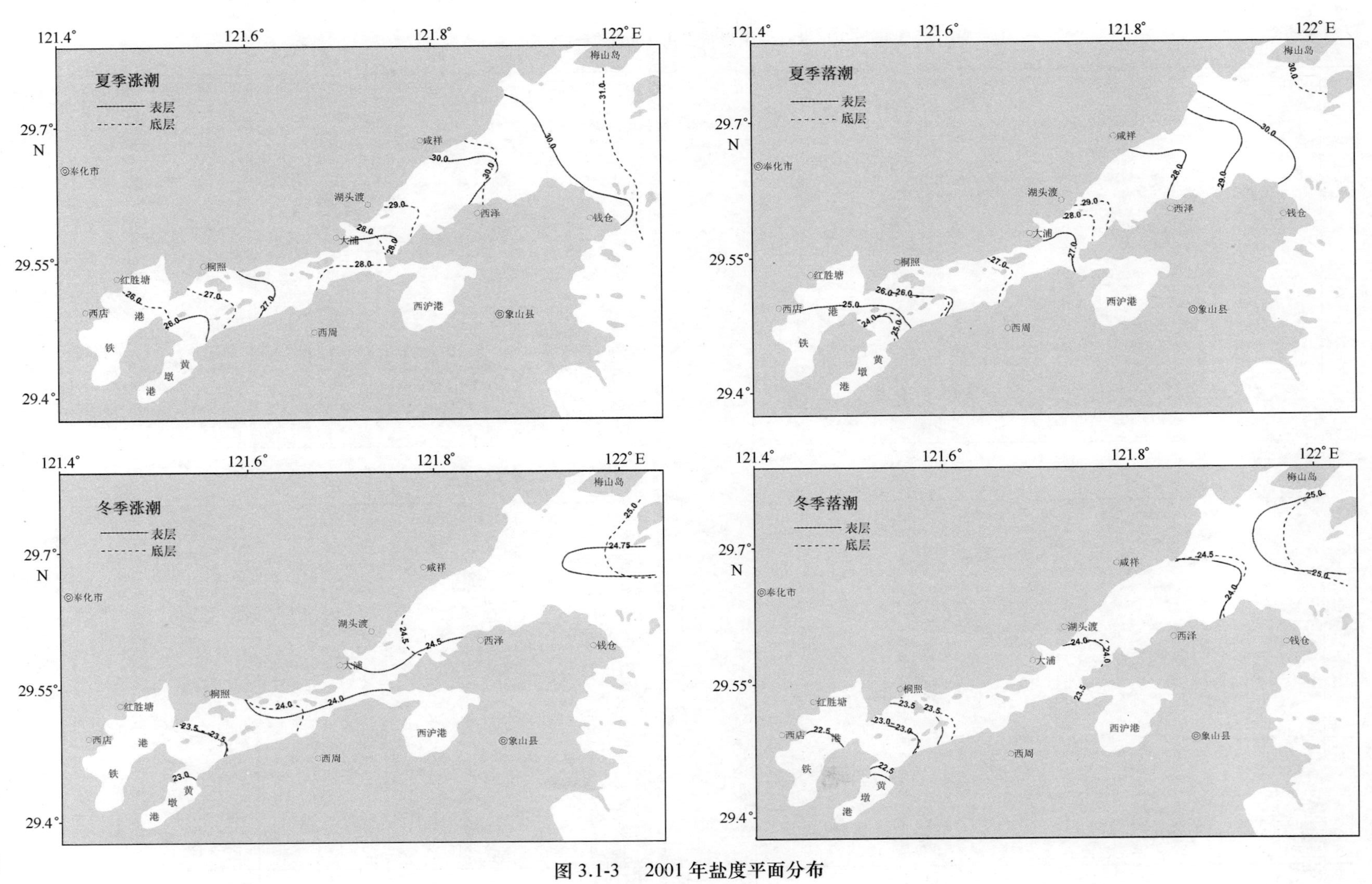

图 3.1-3 2001 年盐度平面分布

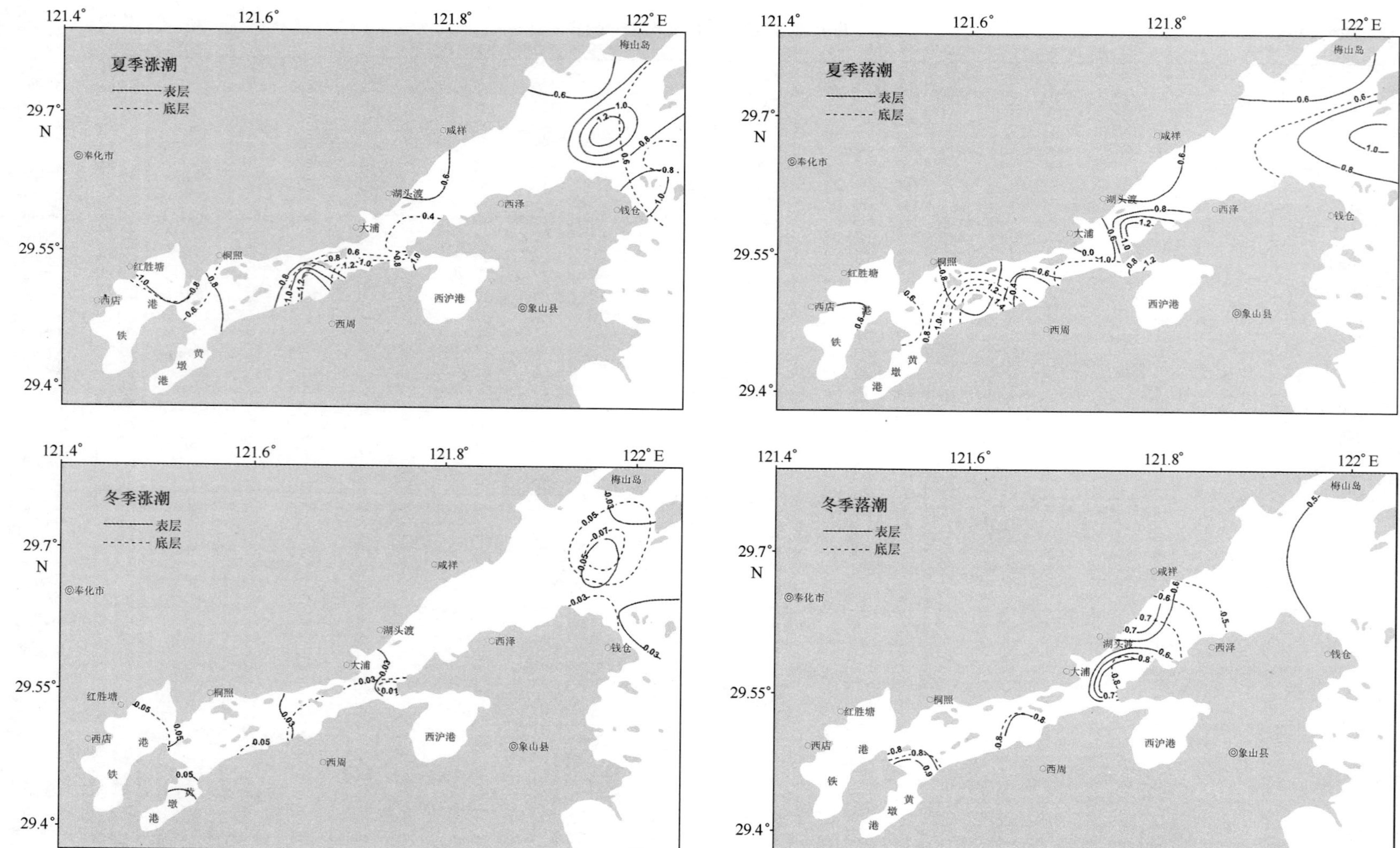

图 3.1-4　2001 年无机氮平面分布（mg/dm^3）

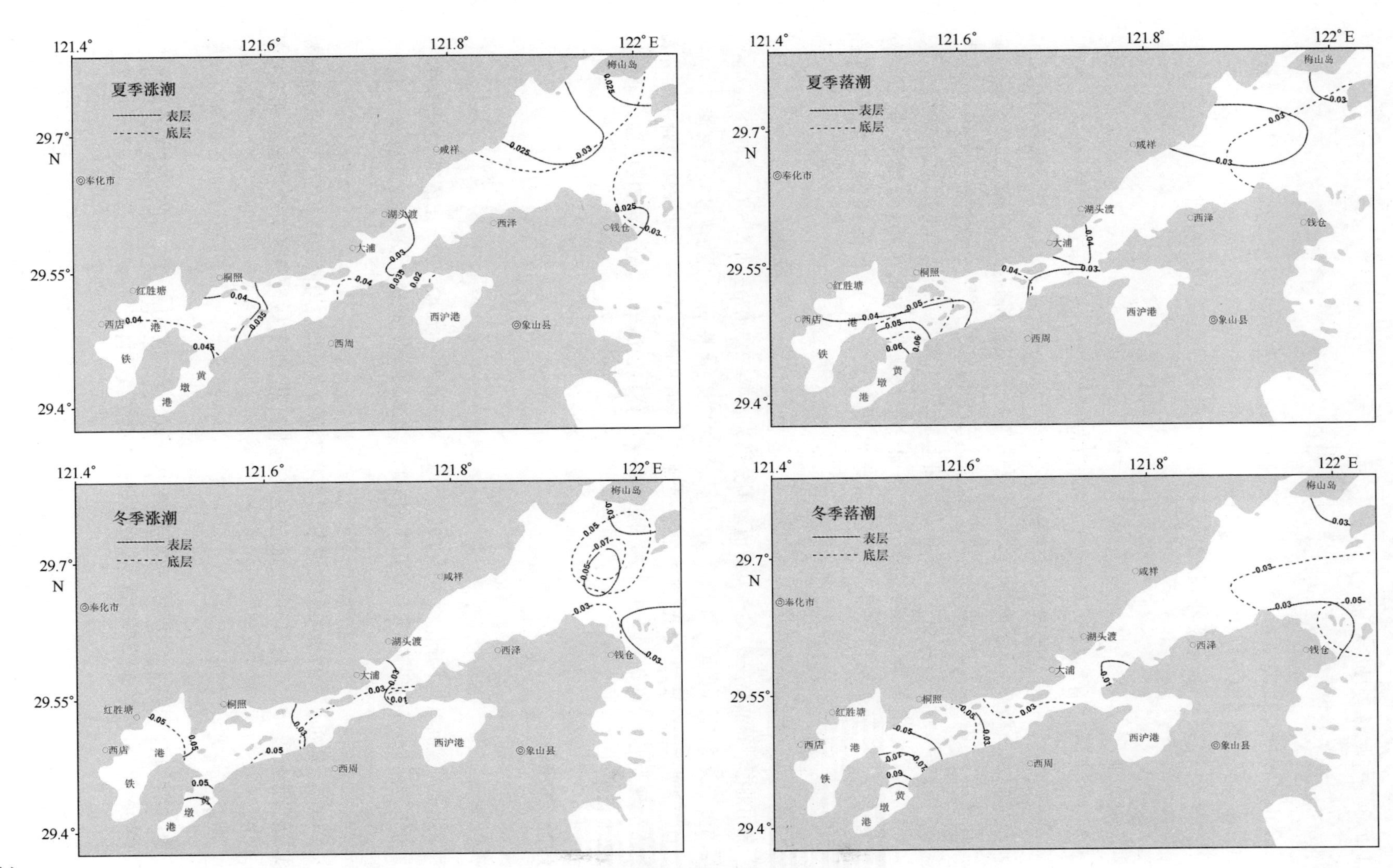

图 3.1-5　2001 年无机磷平面分布（mg/dm³）

3.1.1.3 有机污染物

1）化学需氧量

象山港海域化学需氧量含量夏、冬季测值范围分别为0.08～5.04 mg/dm^3、0.08～1.50 mg/dm^3，平均值分别为1.49 mg/dm^{3}和0.61 mg/dm^3。季节变化为夏季高于冬季。在平面分布上，除冬季落潮外，各季各潮次基本呈现口门高，港中和港底低的特点（图3.1－6）。

2）总有机碳

象山港海域总有机碳含量夏、冬季测值范围分别为1.19～6.49 mg/dm^3、1.75～3.27 mg/dm^3，平均值分别为2.57 mg/dm^{3}和2.35 mg/dm^3。象山港海域总有机碳含量的分布呈现夏季略高、冬季略低的特征，夏季与冬季相差将近0.30 mg/dm^3；总有机碳含量在夏季变化幅度较大，而冬季变化较小。总有机碳各季各潮次平面分布各不相同，夏季落潮时平面分布呈现港中、港底大于港口区的分布特征；夏季涨潮时呈现局简单，港口、中部高，港中底部低。冬季落潮时平面分布较复杂，总的来看，呈现高、低值相间分布的特征；冬季涨潮时平面分布呈现港湾中部大于港口和港底的分布特征（图3.1－7）。

3）石油类

象山港海域石油类在夏、冬季其测值范围分别为8.4～213.0 μg/dm^3、5.0～640.0 μg/dm^3，平均值分别为51.3 μg/dm^{3}和42.3 μg/dm^3。石油类变化特征表现为落潮高于涨潮。

石油类平面分布较为复杂，夏季落潮呈现高、低值相间分布特征，夏季涨潮时平面分布上基本呈现为港口、底高于港中。冬季涨落潮平面分布较简单，均呈现港口、中部大于底部（图3.1－8）。

3.1.2 沉积物

1）硫化物

象山港海域沉积物中硫化物的测值范围为23.96×10^{-6}～136.42×10^{-6}，均值为52.49×10^{-6}。平面分布较简单，等值线稀疏，从整体上看呈现底部高于港口和港中（图3.1－9）。

2）有机质

象山港海域沉积物有机质的测值范围为0.35%～1.30%，均值为0.83%。平面分布等值线较密，递度差异大。港口、港中部含量高于港底部，而黄墩港海域有机质含量最低（图3.1－10）。

3）石油类

象山港海域沉积物油类的测值范围为26.90×10^{-6}～182.70×10^{-6}，均值为59.09×10^{-6}。平面分布比较简单，呈现港中部高于港口港底部（图3.1－11）。

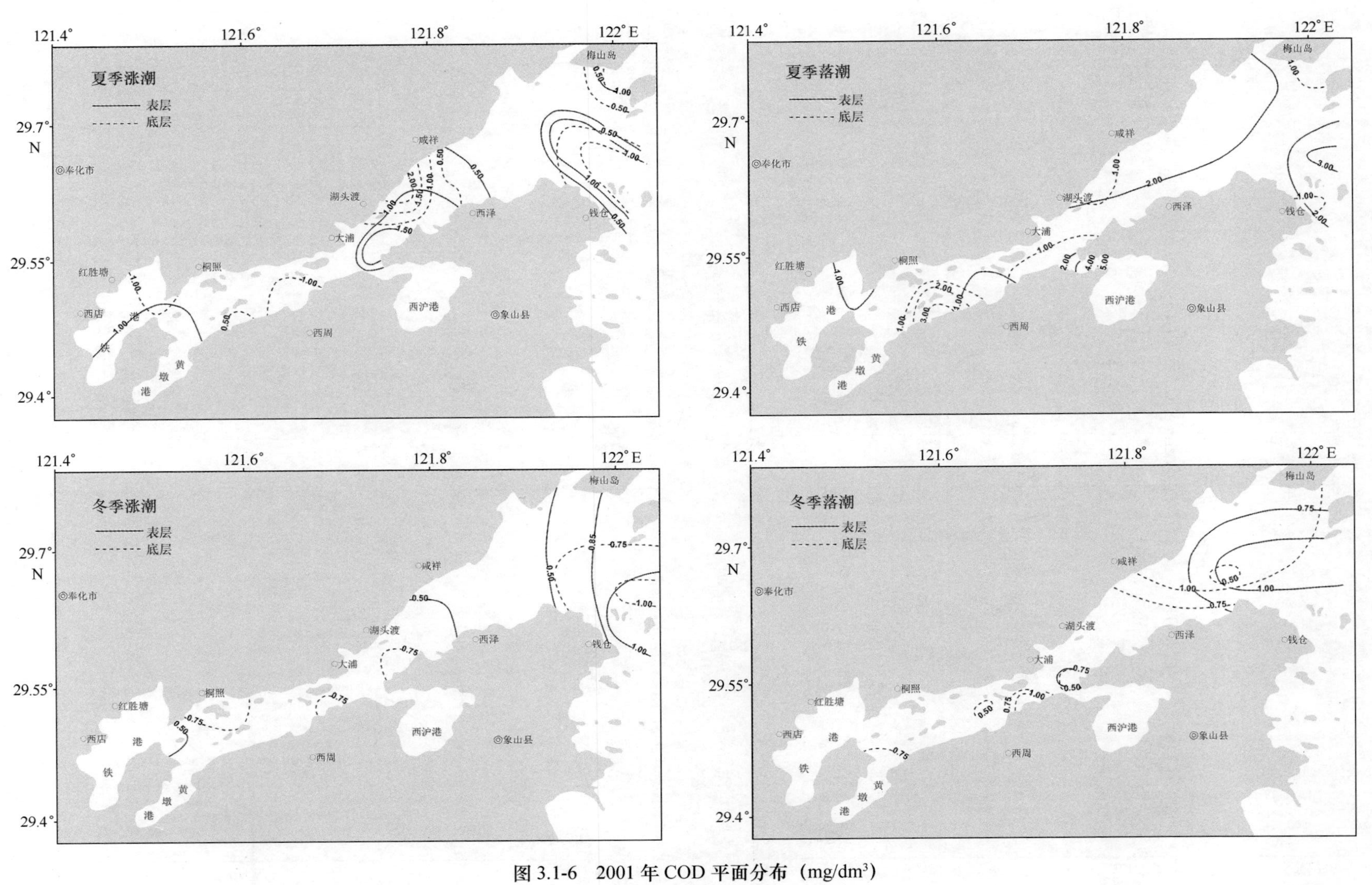

图 3.1-6　2001 年 COD 平面分布（mg/dm³）

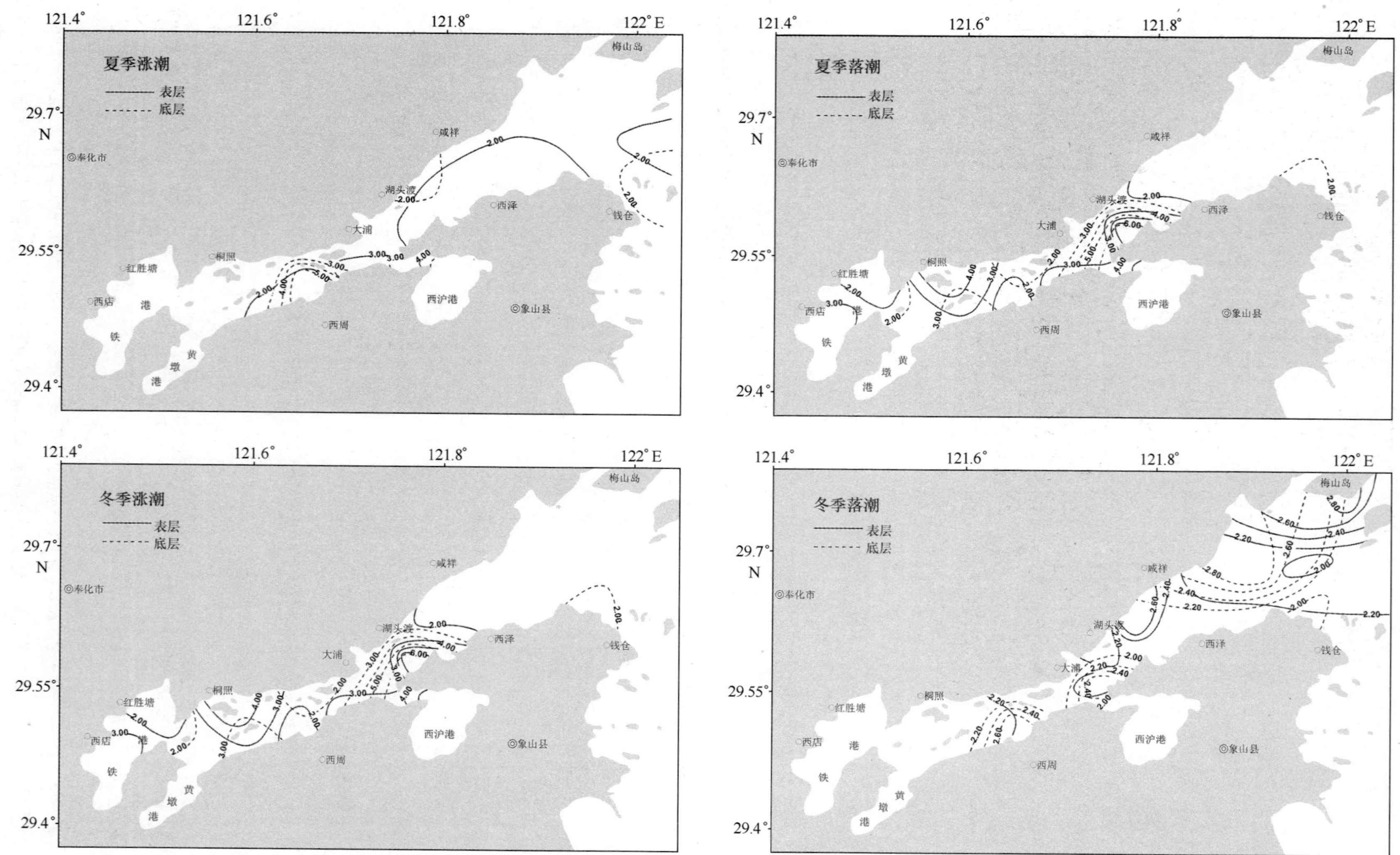

图 3.1-7　2001 年总有机碳平面分布（mg/dm³）

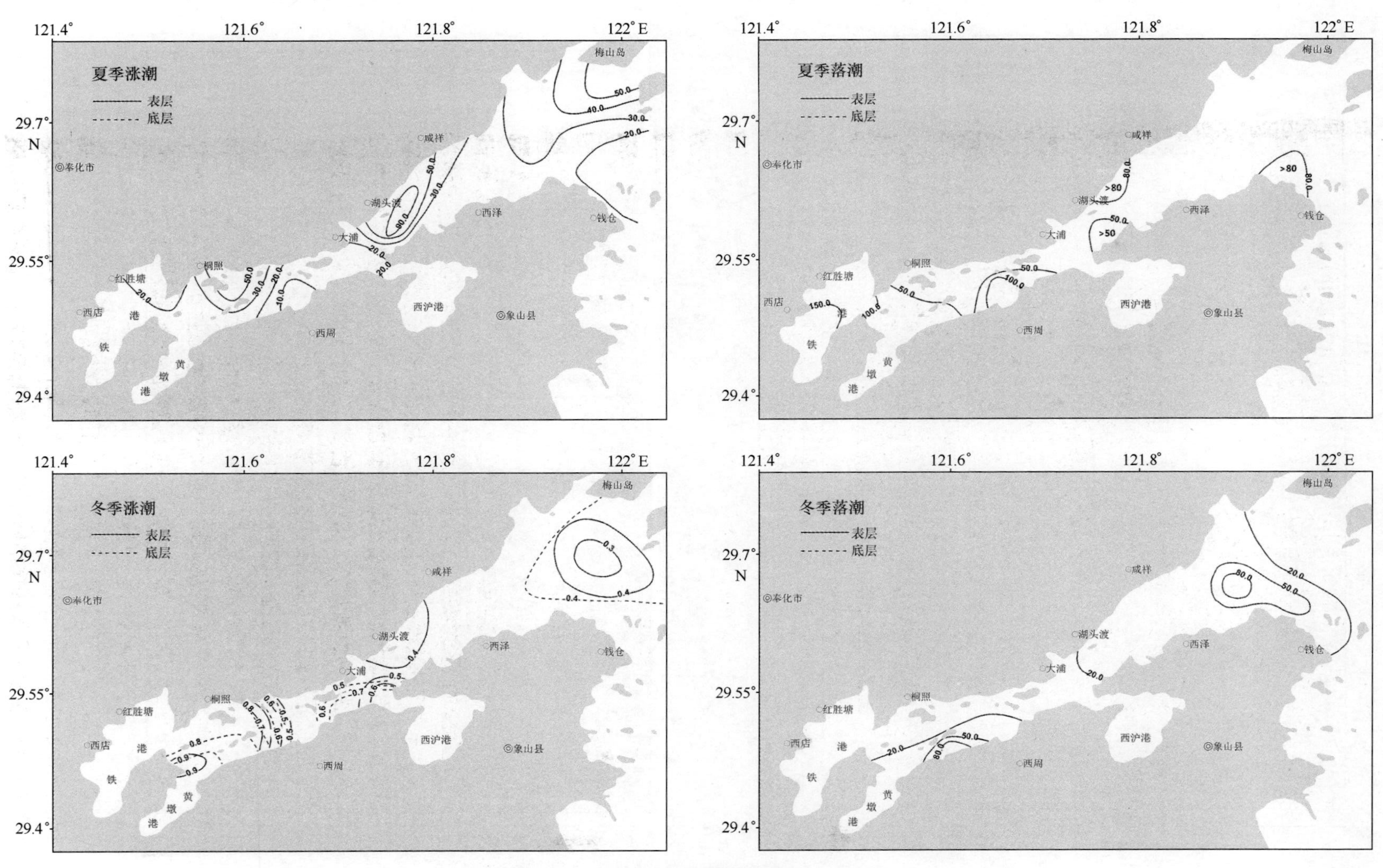

图 3.1-8 2001 年石油类平面分布（μg/dm³）

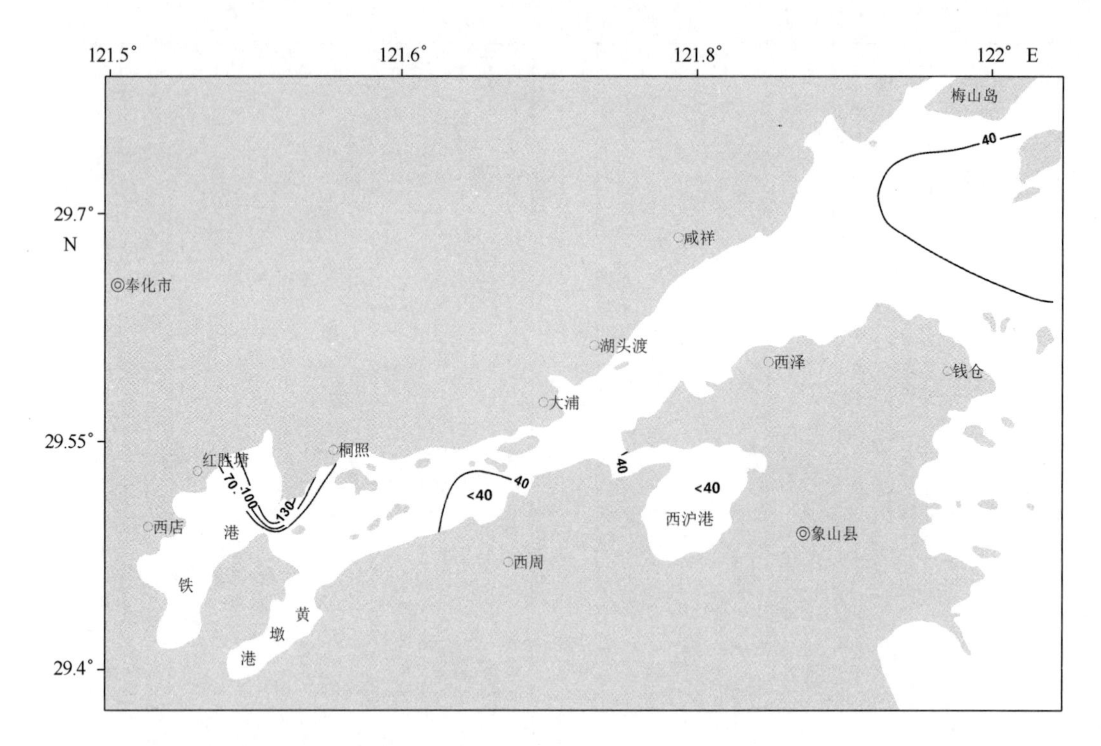

图 3.1-9　2001 年夏季沉积物硫化物平面分布($\times 10^{-6}$)

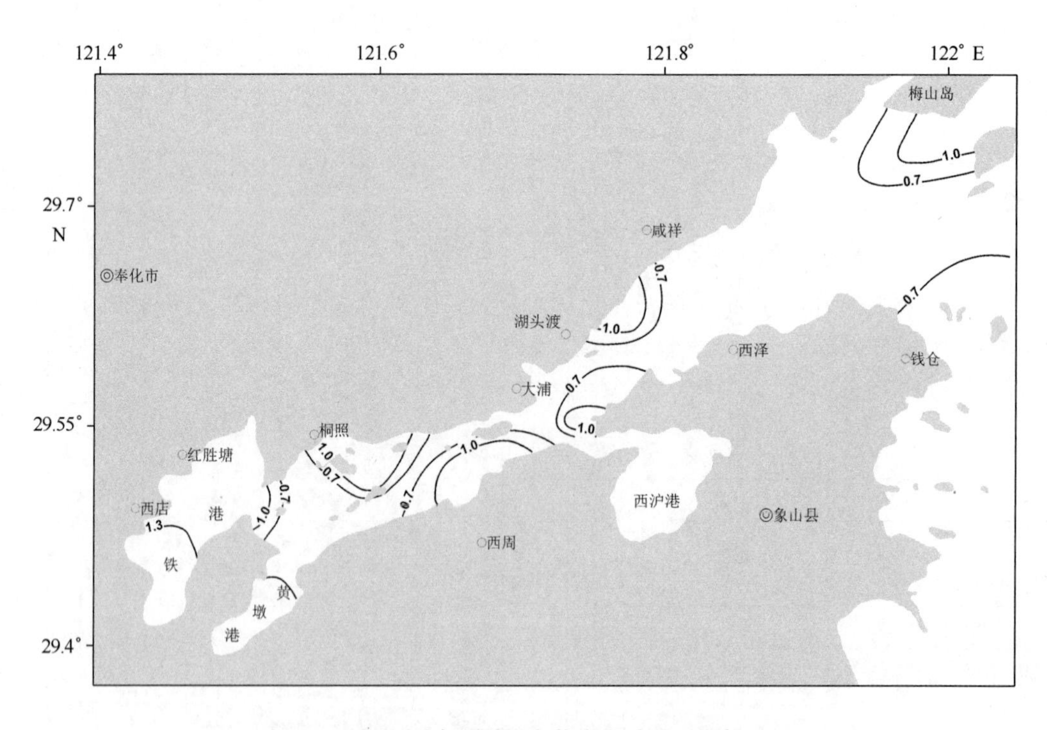

图 3.1-10　2001 年夏季沉积物有机质平面分布(%)

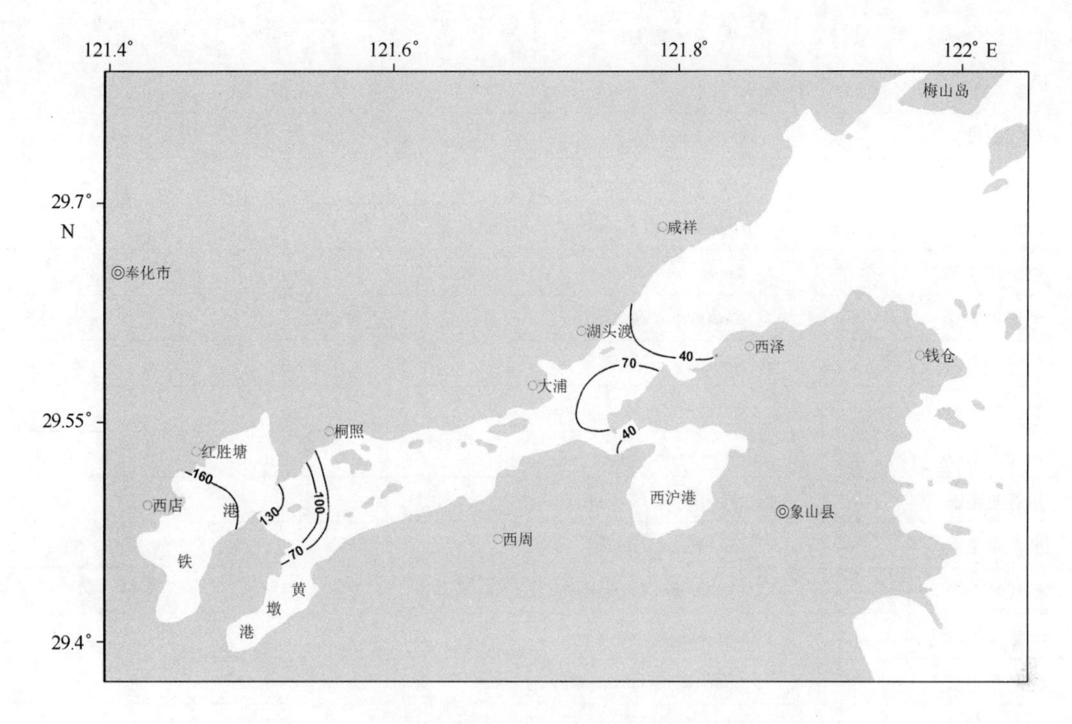

图 3.1－11　2001 年夏季沉积物石油类平面分布（$\times 10^{-6}$）

3.1.3　生物生态

3.1.3.1　浮游植物

1）种类组成

象山港海域浮游植物种类繁多，夏季共调查到 68 种，以硅藻门为主，25 属 56 种；其次为甲藻门 6 属 11 种；金藻门 1 属 1 种。硅藻门中，角毛藻属种数最多，共 11 种；其次为圆筛藻属，有 9 种；菱形藻有 5 种；根管藻属有 4 种。甲藻门中以角藻属的种类较多，有 5 种。1 冬季调查到 78 种，同样以硅藻门为主，28 属 66 种；其次为甲藻门 4 属 8 种；蓝藻门 2 属 2 种，绿藻门和金藻门各 1 种。2001 年夏、冬两次调查到 98 种（表 3.1－1）。

表 3.1－1　2001 年象山港海域浮游植物名录

种名	拉丁名	8 月	12 月
硅藻门	**Diatomophyta**		
华美辐裥藻	*Actinoptychus splendens*		+
三舌辐裥藻	*Actiophychus trilingulatus*	+	
翼茧形藻	*Amphiprora alata*	+	+
活动盒形藻	*Biddulphia mobiliensis*		+
中华盒形藻	*Biddulphia sinensis*	+	+
柏氏角管藻	*Cerataulina bergoni*	+	
紧密角管藻	*Cerataulina compacta*	+	+

续表

种名	拉丁名	8月	12月
角管藻属	*Cerataulina* sp.		+
并基角毛藻	*Chaetoceros decipiens*		+
异常角毛藻	*Chaetoceros abnormis*	+	+
窄隙角毛藻*	*Chaetoceros affinis*	+	+
卡氏角毛藻	*Chaetoceros casttracanei*	+	+
旋链角毛藻*	*Chaetoceros curvisetus*	+	+
细齿角毛藻*	*Chaetoceros denticulatus*	+	
远距角毛藻	*Chaetoceros distans*	+	
垂缘角毛藻*	*Chaetoceros Laciniosus*	+	
罗氏角毛藻	*Chaetoceros Lauderi*	+	
洛氏角毛藻*	*Chaetoceros lorezianus*	+	+
日本角毛藻	*Chaetoceros nipponica*	+	
冕孢角毛藻*	*Chaetoceros subsecundus*	+	
角刺藻属	*Chaetoceros* sp.		+
海洋棘冠藻	*Corethron pelagicum*		+
豪猪棘冠藻	*Corethron hystrix*	+	+
蛇目圆筛藻	*Coscinodiscus argus*		+
弓束圆筛藻	*Coscinodiscus curvatulus*		+
线形圆筛藻	*Coscinodiscus lineatus*		+
星脐圆筛藻*	*Coscinodiscus asteromphalus*		+
有翼圆筛藻	*Coscinodiscus bipartitus*	+	+
中心圆筛藻*	*Coscinodiscus centralis*	+	+
小型弓束圆筛藻	*Coscinodiscus curvatulus* v. *minor*	+	+
偏心圆筛藻	*Coscinodiscus excentricus*		+
琼氏圆筛藻*	*Coscinodiscus jonesianus*	+	+
小眼圆筛藻	*Coscinodiscus oculatus*	+	+
虹彩圆筛藻	*Coscinodiscus oculsiridis*	+	+
辐射圆筛藻*	*Coscinodiscus radiatus*	+	+
有棘圆筛藻	*Coscinodiscus spinosus*	+	+
苏氏圆筛藻	*Coscinodiscus thorii*	+	+
圆筛藻属	*Coscinodiscus* sp.		+
小环藻属	*Cyclotella* sp.	+	+
地中海指管藻*	*Dactyliosolen mediterraneus*		+
蜂腰双壁藻	*Diploneis bombus*		+

续表

种名	拉丁名	8月	12月
施氏双壁藻	*Diploneis schmidtii Cleve*		+
太阳双尾藻	*Ditylum sol*		+
布氏双尾藻*	*Ditylum brightwellii*	+	+
海生斑条藻	*Grammatophora marina*		+
波罗的海布纹藻	*Gyrosigma balticum*		+
布纹藻属	*Gyrosigma* sp.	+	+
星形明盘藻	*Hyalodiscus stelliger*	+	
丹麦细柱藻*	*Leptocylindrus danicus*	+	+
短楔形藻	*Licmophora abbreviata*		+
念珠直链藻	*Melosira moniliformis*		+
拟货币直链藻*	*Melosira nummuloides*	+	
具槽直链藻	*Melosira sulcata*	+	+
舟形藻属	*Navicula* sp.		+
新月菱形藻	*Nitzschia closterium*	+	+
弯端长菱形藻*	*Nitzschia longissima* Var. *reversa*	+	+
洛氏菱形藻	*Nitzschia Lorenziana*	+	+
奇异菱形藻*	*Nitzschia paradoxa*	+	
尖刺菱形藻*	*Nitzschia pungens*	+	+
琴式菱形藻	*Nitzschia panduriformis*		+
菱形藻属	*Nitzschia* sp.		+
三角褐指藻	*Phaeodactylum tricornutum*	+	+
斜纹藻属	*Pleurosigma* sp.	+	+
相似斜纹藻	*Pleurosigma affinis*	+	+
美丽斜纹藻	*Pleurosigma formosum*	+	+
培氏根管藻	*Rhizosolenia bergonii*	+	
柔弱根管藻*	*Rhizosolenia delicatula*	+	+
刚毛根管藻	*Rhizosolenia setigera*	+	+
笔尖形根管藻	*Rhizosolenia styliformis*	+	+
中肋骨条藻*	*Skeletonema costatum*	+	+
掌状冠盖藻*	*Stephanopyxis palmeriana*	+	+
华壮双菱藻	*Surirella fastuosa Greville*	+	+
针杆藻属	*Synedra* sp.	+	+
密连海链藻	*Thalassiosira condensata*		+
诺氏海链藻*	*Thalassiosira nordenskioldi*	+	+

续表

种名	拉丁名	8月	12月
圆海链藻*	*Thalassiosira rotula*	+	
细弱海链藻*	*Thalassiosira subtilis*	+	+
佛氏海毛藻*	*Thalassiothrix frauenfeldii*	+	+
菱形海线藻*	*Thalssionema nitzschiodes*	+	+
弯杆藻属	*Achnanthes*	+	
甲藻门	**Dinophyta**		
真叉状角藻*	*Ceratium furca*	+	+
梭角藻*	*Ceratium fusus*	+	+
长角角藻	*Ceratium macroceros*	+	
马西里亚角藻*	*Ceratium massilense*	+	
三角角藻	*Ceratium tripos*	+	+
鳍藻属	*Dinophysis* sp.	+	+
具指膝沟藻*	*Gonyaulax digitale*	+	+
扁形多甲藻*	*Peridinium depressum*	+	
具齿原甲藻*	*Prorocentrum dentatum*	+	
微型原甲藻*	*Prorocentrum minimum*		+
原甲藻属	*Prorocentrum* sp.	+	+
尖叶原甲藻*	*Prorocentrum triestinum*		+
扁甲藻属	*Pyrophacus* sp.	+	
蓝藻门	**Cyanophyta**		
微囊藻	*Microcystis* sp.		+
铁氏束毛藻*	*Trichodesmium thiebauti*		+
绿藻门	**Chlorophyta**		
十二单突盘星藻	*Pediastrum simplex* var. *duodenarium*		+
金藻门	**Chrysophyta**		
异刺硅鞭藻属	*Distephanus* sp.		+
六异刺硅鞭藻	*Distephanus speculum*	+	

注：*表示赤潮生物，+表示出现该种生物。

2）数量及平面分布

2001年夏季，调查区浮游植物网样细胞数量涨憩时平均值为8.6×10^5 cells/m^3，落憩时平均值为1.5×10^6 cells/m^3。调查区浮游植物水样细胞数量涨憩时平均值为2.1×10^4 cells/dm^3，落憩时平均值为2.6×10^4 cells/dm^3。浮游植物密度自港口向港底方向逐渐降低，在落憩时港中部海域低，港口和港底海域高，而在涨憩时港口海域高，港中部和港底海域都较低（图3.1－12～图3.1－15）。

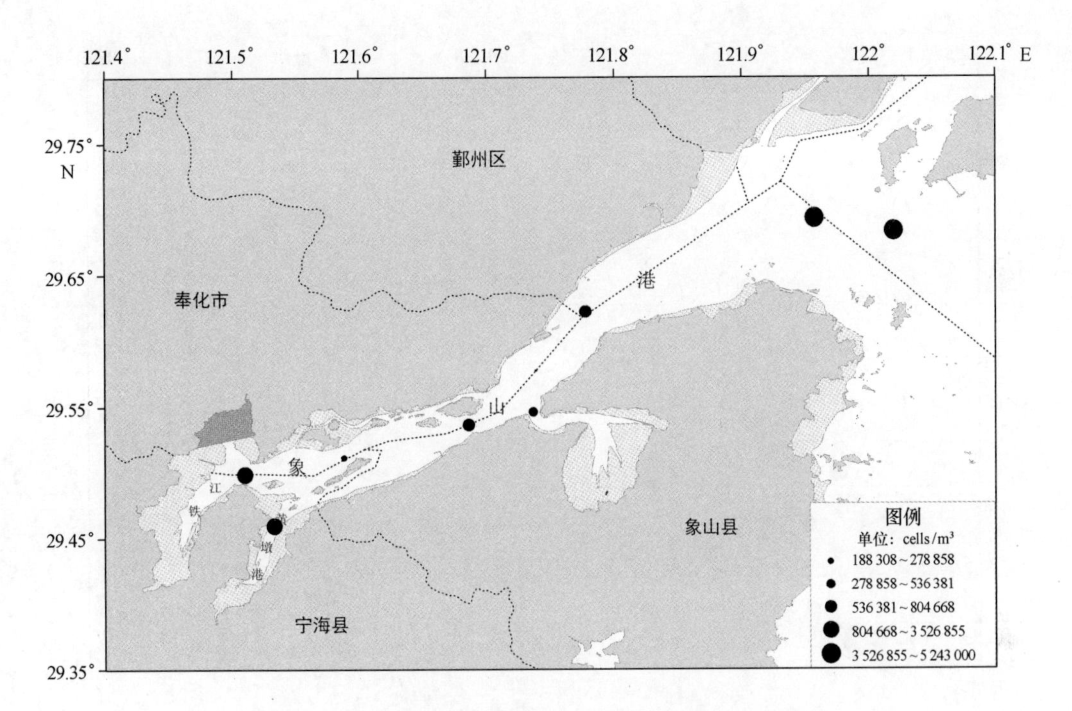

图 3.1－12　象山港夏季浮游植物网样密度分布(落潮)

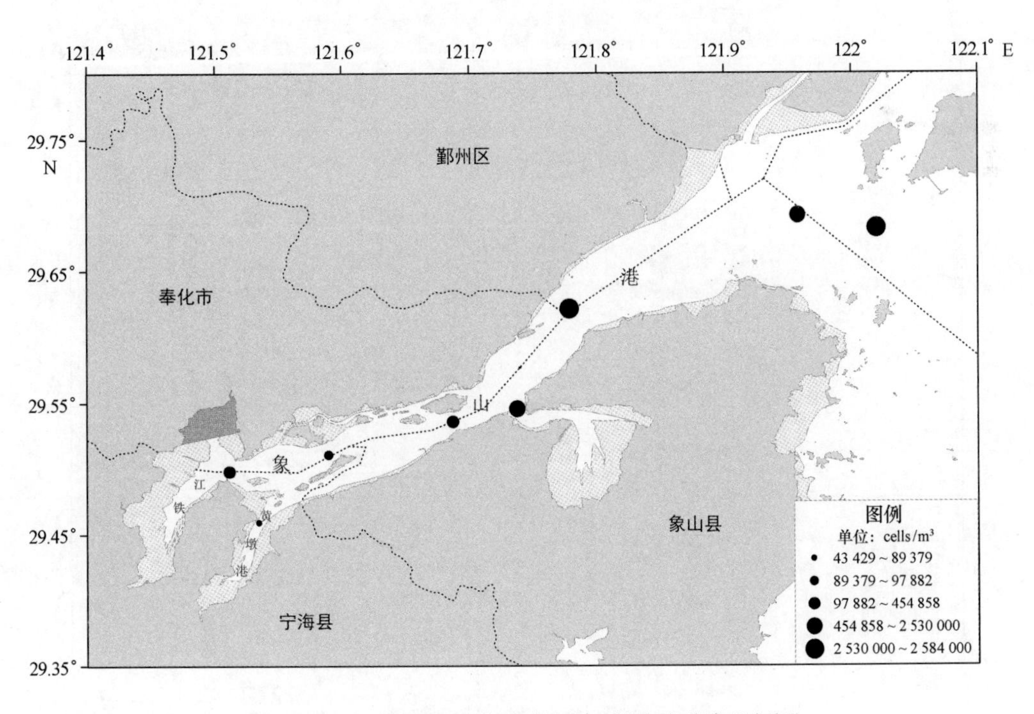

图 3.1－13　象山港夏季浮游植物网样密度分布(涨潮)

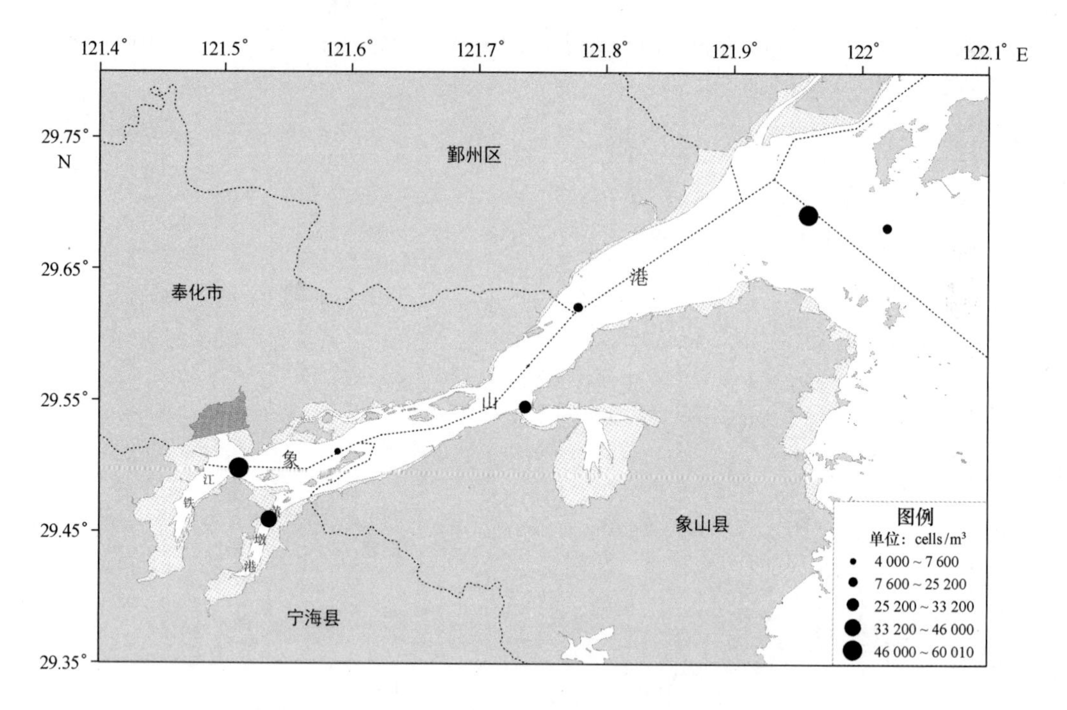

图 3.1－14　象山港夏季浮游植物水样密度分布(落潮)

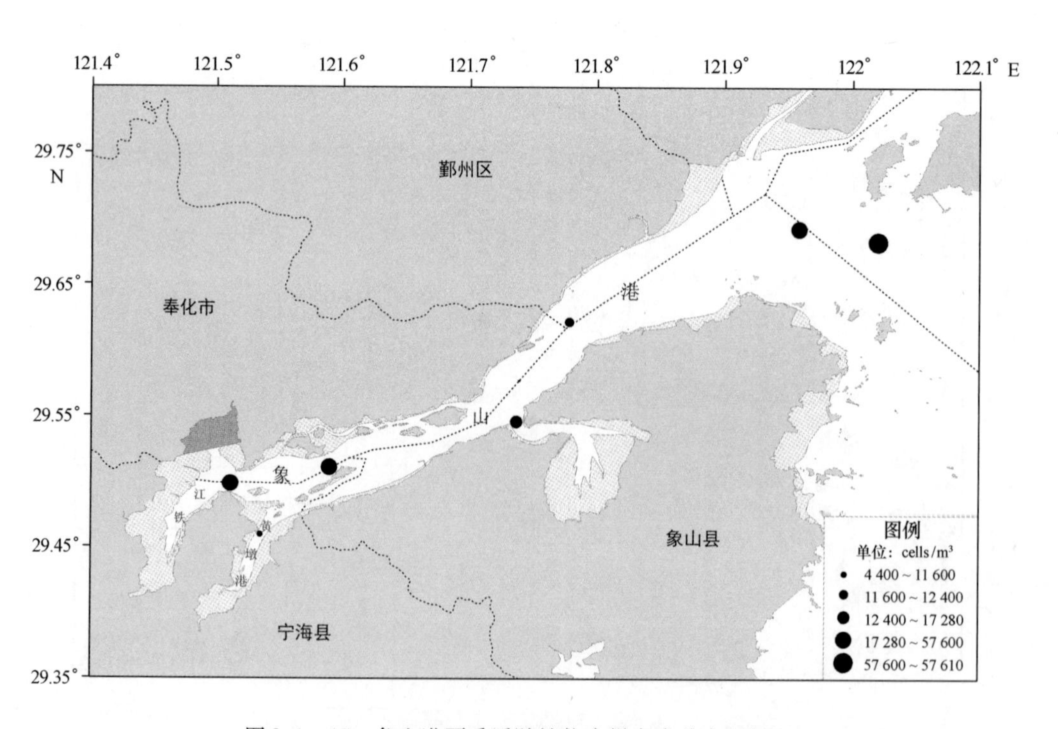

图 3.1－15　象山港夏季浮游植物水样密度分布(涨潮)

2001 年冬季，涨憩时调查区浮游植物网样密度平均值为 3.5×10^{5} cells/m^3，落憩时平均值为 5.8×10^{5} cells/m^3。调查区浮游植物水样细胞数量涨憩时平均值为 1.4×10^{4} cells/dm^3，落憩时平均值为 1.3×10^{4} cells/dm^3。落憩时港中和港底高于港口，涨憩港口和港底高于港中（图 3.1－16～图 3.1－19）。

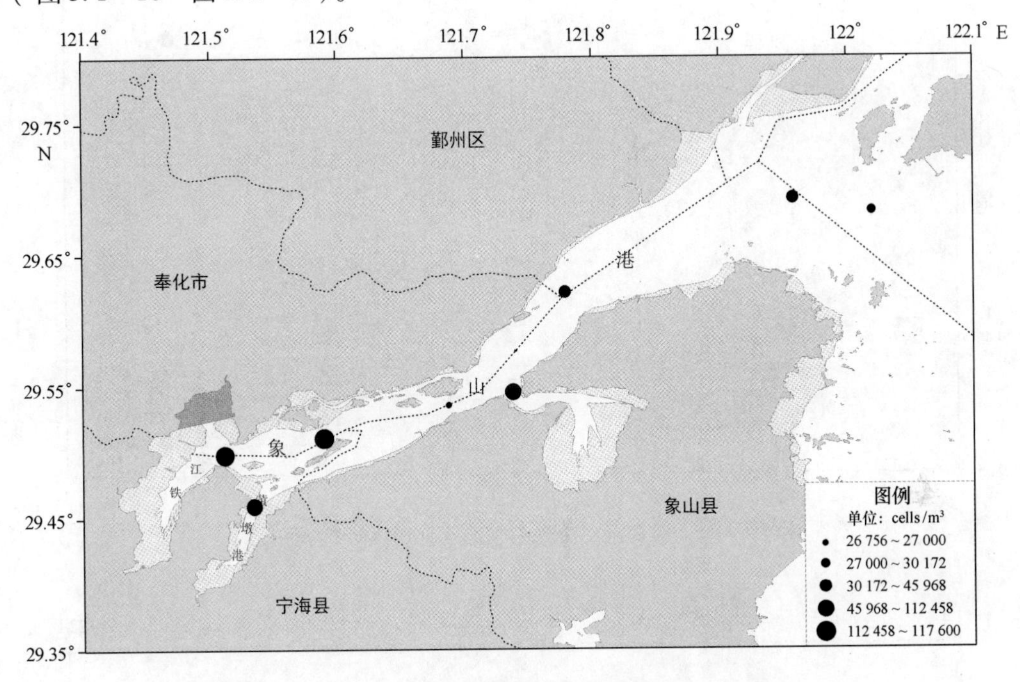

图 3.1－16　象山港冬季浮游植物网样密度分布（落潮）

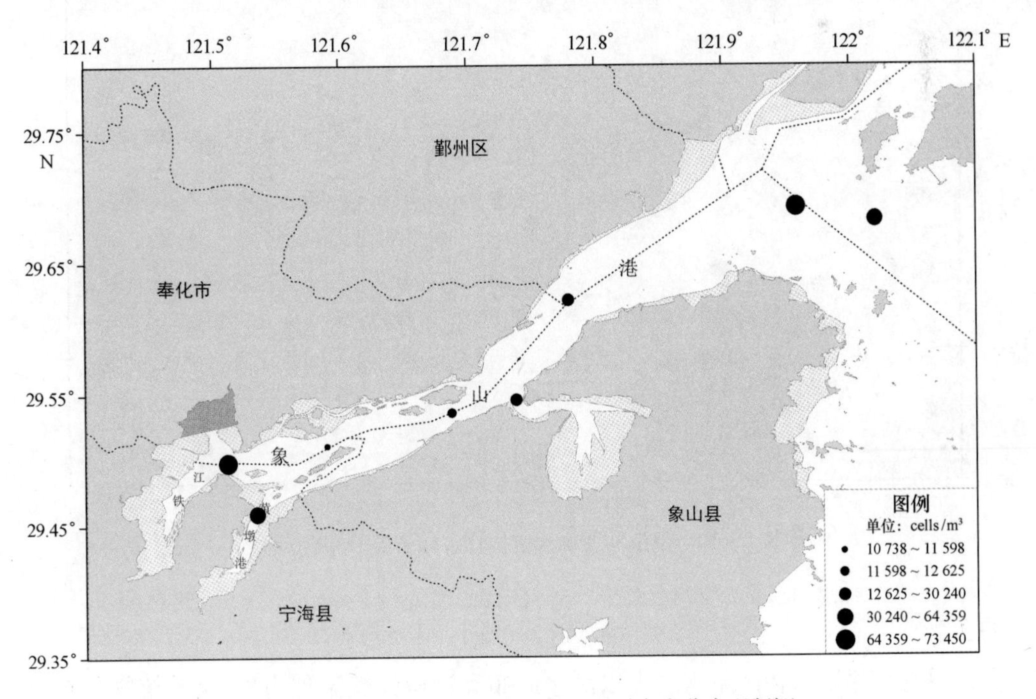

图 3.1－17　象山港冬季浮游植物网样密度分布（涨潮）

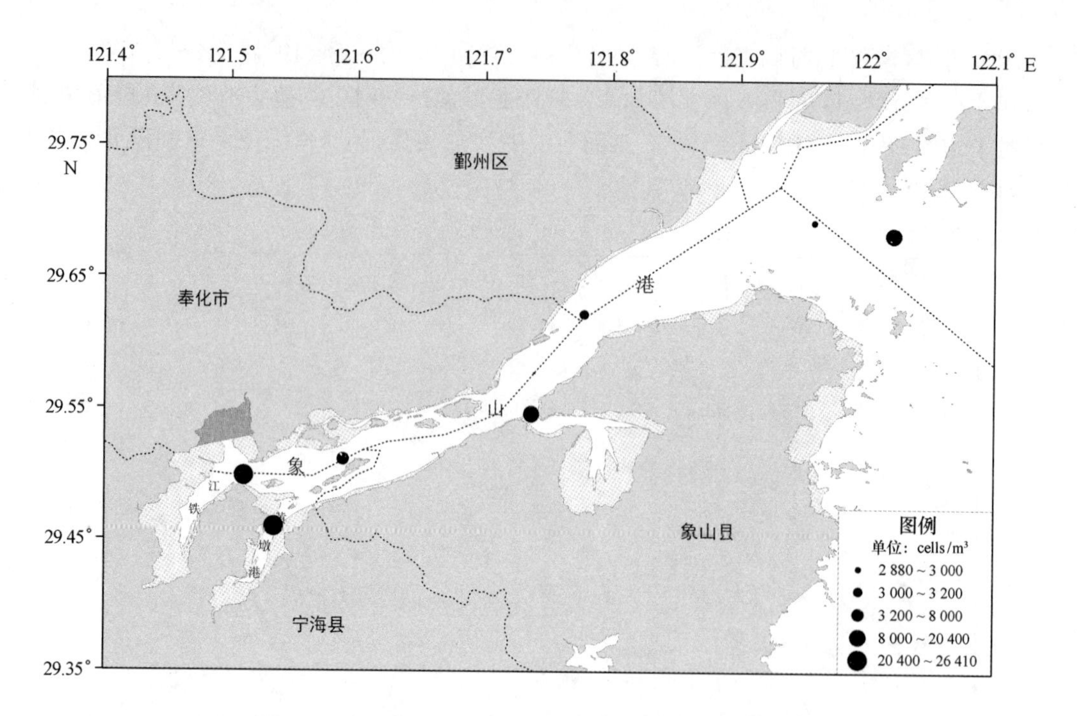

图 3.1－18　象山港冬季浮游植物水样密度分布(落潮)

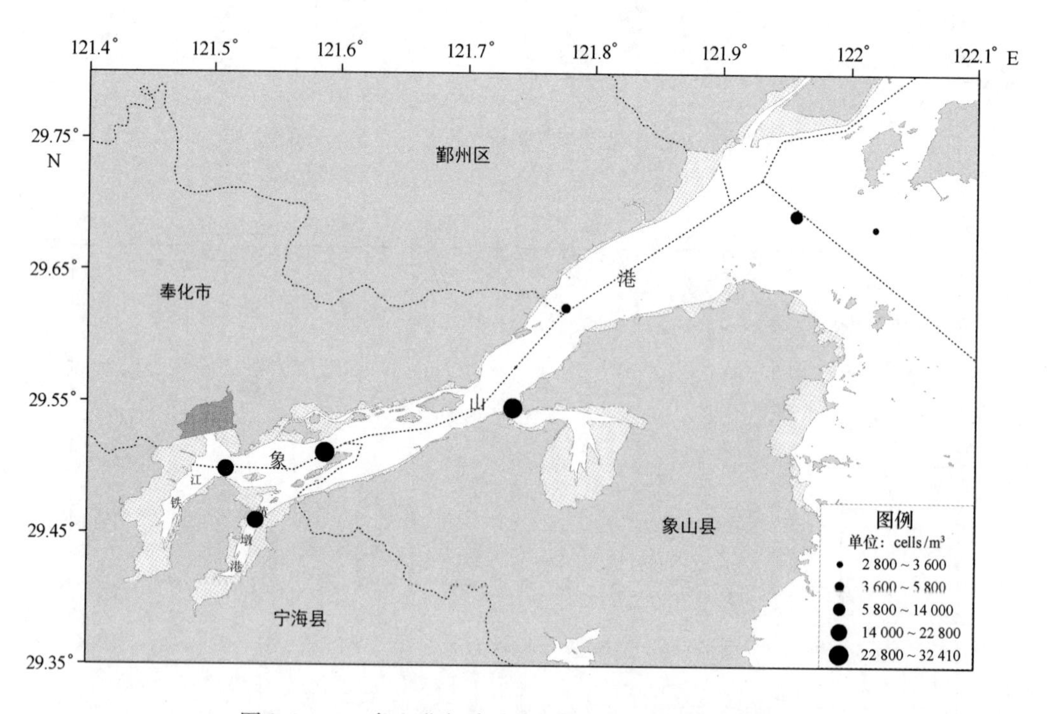

图 3.1－19　象山港冬季浮游植物水样密度分布(涨潮)

3）生态类型

象山港海域浮游植物区系组成中以沿岸广布和近岸性暖温种为主，浮游植物分布有较明显的区域特征，其种类组成的生态特点大致可以归纳为以下几个生态类型。

(1)近岸低盐性群落

中华盒形藻、窄隙角毛藻、布氏双尾藻、尖刺菱形藻、佛氏海毛藻、三角角藻、梭角藻、长角角藻、扁形多甲藻等种类为温带近岸性群落的代表种,该群落为本区的优势类群。

(2)外海高盐群落

辐射圆筛藻、虹彩圆筛藻、笔尖形根管藻等属温带外海性群落,虹彩圆筛藻在象山港分布广,且丰度较高,其余外海高盐种仅有零星分布,且数量较少。

(3)海洋广布性群落

主要代表种有垂缘角毛藻、中心圆筛藻、奇异菱形藻等,该群落的种类分布范围较小,且数量少。此外以菱形海线藻等为代表的沿岸广布种和翼茧形藻等半咸水种数量少。

3.1.3.2 浮游动物

1)种类组成

象山港海域浮游动物有19个类群75种(表3.1-2和表3.1-3)。其中,桡足类31种、毛颚类3种、管水母类1种、栉水母类2种,水螅水母亚纲2种,浮游多毛类2种、浮游软体类3种、介形类1种、端足类3种、涟虫类1种,糠虾类2种、磷虾类3种、十足类3种、被囊类2种、浮游幼虫类19种、海洋昆虫和海蜘蛛各1种,其中以桡足类占主导地位。

表3.1-2 2001年夏季象山港浮游动物分布状况

浮游动物	拉丁名	涨憩	落憩
昆虫纲	Insecte		
海洋昆虫	Insect und.	+	+
海蜘蛛纲	Pycnogonida		
海蜘蛛	*Pycnogonum ammothea* sp.	+	
桡足亚纲	Copepoda		
中华哲水蚤	*Calanus sinicus* Brodsky	+	+
针刺拟哲水蚤	*Calanoide aculeatus* Giesbrecht	+	+
华哲水蚤	*Sinensis* Poppe		+
双刺纺锤水蚤	*Acartia* sp.	+	+
太平洋纺锤水蚤	*Acartia pacifica* Steuer	+	+
双齿许水蚤	*Schmackeria dubia* Kiefer	+	
火腿许水蚤	*Schmackeria poplesia* Huang	+	+
普通波水蚤	*Undinula vulgaris*(Dana)	+	
达氏波水蚤	*Undinula darwinii* (Lubbock)	+	
强额似哲水蚤	*Paracalanus crassirostris* Dahl	+	+
小拟哲水蚤	*Paracalanus parvus* (Claus)		+
弓角基齿哲水蚤	*Clausocalanus arcuicornis*(Dana)	+	
缘齿厚壳水蚤	*Scolecithrix nicobarica* Sewell	+	+
双刺唇角水蚤	*Labidocera bipinnata* Tanaka		
锥形宽水蚤	*Temora turbinata* (Dana)		+
克氏纺锤水蚤	*Acartia clausi* Giesbrecht	+	+

续表

浮游动物	拉丁名	涨憩	落憩
双刺纺锤水蚤	*Acartia bifilosa*		+
右突歪水蚤	*Tortanus derjugini* Smironov		+
桡足亚纲	Copepoda		
背针陶刺水蚤	*Centropages dorsispinatus* Thompson et Scott	+	+
瘦尾胸刺水蚤	*Centropages tenuiremis* Thompson et Scott	+	
精致真刺水蚤	*Euchaeta concinna*(Dana)	+	+
平滑真刺水蚤	*Euchaeta plana* Mori	+	+
墨氏真刺水蚤	*Euchaeta mcmurrichi*	+	
真刺水蚤幼体	Euchaeta larva	+	+
真刺唇角水蚤	*Labidocera euchaeta* Giesbrecht	+	+
大眼剑水蚤属	*Corycaeus* sp.	+	
近缘大眼剑水蚤	*Corycaeus affinis* Mc Murrich		
椭形长足水蚤	*Calanopia elliptica* (Dana)	+	
汤氏长足水蚤	*Calanopia thompsoni* A. Scott	+	
大同长腹剑水蚤	*Oithona similis* Claus	+	
虫肢歪水蚤	*Tortanus vermiculus* Shen	+	+
介形亚纲	Ostracoda		
针刺真浮萤	*Euconchoecia aculeata* Scott	+	+
糠虾目	Mysidacea		
漂浮囊糠虾	*Gastrosaccus pelagicus* Ii	+	+
中华刺糠虾	*Acanthomysis sinensis* Ii	+	+
涟虫目	Cumacea		
针尾涟虫	*Diastylis* sp.	+	
磷虾目	Euphausiacea		
中华假磷虾	*Pseudeuphausia sinicas* Wang et chen	+	+
小型磷虾	*Euphausia nana*	+	
磷虾幼体	Euphausia larva	+	+

注：+表示出现该种生物。

表 3.1-3　2001 年冬季象山港浮游动物分布状况

浮游动物	拉丁名	涨憩	落憩
樱虾总科	Sergestioidea		
中国毛虾	*Acetes chinensis* Hansen	+	+
中型莹虾	*Lucifer intermedius* Hansen	+	+
玻璃虾总科	Pasiphaeoidea		
细螯虾	*Leptochela gracilis* Stimpson	+	+
端足目	Amphipoda		
钩虾	*Gammarus* sp.		+
蛾亚目	Hyperiidea		
大眼蛮蛾	*Lestrigonus macrophthalmus* Vosseler	+	+

续表

浮游动物	拉丁名	涨憩	落憩
尖头巾蛾	*Tullbergella cuspidata* Bovallius	+	+
栉水母动物门	CTENOPHORA		
球形侧腕水母	*Pleurobrachia globsa* Moser	+	+
瓜水母	*Beroe cucumis* Fabricius		+
水螅水母亚纲	Hydrozoa		
酒杯水母	*Phialucium* sp.		+
鲍氏水母	*Bougainvillia* sp.	+	
管水母亚纲	SIPHONOPHORA		
五角水母	*Muggiaea atlantic* Cunningham	+	+
毛颚动物门	Chaetognaths		
百陶箭虫	*Sagitta bedoti* Beraneck	+	+
肥胖箭虫	*Sagitta enflata* Grassi	+	+
海龙箭虫	*S. Nagae* Alvarino	+	+
尾索动物门	Urochordata		
长尾住囊虫	*Oikopleura longicauda* Vogt	+	+
异体住囊虫	*Oikopleura dioica* Fol	+	+
多毛纲	Polychaeta		
游蚕	*Pelagobis longicirrata* Greeff		+
箭蚕	*Sagitella kowalevskii* Wagner		+
腹足纲	Gastropod		
马蹄琥螺	*Limaeina trochiformis*(dorbigny)	+	+
笔帽螺	*Creseis acicula* (Rang)		+
强捲螺	*Agadina stimpsoni* A. Adams	+	+
浮游幼虫类	Larvae		
针刺水蚤幼体	*Paculeatus giesbrecht larva*	+	
多毛幼体	*Polychaeta larva*	+	+
辐轮幼虫	*Actinotrocha larva*	+	+
长尾类幼虫	*Macruran larva*	+	+
磷虾节胸幼体	*Calybtopis larva*	+	
磷虾带叉幼体	*Furcilia larva*	+	
短尾蚤状幼体	*Zoea larva*(Brachyura)	+	+
大眼幼虫	*Megalopa larva*	+	+
幼螺	*Gastropod post Larva*	+	+
阿利玛幼虫	*Alima larva*		+
仔鱼	*Fish fry*	+	+
磁蟹蚤状幼虫	*Zoea larva*(Porcellana)	+	+

注：+表示出现该种生物。

2001 年夏季调查时的浮游动物比冬季调查时浮游动物的数量多，夏季有 57 种，其中优势类群也是桡足类，计有 19 种；冬季有 39 种，其中的优势类群桡足类 22 种，在夏冬季都出现的浮游动物有 16 种。

2001 年夏季象山港口门附近的优势种主要是背针胸刺水蚤（*Centropages dorsispinatus*）和中华假磷虾（*Pseudeuphausia sinicas*），其他重要种类包括磷虾幼体和中华刺糠虾（*Acanthomysis sinensis*），象山港中部海域的主要优势种是太平洋纺锤水蚤（*Acartia pacifica*）和背针胸刺水蚤，象山港底部海域的主要优势种是太平洋纺锤水蚤。2001 年冬季象山港口门附近的优势种主要是针刺拟哲水蚤（*Calanoide aculeatus*），涨潮时针刺水蚤幼体的数量丰富，象山港中部海域的主要优势种是针刺拟哲水蚤和真刺唇角水蚤（*Labidocera euchaeta*），其他重要种类包括背针陶刺水蚤、异体住囊虫（*Oikopleura dioica*）和缘齿厚壳水蚤（*Scolecithrix nicobarica*），象山港底部海域的主要优势种也是太平洋纺锤水蚤和墨氏胸刺水蚤（*Euchaeta mcmurrichi*）。

2）密度和生物量平面分布

2001 年冬季，象山港海域浮游动物涨憩时生物量 32.0 ~ 969.0 mg/m^3，密度 128.8 ~ 1015.0 ind. $/m^3$，落憩时生物量 40.0 ~ 2567.0 mg/m^3，密度 105.6 ~ 916.4 ind. $/m^3$。密度和生物量分布从高到低均为港口、港中、港底，港口至港底递减（图 3.1 - 20 和图 3.1 - 21）。

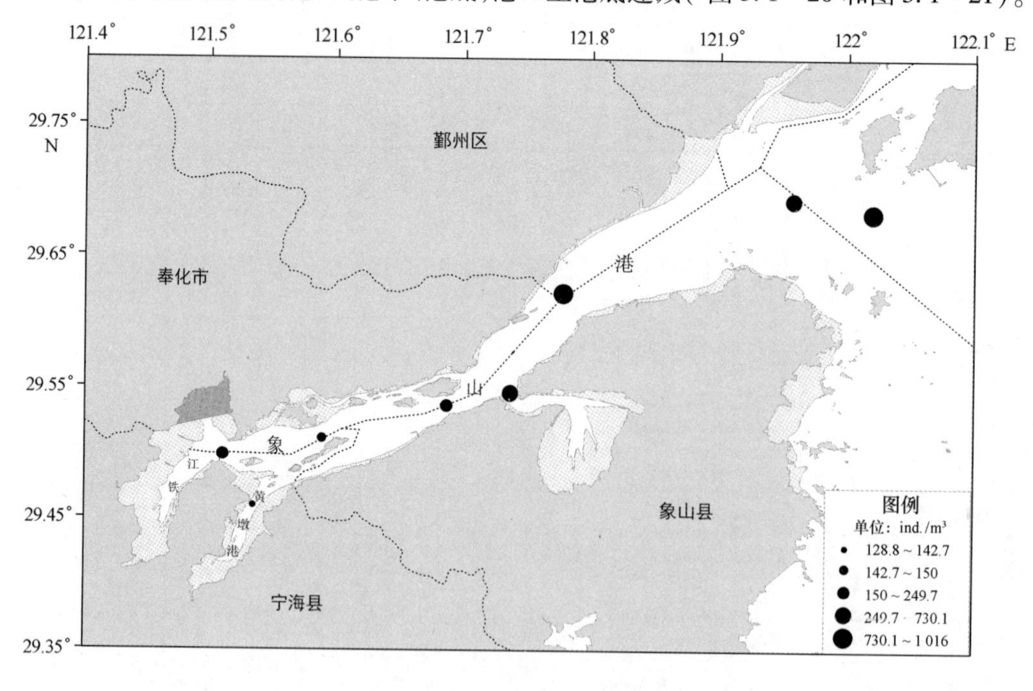

图 3.1 - 20　象山港夏季浮游动物密度分布（涨潮）

2001 年冬季，象山港海域，涨憩浮游动物的生物量 15.7 ~ 40.5 mg/m^3，密度 11.2 ~ 85.7 ind. $/m^3$，落憩时生物量 11.5 ~ 41.0 mg/m^3，密度 6.4 ~ 50.0 ind. $/m^3$（图 3.1 - 22 和图 3.1 - 23）。象山港海域浮游动物生物量涨憩时港中（40.5 mg/m^3）> 港口（39.5 mg/m^3）> 港底（15.65 mg/m^3），落憩时港口（41.0 mg/m^3）> 港中（23.9 mg/m^3）> 港底（11.5 mg/m^3）。

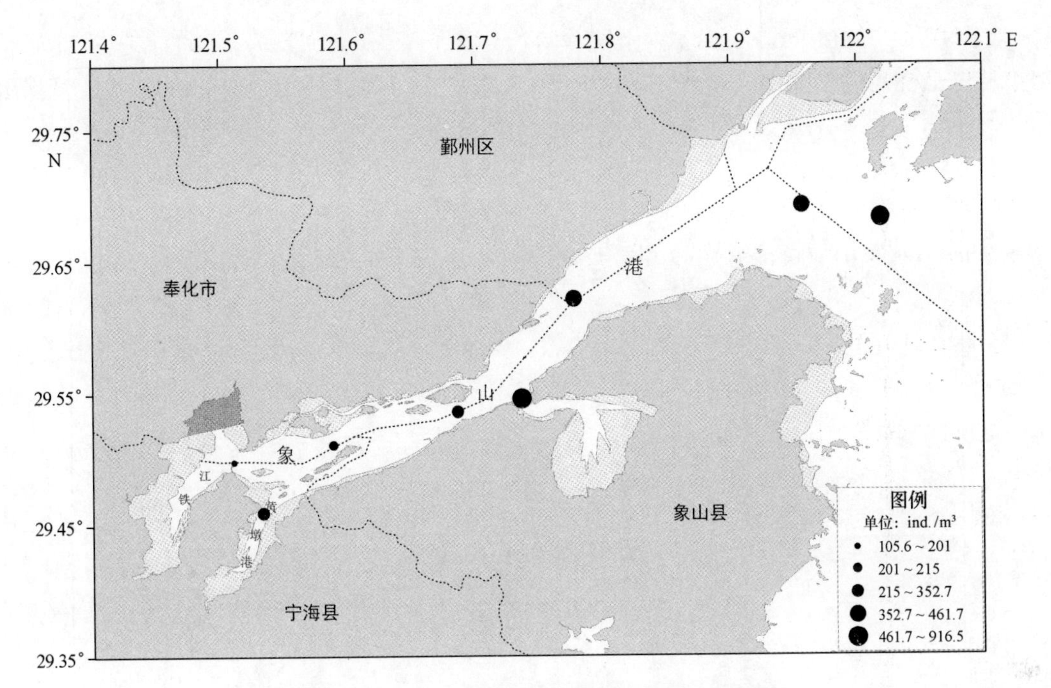

图 3.1－21　象山港夏季浮游动物密度分布（落潮）

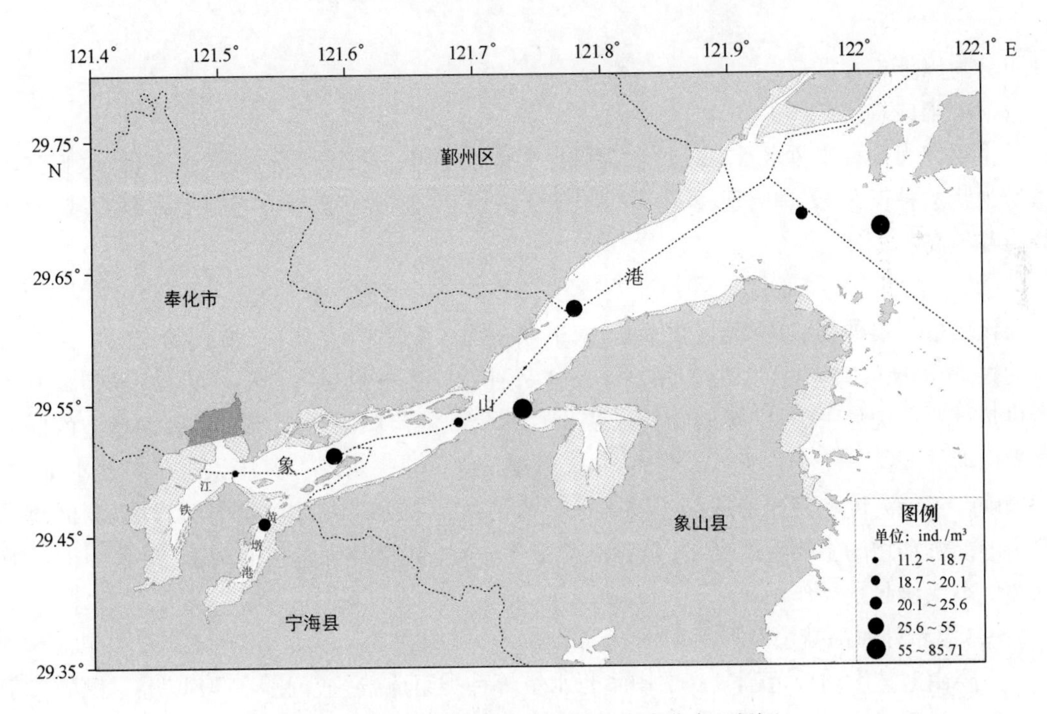

图 3.1－22　象山港冬季浮游动物密度分布（涨潮）

3）生态群落分布

象山港海域浮游动物种类的组成和生态类型丰富，群落结构呈现多种结构复合的特征，其单一性群落特征不明显，其种类主要来自象山港口外的浙江近岸水体，整个调查水域，大

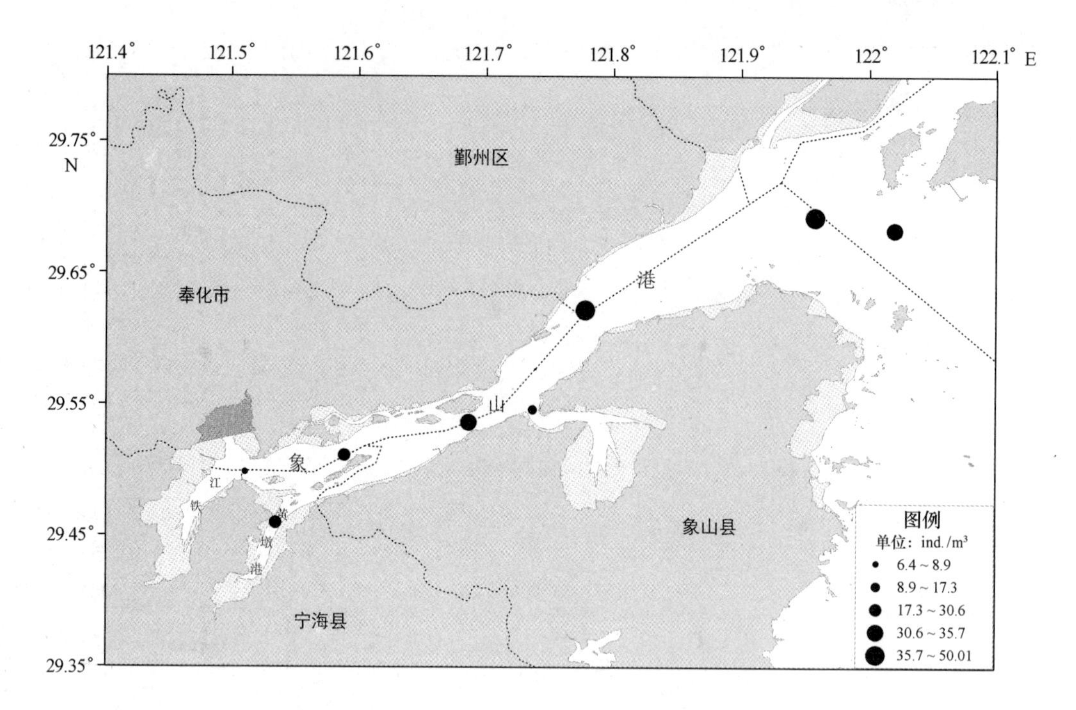

图 3.1－23　象山港冬季浮游动物密度分布(落潮)

致可分为以下 4 大群落。

(1) 半咸水生态群落

主要代表种有华哲水蚤,虫肢歪水蚤、火腿许水蚤等。华哲水蚤、虫肢歪水蚤、火腿许水蚤等半咸水种仅在 12 月出现,8 月基本没有检测到,主要分布于象山港的中底部海域,但生物量并不高。

(2)低盐近岸生态群落

该群落主要种类有:真刺唇角水蚤、太平洋纺锤水蚤、中华假磷虾、海龙箭虫等。该群落中的太平洋纺锤水蚤在象山港 8 月是第一优势种,在 12 月也是主要的优势种,真刺唇角水蚤也是重要的优势种类,中华假磷虾仅在 8 月的象山港口门附近水域生物量较高。该群落在象山港的 8 月是一个种类数量最多,个体数量最大的生态群落。其中太平洋纺锤水蚤、中华假磷虾等能高度密集而形成高生物量区。该群落主要分布在象山港中部海域,该群落是象山港浮游动物的主要生态类群,是种类数最多,个体数量最大的生态类群,对象山港浮游动物生态系统起主导作用。

(3)温带外海高盐生态群落

主要由对盐度适应范围较高的中华哲水蚤等种类组成,适盐范围在 30 以上。仅分布于象山港口门附近水域,该类群不是象山港的本土栖息类群,主要由潮汐从港口外的外海水体携带而入,因而生物量并不高,在象山港的浮游生态系统中的不起主导作用。

(4)热带高温高盐生态群落

该群落由来自外海热带台湾暖流高温高盐性种类组成,主要有精致真刺水蚤、平滑真刺水蚤、肥胖箭虫等。主要分布于象山港口门附近水域,象山港中部水域也有分布,但生物量不高,港底水域无分布,该类群和温带外海高盐生态群落一样也不是优势群落,但无论数量和种类都高于温带外海高盐生态群落,生物量夏季高于冬季,对增加象山港海域的生物物种多样性起着重要的作用。

3.1.3.3 底栖生物

1)种类组成

象山港共调查到底栖生物4大类43种(表3.1-4),其中多毛类12种(占28%),软体动物16种(占37%),甲壳动物6种(占14%),棘皮动物5种(占12%)。43种底栖动物中,有3种在象山港海域分布之广,数量较大,且出现率较高,分别为不倒翁虫[*Sternaspis scutata* (Ranzani)]、西格织纹螺[*Nassarius siquijorensis* (A. Adams)]、滩栖阳遂足[*Amphiura vadicola Matsumoto*]。

表3.1-4 象山港潮下带底栖生物分布状况

种名	拉丁名	港口	港中	港底
西格织纹螺	*Nassarius dealbatus*	+	+	
小刀蛏	*Cultellus attenuatus*		+	+
日本镜蛤	*Dosinia japonica*		+	
九州斧蛤	*Donax kiusiuensis*		+	
细弱胡桃蛤	*Ennucula tenuis*		+	
毛蚶	*Scapharca subcrenata*		+	+
婆罗囊螺	*Retusa borneensis*			+
笔帽螺	*Mitridae* sp.	+		
凸镜蛤	*Dosinia gibba*			+
多毛类	*Peiaglc* sp.	+	+	+
不倒翁	*Sternaspis sculata*	+	+	+
棘皮动物	*Echinodermata* sp.	+	+	+
海老鼠	*Paracaudina chilensis*			+
鲜明鼓虾	*Alpheus distinguendus*			+
幼鱼	*Fish larva*			+
水虱	*Cirolana* sp.		+	
钩虾	*Gammarus* sp.	+		
盲蟹	*Typhlocarcinus* sp.		+	

注:+表示出现该种生物。

2)密度和生物量

2001年夏季底栖生物密度平均值为142.9 ind./m^2,生物量平均值为21.6 g/m^2。2001年冬季底栖生物密度平均值为60.0 ind./m^2,生物量平均值为10.9 g/m^2。生物量和密度高值区都位于港底。

3.1.3.4 潮间带生物

1)种类组成

2001年夏季象山港的潮间带生物共有38种,主要包括3大类,其中软体动物20种,甲壳动物 11 种，还包括少量多毛类、棘皮动物、脊椎动物等，各潮区种类组成均以低潮区最少。各条断面的潮间带生物分布状况如表 3.1－5 所示，种类数从多到少依次为：十秦塘河口、西沪港、咸祥横码、港底、佛渡岛。

表 3.1－5　2001 年夏季象山港潮间带生物在不同潮区的分布

站位	十秦塘河口			咸祥			佛渡岛			港底			西沪港		
潮位	高潮	中潮	低潮	高潮	中潮	低潮	高潮	中潮	低潮	高潮	中潮	低潮	高潮	中潮	低潮
牡蛎	+														
齿纹蜒螺	+									+					
单齿螺	+														
短滨螺	+												+		
粗糙拟滨螺	+												+		
珠带拟蟹守螺		+	+	+	+		+	+					+	+	
西格织纹螺		+		+	+	+	+	+	+	+	+				
福氏乳玉螺				+	+										
江户明樱螺					+										
绯拟沼螺													+	+	+
婆罗囊螺			+		+							+			
泥螺				+		+		+	+		+				
泥蚶				+		+									
毛蚶		+								+					
东方缝栖蛤										+					
短偏顶蛤													+		
带偏顶蛤													+		
长足长方蟹													+		
弧边招潮	+				+										+
日本大眼蟹			+	+	+		+	+	+		+	+	+		+
六齿猴面蟹														+	
锯眼泥蟹														+	
粗腿厚纹蟹	+	+								+			+		+
隆线拳蟹			+					+							
隆背张口蟹					+										
中华泥毛蟹			+												
白脊藤壶													+		
鲜明鼓虾														+	
棘皮			+												
跳鱼		+		+			+								
不倒翁									+						
多毛						+	+	+			+	+			
沙蚕									+						
棘皮								+	+						
小计	7	5	6	7	8	4	5	7	6	5	4	3	10	5	4
合计	18			19			18			12			19		

注："＋"表示出现该种生物。

牡蛎、齿纹蜒螺、单齿螺、短滨螺、粗糙拟滨螺等固着生物和活动能力较弱的生物主要分布于高潮带，牡蛎仅分布于十秦塘河口的高潮带。珠带拟蟹守螺、西格织纹螺、日本大眼蟹等大型底栖生物在象山港分布较广。不倒翁、沙蚕等多毛类在港口的佛渡岛、港底的港店都有分布，中部的潮滩未检测到。棘皮动物仅在佛渡岛分布，主要分布于中潮带和低潮带。甲壳动物的数量多分布广，在高潮带、中潮带、低潮带都有出现，与其适应能力强、运动能力强有关。即使是环境较差的海域，一旦环境有所好转，该类生物不久就能重新出现在该海域。

2）生物密度和生物量

2001 年夏季各类群潮间带底栖生物的密度和生物量分布如表 3.1－6 所示。

表 3.1－6 2001 年象山港潮间带底栖生物

站位	潮区	密度/(ind./m²)				生物量/(g/m²)			
		软体动物	甲壳动物	多毛类	棘皮动物	软体动物	甲壳动物	多毛类	棘皮动物
十秦塘河口	高潮区	—	32	—	—	—	2.08	—	—
	中潮区	—	16	—	—	—	19.04	—	—
	低潮区	—	16	—	—	—	0.16	—	—
咸祥横码	高潮区	112	—	—	—	69.12	—	—	—
	中潮区	72	656	—	—	9.6	14.88	—	—
	低潮区	40	144	48	—	3.2	1.28	0.64	—
佛渡岛	高潮区	208	256	32	—	103.04	6.24	0.32	—
	中潮区	32	144	80	16	1.28	1.76	0.96	3.04
	低潮区	22	—	144	16	1.6	0	26.24	17.28
港店	高潮区	—	32	—	—	—	1.76	—	—
	中潮区	—	240	48	—	—	9.92	1.76	—
	低潮区	—	64	32	—	—	11.36	1.12	—
西沪港	高潮区	128	64	—	—	6.72	0.32	—	—
	中潮区	208	64	—	—	8.48	14.4	—	—
	低潮区	—	16	—	—	—	1.6	—	—

十秦塘河口平均生物量为 7.09 g/m^2，平均栖息密度为 21 ind./m^2，各潮区种类数一致，生物量依次为高潮区大于中潮区，中潮区等于低潮区，栖息密度从高到低依次为中潮区、高潮区、低潮区。

咸祥横码平均生物量为 32.9 g/m^2，平均栖息密度为 357 ind./m^2，各潮区种类数一致，栖息密度从高到低依次为中潮区、低潮区、高潮区，生物量从高到低依次为高潮区、中潮区、低潮区。

佛渡岛平均生物量为 53.9 g/m^2，平均栖息密度为 317 ind./m^2，各潮区种类数从高到低依次为高潮区、中潮区、低潮区，生物量从高到低依次为高潮区、低潮区、中潮区，栖息密度从高到低依次为高潮区、中潮区、低潮区。

港底港店平均生物量为 8.64 g/m^2，平均栖息密度为 139 ind./m^2，各潮区种类数从高到低依次为中潮区、低潮区、高潮区，生物量从高到低依次为低潮区、中潮区、高潮区，栖息密度从高到低依次为中潮区、低潮区、高潮区。

西沪港平均生物量为24.32 g/m², 平均栖息密度为176 ind./m², 各潮区种类数一致, 生物量从高到低依次为低潮区、中潮区、高潮区, 栖息密度从高到低依次为中潮区、高潮区、低潮区。

软体动物的密度和生物量在十秦塘河口和港底的港店未见分布, 而在佛渡岛和西沪港最高, 佛渡岛的高潮区密度达208 ind./m², 主要是珠带拟蟹守螺的贡献(密度160 ind./m², 生物量95.36 g/m²); 咸祥横码的泥蚶密度并不高, 但生物量很高(48.8 g/m²), 中潮区的淡水泥蟹生物量较高; 西沪港的高潮区和中潮区福氏乳玉螺密度高, 分别达128 ind./m² 和208 ind./m², 但由于个体小, 对生物量贡献较小, 仅有8.48 g/m², 中潮区的弧边沼潮的密度为16 ind./m², 而生物量较高(12.0 g/m²), 日本大眼蟹密度为48 ind./m², 而生物量仅有12.0 g/m²。十秦塘河口的潮间带底栖生物主要是甲壳生物, 以弧边招潮和日本大眼蟹为主。港底的港店也以甲壳动物为主, 多毛类的丰度也较高, 高潮区以长足长方蟹为主, 中潮区主要生物为淡水泥蟹、长足长方蟹, 低潮区的主要潮间带生物为天津厚蟹。

3.2 电厂运营后象山港海域生态环境状况

3.2.1 水质

2011年夏、冬两个航次调查的水质环境要素为温度、盐度、溶解氧、亚硝酸盐-氮、硝酸盐-氮、氨-氮、活性磷酸盐、活性硅酸盐、化学需氧量、总有机碳、石油类和汞(表3.2-1)。

表3.2-1 象山港海域冬、夏季水质要素调查结果统计

水质要素	冬季				夏季			
	高平潮		低平潮		高平潮		低平潮	
	测值范围	平均值	测值范围	平均值	测值范围	平均值	测值范围	平均值
温度/℃	27.8~31.4	29.1	28.0~32.4	30.0	14.5~15.7	15.1	13.9~16.2	15.3
盐度	23.88~26.84	25.29	23.53~26.21	24.97	23.10~28.53	26.25	22.71~27.50	25.74
溶解氧/(mg/L)	8.37~8.92	8.62	8.27~9.04	8.63	6.48~8.77	6.98	6.32~8.53	6.89
无机氮/(mg/L)	0.788~1.242	0.964	0.842~1.129	0.943	0.468~0.949	0.689	0.623~0.959	0.747
磷酸盐/(mg/L)	0.0282~0.0770	0.0471	0.0282~0.0715	0.0451	0.0075~0.0718	0.0362	0.0101~0.0715	0.0473
硅酸盐/(mg/L)	0.961~2.080	1.377	1.082~1.668	1.368	1.119~2.110	1.446	1.021~1.708	1.415
化学耗氧量/(mg/L)	0.52~0.93	0.73	0.55~0.96	0.70	0.73~1.61	1.02	0.80~1.38	1.00
石油类/(mg/L)	0.008~0.019	0.014	0.011~0.023	0.015	0.006~0.041	0.019	0.006~0.035	0.017
总有机碳/(mg/L)	1.21~6.15	1.89	1.55~5.90	2.13	1.37~9.07	2.14	1.50~3.41	1.98
汞/(μg/L)	0.008~0.040	0.017	0.009~0.027	0.018	0.008~0.030	0.017	0.009~0.032	0.019

3.2.1.1 水温、盐度

1) 温度

夏季(2011年7月, 以下同)和冬季(2011年12月, 以下同)两个航次的水温观测结果表明，象山港海域水温随季节变化比较明显，夏季水温高、冬季水温低。夏、冬季水温变化范围分别为27.8～32.4℃、13.9～16.2℃，平均水温分别为29.5℃和15.2℃。同一季节高、落潮水温相差不明显。夏季，象山港海域水温分布总体上呈由港底向港口逐渐降低的趋势，港底、港中区域温度明显高于港口区域。港底表层水温水平差异较大，温差不超过3.7℃；港中表层水温水平差异也较大，温差不超过2.7℃；而港口相对温差较小，为0.9℃。冬季，象山港海域水温分布总体同夏季分布趋势较为一致，亦呈港底向港口逐渐降低的趋势。港底表层水温水平差异较大，温差不超过3.5℃；港中表层水温水平差异也较大，温差不超过2.3℃；而港口相对温差较小，为1.0℃（图3.2－1）。

2）盐度

象山港海域盐度夏季和冬季测值范围分别为22.71～28.53、23.53～26.84，平均值分别为26.10和24.96，夏季大于冬季；涨潮大于落潮。

夏季盐度分布平面分布呈现自港底部至港口部逐渐增加的趋势，其中涨潮时低值区出现于港底部的铁港附近海域。冬季涨潮和落潮盐度分布皆呈现出由港底部至港口部逐渐增加的趋势，三个内港铁港、黄墩港和西沪港以及两个电厂附近海域皆出现盐度低值区（图3.2－2）。

3.2.1.2　溶解氧

溶解氧夏季和冬季测值范围分别为6.32～8.77 mg/L、8.27～9.04 mg/L，平均值分别为6.92 mg/L和8.65 mg/L，冬季明显高于夏季，涨潮与落潮时相差不大。

夏季涨潮时港底部溶解氧浓度总体要高于港中部和港口部，落潮时象山港溶解氧浓度相差不大，港底部略偏低，低值区出现于铁港。冬季涨潮时溶解氧分布特征为港底部浓度最高，其次是港口部，港中部最低，其中西泽、缸爿山和西沪港附近海域皆出现溶解氧的低值区；落潮时港底、港中和港口部溶解氧浓度差别不大，但靠近象山港南岸的海域，尤其是黄墩港和西沪港附近海域溶解氧浓度较低（图3.2－3）。

3.2.1.3　营养盐类

1）无机氮

无机氮夏季和冬季测值范围分别为0.468～0.959 mg/L、0.788～1.242 mg/L，平均值分别为0.716 mg/L和0.932 mg/L，冬季明显高于夏季。

通过分析图3.2－4，夏季涨潮时无机氮分布特征基本为港底部和港中部浓度略高于港口部，高值区出现于港底黄墩港附近海域；落潮时港底部无机氮浓度高于港中部和港底部，高值区亦出现于港底部，而在港口部和西沪港出现两个低值区。冬季无机氮在三个内港铁港、黄墩港和西沪港以及港中部缸爿山附近海域浓度较高，低值区皆出现于港中部的乌沙山电厂附近海域（图3.2－4）。

2）磷酸盐

磷酸盐夏季和冬季测值范围分别为0.028 2～0.077 0 mg/L、0.007 5～0.071 8 mg/L，平均值分别为0.003 76 mg/L和0.045 8 mg/L，夏季略高于冬季。

由图3.2－5可知，夏季涨潮时磷酸盐浓度变化呈现由港底至港口逐渐减少的趋势，高值区出现于港底部的铁港和黄墩港；落潮时磷酸盐浓度由港底至港口逐渐减少，高值区出现

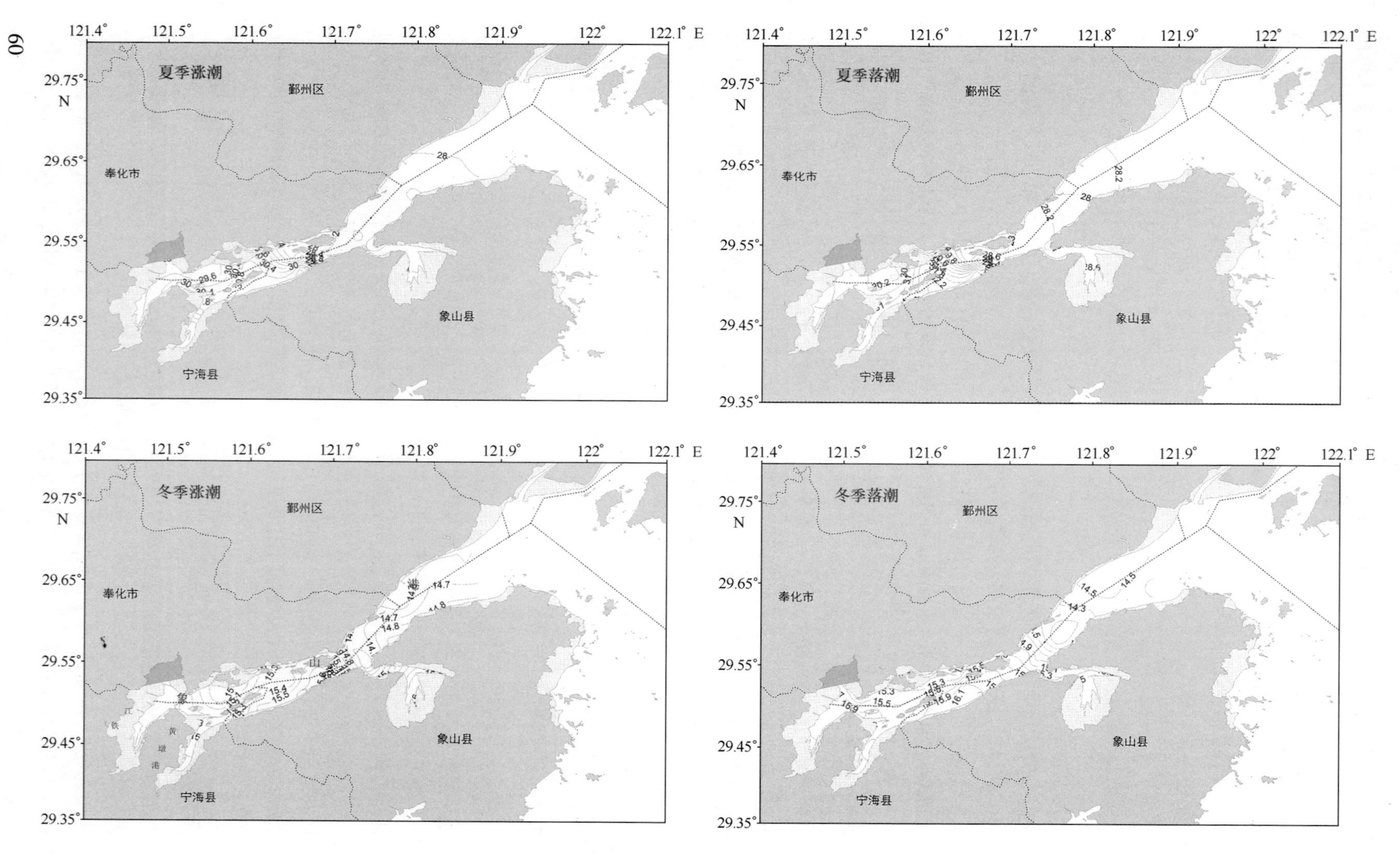

图 3.2-1　2011 年温度平面分布（℃）

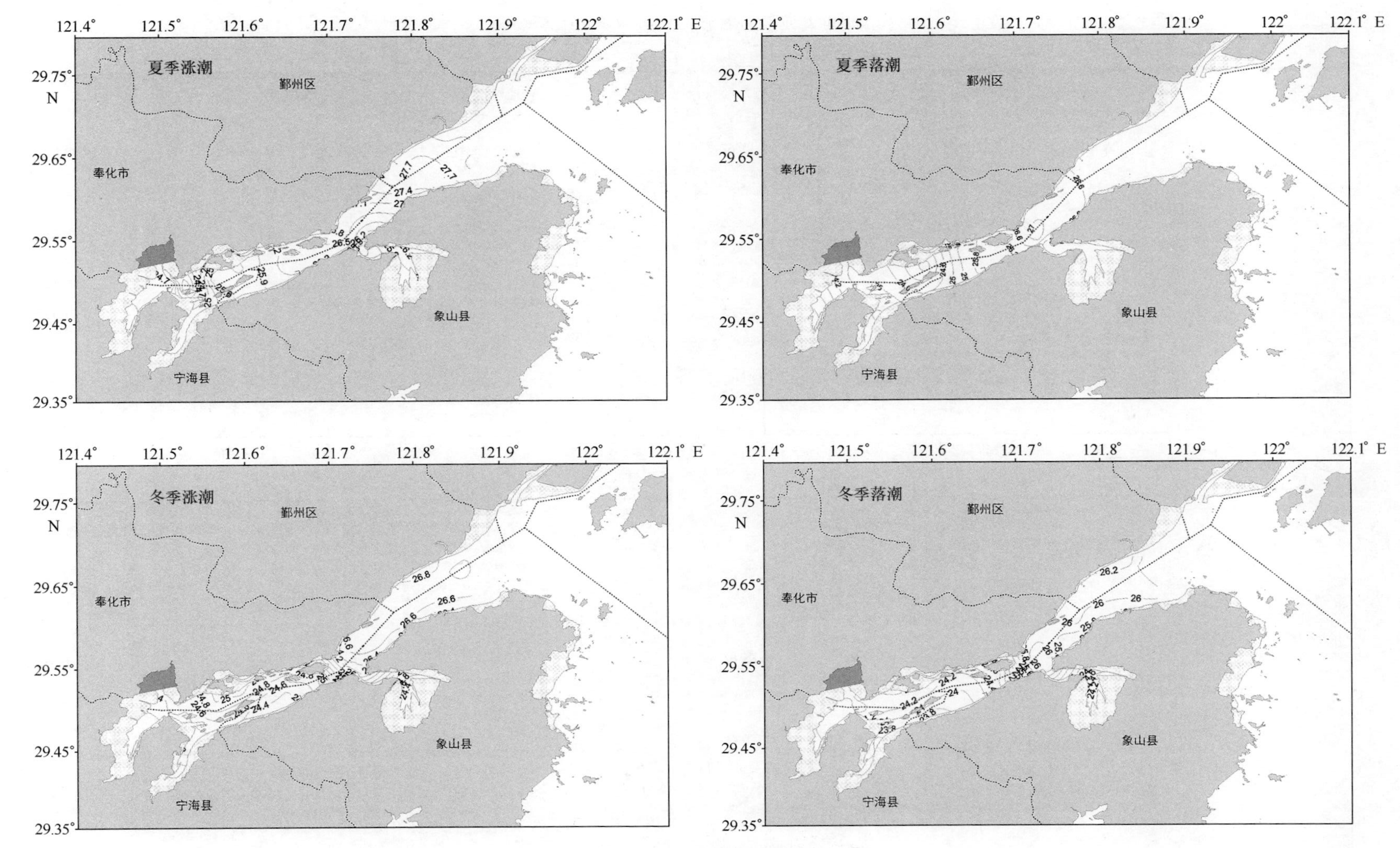

图3.2-2　2011年盐度平面分布

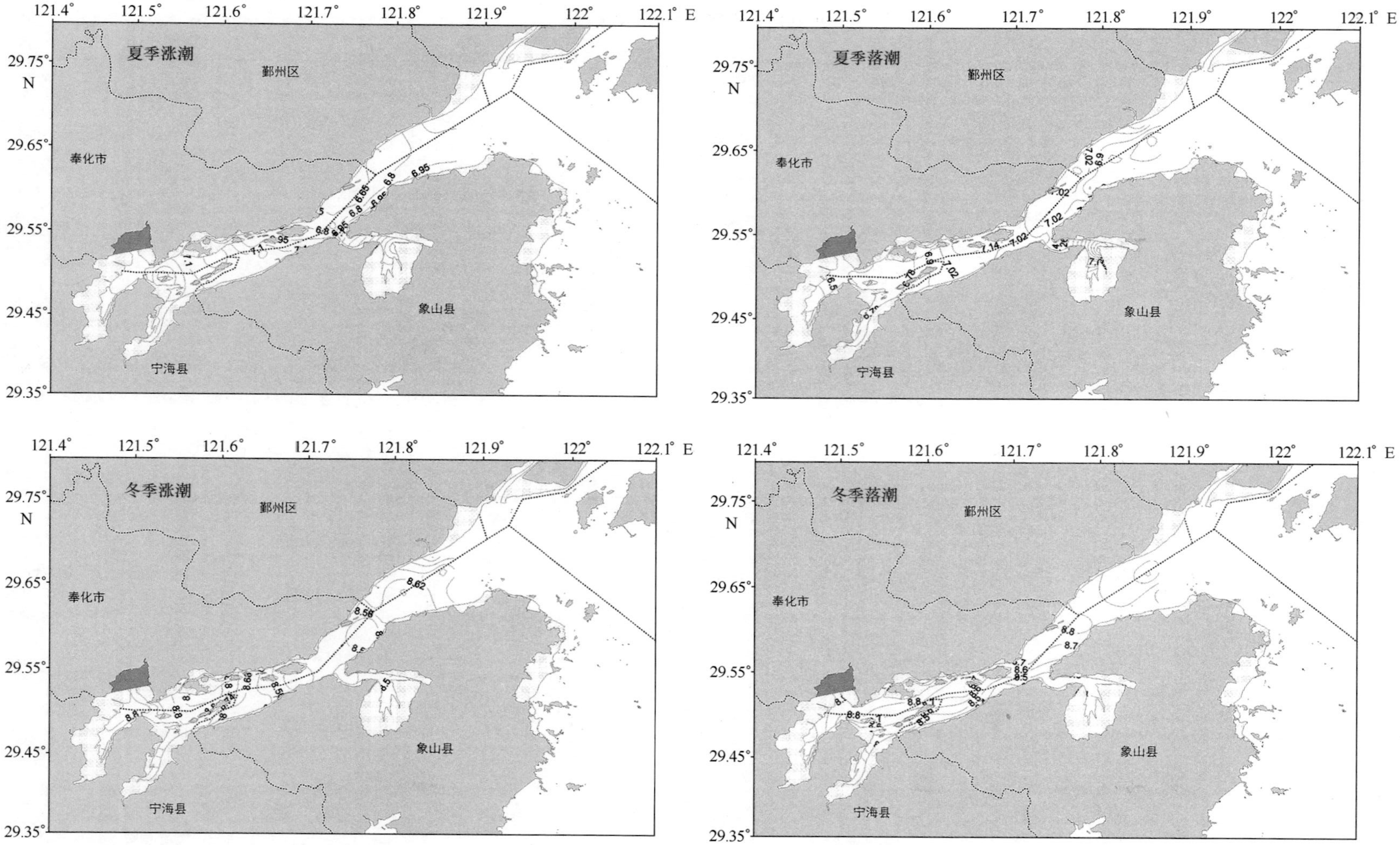

夏季涨潮 鄞州区 奉化市 象山县 宁海县

夏季落潮 鄞州区 奉化市 象山县 宁海县

冬季涨潮 鄞州区 奉化市 象山县 宁海县

冬季落潮 鄞州区 奉化市 象山县 宁海县

图3.2-3 2011年溶解氧平面分布(mg/L)

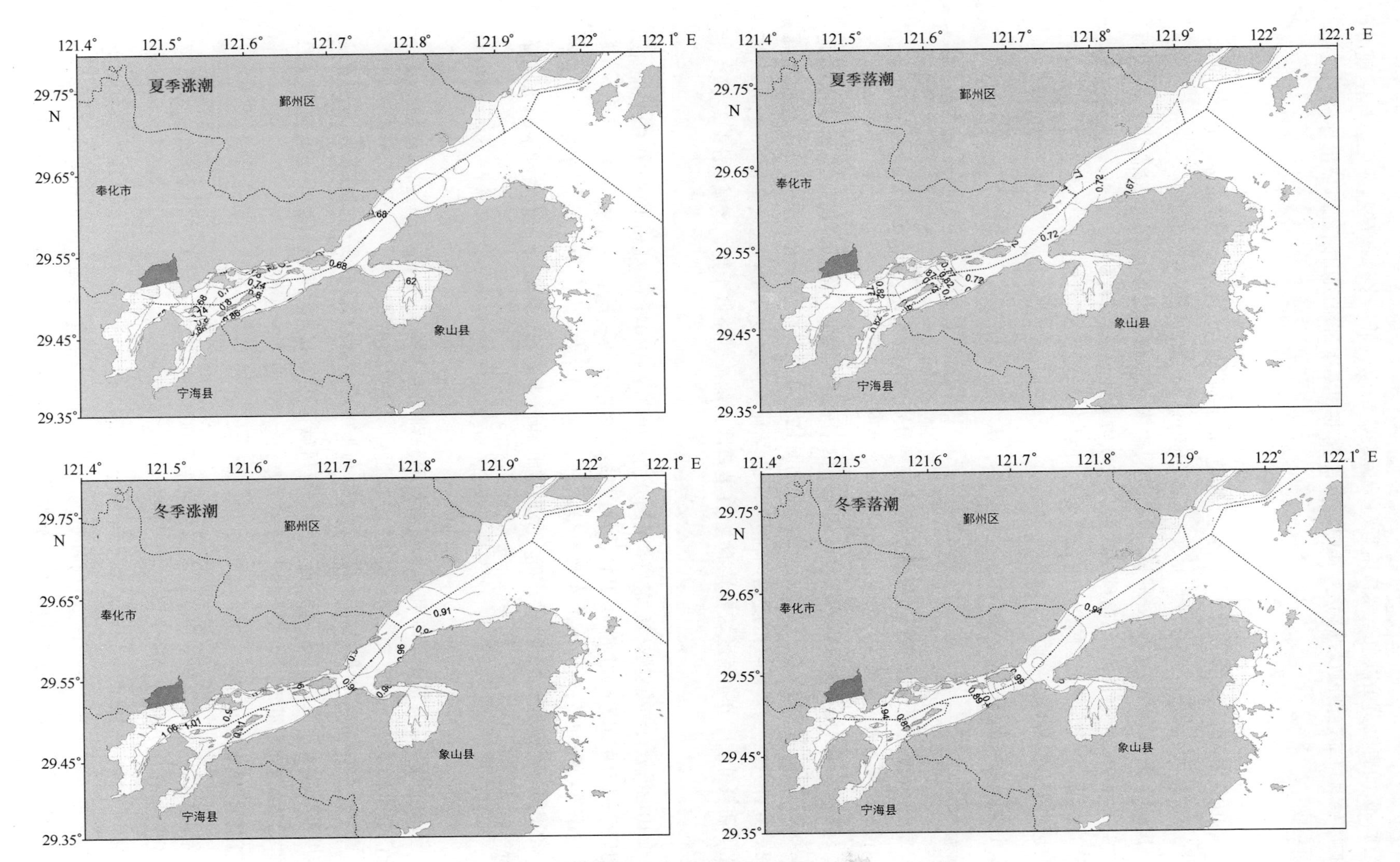

图3.2-4　2011年无机氮平面分布(mg/L)

于港底部，而自缸爿山以东至港口附近海域磷酸盐浓度较低。冬季磷酸盐浓度总体呈现由港底部至港口部逐渐减少的趋势，其中港底部铁港和港中部缸爿山附近海域出现磷酸盐高值区（图3.2-5）。

3）硅酸盐

象山港海域硅酸盐夏季和冬季测值范围分别为1.021～2.110 mg/L、0.096 1～2.080 mg/L，平均值分别为1.430 mg/L和1.363 mg/L，夏季明显高于冬季。

由图3.2-6可知，夏季涨潮时港底部硅酸盐浓度略高于港中部和港口部，港中部的西沪港呈现硅酸盐浓度低值区；落潮时硅酸盐浓度由港底部至港口部逐渐增加，高值区位于港底部的铁港。冬季硅酸盐浓度由港底部至港口部逐渐减少，高值区出现于港底部的铁港附近海域（图3.2-6）。

3.2.1.4 有机污染类

1）化学需氧量

象山港海域夏季和冬季化学需氧量测值范围分别为0.73～1.61 mg/L、0.52～0.96 mg/L，平均值分别为1.01 mg/L和0.72 mg/L，夏季高于冬季。

夏季涨、落潮化学需氧量浓度分布均呈现由港底逐渐向港口降低的趋势，但涨潮时降低幅度较大，而落潮时降低幅度较小。冬季涨潮时化学耗氧量浓度分布港中略高于港底和港口的趋势，港底与港口区域浓度相当，但整个化学耗氧量浓度分布各区域差异不大；冬季落潮化学耗氧量浓度分布各区域差异不大，在港口区西侧浓度略低于整个区域（图3.2-7）。

2）石油类

象山港海域石油类夏季和冬季测值范围分别为0.006～0.041 mg/L、0.008～0.023 mg/L，平均值分别为0.017 mg/L和0.014 mg/L，夏季与冬季差异不大。

夏季涨、落潮时石油类浓度在整个象山港海域分布较为均匀，各区域浓度分布差异不大。冬季涨、落潮时石油类浓度分布均呈现港底和港中相邻区域逐渐向港底和港口区域降低的趋势，但整体上各区域浓度分布差异不大（图3.2-8）。

3）总有机碳

象山港海域总有机碳夏季和冬季测值范围分别为1.37～9.07 mg/L、1.21～6.15 mg/L，平均值分别为1.91 mg/L和2.01 mg/L，夏季与冬季差异不大。

夏季涨、落潮时总有机碳浓度分布基本呈现由港底逐渐向港口降低的趋势，落潮各区域的浓度差异要大于涨潮。冬季涨、落潮时总有机碳浓度分布均呈现港口区大于其他区域的特征，尤其是落潮，港口区与港中和港底区域差异较大（图3.2-9）。

3.2.1.5 重金属类（汞）

象山港海域汞夏季和冬季测值范围分别为0.008～0.032 μg/L、0.008～0.040 μg/L，平均值分别为0.017 μg/L和0.018 μg/L，夏季与冬季汞浓度差异不大。

夏季涨、落潮时汞浓度分布基本呈现由港底向港口逐渐升高的趋势，但整体上各区域之间浓度分布差异不大。冬季涨、落潮时汞浓度分布呈现有港中逐渐向港底和港口降低的趋势，但整体上各区域之间浓度分布差异不大（图3.2-10）。

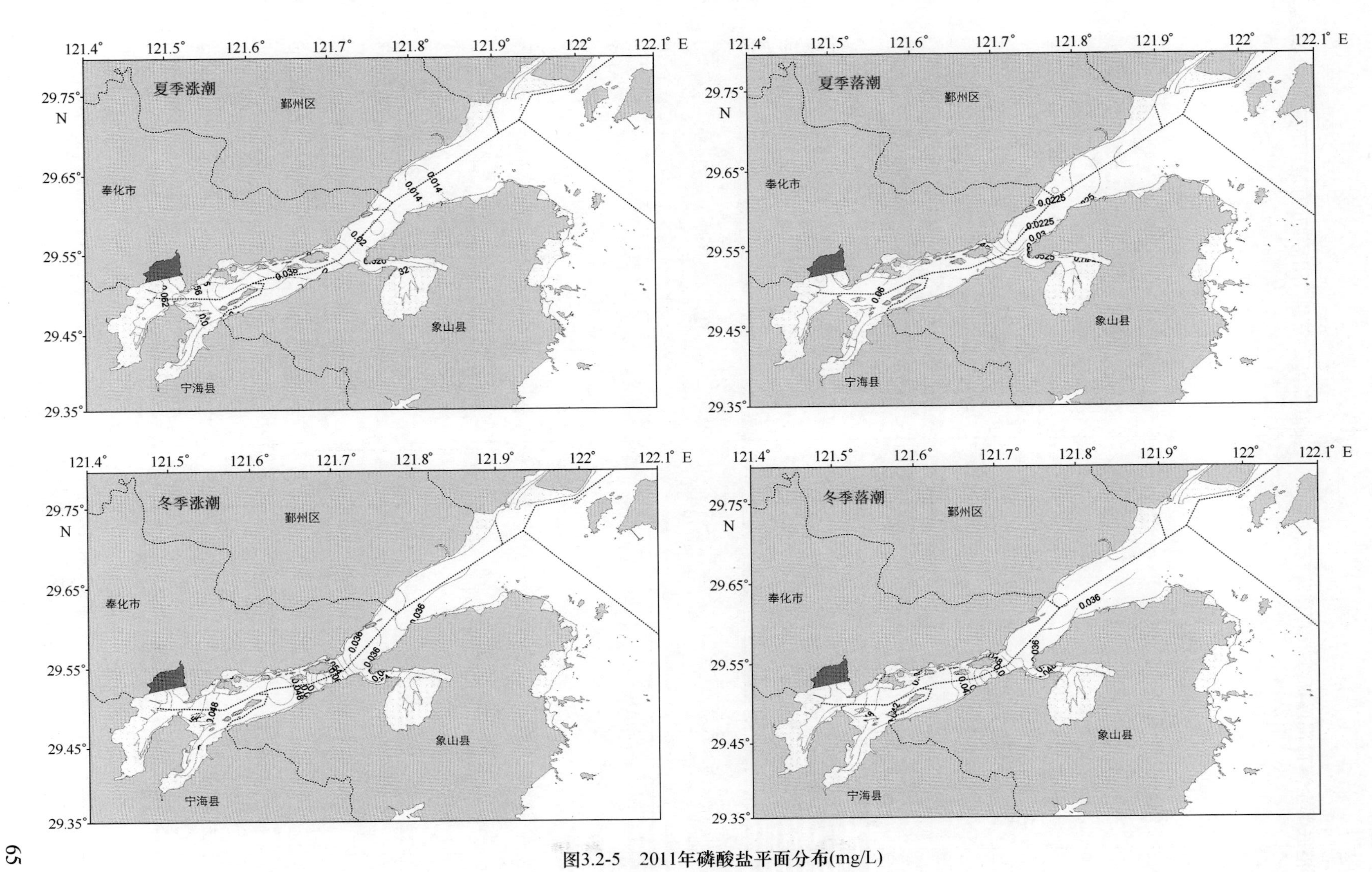

图3.2-5 2011年磷酸盐平面分布(mg/L)

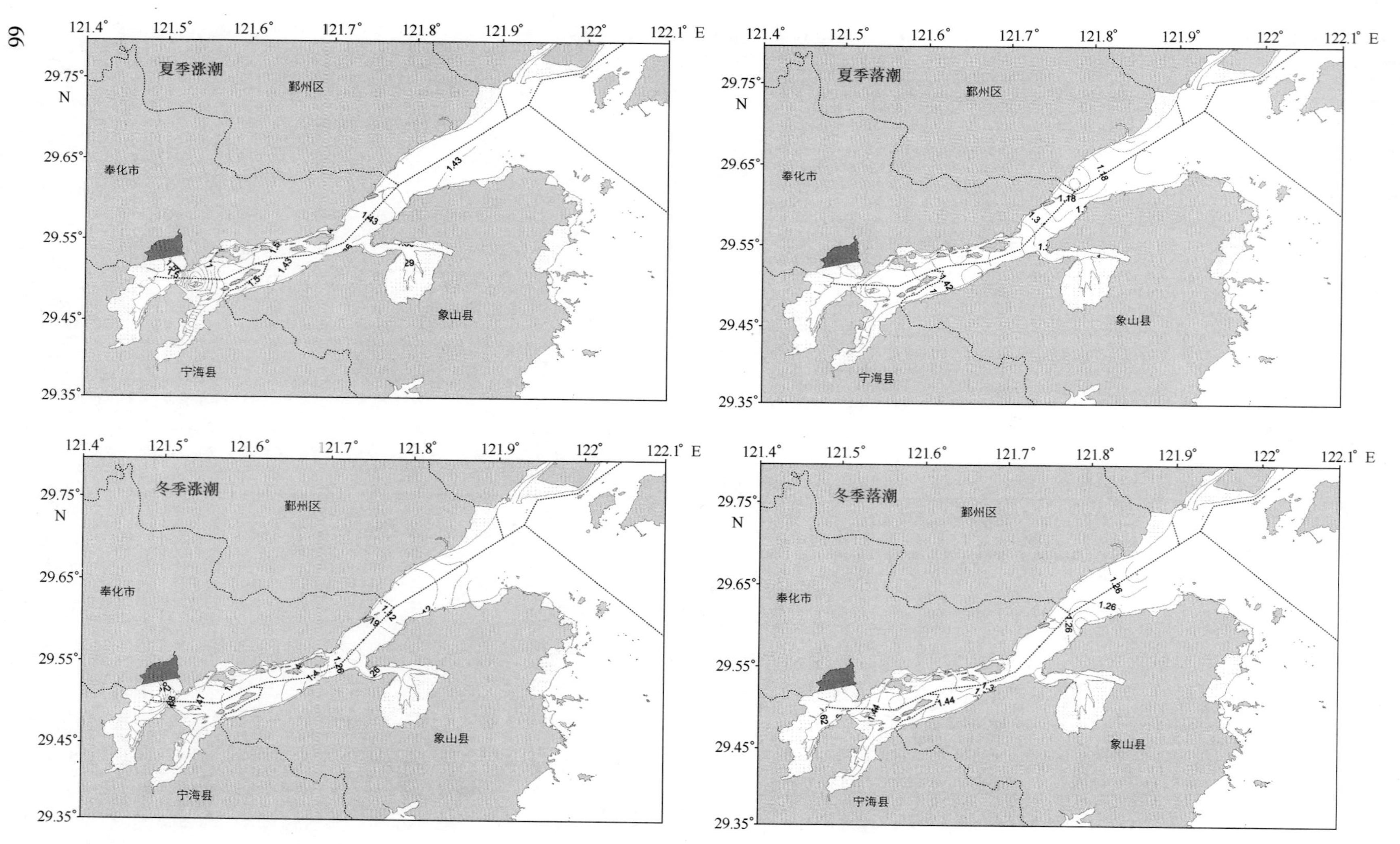

图3.2-6 2011年硅酸盐平面分布(mg/L)

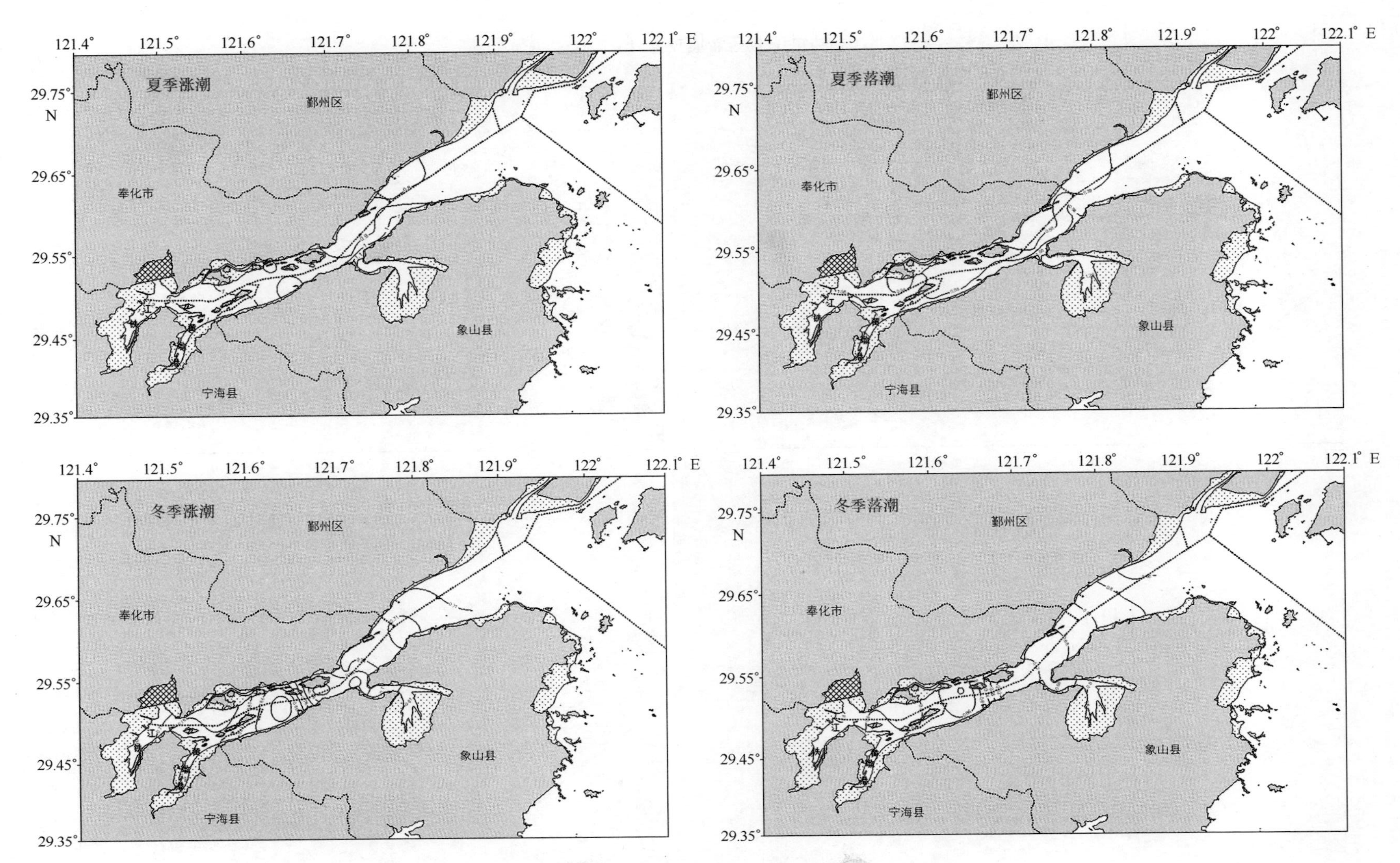

图3.2-7　2011年COD_{Mn}平面分布(mg/L)

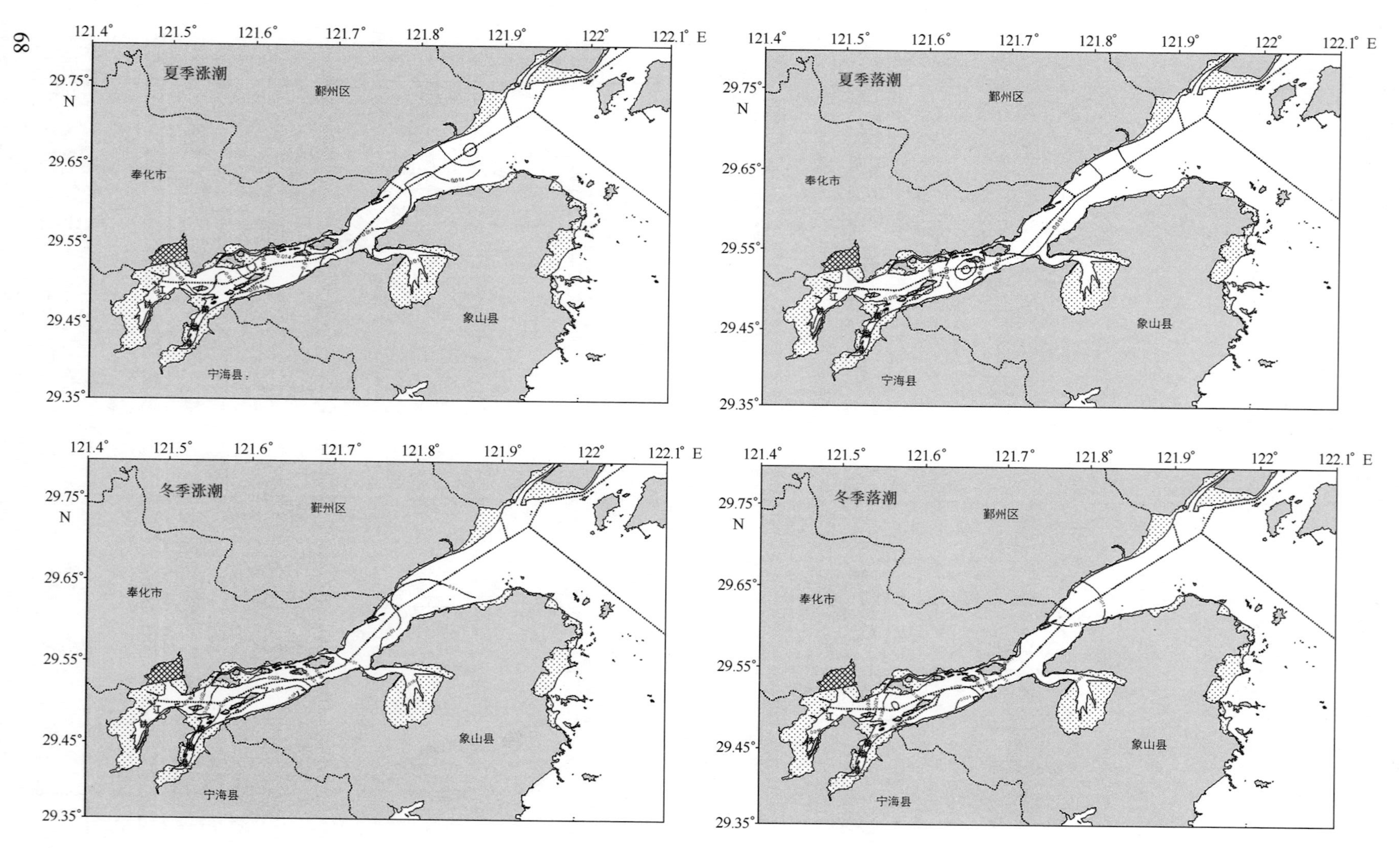

图3.2-8　2011年石油类平面分布(mg/L)

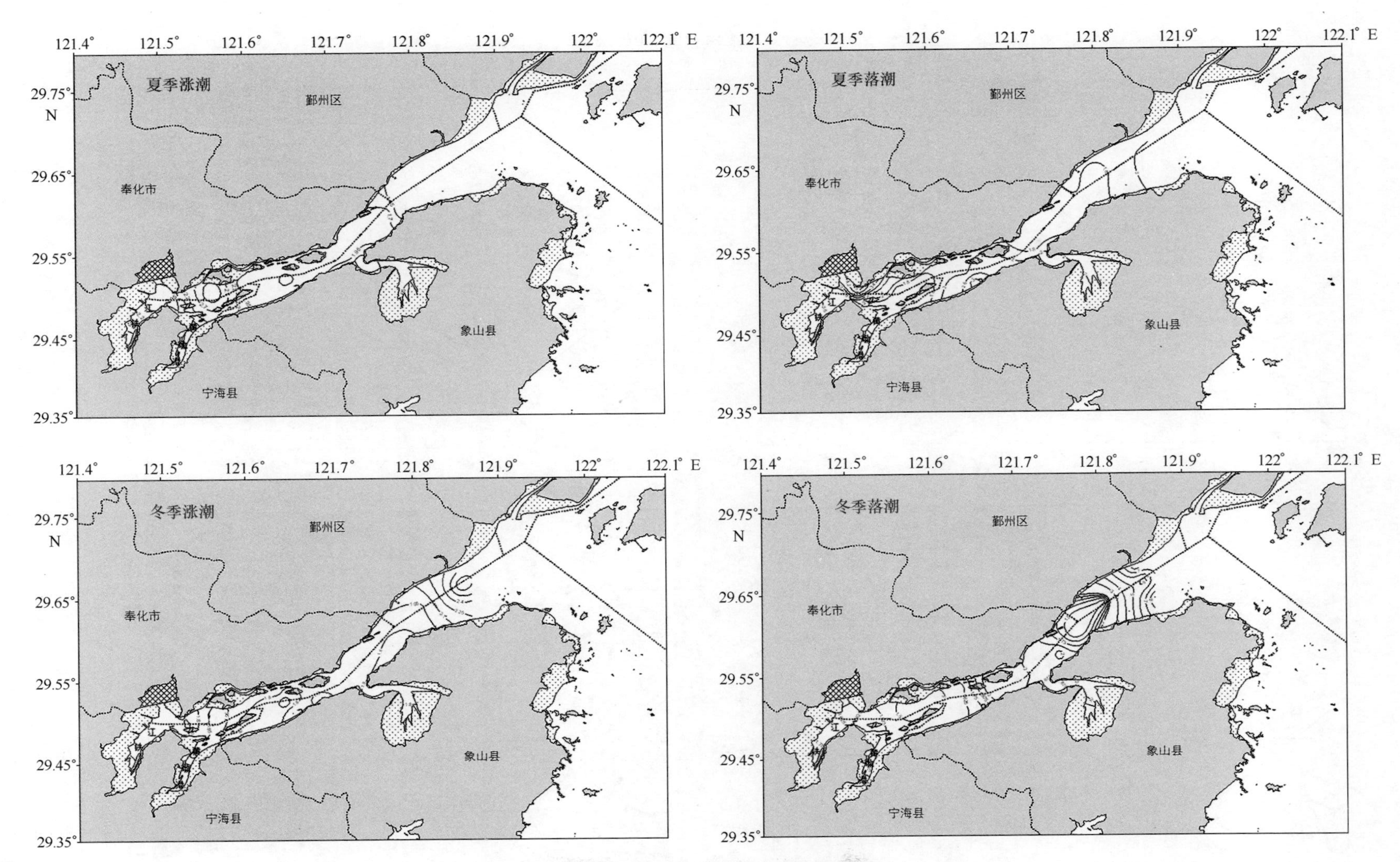

图3.2-9　2011年总有机碳平面分布(mg/L)

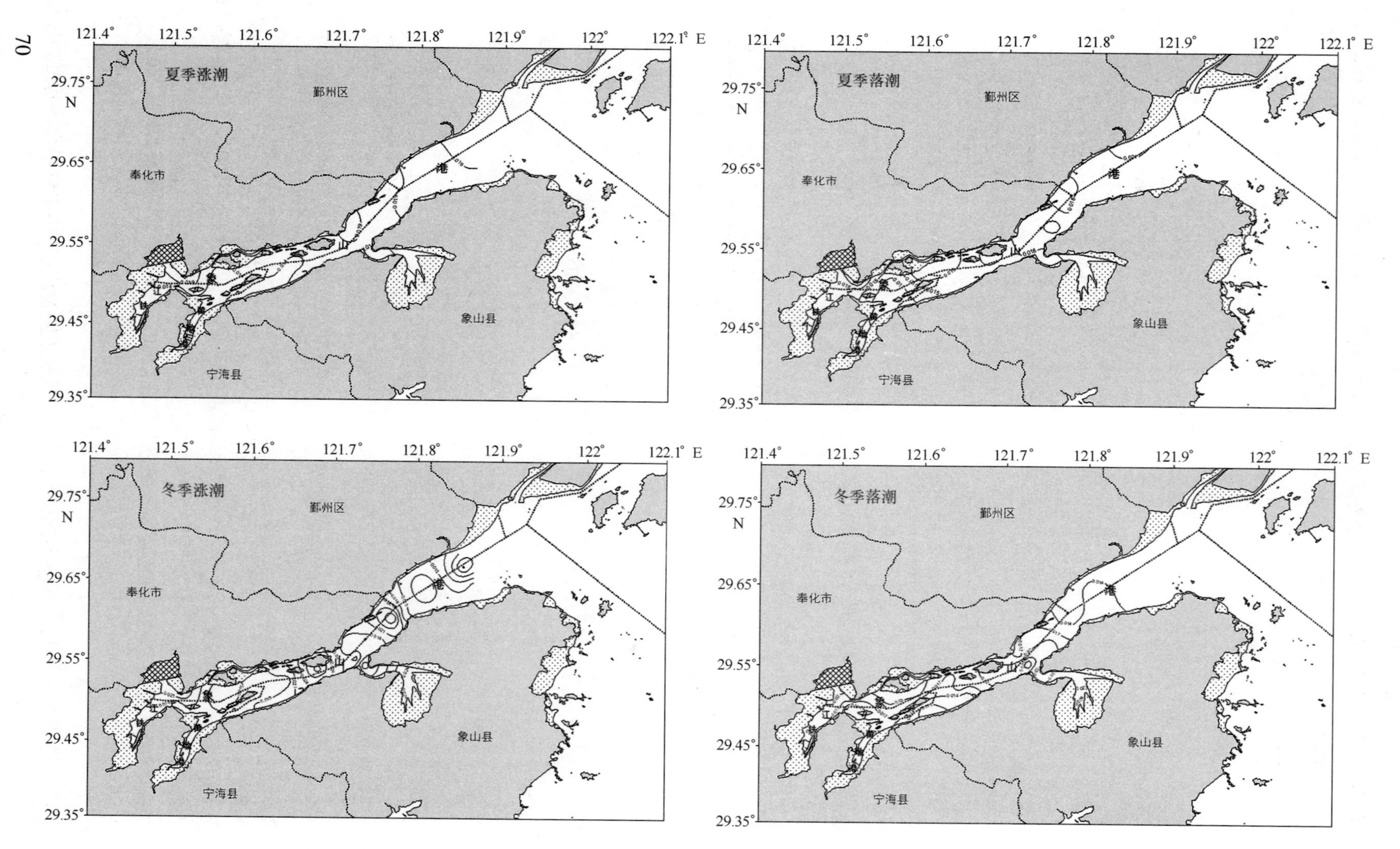

图3.2-10 2011年汞平面分布(μg/L)

3.2.2 沉积物

2011 年象山港沉积物质量调查结果统计如表 3.2－2 所示。

表 3.2－2　沉积物质量调查结果统计

沉积物	夏季		冬季	
	范围	均值	范围	均值
硫化物/$\times 10^{-6}$	0.5～233.9	29.4	3.7～208.0	37.3
总有机碳/$\times 10^{-2}$	0.29～0.70	0.51	0.28～0.74	0.54
石油类/$\times 10^{-6}$	27.8～430.8	101.9	25.0～380.0	69.1
汞/$\times 10^{-6}$	0.032～0.051	0.040	0.037～0.052	0.043

1）硫化物

象山港海域夏季沉积物中硫化物的测值范围为 0.5×10^{-6}～233.9×10^{-6}，均值为 29.4×10^{-6}；冬季硫化物测值范围为 3.7×10^{-6}～208.0×10^{-6}，均值为 30.9×10^{-6}。夏季与冬季硫化物含量相近。

沉积物硫化物平面分布整体呈港中大于港底、港口的趋势。夏季，在港中部及港底出现二个高值区，分别位于西泽及国华电厂附近海域，最高值均超过 200×10^{-6}，其他测区含量相对较低；冬季，在港中部及港区中底部也出现两个高值区，最高值在 200×10^{-6} 附近（图 3.2－11）。

2）有机质

象山港海域夏季沉积物中有机质的测值范围为 0.29%～0.70%，均值 0.51%。冬季有机质的测值范围为 0.28%～0.74%，均值 0.54%。冬季沉积物有机质含量高于夏季。

夏、冬季沉积物有机质平面分布相似，呈现由港底逐渐向港口降低的趋势。港底等值线较为密集；从港区中部到港口，等值线稀疏，总有积碳分布较为均匀，介于 0.45%～0.58% 之间（图 3.2－12）。

3）石油类

象山港海域夏季沉积物中石油类的测值范围为 27.8×10^{-6}～430.8×10^{-6}，均值 101.9×10^{-6}。冬季石油类的测值范围为 25.0×10^{-6}～380.0×10^{-6}，均值 69.1×10^{-6}。夏季石油类含量明显高于冬季。

夏季，沉积物石油类含量分布基本呈现港底向港口递减的趋势冬季，沉积物石油类含量分布呈现港底高，向港口递减，南岸高，向北岸递减的现象。各区域石油类含量分布差异较大（图 3.2－13）。

4）汞

象山港海域夏季沉积物汞的测值范围为 0.032×10^{-6}～0.051×10^{-6}，均值 0.040×10^{-6}。冬季汞的测值范围为 0.037×10^{-6}～0.052×10^{-6}，均值 0.043×10^{-6}。夏季与冬季沉积物汞含量相近。

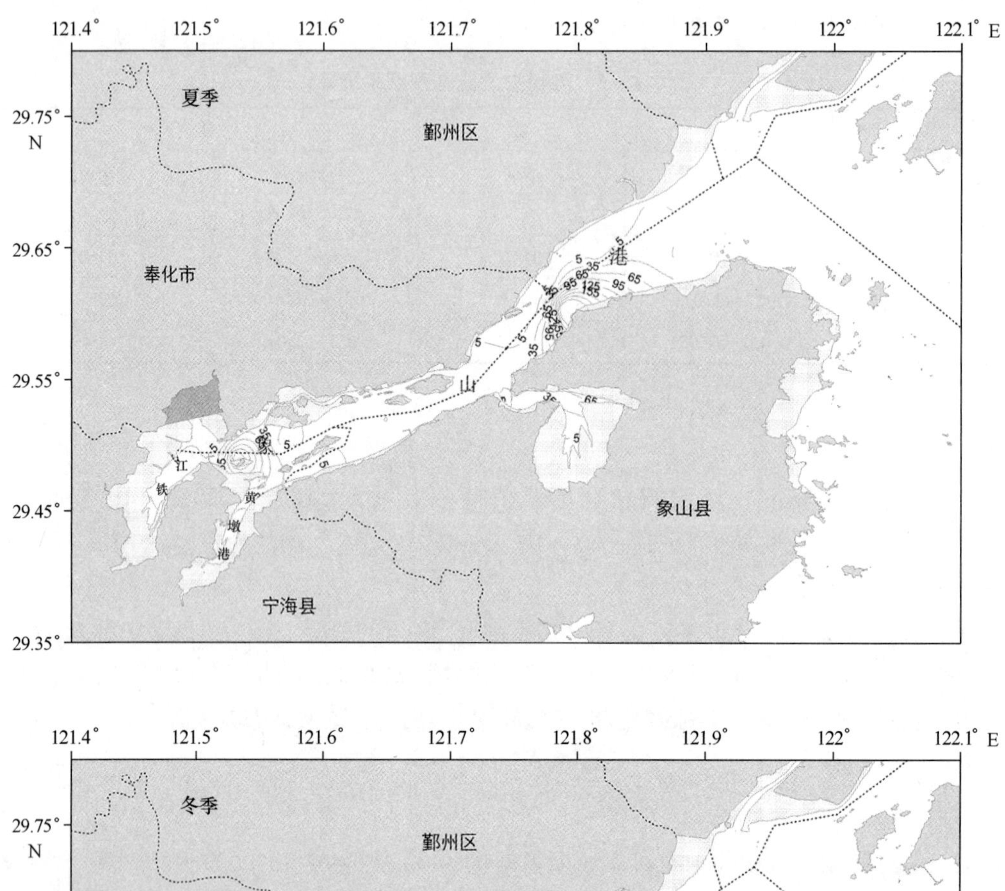

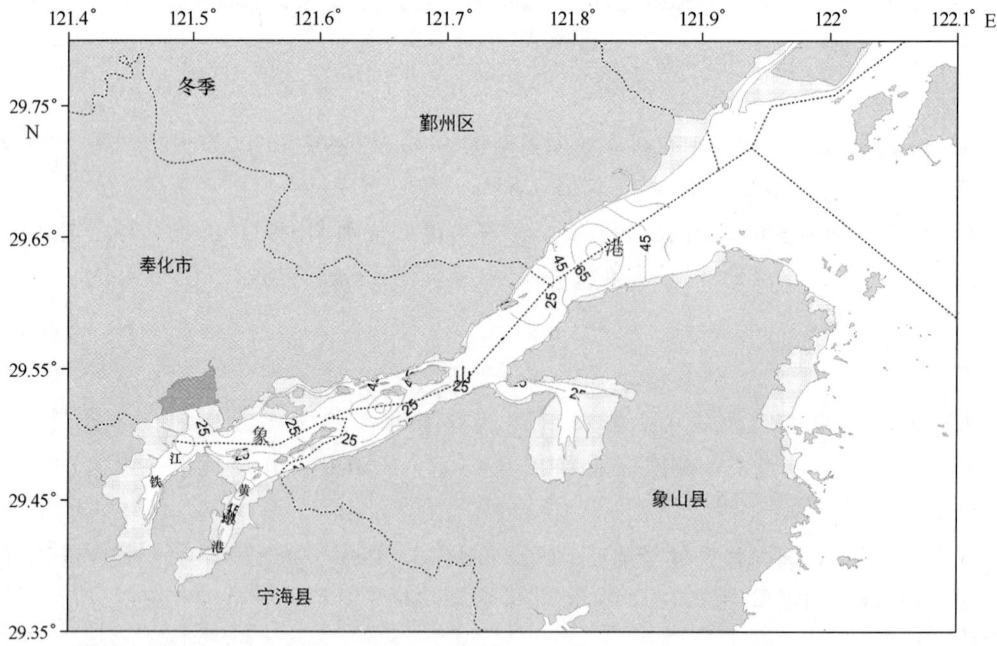

图 3.2－11　2011 年沉积物硫化物平面分布(×10⁻⁶)

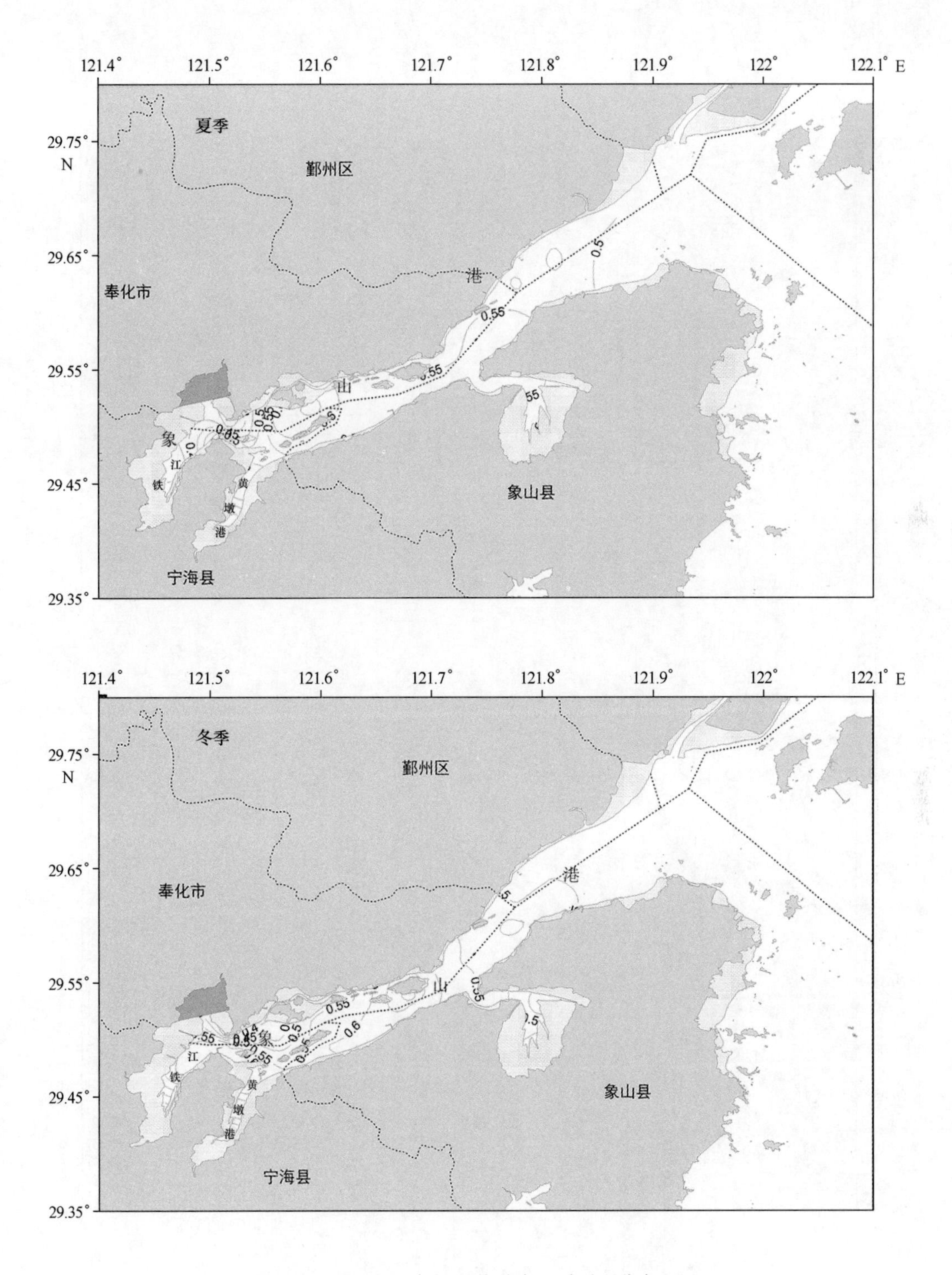

图 3.2－12　2011 年沉积物总有机质平面分布(%)

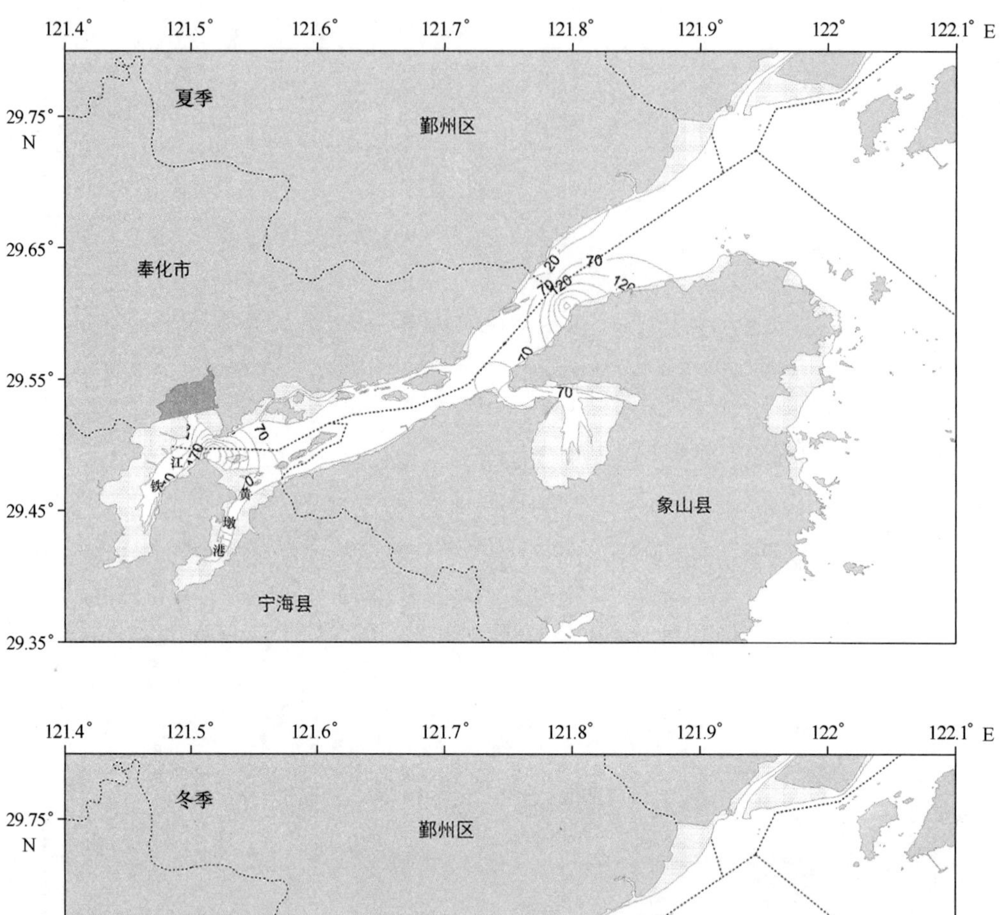

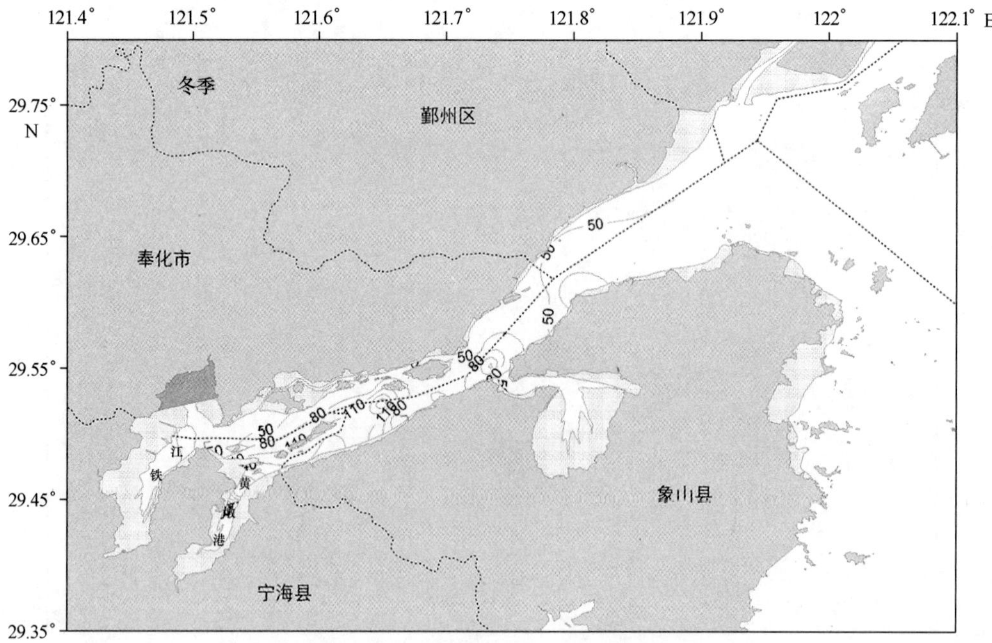

图 3.2－13　2011 年沉积物石油类平面分布（$\times10^{-6}$）

夏、冬季沉积物有积碳平面分布相似，基本呈现由港中向港底、港口降低的趋势，但整体上汞含量分布差异不大（图 3.2－14）。

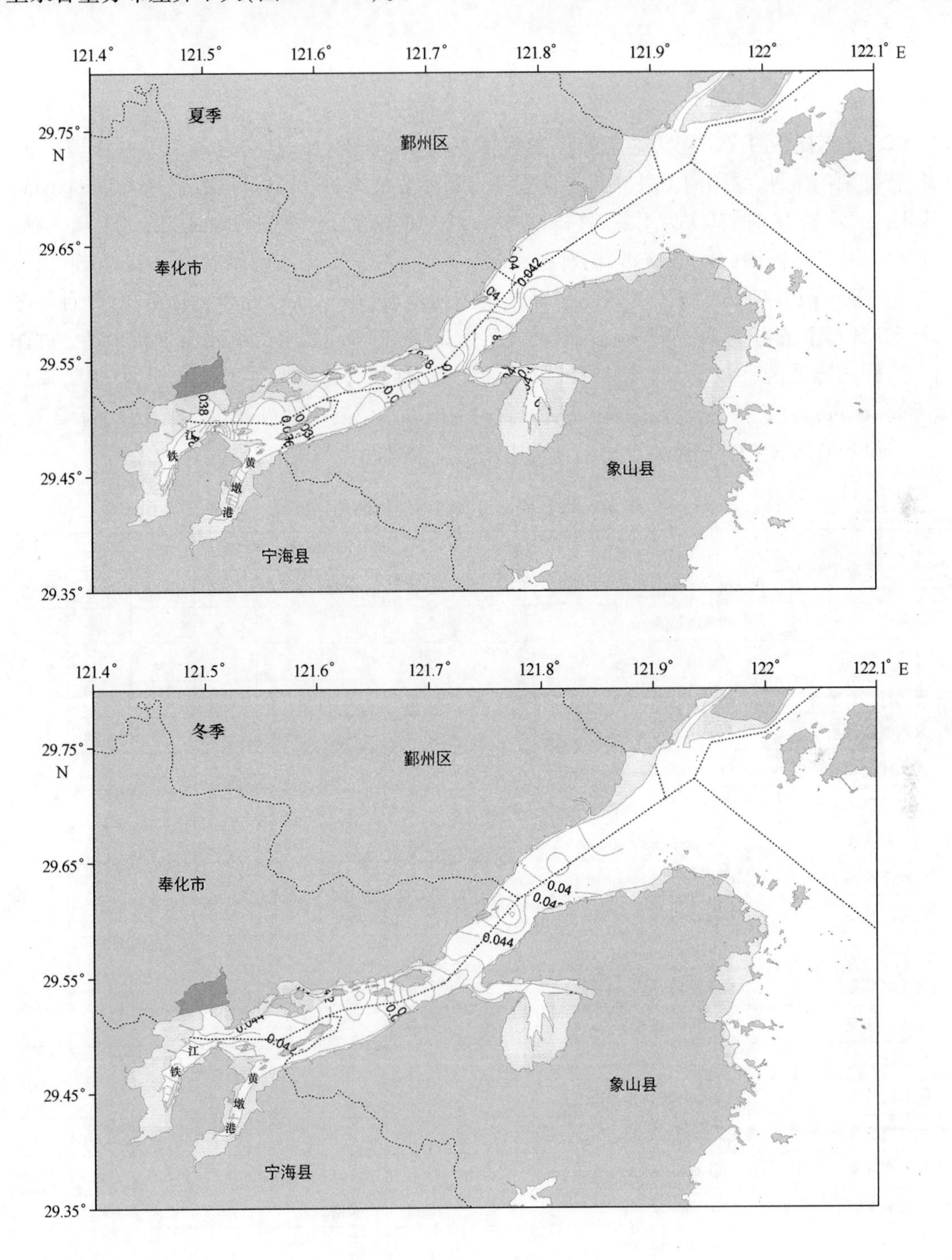

图 3.2－14　2011 年沉积物汞平面分布（$\times 10^{-6}$）

3.2.3 生物生态

3.2.3.1 浮游植物

1)种类组成

2011 年夏冬两次调查共鉴定到浮游植物 4 门 38 属 84 种,其中硅藻 70 种,甲藻门 12 种,蓝细菌门 1 种,绿藻门 1 种。其中夏季调查到浮游植物 61 种,以硅藻门(Bacillariophyta)为主,为 26 属 48 种;其次为甲藻门(Pyrrophyta)10 属 12 种;蓝藻门(Chrysophyta)1 属 1 种。硅藻门中,角毛藻属(*Chaetoceros*)的种数最多,共 13 种;其次为圆筛藻属(*Coscinodiscus*),有 12 种;菱形藻属(*Nitzschia*)有 5 种。甲藻门中以角藻属(*Ceratium*)的种类较多,有 3 种。冬季调查到浮游植物 64 种,同样以硅藻门为主,为 25 属 57 种;其次为甲藻门 3 属 5 种。硅藻门中,圆筛藻属的种数最多,共 11 种;其次为角毛藻属,有 10 种;菱形藻有 6 种;根管藻属(*Rhizosolenia*)有 5 种,蓝藻门 1 属 1 种,绿藻门 1 属 1 种。夏季港口、港中和港底均为 43 种;冬季港口 40 种,港中 43 种和港底 49 种,如表 3.2-3 所示。

表 3.2-3 象山港海域浮游植物名录

浮游植物	拉丁名	夏季			冬季		
		港口	港中	港底	港口	港中	港底
硅藻门	**Bacillriophyta**						
具槽直链藻	*Melosira sulcata*	+	+		+	+	
狭形颗粒直链藻	*Melosira granulata* var. *angustissima*						+
太阳漂流藻	*Planktoiella sol*	+	+	+	+		+
苏氏圆筛藻	*Coscinodiscus thorii*				+	+	+
小型弓束圆筛藻	*Coscinodiscus curvatulus* var. *minor*				+		
辐射圆筛藻	*Coscinodiscus radiatus*		+				
弓束圆筛藻	*Coscinodiscus curvatulus* var. *curvatulus*	+	+	+	+	+	+
虹彩圆筛藻	*Coscinodiscus oculusiridis*	+	+	+	+	+	+
偏心圆筛藻	*Coscinodiscus excentricus*		+	+	+	+	+
强氏圆筛藻	*Coscinodiscus janischii*	+	+	+			
琼氏圆筛藻	*Coscinodiscus jonesianus*	+	+	+	+	+	+
蛇目圆筛藻	*Coscinodiscus argus*			+	+		
线形圆筛藻	*Coscinodiscus lineatus*		+		+	+	+
星脐圆筛藻	*Coscinodiscus asteromphalus*	+					
有翼圆筛藻	*Coscinodiscus bipartitus*	+	+	+	+	+	+
圆筛藻属	*Conscinodiscus* sp.	+		+			
整齐圆筛藻	*Coscinodiscus concinnus*	+					
中心圆筛藻	*Coscinodiscus centralis*	+	+	+	+	+	+
爱氏辐环藻	*Actinocyclus ehrenbergii*	+	+	+	+	+	+

续表

浮游植物	拉丁名	夏季			冬季		
		港口	港中	港底	港口	港中	港底
哈氏半盘藻	*Hemidiscus hardmannianus*				+		
波状辐裥藻	*Actinoptychus undulatus*	+		+			
中肋骨条藻	*Skeletonema costatum*	+	+	+	+	+	+
地中海指管藻	*Dactyliosolen mediterraneus*					+	+
小细柱藻	*Leptocylindrus minimus*	+	+	+	+		+
丹麦细柱藻	*Leptocylindrus danicus*	+	+	+		+	+
豪猪棘冠藻	*Corethron hystrix*	+	+	+			
笔尖形根管藻	*Rhizosolenia styliformis* var. *styliformis*				+		
粗根管藻	*Rhizosolenia robusta*				+		
渐尖根管藻	*Rhizosolenia acuminata*				+		
距端根管藻	*Rhizosolenia calcaravis*					+	+
细长翼根管藻	*Rhizosolenia alata* f. *gracillima*						+
透明辐杆藻	*Bacteriastrum hyalinum* var. *hyalinum*				+		
角毛藻属	*Chaetoceros* sp.	+		+			
扁面角毛藻	*Chaetoceros compressus*	+	+	+			
聚生角毛藻	*Chaetoceros socialis*	+	+	+		+	+
卡氏角毛藻	*Chaetoceros castracanei*	+	+	+	+	+	+
罗氏角毛藻	*Chaetoceros lauderi*	+	+	+			+
洛氏角毛藻	*Chaetoceros lorenzianus Grunow*	+	+	+	+	+	+
冕孢角毛藻	*Chaetoceros subsecundus*	+	+	+		+	+
柔弱角毛藻	*Chaetoceros debilis*		+				
绕孢角毛藻	*Chaetoceros cinctus*	+	+	+		+	+
细弱角毛藻	*Chaetoceros subtilis*	+	+	+		+	+
异常角毛藻	*Chaetoceros abnormis*	+		+	+	+	+
旋链角毛藻	*Chaetoceros curvisetus*	+		+		+	+
密联角毛藻	*Chaetoceros densus*					+	+
钝头盒形藻	*Biddulphia obtusa*					+	+
高盒形藻	*Biddulphia regia*		+	+	+	+	+
活动盒形藻	*Biddulphia mobiliensis*			+	+	+	+
中华盒形藻	*Biddulphia sinensis*			+	+	+	+
紧密角管藻	*Cerataulina compacta*		+	+		+	+
中沙角管藻	*Cerataulina zhongshaensis*				+		
蜂窝三角藻	*Triceratium favus*	+					
布氏双尾藻	*Ditylum brightwelli*	+	+	+	+	+	+
太阳双尾藻	*Ditylum sol*					+	
扭鞘藻	*Streptothece thamesis*					+	+
透明辐杆藻	*Bacteriastrum hyalinum* var. *hyalinum*				+		
波状斑条藻	*Grammatophora undulata*				+	+	+

续表

浮游植物	拉丁名	夏季			冬季		
		港口	港中	港底	港口	港中	港底
短楔形藻	*Licmophora abbreviata*		+	+			+
菱形海线藻	*Thalassionema nitzschioides*						+
佛氏海毛藻	*Thalassiothrix frauenfeldii*				+	+	+
波罗的海布纹藻	*Gyrosigma balticum*	+	+	+	+	+	+
美丽曲舟藻	*Pleurosigma formosum*		+	+	+	+	+
相似曲舟藻	*Pleurosigma aestuarii*	+	+	+	+	+	+
菱形藻	*Nitzschia* sp1.		+	+			
菱形藻属	*Nitzschia* sp2.						+
长菱形藻	*Nitzschia longissima*		+			+	+
尖刺菱形藻	*Nitzschia pungens*	+	+			+	
洛氏菱形藻	*Nitzschia lorenziana*	+	+	+	+	+	+
奇异菱形藻	*Nitzschia paradoxa*			+	+	+	+
新月菱形藻	*Nitzschia closterium*	+	+	+		+	+
甲藻门	**Dinophyceae**						
东海原甲藻	*Prorocentrum donghaiense*	+	+				
具尾鳍藻	*Dinophysis caudata*	+					
鸟尾藻属	*Ornithocercus* sp.			+			
夜光藻	*Noctiluca scintillans*	+					
叉状角藻	*Ceratium furca*	+	+		+		+
三角角藻	*Ceratium tripos*	+	+				
梭角藻	*Ceratium fusus*	+	+		+	+	
塔玛亚历山大藻	*Alexandrium tamarense*	+					
多纹膝沟藻	*Gonyaulax polygramma*		+				
具刺膝沟藻	*Gonyaulax spinifera*	+	+	+			
斯氏扁甲藻	*Pyrophacus steinii*						+
扁形原多甲藻	*Protoperidinium depressum*				+	+	
蓝细菌门	**Cyanobacteria**						
铁氏束毛藻	*Trichodesmium thiebautii*			+			
绿藻门	**Chlorophyta**						
格孔单突盘星藻	*Pediastrum clathratum*						+

注:“+”表示出现该生物种。

2)数量平面分布

(1)浮游植物网样

2011 年夏季, 调查区浮游植物细胞数量(网样)平均值为 16.9×10^4 cells/m^3,在 $0.5\times10^4\sim103.8\times10^4$ cells/m^3 范围内。铁港和黄墩港浮游植物密度较高,象山港中密度较低,象山港口附近海域处于中等水平(图 3.2-15)。

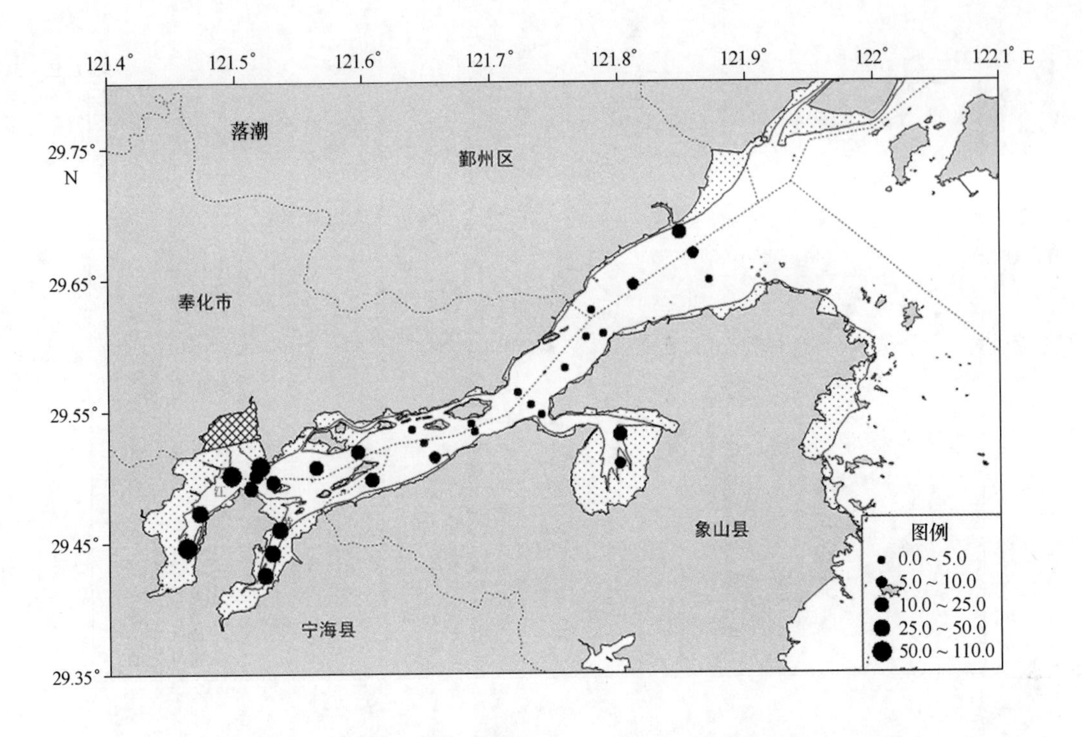

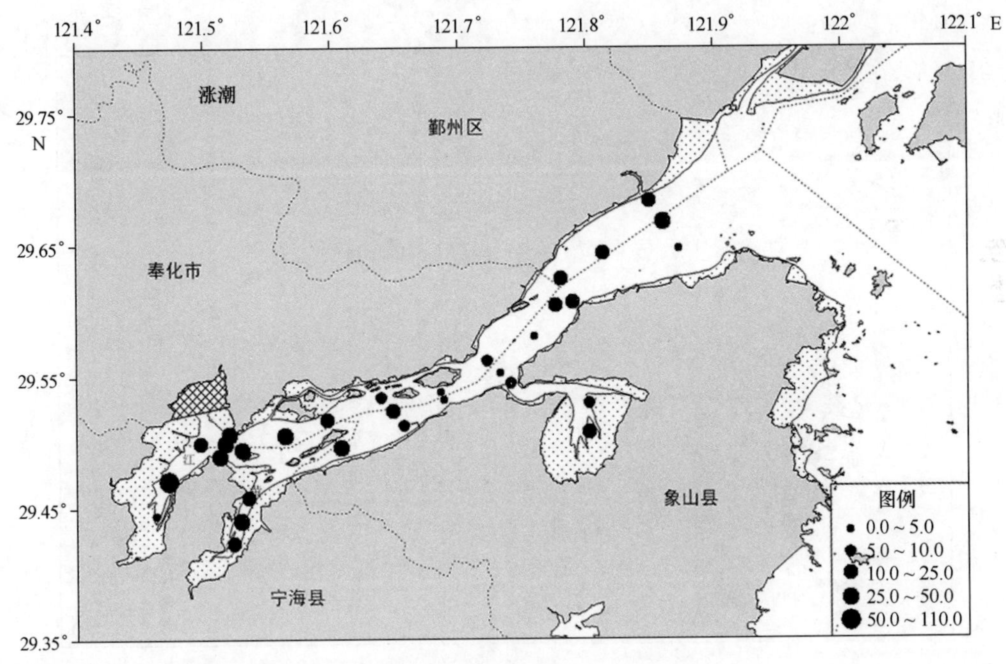

图 3.2－15　象山港夏季浮游植物网样密度分布(cells/m^3)

2011 年冬季,调查区浮游植物细胞数量(网样)平均值为 4.8×10^4 cells/m^3,在 0.5 ~ 22.2 $\times10^4$ cells/m^3 范围内。黄墩港至西沪港一带海域浮游植物密度较高,象山港港口密度相对较低,全港浮游植物密度整体分布从高到低为港底、港口、港中(图 3.2－16)。

总体来看,浮游植物网样密度夏季明显高于冬季,但全港密度分布从高到低为港底、港口、港中。

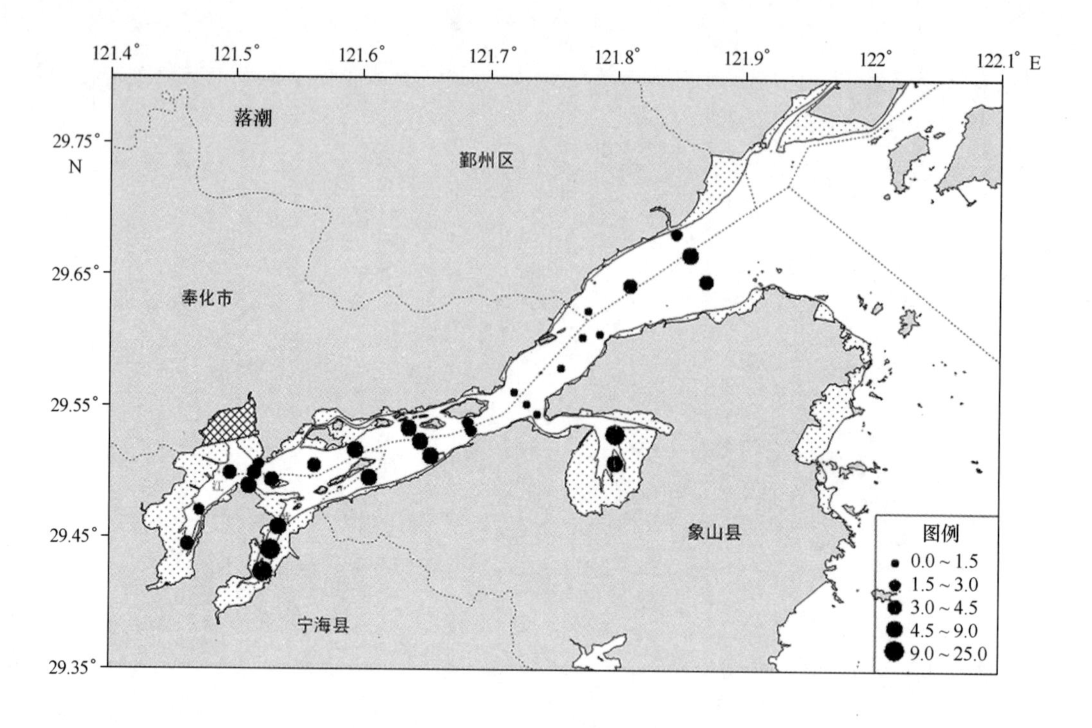

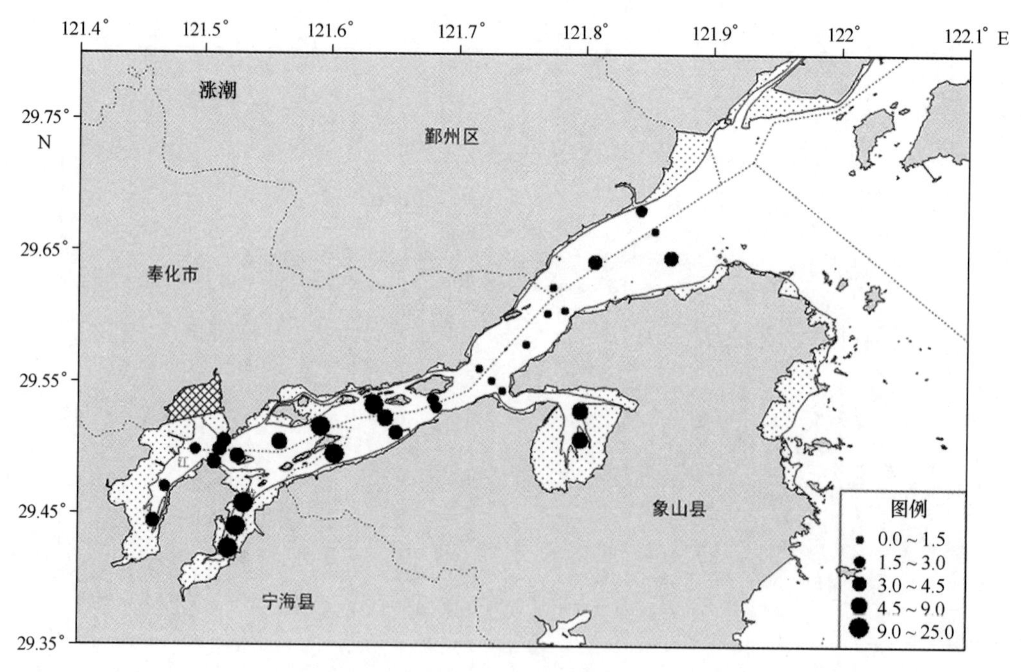

图 3.2－16　象山港冬季浮游植物网样密度分布(cells/m^3)

(2)浮游植物水样

2011 年夏季，浮游植物细胞数量(水样)平均值为 14.6×10^2 cells/dm^3。落潮时调查区表层浮游植物细胞数量(水样)平均值为 12.3×10^2 cells/dm^3，底层浮游植物细胞数量(水样)平均值为 9.7×10^4 cells/dm^3。涨潮时调查区表层浮游植物细胞数量(水样)平均值为 19.9×10^2 cells/dm^3；底层浮游植物细胞数量(水样)平均值为 15.2×10^2 cells/dm^3(图 3.2－17)。

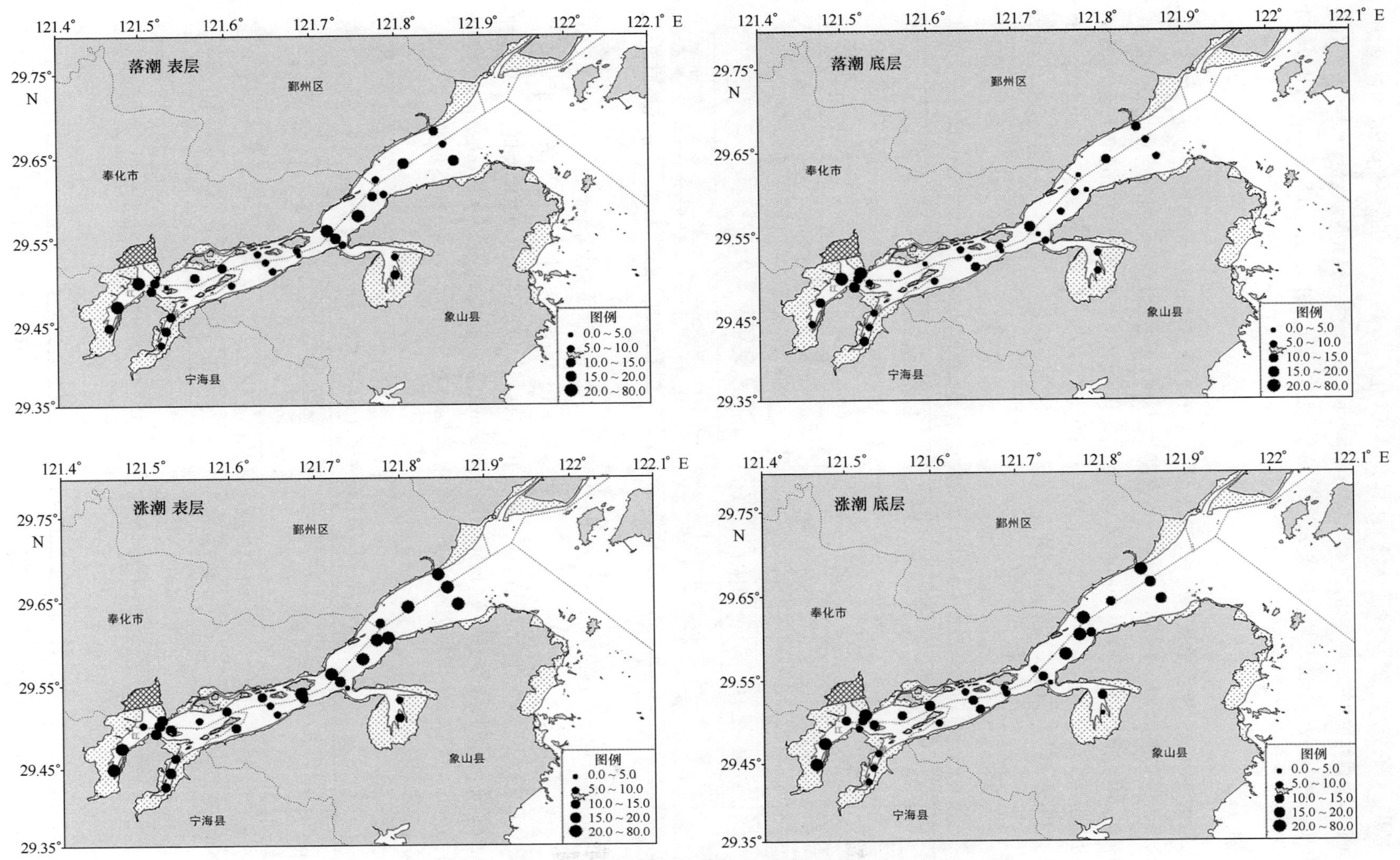

图3.2-17　象山港水域夏季浮游植物水样细胞数量分布(cells/dm³)

2011 年冬季，浮游植物细胞数量(水样)平均值为 7.1×10^2 cells/dm^3。落潮时调查区表层浮游植物细胞数量(水样)平均值为 8.7×10^2 cells/dm^3，底层浮游植物细胞数量(水样)平均值为 5.7×10^2 cells/dm^3；涨潮时调查区表层浮游植物细胞数量(水样)平均值为 8.8×10^2 cells/dm^3；底层浮游植物细胞数量(水样)平均值为 5.5×10^2 cells/dm^3(图 3.2－18)。

3)优势种

象山港海域夏季浮游植物第一优势种为绕孢角毛藻，落潮时平均细胞密度为 3.27×10^4 cells/m^3，最高值达 44.31×10^4 cells/m^3，优势度为 0.18；涨潮时平均细胞密度为 5.4×10^4 cells/m^3，最高值达 16.80×10^4 cells/m^3，优势度为 0.16。第二优势种为冕饱角毛藻，落潮时平均细胞密度为 5.16×10^4 cells/m^3，最高值达 20.68×10^4 cells/m^3，优势度为 0.15；涨潮时平均细胞密度为 6.67×10^4 cells/m^3，最高值达 16.64×10^4 cells/m^3，优势度为 0.18(表 3.2－4)。

表 3.2－4　象山港夏季优势种优势度分析

潮汐	优势种		密度范围 /($\times10^4$ cells/m^3)	平均值 /($\times10^4$ cells/m^3)	优势度(Y)
落潮时	第一优势种	绕孢角毛藻	0.04～44.31	3.27	0.18
	第二优势种	冕孢角毛藻	0.15～20.68	5.16	0.15
	第三优势种	丹麦细柱藻	0.40～28.15	12.53	0.11
涨潮时	第一优势种	冕孢角毛藻	0.18～16.64	6.67	0.18
	第二优势种	绕孢角毛藻	0.11～16.80	5.45	0.16
	第三优势种	卡氏角毛藻	0.04～21.71	4.38	0.13

象山港海域冬季落潮时浮游植物第一优势种为琼氏圆筛藻，平均细胞密度为 0.71×10^4 cells/m^3，最高值达 2.15×10^4 cells/m^3，优势度为 0.16；第二优势种为中肋骨条藻，平均细胞密度为 1.05×10^4 cells/m^3，最高值达 4.07×10^4 cells/m^3，优势度为 0.08；涨潮时第一优势种为琼氏圆筛藻，平均细胞密度为 1.56×10^4 cells/m^3，最高值达 18.00×10^4 cells/m^3，优势度为 0.30；第二优势种为高盒形藻，平均细胞密度为 1.25×10^4 cells/m^3，最高值达 3.25×10^4 cells/m^3，优势度为 0.25(表 3.2－5)。

表 3.2－5　象山港冬季优势种优势度分析

潮汐	优势种		密度范围 /($\times10^4$ cells/m^3)	平均值 /($\times10^4$ cells/m^3)	优势度(Y)
落潮时	第一优势种	琼氏圆筛藻	0.09～2.15	0.71	0.16
	第二优势种	中肋骨条藻	0.12～4.07	1.05	0.08
	第三优势种	虹彩圆筛藻	0.04～4.00	0.60	0.07
涨潮时	第一优势种	琼氏圆筛藻	0.12～18.0	1.56	0.30
	第二优势种	高盒形藻	0.03～3.25	1.25	0.25
	第三优势种	虹彩圆筛藻	0.04～2.07	0.42	0.05

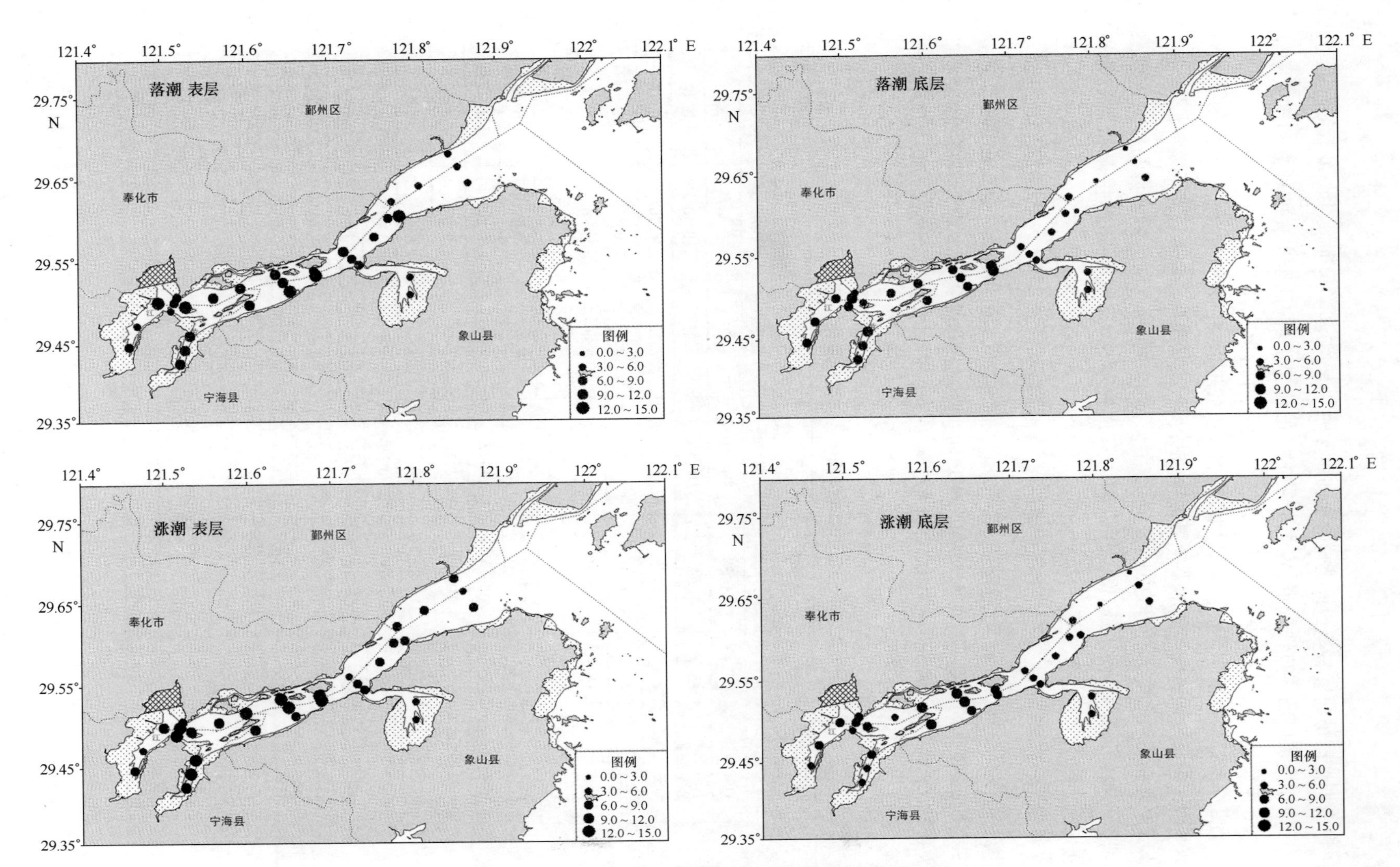

图3.2-18　象山港水域冬季浮游植物水样细胞数量分布(cells/dm³)

4）生态类型

象山港浮游植物生态类型大致可分为以下3类。

①沿岸内湾广温广布性类群：该类群是本区的优势类群，四季出现的种数和丰度均较高。代表种如琼氏圆筛藻、中肋骨条藻、丹麦细柱藻、高盒形藻等。

②沿岸河口低盐温带类群：本类群夏、秋季稀少或不出现，或出现的丰度很低，以冬季出种数和丰度为高。代表种如狭形颗粒直链藻、根管藻、波状斑条藻和佛氏海毛藻等。

③外海高温暖水性类群：该类群冬、春季罕见，但在夏、秋季随外海高温高盐水进入港区，种类增多，并占有一定的比例。代表种如豪猪棘冠藻、三角角藻、原甲藻和太阳漂流藻等。

5）多样性分析

夏季，多样性指数 H' 平均为2.19，在0.95～2.99之间；均匀度平均为0.63，在0.30～0.89之间；丰度平均为0.64，在0.33～0.99之间。港口多样性指数平均为1.95，均匀度平均为0.58，丰度平均为0.66。港中多样性指数平均为2.51，均匀度平均为0.74，丰度平均为0.64。港底多样性指数平均为2.08，均匀度平均为0.58，丰度平均为0.61（表3.2－6）。

表3.2－6　象山港浮游植物生态指标统计（夏季）

站位		落潮时			涨潮时		
		多样性指数 H'	均匀度 J	种类丰度 d	多样性指数 H'	均匀度 J	种类丰度 d
港口	QS1	1.57	0.38	0.91	1.50	0.42	0.66
	QS2	1.26	0.32	0.83	1.25	0.40	0.49
	QS3	2.71	0.78	0.71	2.52	0.70	0.71
	QS4	1.47	0.38	0.81	2.12	0.61	0.63
	QS5	1.11	0.30	0.70	2.40	0.86	0.48
	QS6	1.70	0.45	0.78	1.92	0.64	0.52
	QS7	1.87	0.54	0.59	2.94	0.88	0.69
	QS8	2.32	0.73	0.53	2.53	0.80	0.56
港中	QS9	0.95	0.30	0.50	2.62	0.83	0.59
	QS10	1.85	0.56	0.61	2.61	0.71	0.81
	QS11	2.99	0.75	0.92	2.22	0.67	0.61
	QS12	2.82	0.89	0.48	2.58	0.74	0.58
	QS13	2.86	0.77	0.68	2.45	0.82	0.42
	QS14	2.90	0.78	0.78	2.61	0.75	0.68
	QS15	2.76	0.87	0.60	2.41	0.70	0.69
	QS16	2.61	0.79	0.56	2.53	0.73	0.67
	QS17	2.88	0.70	0.96	2.64	0.88	0.48
	QS18	2.58	0.74	0.63	2.31	0.77	0.44

续表

站位		落潮时			涨潮时		
		多样性指数 H'	均匀度 J	种类丰度 d	多样性指数 H'	均匀度 J	种类丰度 d
港底	QS19	1.73	0.52	0.51	1.75	0.53	0.52
	QS20	2.20	0.58	0.72	1.87	0.59	0.46
	QS21	1.43	0.51	0.33	2.24	0.59	0.73
	QS22	2.20	0.61	0.64	2.55	0.65	0.77
	QS23	1.89	0.60	0.44	2.29	0.60	0.72
	QS24	1.79	0.60	0.39	2.19	0.63	0.55
	QS25	2.37	0.62	0.71	2.71	0.69	0.79
	QS26	2.28	0.62	0.66	2.09	0.57	0.60
	QS27	2.29	0.54	0.99	1.98	0.57	0.59
	QS28	2.29	0.66	0.55	1.46	0.41	0.61
	QS29	2.06	0.54	0.74	2.21	0.58	0.69
	QS30	2.39	0.61	0.74	1.62	0.49	0.50
	QS31	1.84	0.58	0.55	2.40	0.69	0.53

冬季，多样性指数平均为2.78，在1.18~3.54之间；均匀度平均为0.74，在0.29~0.94之间；丰度平均为0.86，在0.43~1.24之间。港口多样性指数平均为2.51，均匀度平均为0.72，丰度平均为0.75。港中多样性指数平均为3.08，均匀度平均为0.83，丰度平均为0.90。港底多样性指数平均为2.88，均匀度平均为0.76，丰度平均为0.90（表3.2-7）。

表3.2-7　象山港浮游植物生态指标统计（冬季）

站位		落潮时			涨潮时		
		多样性指数 H'	均匀度 J	种类丰度 d	多样性指数 H'	均匀度 J	种类丰度 d
港口	QS1	2.75	0.80	0.69	2.39	0.72	0.63
	QS2	3.11	0.84	0.87	1.18	0.37	0.51
	QS3	2.34	0.60	0.93	1.93	0.52	0.80
	QS4	2.44	0.64	0.86	1.82	0.49	0.79
	QS5	2.87	0.83	0.74	2.52	0.76	0.66
	QS6	2.79	0.81	0.75	2.71	0.81	0.69
	QS7	2.75	0.83	0.68	2.71	0.78	0.78
	QS8	2.90	0.84	0.77	2.87	0.83	0.81
港中	QS9	3.00	0.84	0.86	2.60	0.75	0.74
	QS10	3.00	0.90	0.71	2.80	0.84	0.72
	QS11	3.01	0.84	0.85	2.84	0.85	0.70
	QS12	2.82	0.94	0.43	2.92	0.92	0.48
	QS13	2.98	0.86	0.62	3.02	0.91	0.55
	QS14	3.34	0.79	1.24	3.23	0.81	1.06

续表

站位		落潮时			涨潮时		
		多样性指数 H'	均匀度 J	种类丰度 d	多样性指数 H'	均匀度 J	种类丰度 d
港中	QS15	3.26	0.78	1.18	3.34	0.82	1.12
	QS16	2.89	0.68	1.09	3.03	0.73	1.04
	QS17	3.54	0.82	1.22	3.43	0.81	1.16
	QS18	2.97	0.70	1.19	3.45	0.84	1.03
港底	QS19	1.23	0.29	1.07	2.94	0.71	1.09
	QS20	3.04	0.70	1.15	3.38	0.78	1.17
	QS21	3.29	0.76	1.22	3.21	0.77	1.10
	QS22	2.75	0.64	1.14	3.13	0.75	1.05
	QS23	3.01	0.72	0.99	3.14	0.77	0.92
	QS24	2.97	0.80	0.70	3.11	0.80	0.81
	QS25	2.30	0.64	0.72	2.27	0.66	0.65
	QS26	2.77	0.69	1.00	2.56	0.67	0.88
	QS27	2.46	0.66	0.80	2.35	0.66	0.73
	QS28	2.13	0.59	0.72	2.32	0.67	0.64
	QS29	2.44	0.60	1.09	2.73	0.70	0.94
	QS30	2.89	0.83	0.69	2.71	0.82	0.63
	QS31	2.85	0.80	0.74	2.59	0.78	0.59
	平均	2.83	0.74	0.93	2.92	0.78	0.86

象山港海域多样性指数 H' 夏冬两季分布比较一致，但冬季多样性指数总体高于夏季。全港分布呈现出港中较高，港底一般，西沪港口至主港港口较低（图 3.2－19、图 3.2－20）。

象山港海域浮游植物均匀度夏季不高，除养殖区和港中狭窄水道较高外，其他海域都较低；从潮汐看，涨潮时浮游植物均匀度高于落潮时。冬季浮游植物均匀度全港除港口和部分水域外，其他海域分布都较高；从潮汐看，涨潮时高于落潮时（图 3.2－21、图 3.2－22）。

象山港海域浮游植物丰度冬季明显高于夏季，但落潮和涨潮丰度变化不大。夏季分布不均匀，整体水平较低；冬季分布较均匀，其中铁港和西沪港及主港港口海域相对较低（图 3.2－23、图 3.2－24）。

3.2.3.2 浮游动物

浮游动物是海洋生态系统中一类重要的生物类群，在海洋生物食物链中，它通过捕食控制浮游植物的数量，同时又是鱼类等高层营养者的饵料，因此，浮游动物在养殖、生态系统结构及功能、生物生产力研究中占有重要地位，其种类组成、数量的时空变化对海洋生态系统产生直接的影响。同时，海洋生态系统中的非生物因子及生物因子的变化也对浮游动物的种类组成、数量及其分布产生影响。本研究根据 2011 年夏季（7 月）和冬季（12 月）对象山港海域浮游动物调查结果，对浮游动物种类组成、数量分布及其群落结构进行分析。

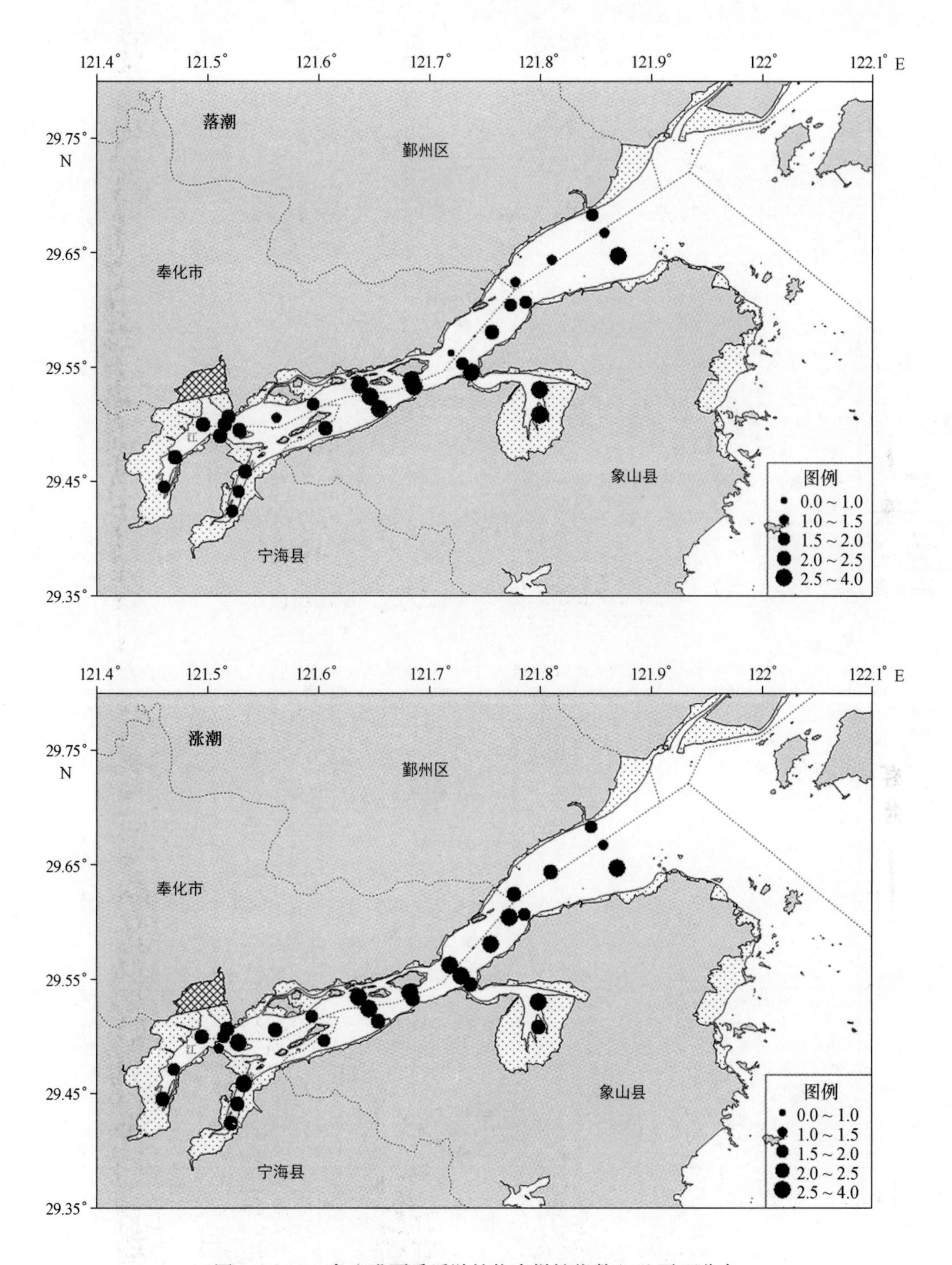

图 3.2－19　象山港夏季浮游植物多样性指数(H')平面分布

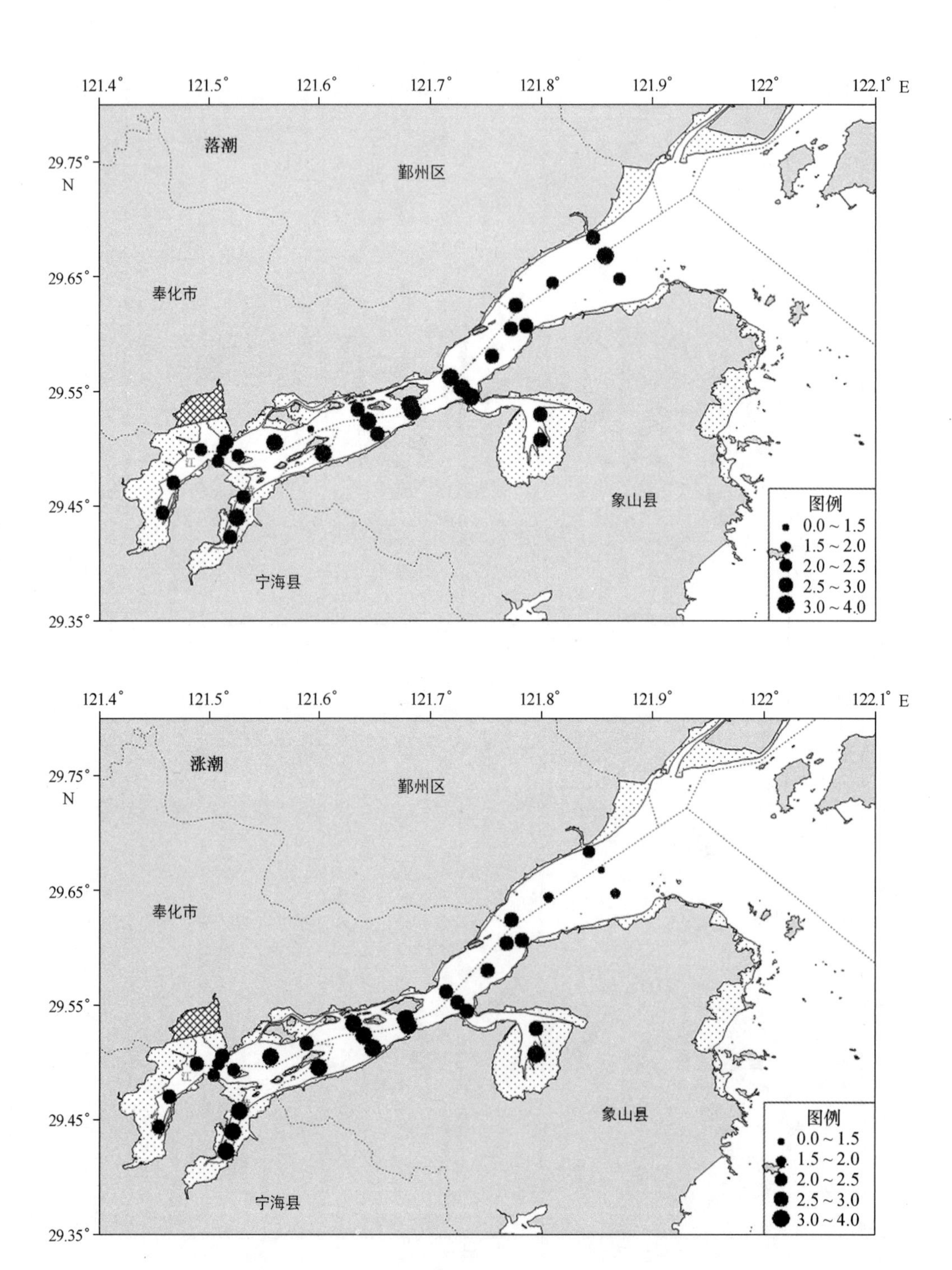

图 3.2－20　象山港冬季浮游植物多样性指数(H')平面分布

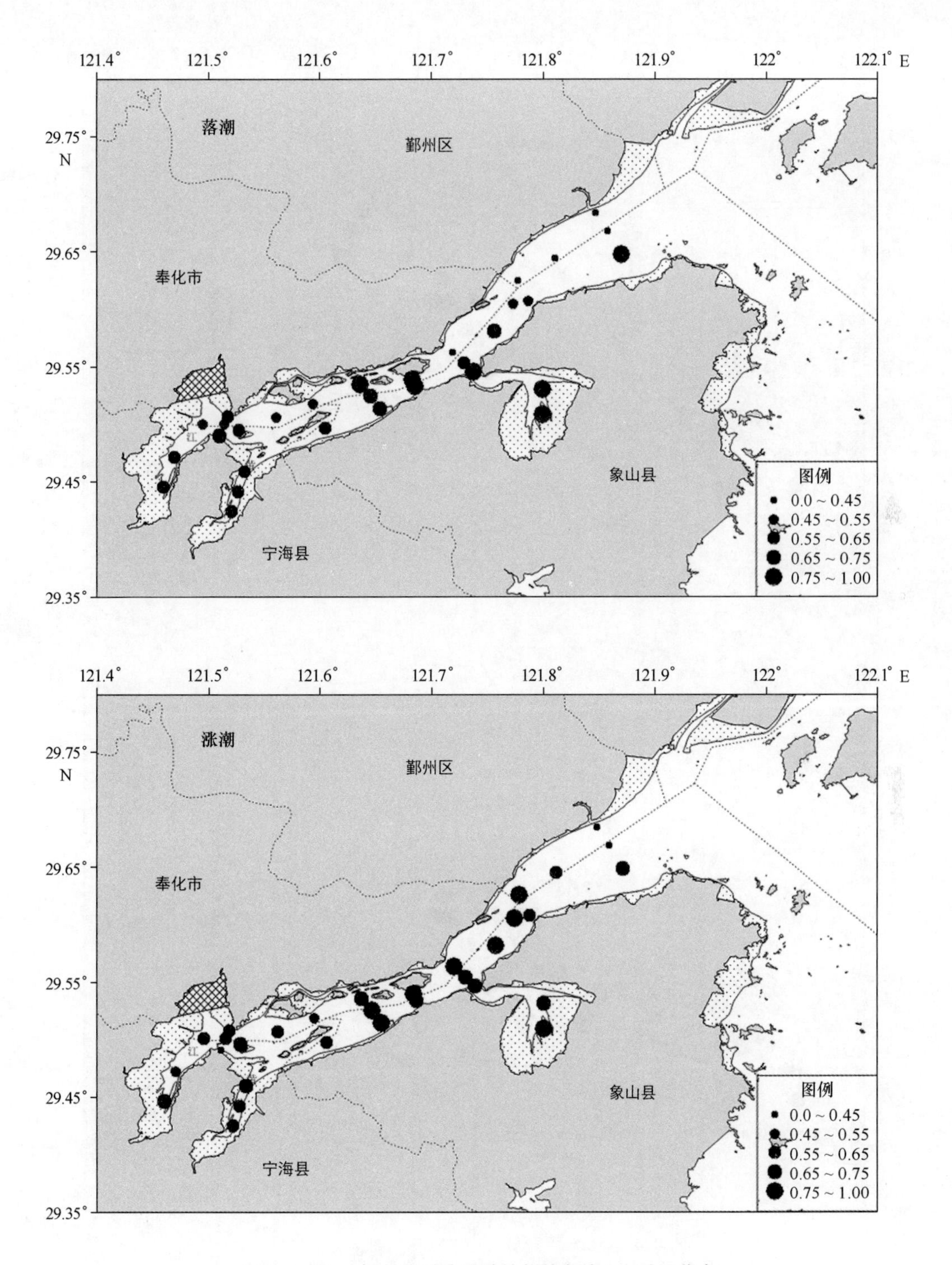

图 3.2-21　象山港夏季浮游植物均匀度(J)平面分布

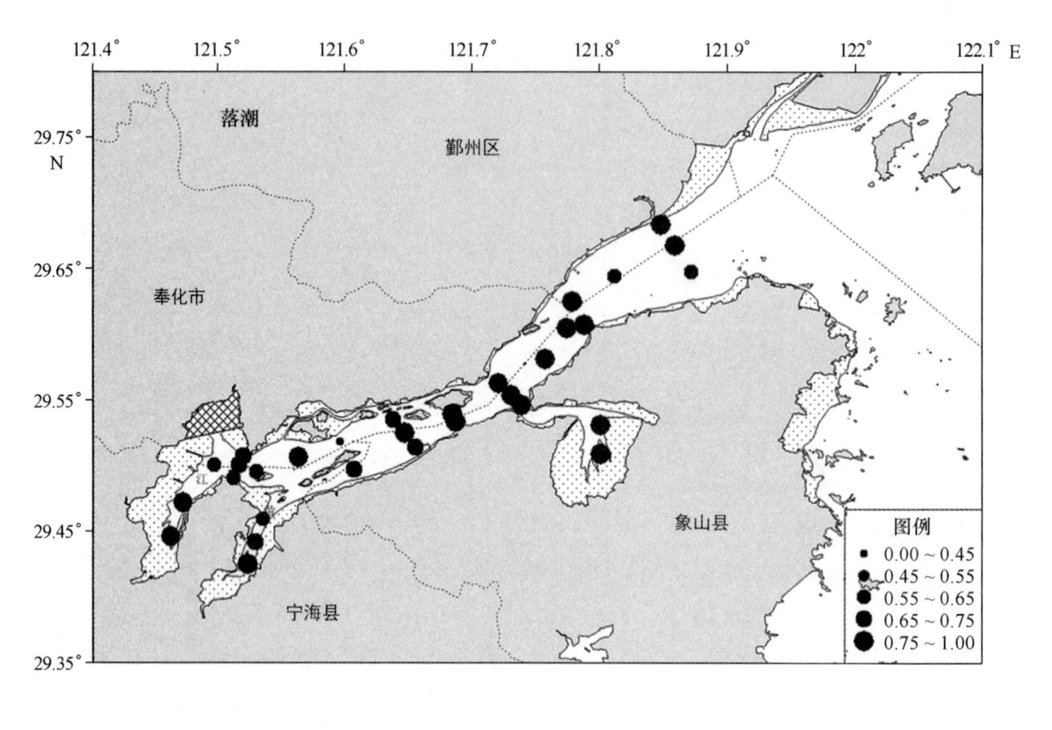

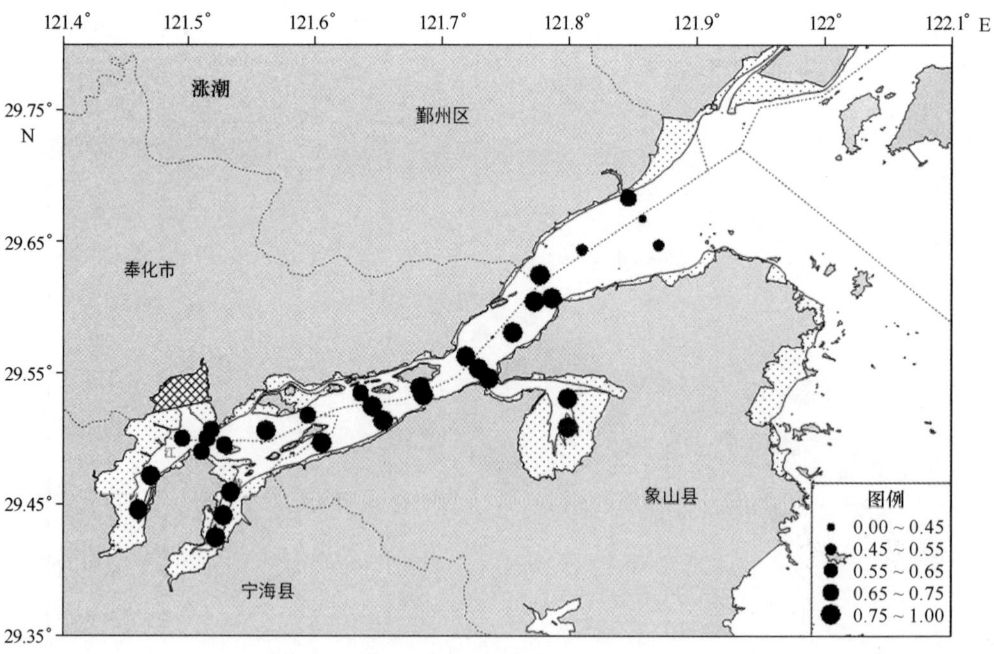

图 3.2－22　象山港冬季浮游植物均匀度(J)平面分布

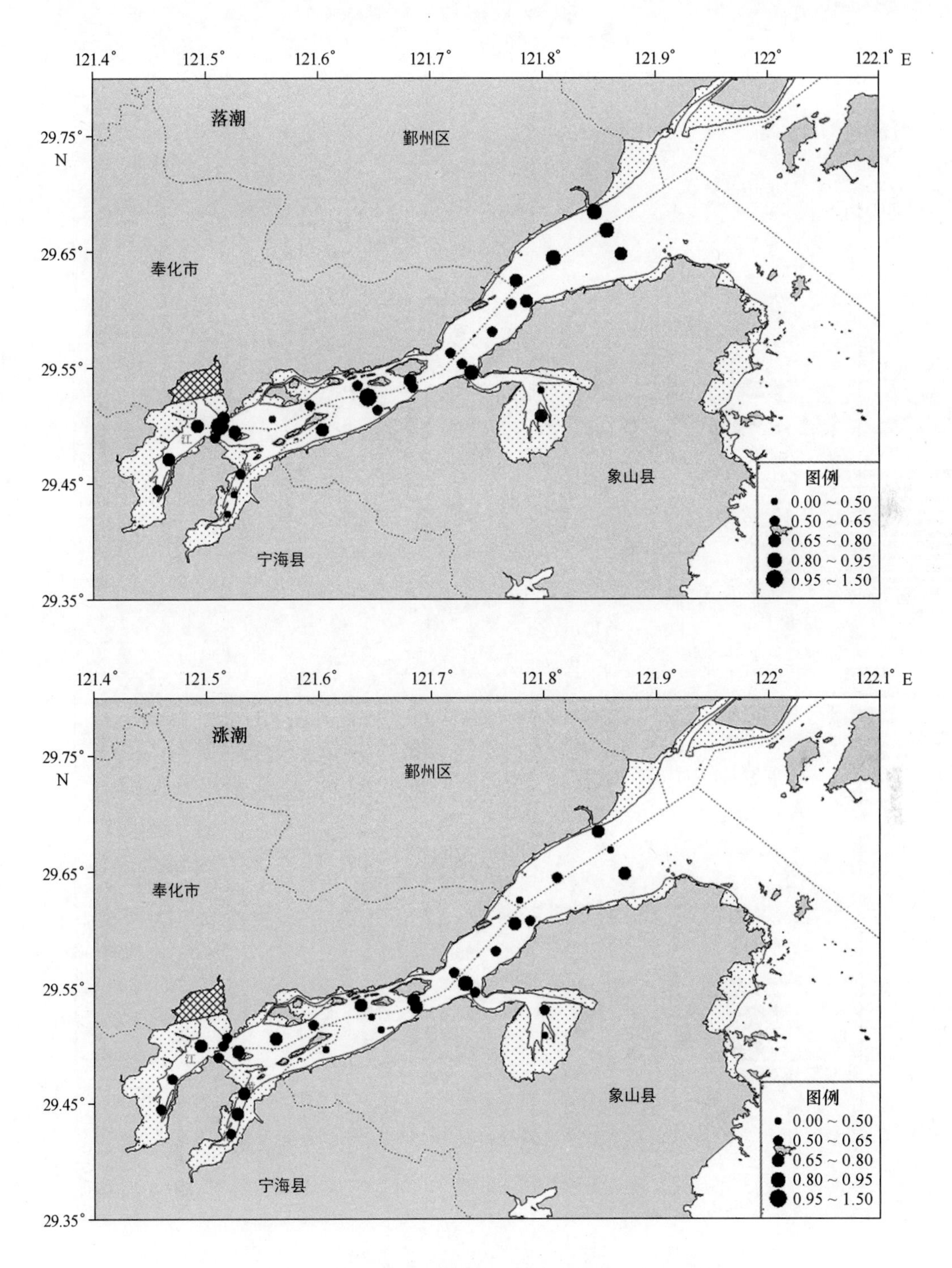

图 3.2-23　象山港夏季浮游植物丰度(d)平面分布

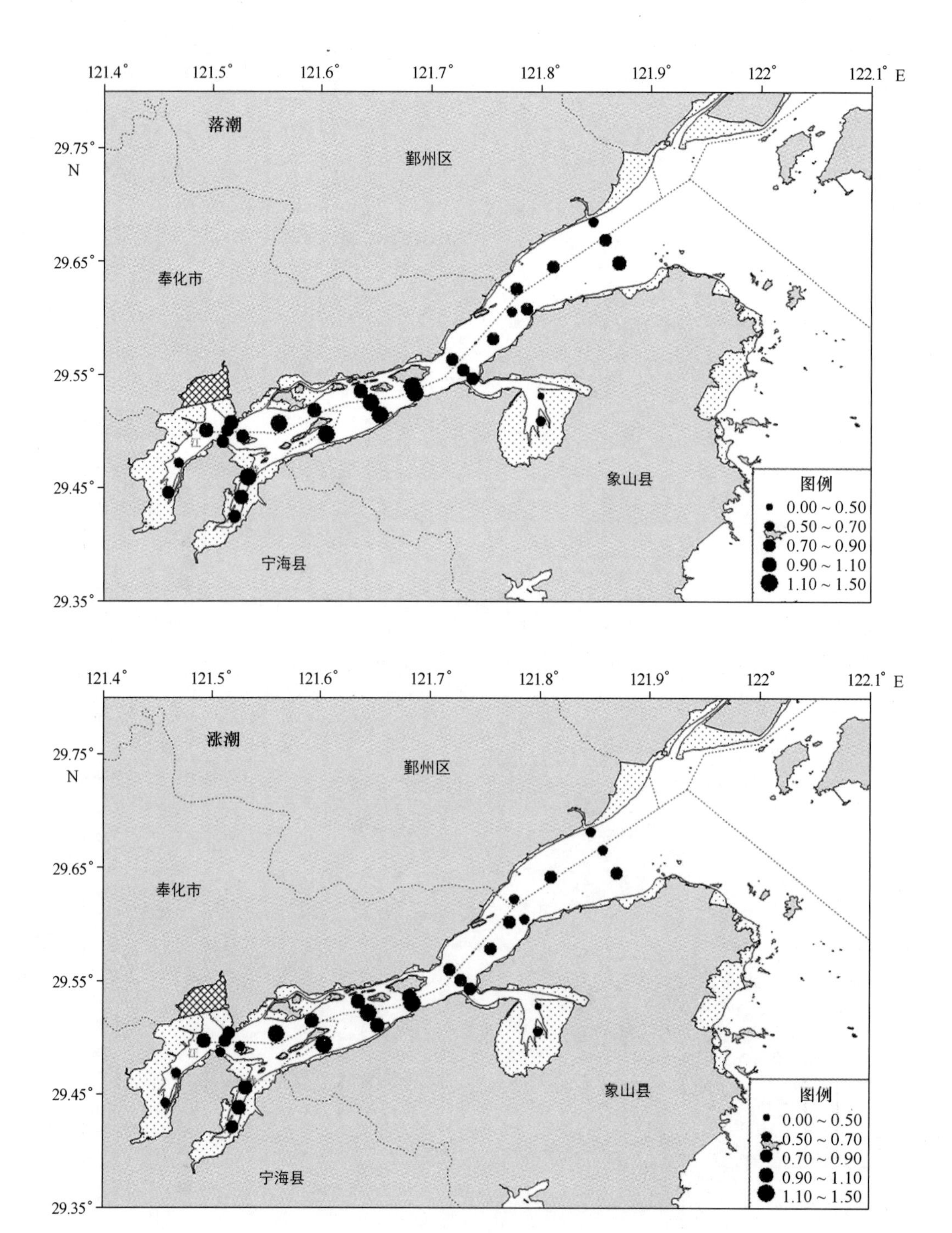

图 3.2－24　象山港冬季浮游植物丰度(d)平面分布

1)种类组成

象山港海域两次调查结果共鉴定出浮游动物66种(包括10种幼体),具体见表3.2-8。夏季调查鉴定出浮游动物60种(包括10种浮游幼体)其中节肢动物门38种,占种类数的63.3%;浮游幼体(包括鱼卵、仔鱼)10种,占种类数的16.7%;腔肠动物门9种,占种类数的15.0%;毛颚动物门2种,占种类数的3.3%;环节动物门1种,占种类数的1.7%。冬季调查鉴定出浮游动物35种(包括4种浮游幼体)其中节肢动物门23种,占种类数的65.7%;腔肠动物门5种,占种类数的14.3%;浮游幼体(包括鱼卵、仔鱼)4种,占种类数的11.4%;毛颚动物门2种,占种类数的5.7%;尾索动物门1种,占种类数的2.9%。

表3.2-8 浮游动物名录

序号	浮游动物	拉丁名	夏季	冬季
	腔肠动物门	**Coelenterata**		
	水螅水母亚纲	**Hydrozoa**		
1	短柄灯塔水母	*Turritopsis lata*	+	
2	小介穗水母	*Hydractinia minima*	+	
3	黑球真唇水母	*Eucheilota menoni*	+	
4	日本长管水母	*Sarsia nipponia*		+
5	双手外肋水母	*Ectopleura minerva*	+	+
6	四叶小舌水母	*Liriops tetraphylla*	+	
	管水母亚纲	**Siphonophorae**		
7	双生水母	*Diphyes chamissonis*	+	
8	大西洋五角水母	*Muggiaea atlantica*	+	+
	栉水母门	**Ctenophora**		
9	球形侧腕水母	*Pleurobrachia globosa*	+	+
10	瓜水母	*Beroe cucumis*		+
11	卵形瓜水母	*Beroe ovata*	+	
	环节动物门	**Annelida**		
	多毛纲	**Polychaea**		
12	瘤蚕属	*Travsiopsis* sp.	+	
	节肢动物门	**Acthropoda**		
	甲壳纲	**Crustacea**		
	介型亚纲	**Ostracoda**		
13	针刺真浮萤	*Euconchoecia aculeata*	+	
	桡足亚纲	**Copepoda**		
14	太平洋纺锤水蚤	*Acartia pacifica*	+	+
15	克氏纺锤水蚤	*Acartia clausi*	+	
16	欧氏后哲水蚤	*Metacalanus aurivilli*	+	
17	中华哲水蚤	*Calanus sinicus*	+	+
18	微刺哲水蚤	*Canthocalanus pauper*		+

续表

序号	浮游动物	拉丁名	夏季	冬季
19	瘦尾胸刺水蚤	*Centropages tenuiremis* Thompson et Scott	+	
20	背针胸刺水蚤	*Centropages dorsispinatus*	+	+
21	中华胸刺水蚤	*Centropages entropages*	+	
22	墨氏胸刺水蚤	*Centropages mcmurrichi*(*furcatus*)		+
23	亚强次真哲水蚤	*Subeucalanus subcrassus*		+
24	精致真刺水蚤	*Euchaeta concinna*	+	+
25	平滑真刺水蚤	*Euchaeta plana*	+	
26	针刺拟哲水蚤	*Paracalanus derjugini*	+	+
27	小拟(小刺)哲水蚤	*Paracalanus parvus*	+	
28	汤氏长足水蚤	*Calanopia thompsoni*	+	+
29	圆唇角水蚤	*Labidocera rotunda*	+	
30	真刺唇角水蚤	*Labidocera euchaeta*	+	+
31	孔雀唇角水蚤	*Labiadocera dubia*	+	
32	左突唇角水蚤	*Labidocera sinilobata*	+	+
33	刺尾角水蚤	*Pontella spinicauda*	+	
34	宽尾角水蚤	*Pontella latifurca*	+	
35	火腿伪镖水蚤	*Pseudodiaptomus poplesia*	+	+
36	捷氏歪水蚤	*Tortanus derjugini*	+	+
37	右突歪水蚤	Tortanus dextrilobatus	+	
38	钳形歪水蚤	*Tortanus forcipatus*	+	+
39	拟长腹剑水蚤	*Oithona simills*	+	+
40	近缘大眼剑水蚤	*Corycaeus affinis*	+	
41	小毛猛水蚤	*Microseteua norvegica*	+	
42	强额拟哲水蚤	*Parvocalanus crassirostris*	+	+
43	叶剑水蚤属	*Sapphininidae* sp.	+	
	软甲亚纲	**Malacostraca**		
	糠虾目	**Mysidacea**		
44	漂浮小井伊糠虾	*Liella pelagicus*	+	+
45	短额超刺糠虾	*Hyperacanthomysis brevirostris*	+	+
	涟虫目	**Cumacea**		
46	细长涟虫	*Iphinoe tenera*	+	+
	端足目	**Amphipoda**		
47	钩虾亚目	**Gammaridea**	+	+

续表

序号	浮游动物	拉丁名	夏季	冬季
48	麦秆虾属	*Caprella* sp.	+	
	磷虾目	**Euphausiacea**		
49	中华假磷虾	*Pseudeuphausia sinica*	+	+
	十足目	**Decapoda**		
50	刷状萤虾	*Lucifer penicillifer*	+	
51	正型萤虾	*Lucifer typus*	+	
52	日本毛虾	*Acetes japanicus*	+	+
53	细螯虾	*Leptochela gracilis*	+	+
	毛颚动物门	**Chaetongnaths**		
54	肥胖软箭虫	*Flaccisagitta enflata*	+	+
55	百陶带箭虫	*Zonosagitta bedoti*	+	+
	尾索动物门	**Urochordata**		
	有尾纲	**Appendiculata**		
56	住囊虫属	*Oikopleura* sp.		+
	幼虫	**Larva**		
57	阿利玛幼虫	*Alima larva*	+	
58	短尾类蚤状幼虫	*Brachyura zoea larva*	+	+
59	磁蟹蚤状幼虫	*Zoea larva*	+	
60	大眼幼虫	*Megalopa larva*	+	
61	带叉幼虫	*Furcilia larva*	+	+
62	海胆长腕幼虫	*Echinoplutrus larva*	+	
63	桡足类无节幼虫	*Nauplius larva*(Copepoda)	+	
64	幼螺	*Gastropod post larva*	+	
65	仔鱼	*Fish larva*	+	+
66	鱼卵	*Fish eggs*	+	+
种数			60	35

2)优势种及其分布

夏季象山港全港海域浮游动物(表3.2-9)主要优势种为太平洋纺锤水蚤(*Acartia pacifica*)、短尾类蚤状幼虫(Brachyura zoea larva)、背针胸刺水蚤(*Centropages dorsispinatus*)、汤氏长足水蚤(*Calanopia thompsoni*)、针刺拟哲水蚤(*Paracalanus derjugini*)和百陶箭虫(*Zonosagitta bedoti*)等。象山港港口区涨潮时第一优势种为中华哲水蚤(*Calanus sinicus*),落潮时第一优势种为背针胸刺水蚤;港中区涨、落潮时第一优势种皆为短尾类蚤状幼虫;港底区涨潮时第一优势种为太平洋纺锤水蚤,落潮时第一优势种为短尾类蚤状幼虫。港口区、港中区及港底区浮游动物第一优势的差异体现了潮汐对象山港浮游动物分布的影响。

表 3.2－9　象山港浮游动物优势种（$Y \geq 0.02$）及优势度指数

时间	港区	港口		港中		港底		全港	
	优势种/潮汐	涨	落	涨	落	涨	落	涨	落
夏季	百陶箭虫		0.111	0.074	0.071	0.039	0.033	0.043	0.059
	背针胸刺水蚤	0.112	0.223	0.120				0.060	0.025
	短尾类蚤状幼虫	0.033	0.029	0.293	0.241	0.081	0.438	0.137	0.283
	太平洋纺锤水蚤	0.053	0.070	0.073	0.165	0.559	0.306	0.241	0.209
	汤氏长足水蚤		0.042	0.070	0.142	0.069	0.055	0.052	0.076
	针刺拟哲水蚤	0.160	0.196					0.044	0.035
	中华哲水蚤	0.375	0.023					0.048	
	真刺唇角水蚤		0.085	0.147	0.149	0.052	0.026		0.071
	住囊虫								
	精致真刺水蚤	0.036	0.033						
	拟长腹剑水蚤			0.040	0.060				
	强额拟哲水蚤				0.020				
冬季	百陶箭虫	0.051	0.064	0.046		0.045	0.037	0.046	0.033
	背针胸刺水蚤	0.341	0.310	0.351	0.388	0.111	0.163	0.234	0.265
	短尾类蚤状幼虫								
	太平洋纺锤水蚤	0.152		0.196	0.155	0.282	0.349	0.229	0.195
	汤氏长足水蚤	0.171	0.056	0.241	0.203	0.366	0.265	0.288	0.196
	针刺拟哲水蚤	0.043	0.038		0.033				0.023
	中华哲水蚤		0.105						
	真刺唇角水蚤	0.021	0.139	0.024		0.022	0.025	0.023	0.036
	住囊虫					0.038		0.025	
	精致真刺水蚤		0.042						
	带叉幼虫	0.044				0.025			
	微刺哲水蚤	0.028							
	球形侧腕水母	0.021							

冬季象山港海域浮游动物（表3.2－9）主要优势种为背针胸刺水蚤、汤氏长足水蚤、太平洋纺锤水蚤和百陶箭虫等。港口、港中区涨、落潮时浮游动物第一优势种皆为背针胸刺水蚤；港底区涨潮时第一优势种为汤氏长足水蚤，落潮浮游动物第一优势种为太平洋纺锤水蚤；港口、港中和港底三区浮游动物优势种略有差异。

夏、冬两季象山港浮游动物第一、第二优势种存在一定的演变。

3）生态类型

象山港海域浮游动物种类组成和生态类型丰富，群落结构呈现多种结构复合的特征，其单一性群落特征不明显，其种类主要种类分为本土栖息种类和来自象山港口外的浙江近岸水体。根据优势种和水团指示种的分布，大致可分为以下四大群落。

（1）半咸水生态群落

主要代表种为火腿伪镖水蚤（*Pseudodiaptomus poplesia*）等低盐性种类。该群落生物量不高，几乎不受潮汐影响，为象山港本土栖息类群。该类群主要受陆地径流的影响，海水盐度稍低，但象山港海域无大河流注入，只有在湾底有河注入，且湾底海水交换较慢，水体相对稳定。该群落基本分布在西沪港、黄墩港和铁港这3个港中港的底部海域。

（2）低盐近岸生态群落

主要代表种为针刺拟哲水蚤、墨氏胸刺水蚤（*Centropages mcmurrichi*）、强额拟哲水蚤（*Parvocalanus crassirostris*）、背针胸刺水蚤和太平洋纺锤水蚤等。该群落是象山港浮游动物的主要生态类群，是种类数最多，个体数量最大的生态类群，对象山港浮游动物生态系统起主导作用。该群落主要分布在象山港中部海域。该群落分布受象山港潮汐的影响不是很大。

（3）外海暖水生态群落

主要代表种为精致真刺水蚤（*Euchaeta concinna*）、肥胖箭虫（*Flaccisagitta enflata*）和亚强次真哲水蚤（*Subeucalanus subcrassus*）等。该群落密度较低，但种类较多，对增加象山港浮游动物的生物物种多样性起着重要的作用。该群落由外洋水带入，主要分布在受外洋水影响的从象山港湾口到西沪港港口一带。

（4）广布性群落

该类群四季均有出现，平面分布较均匀，种类较少。主要种为拟长腹剑水蚤（*Oithona simills*）等。该类群在整个象山港都有分布。

调查海区浮游动物虽4种类群共存，但以近岸低盐群落居主导地位。外海暖水生态类群也有一定的优势，受港口外海水的影响而在局部形成优势。

4）密度和生物量平面分布

（1）浮游动物密度分布

夏季象山港涨潮时间浮游动物密度变化范围在69.9～512.5 ind./m^3之间，平均为164.9 ind./m^3；落潮时浮游动物密度变化范围在60.2～650.0 ind./m^3之间，平均为164.4 ind./m^3；浮游动物密度涨落潮差别不大。涨潮时浮游动物密度整体呈现港口最高，港底较高，中间最低的分布；落潮时浮游动物密度港底最高，港中部、港口区较低的分布（表3.2－10）。

表3.2－10　象山港浮游动物密度分布　　单位：ind./m^3

港区	潮汐	夏季		冬季	
		范围	平均值	范围	平均值
港口	涨	99.4～423.8	196.3	20.7～45.0	31.3
	落	83.3～231.0	139.1	15.3～59.8	27.9
港中	涨	69.9～512.5	163.2	14.3～130.0	44.4
	落	60.2～280.0	140.4	16.0～68.0	36.4
港底	涨	81.3～316.6	149.5	24.6～85.0	48.0
	落	121.1～650.0	198.4	26.2～71.7	43.9

续表

港区	潮汐	夏季		冬季	
		范围	平均值	范围	平均值
全港	涨	69.9～512.5	164.9	16.0～71.7	38.4
	落	60.2～650.0	164.4	14.3～130.0	42.2

冬季象山港涨潮时间浮游动物密度变化范围在16.0～71.7 ind./m^{3}之间,平均为38.4 ind./m^3;落潮时浮游动物密度变化范围在14.3～130.0 ind./m^{3}之间,平均为42.2 ind./m^3;浮游动物密度涨落潮差别不大。涨潮时浮游动物密度水平分布整体呈现港底高于港口、港中部的趋势,港口区最低;落潮时浮游动物密度从港底到港口依次降低的趋势(图3.2-25)。

(2)浮游动物生物量分布

夏季涨潮时浮游动物生物量在42.8～582.5 mg/m^{3}之间,平均为191.6 mg/m^3,其中港口浮游动物生物量最高,港底次之,港中部最低;落潮时浮游动物生物量在77.8～463.5 mg/m^{3}之间,平均为175.5 mg/m^3,其中港中部浮游动物生物量最高,港口次之,港底部最低(表3.2-11)。

表3.2-11 象山港浮游动物生物量分布　　单位:mg/m^3

港区	潮汐	夏季		冬季	
		范围	平均值	范围	平均值
港口	涨	181.3～582.5	352.5	20.0～30.0	26.4
	落	115.3～206.4	173.6	27.7～37.1	33.6
港中	涨	83.3～258.3	171.0	18.5～50.0	29.7
	落	77.8～463.5	205.2	24.0～50.0	37.4
港底	涨	42.8～210.4	122.4	19.3～50.0	35.8
	落	81.6～352.5	151.3	26.7～53.3	36.2
全港	涨	42.8～582.5	191.6	16.0～71.7	38.4
	落	77.8～463.5	175.5	24.0～53.3	36.1

冬季涨潮时浮游动物生物量在16.0～71.7 mg/m^{3}之间,平均为38.4 mg/m^3,其中浮游动物生物量从港底到港口依次降低;落潮时浮游动物生物量在24.0～53.3 mg/m^{3}之间,平均为36.1 mg/m^3,港中部最高,港底次之,港口最低,但相差不大(图3.2-26)。

5)多样性分析

夏季涨潮时象山港浮游动物多样性指数H'在1.36～3.54之间,平均为2.60;落潮时浮游动物多样性指数在0.81～3.44之间,平均为2.51;冬季涨潮时象山港浮游动物多样性指数H'在1.97～3.20之间,平均为2.55;落潮时浮游动物多样性指数在1.75～3.60之间,平均为2.50。港口和港底涨潮时浮游动物多样性指数H'高于落潮时,港中部则相反;夏季浮游动物多样性指数H'从港口到港底逐渐降低(表3.2-12)。

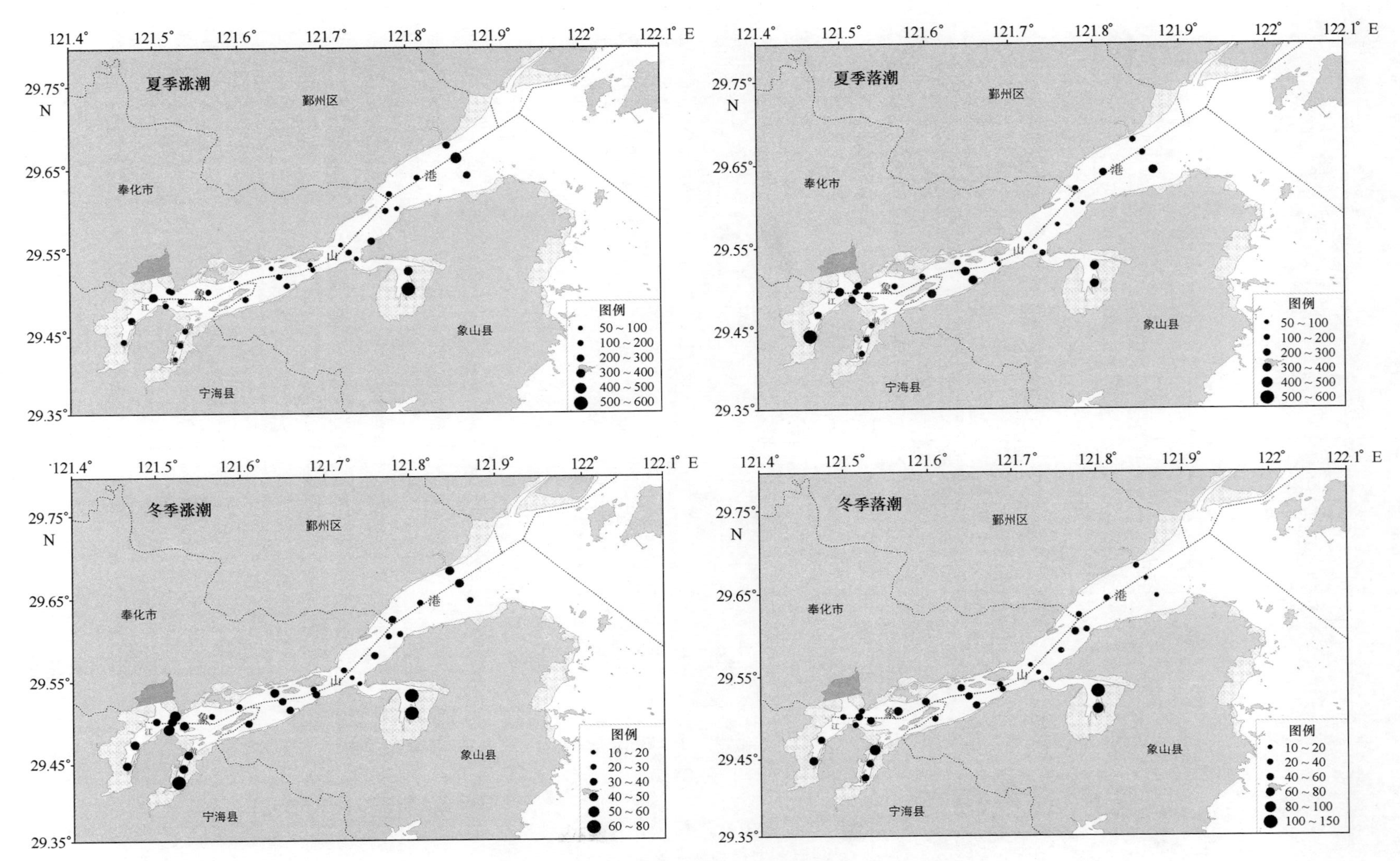

图 3.2-25 象山港浮游动物密度平面分布（ind./m³）

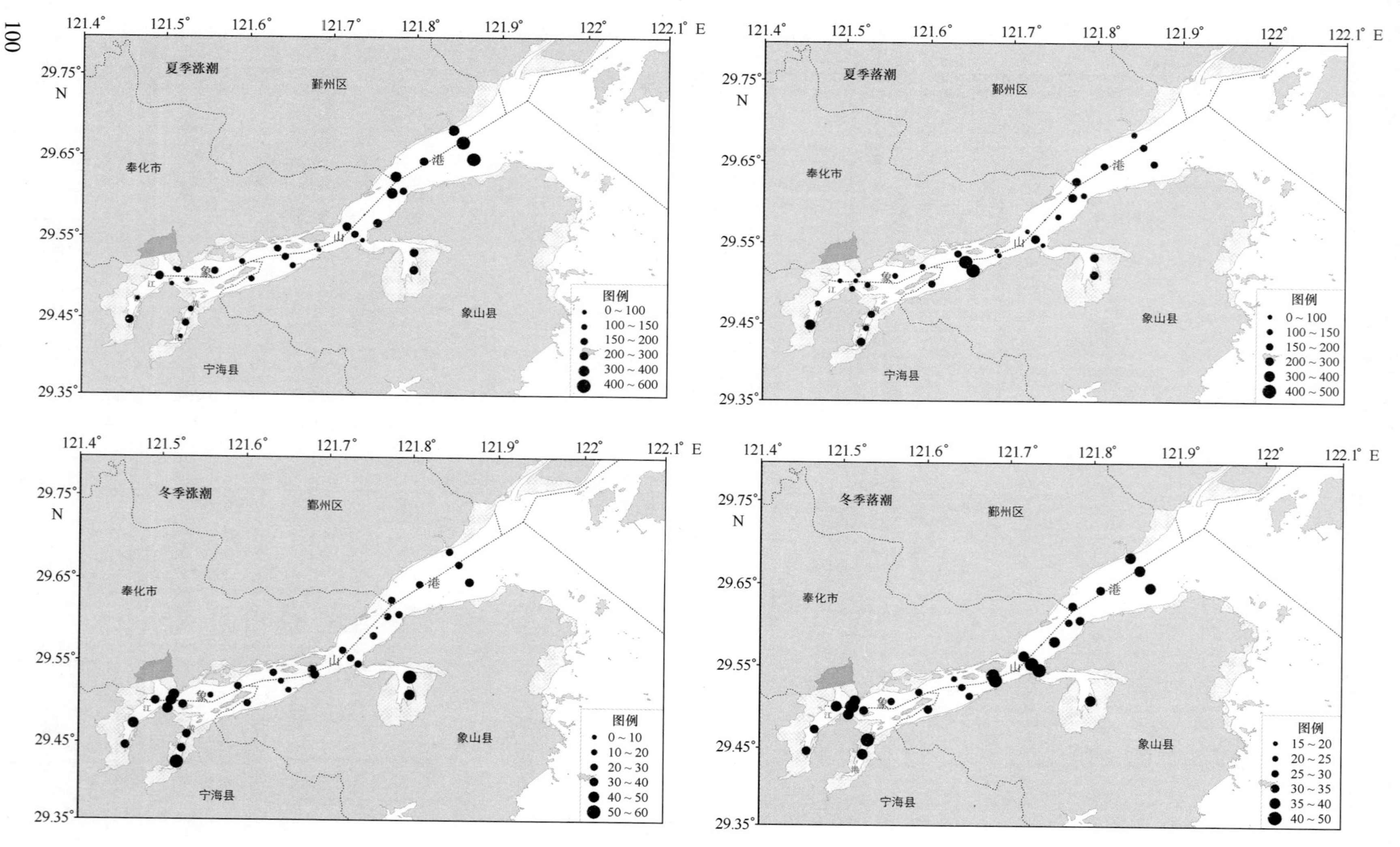

图 3.2-26 浮游动物生物量平面分布（mg/m³）

表 3.2-12 浮游动物生态指数

港区	指数	潮汐	夏季		冬季	
			范围	平均值	范围	平均值
港口	H'	涨	2.10~3.54	2.93	2.61~3.17	2.83
		落	2.69~3.44	3.01	2.22~3.11	2.71
	J	涨	0.45~0.82	0.69	0.75~0.86	0.81
		落	0.74~0.86	0.79	0.60~0.90	0.82
	d	涨	1.96~3.06	2.48	1.68~2.75	2.13
		落	1.51~2.27	1.89	1.65~2.48	1.97
港中	H'	涨	2.40~3.20	2.89	1.99~3.20	2.52
		落	2.50~3.09	2.74	1.75~3.60	2.63
	J	涨	0.63~0.82	0.74	0.68~0.86	0.79
		落	0.64~0.82	0.75	0.62~0.92	0.78
	d	涨	1.33~3.08	2.12	0.66~3.00	1.79
		落	0.98~2.37	1.78	0.79~3.33	2.16
港底	H'	涨	1.36~3.12	2.18	1.97~2.86	2.42
		落	0.81~2.97	1.05	1.85~2.68	2.28
	J	涨	0.39~0.82	0.63	0.62~0.89	0.75
		落	0.27~0.75	0.59	0.62~0.84	0.75
	d	涨	0.79~2.12	1.48	0.81~2.44	1.60
		落	0.86~2.40	1.38	0.68~2.07	1.37
全港	H'	涨	1.36~3.54	2.60	1.97~3.20	2.55
		落	0.81~3.44	2.51	1.75~3.60	2.50
	J	涨	0.39~0.82	0.68	0.62~0.89	0.78
		落	0.27~0.86	0.69	0.60~0.92	0.77
	d	涨	0.79~3.08	1.93	0.66~3.00	1.79
		落	0.86~2.40	1.64	0.68~3.33	1.78

夏季涨潮时象山港浮游动物均匀度指数 J 在0.39~0.82之间,平均为0.68;落潮时在0.27~0.86之间,平均为0.69,其中港口均匀度指数最高,港中部次之,港底最低;落潮时在0.27~0.75之间,平均为0.59,其中港中部最高,港口次之,港底部最低;冬季涨潮时均匀度指数在0.62~0.89之间,平均为0.78;落潮时均匀度指数在0.60~0.92之间,平均为0.77;涨、落潮浮游动物均匀度指数皆呈港口最高,港中部次之,港底部最低的分布趋势。

夏季象山港浮游动物涨潮时丰度指数 d 在0.79~3.08之间,平均为1.93;落潮时丰度指数在0.86~2.40之间,平均为1.64;夏季浮游动物丰度指数涨、落皆呈现港口最高,港中部次之,港底部最低的分布趋势。冬季涨潮时浮游动物丰度指数在0.66~3.00之间,平均为1.79;涨潮时呈现港口最高,港中部次之,港底最低趋势;落潮时浮游动物丰度指数在1.68~3.33之间,平均为1.78,呈现港中部最高,港口次之,港底部最低的趋势(图3.2-27)。

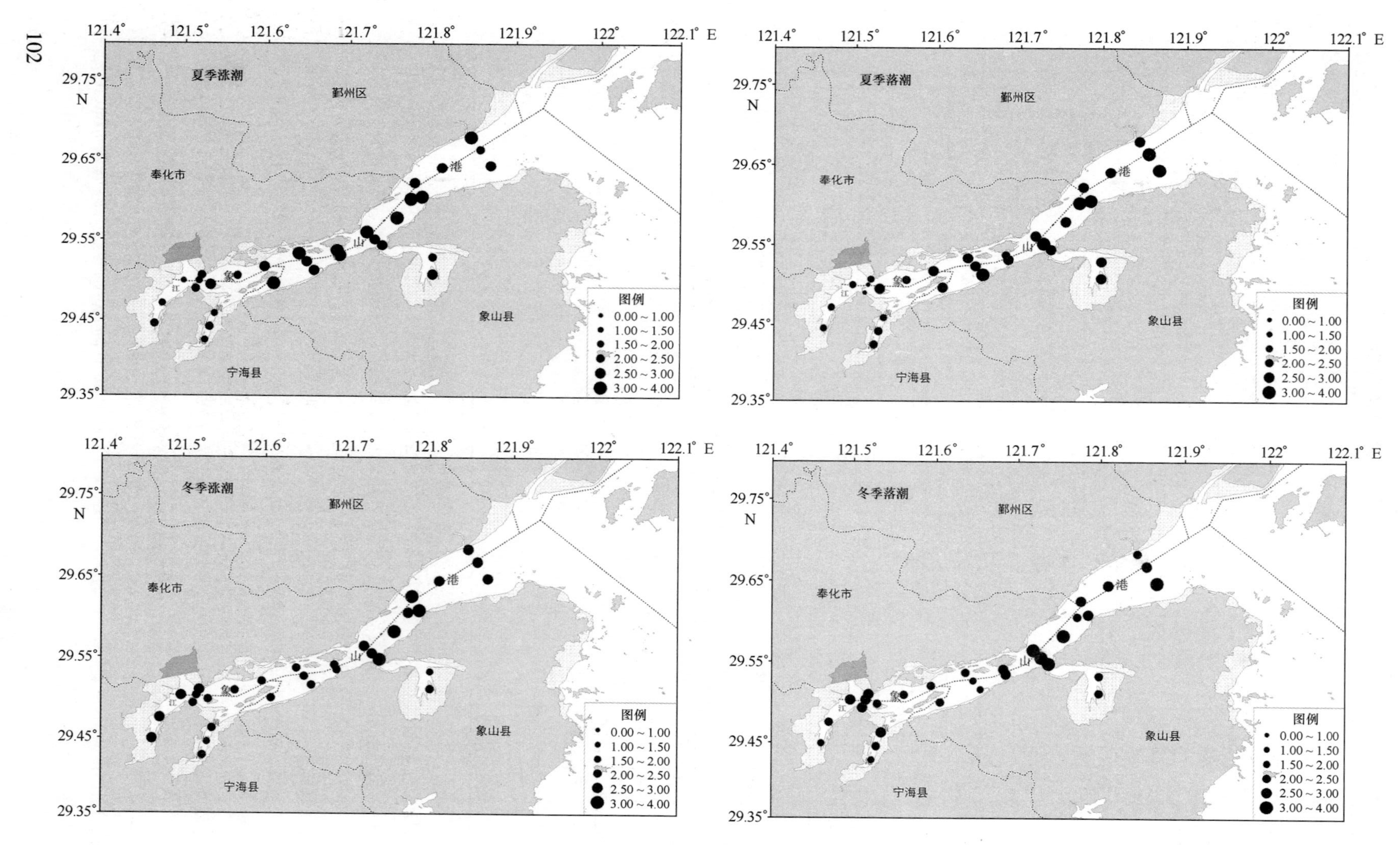

图 3.2-27　象山港浮游动物多样性指数 H' 水平分布

3.2.3.3 底栖生物

1)种类组成

象山港夏季和冬季2个航次底栖生物共81种,其中夏季航次68种,冬季航次30种。种类组成为多毛类最多34种,软体动物次之18种,甲壳动物12种,鱼类3种,棘皮动物9种,其他5种。种类数从多到少依次为港底、港中、港底,夏季高于冬季,一般以多毛类种类数最高(表3.2-13)。

表3.2-13 底栖生物名录及季节分布

序号	底栖生物	拉丁名	夏季			冬季		
			港口	港中	港底	港口	港中	港底
一	多毛类	Polychaeta						
1	双鳃内卷齿蚕	*Aglaophamus dibranchis*	+	+				
2	中华内卷齿蚕	*Aglaophamus sinensis*			+	+	+	
3	西方似蛰虫	*Amacana occidibuliformis*			+			
4	似蛰虫	*Amaeana trilobata*			+			
5	巴西沙蠋	*Arenicola brasiliensis*			+			
6	吻蛰虫	*Artacama proboscidea*			+			
7	多毛自裂虫	*Autolytus setoensis*						+
8	小头虫	*Capitella capitata*			+			+
9	刚鳃虫	*Chaetozone setosa*			+			
10	智利巢沙蚕	*Diopatra chilienis*		+	+			
11	持真节虫	*Euclymene annandalei*			+			
12	真节虫属一种	*Euclymene* sp.			+			
13	滑指矶沙蚕	*Eunice indica*			+			
14	长吻沙蚕	*Glycera chirori*					+	+
15	锥唇吻沙蚕	*Glycera onomichiensis*			+			+
16	日本角吻沙蚕	*Goniada japonica*		+				
17	色斑角吻沙蚕	*Goniada maculata*			+			
18	长锥虫	*Haploscoloplos clongatus*			+	+		
19	覆瓦哈鳞虫	*Harmothoë imbricata*			+	+	+	+
20	异足索沙蚕	*Lumbrineris heteropoda*	+	+				
21	多鳃齿吻沙蚕	*Nephtys polybranchia*			+			
22	背蚓虫	*Notomastus latericeus*		+		+		+
23	覆瓦背叶虫	*Notophyllum imbricatum*			+			
24	壳砂笔帽虫	*Pectinaria conchilega*			+			
25	游蚕	*Pelagobia longicirrata*			+			
26	双齿围沙蚕	*Perinereis aibuhitensis*		+				
27	多齿围沙蚕	*Perinereis nuntia*		+				
28	矛毛虫	*Phylo felix*			+			+

续表

序号	底栖生物	拉丁名	夏季			冬季		
			港口	港中	港底	港口	港中	港底
29	裸裂虫	*Pionosyllis compacta*					+	
30	结节刺缨虫	*Potamilla torelli*			+			
31	膜囊尖锥虫	*Scoloplos marsupialis*			+			
32	红刺尖锥虫	*Scoloplos rubra*			+			
33	不倒翁虫	*Sternaspis scutata*	+	+	+	+	+	+
34	梳鳃虫	*Terebellides stroemii*			+			
二	软体动物	Mollusca						
1	大沽全海笋	*Barnea davidi*		+				
2	小刀蛏	*Cultellus attenuatus*		+	+			
3	青蛤	*Cyclina sinensin*			+			+
4	日本镜蛤	*Dosinia*（*Phacosoma*）*japonica*		+				
5	凸镜蛤	*Dosirnia*（*Sinodia*）*derupta*	+					
6	彩虹明樱蛤	*Moerella iridescens*			+			
7	秀丽织纹螺	*Nassarius festivus*						+
8	半褶织纹螺	*Nassarius semiplicatus*	+	+				
9	西格织纹螺	*Nassarius siquinjorensis*			+			
10	红带织纹螺	*Nassarius succinctus*						+
11	纵肋织纹螺	*Nassarius varicifeus*	+	+	+	+	+	+
12	豆形胡桃蛤	*Nucula faba*	+	+				
13	短蛸	*Octopus ochellatus*			+			
14	婆罗囊螺	*Retusa boenensis*				+		
15	菲律宾蛤仔	*Ruditapes philippinarum*			+			+
16	毛蚶	*Scapharca subcrnsta*		+	+		+	+
17	假奈拟塔螺	*Turricula nelliae*						+
18	薄云母蛤	*Yoldia similis*	+	+	+			+
三	节肢动物	Arthropoda						
1	鲜明鼓虾	*Alpheus distinquendus*			+			
2	日本鼓虾	*Alpheus japonicus*		+				
3	日本蟳	*Charybdis japonica*						+
4	钩虾	Gammaridea	+	+				
5	绒毛近方蟹	*Hemigrapsus penicillatus*			+			
6	锯眼泥蟹	*Ilyoplax serrata*					+	

续表

序号	底栖生物	拉丁名	夏季			冬季		
			港口	港中	港底	港口	港中	港底
7	尖尾细螯虾	*Leptochela aculeocaudata*			+			
8	细螯虾	*Leptochela gracilis*	+		+			
9	小五角蟹	*Nursia minor*		+				
10	隆线拳蟹	*Philyra carinata*			+			
11	锯缘青蟹	*Scylla serrata*			+			
12	中型三强蟹	*Tritodynamia intermedia*		+	+			
四	鱼类	pisces						
1	日本鳗鲡(幼)	*Anguilla japonica*			+			
2	矛尾虾虎鱼	*Chaeturichthys stvqmatias*						+
3	孔虾虎鱼	*Trypauchea vagina*		+				
五	棘皮动物	Echinodermata						
1	日本倍棘蛇尾	*Amphioplus japonicus*					+	+
2	薄倍棘蛇尾	*Amphioplus praestans*	+	+				
3	滩栖阳遂足	*Amphiura vadicola*		+				
4	盾形组蛇尾	*Histampica umbonata*			+	+	+	+
5	不等盘棘蛇尾	*Ophiocentrus inaequalis*					+	+
6	金氏真蛇尾	*Ophiura kinbergi*	+	+				
7	海参科一种	Holothuriidae						+
8	芋参属一种	*Molpadia* sp.			+			
9	棘刺锚参	*Protankyra bidentata*	+	+	+			+
六	其他	Others						
1	海葵目一种	*Edwardsia* sp.			+		+	
2	纽虫	*Nemertinea* sp.			+			+
3	拟无吻螠属一种	*Para - arhynchite* sp.			+			
4	海笔	*Virgulaia* sp.	+		+			
种类数			14	25	49	8	12	24

2)密度和生物量

夏季底栖生物密度20~3 440 ind./m^2,平均247.7 ind./m^2;生物量1.8~2 078.6 g/m^2,平均87.56 g/m^2。密度和生物量分布为基本从高到低为港底、港中、港口(图3.2-28),港中部乌沙山电厂前沿海域底栖生物密度和生物量低于其邻近海域(图3.2-29)。

冬季底栖生物密度10~425 ind./m^2,平均66 ind./m^2;生物量0.35~398.15 g/m^2,平均36.21g/m^2。密度分布从高到低依次为港底、港口、港中(图3.2-30),生物量港底高于港中

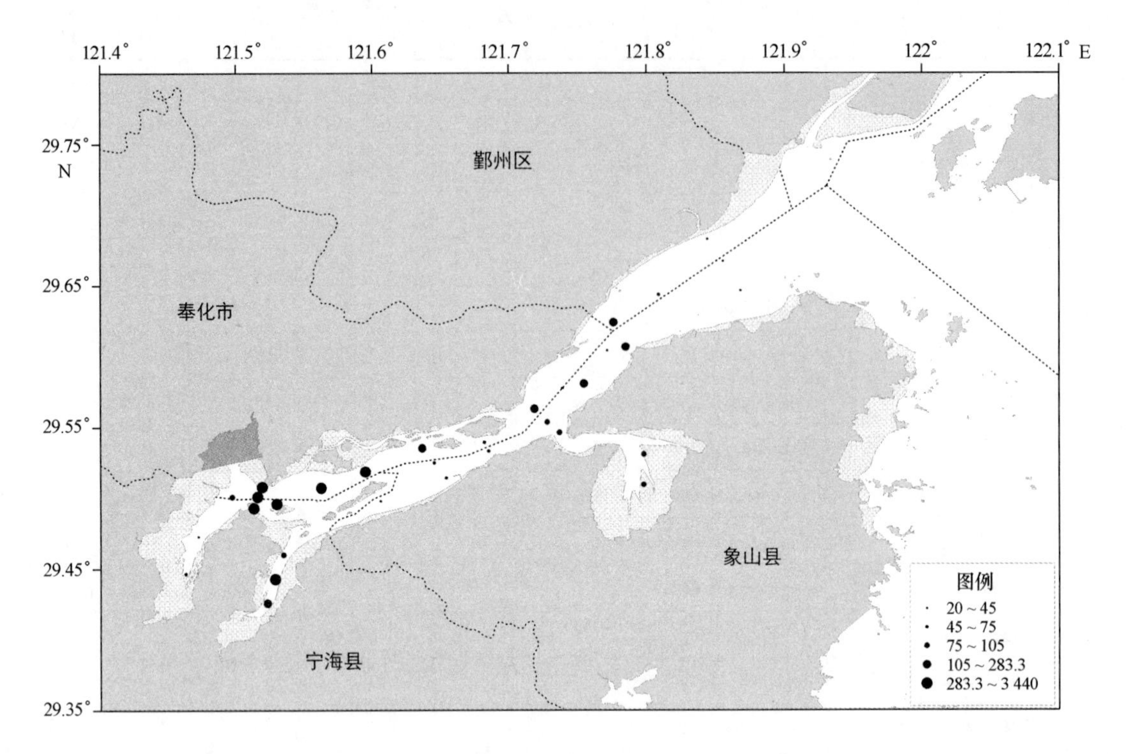

图 3.2－28　夏季底栖生物密度分布(ind./m²)

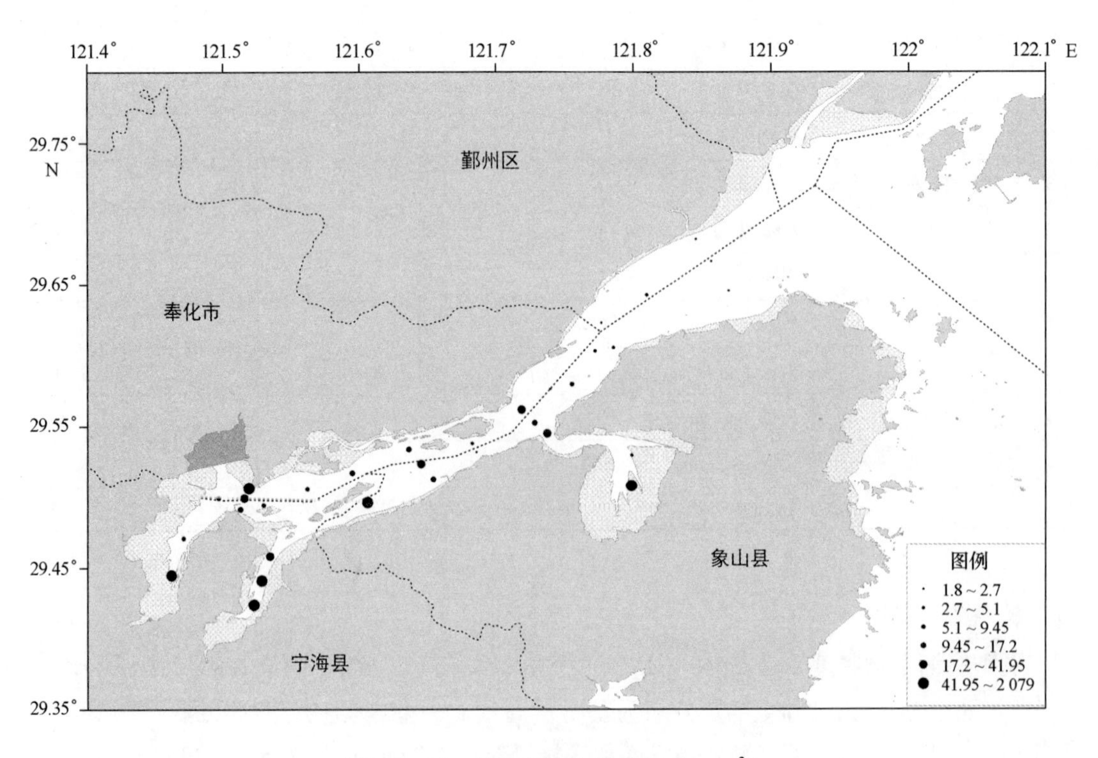

图 3.2－29　夏季底栖生物量分布(g/m²)

和港口，港中和港口接近（图3.2－31）。

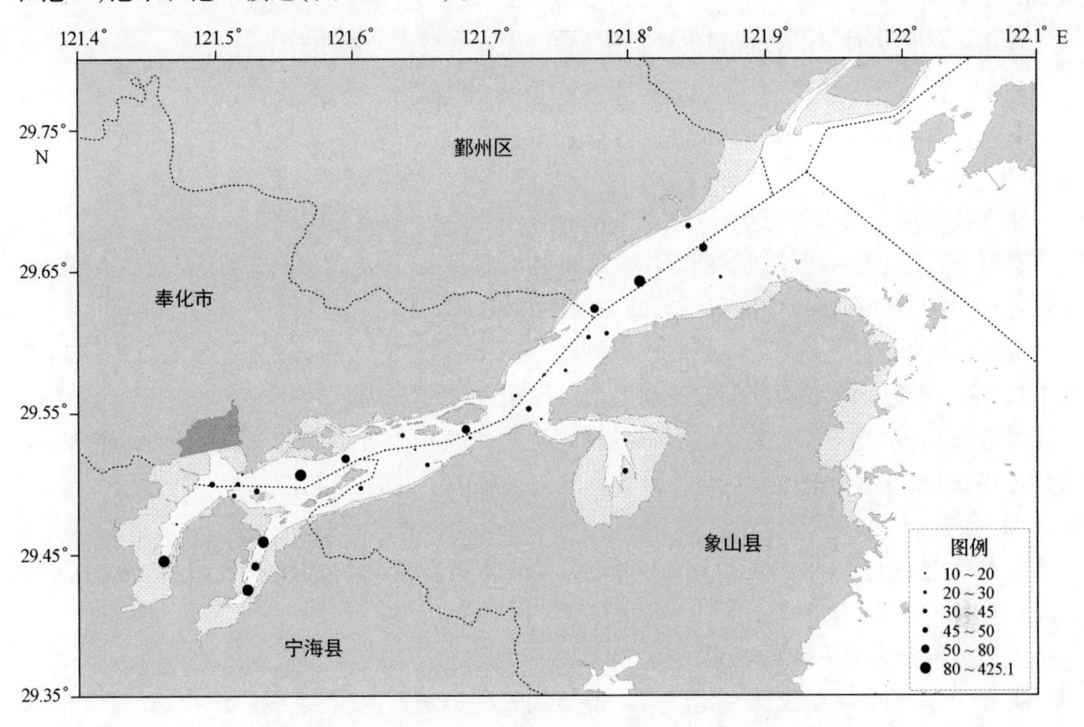

图3.2－30　冬季底栖生物密度分布（ind./m^2）

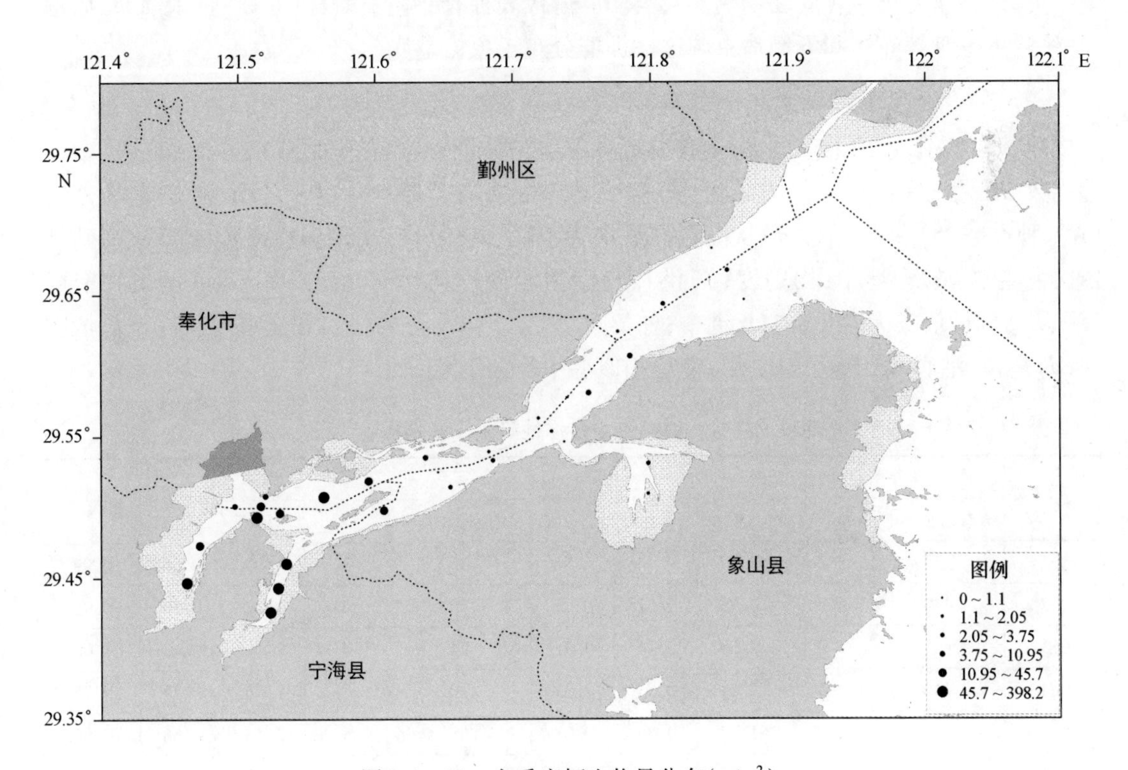

图3.2－31　冬季底栖生物量分布（g/m^2）

3)优势种及生态类群

底栖生物优势种计算以优势度评价依据,以优势度较高的种类作为优势种。

(1)夏季

夏季优势种包括不倒翁虫、菲律宾蛤仔和半褶织纹螺,优势度分别为0.089、0.084和0.013。

生态类群可分为以下三类。

类群一:多毛类-织纹螺。群落代表种类是不倒翁虫、异足索沙蚕、半褶织纹螺、纵肋织纹螺。这一类群分布于象山港口至乌沙山前沿海域。

类群二:蛇尾类-多毛类。群落代表种类是薄倍棘蛇尾、金氏真蛇尾、金氏真蛇尾和不倒翁虫,这一类群分布在西沪港数量和生物量占较大比重。

类群三:双壳类-多毛类-盾形组蛇尾。群落代表种类有不倒翁虫、锥唇吻沙蚕、菲律宾蛤仔、毛蚶和盾形组蛇尾。这一类群主要分布于象山港港底的港汊。

(2)冬季

冬季优势种包括菲律宾蛤仔、不倒翁虫、纵肋织纹螺和半褶织纹螺,优势度分别为0.063、0.048、0.028和0.022。

生态类群分为以下二类。

类群一:多毛类-织纹螺-蛇尾类。群落代表种类是不倒翁虫、纵肋织纹螺、日本倍棘蛇尾和盾形组蛇尾。这一类群分布在象山港口部和中部。

类群二:双壳类-棘皮动物-多毛类。群落代表种有菲律宾蛤仔、毛蚶、棘刺锚参、盾形组蛇尾、不等盘棘蛇尾和不倒翁虫。这一类群分布于象山港底。

4)生物多样性评价

夏季和冬季,象山港港口、港中和港底各区域站位底栖生物密度(N)、种类数(S)、多样性指数(H')、丰富度(d)和均匀度(J)等生态学指标如表3.2-14。夏季,底栖生物密度(N)、种类数(S)和丰富度(d)从高到低依次为港底、港中、港口;多样性指数(H')从高到低依次为港中、港底、港中;均匀度(J)港口与港中相似均均大于港底。冬季,底栖生物密度(N)从高到低依次为港底、港口、港中;种类数(S)、多样性指数(H')和丰富度从高到低依次为(d)港口、港底、港中;均匀度(J)港口相似港中均大于港底。

表3.2-14 底栖生物多样性等生态学指标统计

站位	夏季					冬季				
	N/(ind./m^2)	S	H'	d	J	N/(ind./m^2)	S	H'	d	J
QS1	25	3	1.37	0.43	0.86	45	4	1.97	0.55	0.99
QS2	30	5	2.25	0.82	0.97	65	4	1.83	0.50	0.92
QS3	20	3	1.50	0.46	0.95	20	4	2.00	0.69	1.00
QS4	45	4	1.84	0.55	0.92	90	6	1.95	0.77	0.75
QS5	145	7	1.77	0.84	0.63	65	5	2.13	0.66	0.92
QS6	120	4	1.42	0.43	0.71	30	4	1.92	0.61	0.96
QS7	20	4	2.00	0.69	1.00	30	3	1.46	0.41	0.92

续表

站位	夏季					冬季				
	$N/(\text{ind.}/\text{m}^2)$	S	H'	d	J	$N/(\text{ind.}/\text{m}^2)$	S	H'	d	J
QS08	175	8	2.78	0.94	0.93	20	4	2.00	0.69	1.00
QS09	55	8	2.40	1.21	0.80	20	3	1.50	0.46	0.95
QS10	75	5	1.91	0.64	0.82	45	2	0.76	0.18	0.76
QS11	90	6	2.29	0.77	0.89	15	2	0.92	0.26	0.92
QS12	75	4	1.69	0.48	0.84	20	2	1.00	0.23	1.00
QS13	75	6	2.15	0.80	0.83	45	3	1.44	0.36	0.91
QS14	50	5	2.12	0.71	0.91	65	3	1.46	0.33	0.92
QS15	50	5	1.96	0.71	0.84	20	2	1.00	0.23	1.00
QS16	135	8	2.25	0.99	0.75	35	4	1.84	0.58	0.92
QS17	65	6	2.29	0.83	0.89	10	2	1.00	0.30	1.00
QS18	45	4	1.75	0.55	0.88	30	1	0.00	0.00	-
QS19	350	9	1.20	0.95	0.38	50	4	1.90	0.53	0.95
QS20	39.9	6	2.12	0.94	0.82	35	5	2.13	0.78	0.92
QS21	283.3	10	2.23	1.10	0.67	80	2	0.90	0.16	0.90
QS22	85	6	2.18	0.78	0.84	290	2	0.29	0.12	0.29
QS23	480	6	0.91	0.56	0.35	60	4	1.42	0.51	0.71
QS24	225	6	1.36	0.64	0.52	425	4	0.41	0.34	0.21
QS25	416.4	14	1.95	1.49	0.51	45	5	2.20	0.73	0.95
QS26	3 439.9	6	0.15	0.43	0.06	15	3	1.58	0.51	1.00
QS27	370	13	2.66	1.41	0.72	35	5	2.24	0.78	0.96
QS28	510	11	1.71	1.11	0.50	35	5	2.24	0.78	0.96
QS29	80	8	2.73	1.11	0.91	45	3	1.39	0.36	0.88
QS30	35	5	2.24	0.78	0.96	10	2	1.00	0.30	1.00
QS31	70	6	1.95	0.82	0.75	250	2	0.24	0.13	0.24

3.2.3.4 潮间带生物

1)种类组成

冬季和夏季潮间带生物共110种(表3.2-15),其中夏季89种,冬季86种。软体动物最多,49种,占44.5%;节肢动物次之,27种,占24.5%;鱼类8种,占7.3%;多毛类7种,占6.4%;大型海藻6种,占5.5%;其他种类13种,占11.8%。

表 3.2－15　潮间带生物名录

序号	潮间带生物	拉丁名	T2		T3		T5		T6		T7		T1		T4		T8	
			夏季	冬季	夏季	冬季	夏季	冬季	夏季	冬季	夏季	冬季	夏季	冬季	夏季	冬季	夏季	冬季
一	大型海藻	Macroalgae																
1	中间硬毛藻	*Chaetomorpha media*																+
2	浒苔	*Enteromorpha prolifera*				+												
3	肠浒苔	*Enteromrpha intestinalis*								+	+							
4	小石花菜	*Gelidium divaricatum*													+		+	+
5	小杉藻	*Gigartina intermedia*															+	
6	孔石莼	*Ulva pertusa*																+
二	多毛类	Polychaeta																
1	双鳃内卷齿蚕	*Aglaophamus dibranchis*		+														
2	长吻沙蚕	*Glycera chirori*		+		+		+		+	+	+		+		+		
3	异足索沙蚕	*Lumbrineris heteropoda*		+	+						+							
4	日本刺沙蚕	*Neanthes japonica*										+			+			
5	双齿围沙蚕	*Perinereis aibuhitensis*				+							+					
6	多齿围沙蚕	*Perinereis nuntia*											+					+
7	不倒翁虫	*Sternaspis sculsts*	+	+	+	+	+	+	+				+	+	+	+		+
三	软体动物	Mollusca																
1	红条毛肤石鳖	*Acanthchitoa ubrolineatus*															+	+
2	中国不等蛤	*Anomia chinensis*															+	+
3	堇拟沼螺	*Assiminea violacea*	+	+	+	+	+	+	+		+	+						
4	青蚶	*Barbatia virescens*											+	+	+	+	+	+
5	泥螺	*Bullacta exarata*											+					
6	甲虫螺	*Cantharus cecillei*															+	+
7	嫁蝛	*Cellana toreuma*																+
8	珠带拟蟹守螺	*Cerithidea cingulata*	+	+	+	+	+	+	+	+	+	+	+	+				
9	小翼拟蟹守螺	*Cerithidea microptera*	+	+	+		+	+	+	+	+	+	+	+				
10	中华拟蟹守螺	*Cerithidea sinensis*			+	+	+		+	+								
11	锈凹螺	*Chlorostoma rusticum*															+	+
12	角杯阿地螺	*Cylichnatys angusta*									+							
13	褐蚶	*Didimacar tenebrica*											+		+		+	
14	中国绿螂	*Glaucomya chinensis*				+			+	+								
15	卵形月华螺	*Haloa ovalis*									+							
16	渤海鸭嘴蛤	*Laternula marilina*	+		+		+		+						+			
17	短滨螺	*Littorina brevicula*		+			+	+			+	+	+	+	+	+	+	+
18	黑口滨螺	*Littorina melanostoma*	+			+	+	+		+							+	+
19	粗糙拟滨螺	*Littorina scabra*		+			+	+		+	+	+	+	+	+	+	+	+
20	微黄镰玉螺	*Lunatia gilva*												+				
21	朝鲜花冠小月螺	*Lunella coronata coreensis*															+	
22	彩虹明樱蛤	*Moerella iridescens*				+			+	+		+						

续表

序号	潮间带生物	拉丁名	T2		T3		T5		T6		T7		T1		T4		T8	
			夏季	冬季	夏季	冬季	夏季	冬季	夏季	冬季	夏季	冬季	夏季	冬季	夏季	冬季	夏季	冬季
23	单齿螺	*Monodonta labio*											+	+	+	+	+	+
24	凸壳肌蛤	*Musculus senhousi*							+									
25	秀丽织纹螺	*Nassarius fedtiva*		+			+							+				
26	半褶织纹螺	*Nassarius semiplicatus*	+	+	+	+	+	+	+	+	+	+	+	+	+	+	+	+
27	红带织纹螺	*Nassarius succinctus*				+												
28	纵肋织纹螺	*Nassarius varicifeus*	+	+			+	+	+				+					
29	渔舟蜒螺	*Nerita albicilla*					+								+		+	
30	齿纹蜒螺	*Nerita yoldi*		+		+	+	+					+	+	+	+	+	+
31	粒结节滨螺	*Nodilittorina exigua*												+	+	+	+	+
32	史氏背尖贝	*Notoacmea schrenckii*		+									+	+	+	+	+	+
33	豆形胡桃蛤	*Nucula kawamurai*							+									
34	石磺	*Onchidium verruculatum*			+						+							
35	僧帽牡蛎	*Ostrea cucullata*		+			+	+					+	+	+	+		+
36	近江牡蛎	*Ostrea rivularis*													+		+	+
37	丽核螺	*Pyrene bella*		+									+		+	+	+	+
38	红螺	*Rapana bezoar*											+		+			
39	脉红螺	*Rapana venosa*												+		+		+
40	婆罗囊螺	*Retusa boenensis*	+	+			+				+		+	+	+		+	
41	条纹隔贻贝	*Septifer virgatus*															+	+
42	缢蛏	*Sinonovacula constricta*								+	+	+						
43	日本菊花螺	*Siphonria japonica*															+	+
44	泥蚶	*Tegillarcr granosa*	+						+	+				+				
45	疣荔枝螺	*Thais clavigera*												+	+		+	+
46	刺荔枝螺	*Thais echinata*											+					
47	斑纹棱蛤	*Trapezium liratum*													+	+		
48	金星铰蝶蛤	*Trigoaothacia uinxingee*		+														
49	黑荞麦蛤	*Vignadula atrata*		+				+					+	+	+		+	
四	节肢动物	Arthropoda																
1	鲜明鼓虾	*Alpheus distinquendus*												+	+	+		
2	日本鼓虾	*Alpheus japonicus*									+							
3	白脊藤壶	*Balbicostus albicostatus*					+	+			+		+	+	+		+	+
4	日本蟳	*Charybdis japonica*							+					+				
5	安氏白虾	*Exopalaemon annandalei*								+				+				
6	脊尾白虾	*Exopalaemon carinicauda*										+		+				
7	中国明对虾	*Fenneropenaeus chinensis*									+							
8	钩虾	Gammaridea															+	
9	伍氏厚蟹	*Helicana wuana*					+			+								
10	肉球近方蟹	*Hemigrapsus sanguineus*															+	+
11	中华近方蟹	*Hemigrapsus sinensis*											+		+	+		+
12	披发异毛蟹	*Heteropilumnus ciliatus*			+					+								

续表

序号	潮间带生物	拉丁名	T2		T3		T5		T6		T7		T1		T4		T8	
			夏季	冬季	夏季	冬季	夏季	冬季	夏季	冬季	夏季	冬季	夏季	冬季	夏季	冬季	夏季	冬季
13	宁波泥蟹	*Ilyoplax ningpoensis*	+	+	+	+		+	+	+	+	+	+	+				
14	锯眼泥蟹	*Ilyoplax serrata*							+									
15	淡水泥蟹	*Ilyoplax tansuinsis*	+	+	+	+		+	+	+	+	+		+				
16	海蟑螂	*Ligia exotica*		+			+	+			+	+	+	+	+	+		+
17	特异大权蟹	*Macromedaeus distinguendus*															+	
18	日本大眼蟹	*Macrophthaimus japonicus*			+	+	+	+		+	+	+		+				
19	长足长方蟹	*Metaplax longipes*	+	+	+	+	+	+	+	+	+	+	+	+		+		
20	粗腿厚纹蟹	*Pachygrapsus crassipes*				+	+	+		+	+		+	+	+	+	+	+
21	葛氏长臂虾	*Palaemon gravieri*				+								+				
22	豆形拳蟹	*Philyra pisum*			+													
23	红螯相手蟹	*Sesarma haematocheir*			+	+	+		+									
24	褶痕相手蟹	*Sesarma plicata*											+					
25	日本笠藤壶	*Tetraclita japonica*															+	+
26	鳞笠藤壶	*Tetraclita sqamosa*															+	+
27	弧边招潮	*Uca arcuata*	+		+		+		+	+	+		+	+	+			
五	鱼类	Pisces																
1	大弹涂鱼	*Boleophthalmus pectinirostris*							+		+							
2	矛尾虾虎鱼	*Chaeturichthys stvqmatias*										+						
3	棱鲅	*Liza carinatus*						+				+		+				
4	斑头肩鳃鳚	*Omobranchus fasciolaticeps*											+	+				
5	弹涂鱼	*Periophthalmus cantonensis*	+		+	+	+		+	+	+	+	+	+	+			
6	斑尾复虾虎鱼	*Synechoqobius ommaturus*									+							
7	舒氏海龙	*Syngnathus schlegeli*		+									+					
8	钟馗虾虎鱼	*Triaeopgon barbatus*												+				
六	其他	Other																
1	金氏真蛇尾	*Ophiura kinbergi*						+										+
2	海地瓜	*Acaudina molpadioides*		+											+			
3	绿侧花海葵	*Anthopleura midori*															+	+
4	珊瑚虫纲一种	Anthozoa															+	
5	爱氏海葵	*Edwardsia* sp														+		
6	星虫状海葵	*Eswardsia sipunculoides*										+						
7	纵条肌海葵	*Haliplanella luxiae*											+		+		+	+
8	马粪海胆	*Hemicentrotus pulcherrimus*																+
9	桂山厚丛柳珊瑚	*Hicrsonella guishanensis*															+	
10	纵沟纽虫	*Lineus* sp		+														
11	纽虫	*Nemertinea* sp						+										
12	可口革囊星虫	*Phascoiosoma esculenta*	+	+	+	+	+	+	+	+	+		+	+	+	+		+
13	涡虫纲一种	Turbellaria									+							
	种类数总计		16	27	19	22	26	24	23	23	29	20	34	38	32	21	36	38

(1)岩石相

岩相潮间带共3条,分别是位于象山港港口的T1、港中的T4和港底的T8。3条潮间带夏季和冬季生物共83种,其中,软体动物38种,节肢动物21种,鱼类和多毛类各5种,大型海藻4种,其他生物10种。

(2)泥相

泥相为主的潮间带共5条,分别是位于港中部的T2、T3和T5,及位于港底的T6和T7。5条潮间带夏季和冬季生物种类共70种,其中软体动物最多,29种,节肢动物次之,19种。

2)栖息密度和生物量

潮间带生物密度和生物量分布岩相潮间带密度和生物量高于泥相潮间带(表3.2-16)。

表3.2-16　潮间带生物密度和生物量

断面	潮区	底质类型	夏季		冬季	
			密度/(ind./m^2)	生物量/(g/m^2)	密度/(ind./m^2)	生物量/(g/m^2)
T1	高	岩礁	3 624	470.80	594	70.48
	中	砾石、泥滩	1 168	2 046.08	600	872.96
	低	泥滩	448	75.52	104	18.96
T4	高	岩石	2 008	228.80	360	42.32
	中	岩礁、砾石	1 504	3 371.60	280	292.24
	低	泥滩、砾石	768	616.96	128	51.28
T8	高	岩礁	1 344	62.80	1 368	101.44
	中	岩礁	584	1 023.36	960	441.04
	低	岩礁、泥滩	*	*	400	1 394.08
T2	高	泥滩	88	49.68	88	15.92
	中	泥滩	392	208.24	168	14.64
	低	泥滩	80	62.88	80	14.40
T3	高	海草、泥滩	408	125.76	176	111.68
	中	泥滩	1 272	1 295.12	408	184.64
	低	泥滩	112	29.36	56	8.48
T5	高	石堤、砾石	80	30.24	128	38.64
	中	海草、泥滩	224	69.2	200	63.52
	低	泥滩	288	120.4	56	9.60
T6	高	沙泥滩	568	275.28	256	173.12
	中	泥滩	912	232.8	120	75.84
	低	泥滩	200	38.16	40	24.00
T7	高	石堤	296	32.64	32	34.32
	中	泥滩	376	178.16	208	34.72
	低	泥滩	224	119.12	88	18.00

注:* 为夏季T8低潮区因潮水关系未能成功采样。

岩相潮间带断面中，夏季，高潮区生物密度 T1 > T4 > T8，中潮区生物密度 T4 > T1 > T8，生物量分布趋势和密度一致。冬季，生物密度 T8 最高，高潮区和中潮区生物量 T1 最高，低潮区生物量 T8 最大。

泥相潮间带断面中，位于西沪港的 T3 与位于象山港底的 T6 和 T7 三条断面潮间带生物密度和生物量明显高于象山港中部的 T2 和 T5 两条潮间带。

3）生物群落结构

（1）岩石相潮间带

岩石相潮间带冬季和夏季生物带组合类型差异不大，各断面间差异较大。3 条断面高潮区均为滨螺带；T1 和 T4 中潮区为牡蛎 – 蜒螺带，T1 中潮区还有白脊藤壶分布，T4 中潮区有较高密度的青蚶，T8 中潮区是大型海藻场；T1 低潮区是泥滩底质，生物类型为多毛类 – 蟹守螺类 – 婆罗囊螺带，T4 低潮区为泥滩、砾石底质，群落类型为青蚶 – 婆罗囊螺 – 中华近方蟹，T8 低潮区为岩礁，群落类型为鳞笠藤壶 – 荔枝螺 – 大型海藻（表 3.2 – 17）。

表 3.2 – 17　岩石相潮间带生物组合类型

潮区	断面代号及生物组合带		
	T1	T4	T8
高潮	岩礁、滨螺带	岩礁、滨螺带	岩礁、滨螺带
中潮	砾石、泥滩 牡蛎 – 蜒螺 – 藤壶	岩礁、砾石 僧帽牡蛎 – 蜒螺 – 青蚶	岩礁 大型海藻 – 贝类 – 甲壳动物
低潮	泥滩 多毛类 – 拟蟹守螺 – 婆罗囊螺	泥滩、砾石 青蚶 – 婆罗囊螺 – 中华近方蟹	岩礁 鳞笠藤壶 – 荔枝螺 – 大型海藻

（2）泥相潮间带

泥相潮间带高潮区底质类型分石堤、砾石、泥滩和海草等几种类型，石堤砾石型高潮区为滨螺带，泥滩型高潮区群落类型为堇拟沼螺 – 拟蟹守螺 – 泥蟹带，泥相潮间带，T5 断面中潮区为海草场，其他均为泥滩，T5 中潮区生物群落为堇拟沼螺 – 珠带拟蟹守螺 – 长足长方蟹带，T2 、T3 中潮区生物群落类型为渤海鸭嘴蛤 – 小型螺类 – 泥蟹，T5 中潮区为海草场，群落类型为堇拟沼螺 – 珠带拟蟹守螺 – 长足长方蟹带，T6 中潮区为堇拟沼螺 – 彩虹明樱蛤 – 珠带拟蟹守螺带，T7 中潮区为肠浒苔 – 缢蛏 – 半褶织纹螺带。各断面低潮区均为泥滩，生物种类组合各异，但是，种类仍以小翼拟蟹守螺、长足长方蟹和不倒翁虫为主（表 3.2 – 18）。

表 3.2 – 18　夏季象山港泥相潮间带生物组合类型

潮区	断面代号及生物组合带				
	T2	T3	T5	T6	T7
高潮	泥滩 宁波泥蟹 – 堇拟沼螺	海草 堇拟沼螺 – 中华拟蟹守螺	石堤、砾石 短滨螺 – 粗腿厚纹蟹	沙、泥滩 中国绿螂 – 中华拟蟹 守螺 – 小翼拟蟹守螺	石堤 短滨螺 – 粗糙滨螺
中潮	泥滩 渤海鸭嘴蛤 – 小翼拟 蟹守螺 – 宁波泥蟹	泥滩 渤海鸭嘴蛤 – 堇拟 沼螺 – 宁波泥蟹	海草 堇拟沼螺 – 珠带拟 蟹守螺 – 长足长方蟹	泥滩 堇拟沼螺 – 彩虹明 樱蛤 – 珠带拟蟹守螺	泥滩 肠浒苔 – 缢蛏 – 半褶织纹螺

续表

潮区	断面代号及生物组合带				
	T2	T3	T5	T6	T7
低潮	泥滩 小翼拟蟹守螺－ 长足长方蟹	泥滩 不倒翁虫－ 长足长方蟹	泥滩 纵肋织纹螺－小翼拟 蟹守螺－婆罗囊螺	泥滩 不倒翁虫－小翼拟 蟹守螺－彩虹明樱蛤	泥滩 缢蛏－小翼拟蟹 守螺－异足索沙蚕

泥相潮间带各断面高潮区群落类型因底质类型不同而各异，中潮区和低潮区常见种类有小翼拟蟹守螺、珠带拟蟹守螺、堇拟沼螺、宁波泥蟹、不倒翁虫和半褶织纹螺等。一些种类则因季节不同或地理位置不同而差异分布。渤海鸭嘴蛤在港中部密度分布较高，浒苔和肠浒苔分布在象山港底和西沪港底，不倒翁虫、长足长方蟹和半褶织纹螺则较常见于低潮区（表3.2－19）。

表3.2－19　冬季象山港泥相潮间带生物组合类型

潮区	断面代号及生物组合带				
	T2	T3	T5	T6	T7
高潮	岩石 滨螺带	海草 浒苔－中华拟蟹守螺－ 珠带拟蟹守螺	石堤、砾石 粗糙滨螺－短滨螺－ 革囊星虫	海草、泥滩 浒苔－中国绿螂	石堤 短滨螺
中潮	泥滩 宁波泥蟹－淡水泥蟹	泥滩 珠带拟蟹守螺－ 堇拟沼螺－浒苔	海草 珠带拟蟹守螺－小翼 拟蟹守螺－堇拟沼螺	泥滩 半褶织纹螺－ 珠带拟蟹守螺	泥滩 宁波泥蟹－ 珠带拟蟹守螺
低潮	泥滩 丽核螺－不倒翁虫	泥滩 半褶织纹螺－ 不倒翁虫	泥滩 小翼拟蟹守螺－ 纽虫	泥滩 小翼拟蟹守螺－ 半褶织纹螺	泥滩 宁波泥蟹－ 珠带拟蟹守螺

4）生物多样性评价

T6、T7两断面冬季物种多样性明显低于夏季，其他断面冬季和夏季多样性指数差异不大。T1、T4、T7和T8四条断面，中潮区和低潮区物种多样性明显高于高潮区，其他断面高潮区与中低潮区差异不大（表3.2－20）。

表3.2－20　潮间带生物多样性

断面	潮区	夏季				冬季			
		种数	H'	d	J'	种数	H'	d	J'
T1	高潮区	4	0.97	0.25	0.48	4	1.37	0.33	0.68
	中潮区	15	3.04	1.37	0.78	12	2.85	1.19	0.80
	低潮区	6	2.17	0.57	0.84	5	2.08	0.60	0.89
T2	高潮区	6	1.62	0.77	0.63	4	1.49	0.46	0.75
	中潮区	5	1.55	0.46	0.67	6	1.51	0.68	0.58
	低潮区	4	1.76	0.47	0.88	6	2.37	0.79	0.92

续表

断面	潮区	夏季				冬季			
		种数	H'	d	J'	种数	H'	d	J'
T3	高潮区	4	1.71	0.35	0.86	5	1.56	0.54	0.67
	中潮区	9	1.68	0.78	0.53	8	2.04	0.81	0.68
	低潮区	5	2.12	0.59	0.91	3	1.38	0.34	0.87
T4	高潮区	5	0.89	0.36	0.38	3	1.49	0.24	0.94
	中潮区	13	2.36	1.14	0.64	6	2.35	0.62	0.91
	低潮区	14	2.72	1.36	0.72	9	2.77	1.14	0.88
T5	高潮区	6	2.45	0.79	0.95	5	1.97	0.57	0.85
	中潮区	6	1.96	0.64	0.76	5	1.89	0.52	0.81
	低潮区	9	2.79	0.98	0.88	5	2.24	0.69	0.96
T6	高潮区	6	2.08	0.55	0.80	6	1.56	0.63	0.60
	中潮区	9	2.49	0.81	0.79	4	1.24	0.43	0.62
	低潮区	6	2.27	0.65	0.88	3	1.52	0.38	0.96
T7	高潮区	4	1.29	0.37	0.64	1	0	0	0
	中潮区	12	2.73	1.29	0.76	6	2.08	0.65	0.80
	低潮区	11	3.07	1.28	0.89	5	2.12	0.62	0.91
T8	高潮区	4	1.67	0.29	0.84	5	0.88	0.38	0.38
	中潮区	17	3.54	1.74	0.87	13	2.08	1.21	0.56
	低潮区	-	-	-	-	12	2.73	1.27	0.76

注:“-”T8 低潮区因潮水关系未能成功采样。

3.3 电厂运营前后象山港海域生态环境变化分析

3.3.1 水质

通过象山港电厂运营前环境资料(2001 年调查)与象山港电厂运营后环境现状(2011 年调查),对象山港水环境中的营养盐和有机污染物的变化进行了分析。

1)水温、盐度

(1)水温

电厂运营前港底、港中、港口区域水温分布较为均匀,各区域水温分布差在 1℃之内。而运营后港底、港中区域水温分布差异较大,水温分布差在 3℃左右,而港口部水温分布和运营前变化不大。由此可见,象山港中、底部水温分布已受到电厂温排水的影响。

(2)盐度

电厂运营前象山港夏、冬季盐平均值分别为 28.136 和 23.670,运营后平均值分别为 26.10 和 24.96,运营前后象山港盐度变化不大。

2）营养盐

（1）无机氮（DIN）

电厂运营前象山港海域夏、冬季无机氮平均含量分别为 0.618 mg/dm^3 和 0.678 mg/dm^3，运营后则平均值分别为 0.716 mg/dm^3 和 0.932 mg/dm^3，无机氮含量有所增加。

（2）磷酸盐（DIP）

电厂运营前象山港海域夏、冬季磷酸盐含量平均值分别为 0.035 mg/dm^3 和 0.042 mg/dm^3，运营后平均值分别为 0.003 76 mg/dm^3 和 0.045 8 mg/dm^3，磷酸盐含量变化不大。

3）有机污染物

（1）化学需氧量（COD）

电厂运营前象山港海域夏、冬季 COD 平均值分别为 1.49 mg/dm^3 和 0.61 mg/dm^3，运营后平均值分别为 1.01 mg/dm^3 和 0.72 mg/dm^3，COD 含量变化不明显。

（2）总有机碳（TOC）

电厂运营前象山港海域总有机碳夏季和冬季平均值为 2.57 mg/dm^3 和 2.35 mg/dm^3，运营后平均值分别为 1.91 mg/dm^3 和 2.01 mg/dm^3，总有机碳含量有所下降。

（3）石油类

电厂运营前象山港海域石油类在夏、冬季其平均值分别为 0.051 mg/dm^3 和 0.042 mg/dm^3，运营后平均值分别为 0.017 mg/dm^3 和 0.014 mg/dm^3，石油类含量有所下降。

3.3.2 沉积物

象山港海域沉积物质量总体良好，硫化物、有机碳、石油类含量均保持一类海洋沉积物质量。

比较电厂运营前后沉积物监测结果，监测指标在空间分布基本保持一致，而时间分布上有一定波动。硫化物、有机碳含量电厂营运后较营运前略有下降，而石油类含量略有上升。

3.3.3 生物生态

1）浮游植物

2011 年夏季浮游植物共鉴定到 61 种，其中硅藻门最多 26 属 48 种，其次为甲藻门和金藻门，对比 2001 年夏季浮游植物种类数及其主要组成相差不大；2011 年夏季浮游植物网样平均密度为 1.19×10^6 $cells/m^3$，高于 2001 年夏季浮游植物密度；2011 年夏季浮游植物优势种为绕孢角毛藻、冕孢角毛藻、丹麦细柱藻和卡氏角毛藻，与 2001 年夏季优势种琼氏圆筛藻和紧密角管藻相比存在一定的变化。

2011 年冬季浮游植物共鉴定到 64 种，其中硅藻门最多 25 属 58 种，其次为甲藻门、蓝藻门和绿藻门，浮游植物种类属略低于 2001 年冬季，但其主要组成相差不大；2011 年冬季浮游植物网样平均密度为 4.63×10^4 $cells/m^3$，与 2001 年冬季浮游植物密度接近；2011 年夏季浮游植物优势种为琼氏圆筛藻、中肋骨条藻、高盒形藻和虹彩圆筛藻，与 2001 年冬季优势种相比相差不大见表 3.3－1。

表 3.3－1　象山港浮游植物统计数据对比

时间	项目	夏季	冬季
运营前(2011 年)	种类数 主要组成	68 种 硅藻门 25 属 56 种 甲藻门 6 属 11 种 金藻门 1 属 1 种	78 种 硅藻门 28 属 66 种 甲藻门 4 属 8 种 蓝藻门 2 属 2 种 绿藻门和金藻门各 1 种
运营后(2011 年)		61 种 硅藻门 26 属 48 种 甲藻门 10 属 12 种 蓝藻门 1 属 1 种	64 种 硅藻门 25 属 58 种 甲藻门 3 属 5 种 绿藻门 1 属 1 种
运营前(2001 年)	密度(网样) /(cells/m^3)	1.19×10^{6}	4.63×10^{4}
运营后(2011 年)		1.69×10^{5}	4.80×10^{4}
运营前(2001 年)	主要优势种类	琼氏圆筛藻、 紧密角管藻	中肋骨条藻、琼氏圆筛藻、 罗氏角毛藻
运营后(2011 年)		绕孢角毛藻、冕孢角毛藻、 丹麦细柱藻、卡氏角毛藻	琼氏圆筛藻、中肋骨条藻、 高盒形藻、虹彩圆筛藻

2)*浮游动物*

2011 年夏季象山港浮游动物共鉴定到 60 种，其中桡足类 27 种，为最主要类群，相比 2001 年夏季浮游动物总种类数及桡足类种类数相差不大；2011 年夏季浮游动物平均密度为 164.7 ind./m^3，低于 2001 年夏季；2011 年浮游动物湿重生物量为 183.6 mg/m^3，低于 2001 年夏季；2011 年夏季浮游动物主要优势种为太平洋纺锤水蚤和短尾类蚤状幼虫，与 2001 年夏季较一致。

2011 年冬季象山港浮游动物共鉴定到 35 种，其中桡足类 15 种，为最主要类群，较 2001 年夏季浮游动物总种类数和桡足类种类数略低；2011 年冬季浮游动物平均密度为 40.3 ind./m^3，较 2001 年冬季略高；2011 年冬季浮游动物湿重生物量为 37.3 mg/m^3，较 2001 年冬季略高；2011 年浮游动物主要优势种类为汤氏长足水蚤和背针胸刺水蚤，2001 年优势种为背针胸刺水蚤和捷氏歪水蚤，两者略有差异(见表 3.3－2)。

表 3.3－2　象山港浮游动物统计数据对比

时间	项目	夏季	冬季
运营前	种类数 主要组成	57 种 桡足类 19 种	39 种 桡足类 22 种
运营后		60 种 桡足类 27 种	35 种 桡足类 15 种
运营前	平均密度 /(ind./m^3)	376.8	28.9
运营后		164.7	40.3

续表

时间	项目	夏季	冬季
运营前	生物量/(mg/m^3)	450.5	28.8
运营后		183.6	37.3
运营前	主要优势种类	短尾类蚤状幼虫 太平洋纺锤水蚤	背针胸刺水蚤 捷氏歪水蚤
运营后		太平洋纺锤水蚤 短尾类蚤状幼虫	汤氏长足水蚤 背针胸刺水蚤

3)生态区系比较

象山港浮游生物群落结构主要由象山港本土生态群落和口门外外来群落这两个主要因素的影响,结合“象山港海域海洋环境质量综合评价方法”[编号:DOMEP(MEA)—03—02]中根据象山港水交换特征、水团分布、水环境、沉积环境、生物生态等特征对象山港的划分,将象山港按照受外海水影响程度的不同和地理位置大致划分为以下三个区系。

①象山港口到西沪港港口一线,该区域主要受外海沿岸水影响。由于受外海沿岸流的影响,浮游生物种类数和多样性指数明显高于港中部和港底海域。该海域浮游生物主要生态类群为外海高盐性群落、近岸低盐性和广布性群落;该海域浮游生物主要生态类群为近岸低盐性群落,浮游植物的中华盒形藻、窄隙角毛藻、布氏双尾藻等为近岸低盐群落的代表种;墨氏胸刺水蚤、捷氏歪水蚤、针刺拟哲水蚤等为浮游动物近岸低盐群落的代表种。该海域由于处于象山港港口,浮游植物以辐射圆筛藻和虹彩圆筛藻等外海性种类、浮游动物以肥胖箭虫、亚强真哲水蚤等暖水外海种类为代表的外海性群落亦有较高丰度的分布。比较而言,近岸低盐生态类群较外海性类群起主要作用,但外海性类群对象山港浮游生物种类的丰富和群落多样性的提高具有关键性的作用;该海域广布性类群亦有分布,但数量稀少,作用有限。该海域电厂运营前后浮游生物生态群落,其群落组成及其地位未见明显变化。

②西沪港港口以西到狮子口以东,为过渡带。近岸低盐性类群为该海域浮游生物主要类群,此类群受潮汐影响不大。该群落是象山港浮游动物的主要生态类群,是种类数最多、个体数量最大的生态类群,对象山港浮游动物生态系统起主导作用。比较该海域电厂运营前后浮游生物群落结构,浮游生物种类数、优势种等未见明显变化,可见处于象山港中部海域的大唐乌沙山电厂对该海域浮游生态系统影响不明显。

③狮子口以西及西沪港港底部分,该区域主要受陆地径流的影响。近岸低盐类群为该海域浮游生物主要类群,但由于该海域水体交换缓慢且受陆地径流的影响,以火腿伪镖水蚤等为代表的半咸水类群在该海域季节性出现,但数量较少。象山港沿海域夏季水体基础水温较高,且受电厂温排水持续影响,浮游植物群落存在一定的演变过程:浮游植物第一、第二优势种有近岸低盐暖温性种类布氏双尾藻、广温广盐性种类中肋骨条藻、近岸低盐暖温性种类琼氏圆筛藻、广温广盐性种类冕孢角毛藻和暖水性种类冕孢角毛藻;宁海2005年初试运行,2005—2007年夏季浮游植物优势种基本保持稳定,从2008年开始,第一优势种变为冕孢角毛藻,优势种之一的紧密角管藻在2009年夏季演变为第一优势种;2010年优势种为紧密角管藻和冕孢角毛藻。夏季厂址前沿海域浮游植物种类数、密度呈下降趋势;且夏季在国华

电厂排水口附近检测到热带种类。

综上所述,2011 年象山港夏季浮游生物群落及其分布与 2001 年相比,整体而言象山港浮游生物群落基本保持稳定,但象山港底部电厂温排水口附近海域浮游生物存在异源演替过程,局部持续扰动对浮游生物群落产生了明显的影响,其影响程度和演替过程值得关注(图 3.3-1、图 3.3-2)。

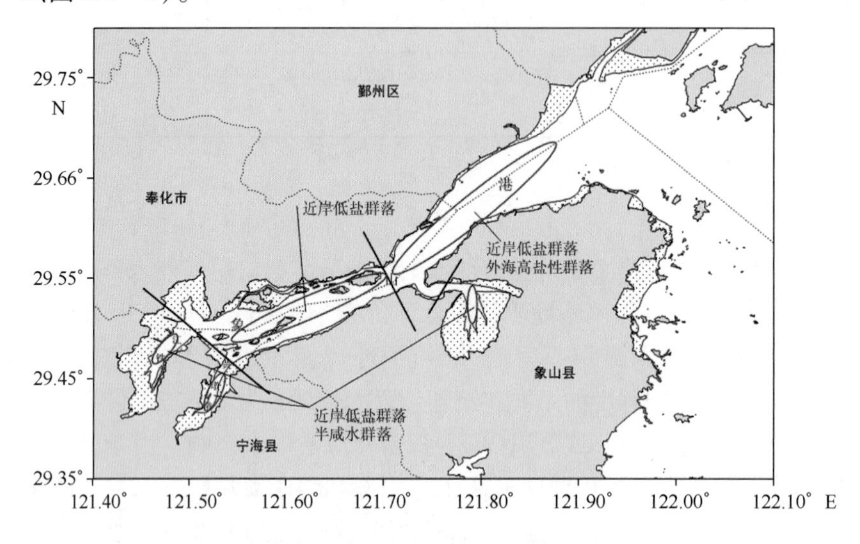

图 3.3-1　2001 年象山港夏季浮游植物群落分布

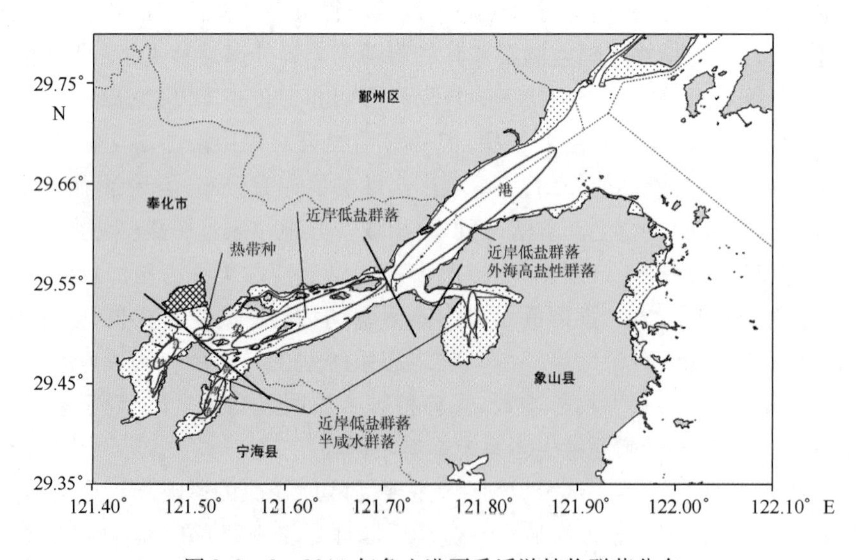

图 3.3-2　2011 年象山港夏季浮游植物群落分布

3.4 小结

通过象山港电厂运营前后环境调查资料比较分析,象山港电厂温排水对象山港整体生态环境影响不大，但运营前后水温分布变化较明显，象山港底部浮游植物优势种变化较明显，存在一定范围内的异源演替，一定程度上反映了象山港电厂温排水对整个象山港海域生态环境的影响。

①电厂运营前后，象山港海域水温平面分布变化较明显，港中、底部温差远大与港口部，一定程度上反映了象山港电厂温排水的影响。水体中营养盐含量有所增加，而有机污染物则有所下降，这可能与象山港周边海域大环境影响有关。

②象山港海域沉积物质量总体良好，硫化物、有机碳、石油类含量电厂运营前后均保持一类海洋沉积物质量。沉积物中硫化物、有机碳含量电厂营运后较营运前略有下降，而石油类含量略有上升。

③从电厂运营前后浮游生物调查结果来看，象山港浮游生物优势种变化较为明显，且从象山港生态区系比较得出，象山港口、中部水动力条件相对较好，电厂温排水影响不明显，而狮子口以西及西沪港港底部分海域生态群落存在异源演替过程，且夏季在国华电厂排水口附近检测到热带种类，说明国华电厂温排水局部持续扰动对浮游生物群落产生了明显的影响。

4 电厂温排水对邻近海域生态环境影响分析

象山港目前有两个电厂,分别是位于象山港中部的乌沙山电厂和位于象山港港底的国华宁海电厂。国华电厂于2005年12月试运行,宁波海洋环境监测中心站于2005年开始跟踪监测。乌沙山电厂于2006年年底试运行,宁波海洋环境监测中心站于2006年12月开始跟踪监测。

4.1 象山港电厂邻近海域温升分布

4.1.1 国华电厂邻近海域温升分布

4.1.1.1 国华电厂邻近海域夏季温升分布

2005年12月,国华发电厂已经试运行,2006年夏季监测结果显示电厂邻近海域显示出一定的温升,且温升幅度较大(表4.1-1和图4.1-1)。2006年夏季小潮落憩时4.0℃温升面积为0 km^2,1.0℃温升面积为7.1 km^2(图4.1-2);2007年夏季小潮落憩时4.0℃温升面积为0.9 km^2,1.0℃温升面积为11.9 km^2(图4.1-3);2008年夏季小潮落憩时4.0℃温升面积为0.5 km^2,1.0℃温升面积为11.5 km^2(图4.1-4);2009年夏季小潮落憩时4.0℃温升面积为0 km^2,1.0℃温升面积为4.9 km^2(图4.1-5);2011年夏季小潮落憩时4.0℃温升面积为0.2 km^2,1.0℃温升面积为0.8 km^2(图4.1-6)。

表4.1-1 国华电厂邻近海域历年夏季小潮落憩表层温升面积 单位:km^2

年份	>4.0℃	>1.0℃
2006年	0	7.1
2007年	0.9	11.9
2008年	0.5	11.5
2009年	0	4.9
2011年	0.2	0.8

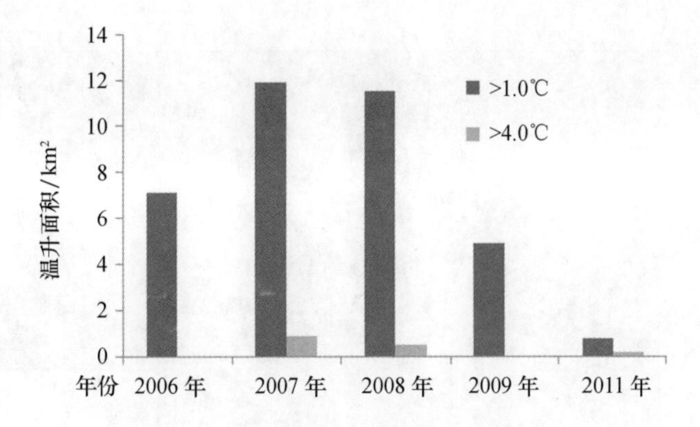

图 4.1－1　历年夏季小潮落憩表层温升统计

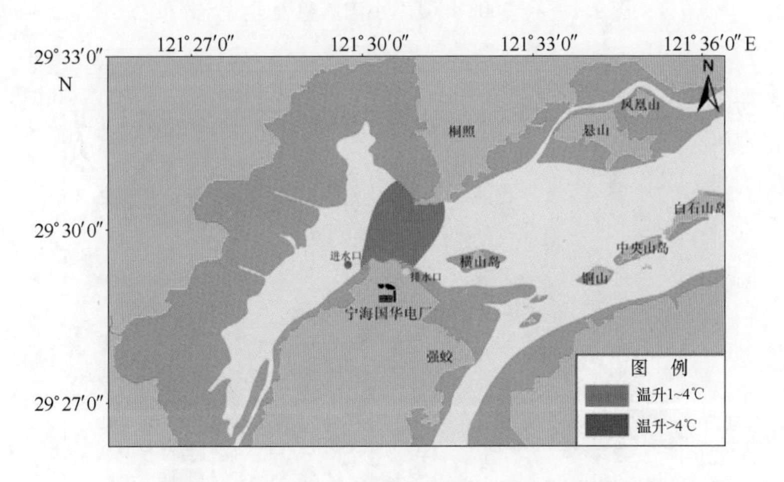

图 4.1－2　2006 年夏季小潮落憩表层温升分布

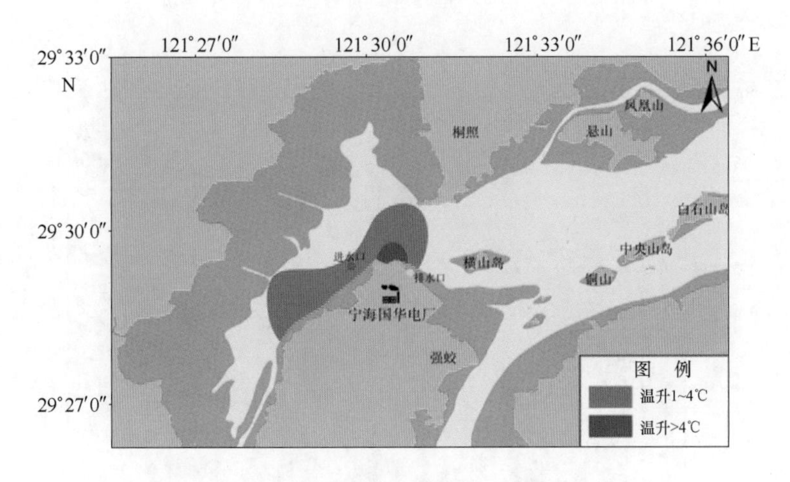

图 4.1－3　2007 年夏季小潮落憩表层温升分布

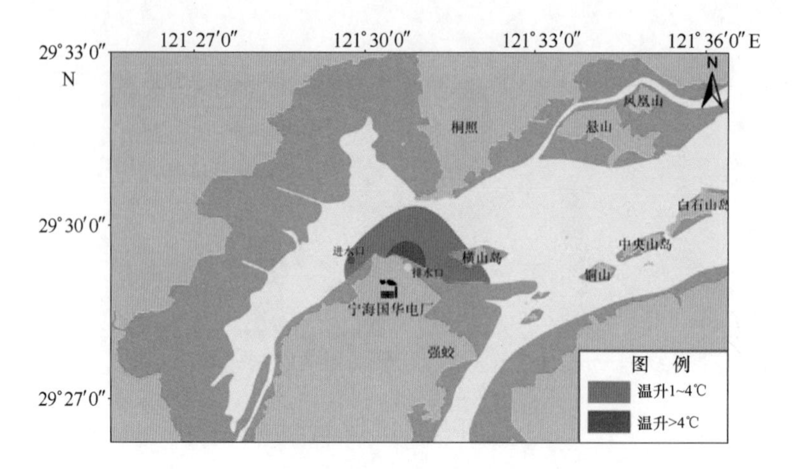

图 4.1－4　2008 年夏季小潮落憩表层温升分布

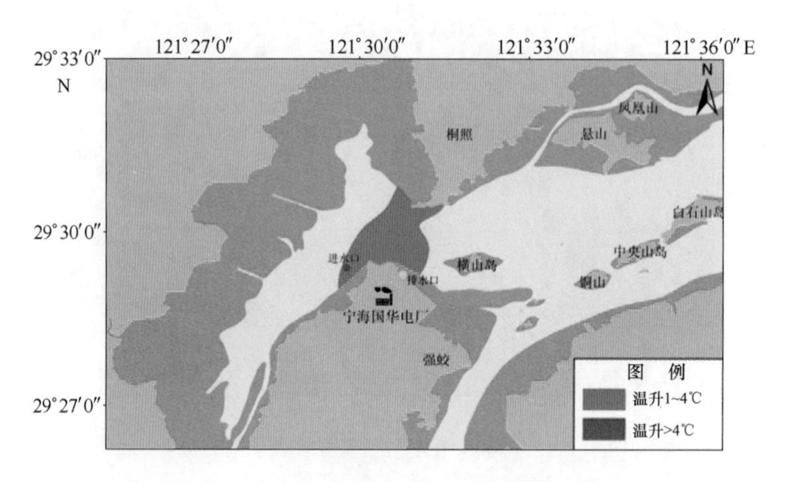

图 4.1－5　2009 年夏季小潮落憩表层温升分布

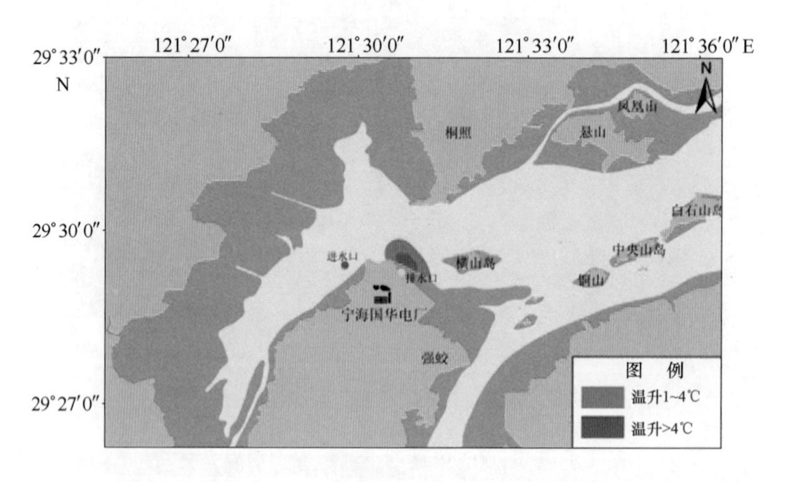

图 4.1－6　2011 年夏季小潮落憩表层温升分布

由历年温升面积监测结果可见,2006 年夏季小潮落憩温升面积要小于 2007 年的温升面积。2007 年夏季温升分布范围基本上与 2008 年监测结果相当,2009 年、2011 年温升分布范围较 2006—2008 年有所下降。总体来讲,国华电厂温排水对电厂附近海域温升影响程度较大。

4.1.1.2 国华电厂邻近海域冬季温升分布

2005—2011 年国华电厂邻近海域冬季温升面积如图 4.1-7 和表 4.1-2。2005 年冬季小潮落憩时 4.0℃温升面积为 0.6 km^2,1.0℃温升面积为 9.5 km^2(图 4.1-8);2006 年冬季小潮落憩时 4.0℃温升面积为 1.0 km^2,1.0℃温升面积为 19.6 km^2(图 4.1-9);2007 年冬季小潮落憩时 4.0℃温升面积为 1.1 km^2,1.0℃温升面积为 13.2 km^2(图 4.1-10);2010 年冬季小潮落憩时 4.0℃温升面积为 0.5 km^2,1.0℃温升面积为 4.8 km^2(图 4.1-11);2011 年冬季小潮落憩时 4.0℃温升面积为 0.5 km^2,1.0℃温升面积为 7.2 km^2(图 4.1-12)。

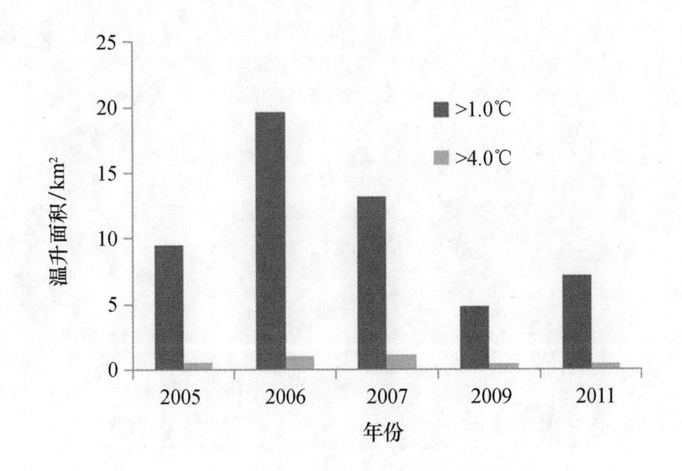

图 4.1-7 历年冬季小潮落憩表层温升统计

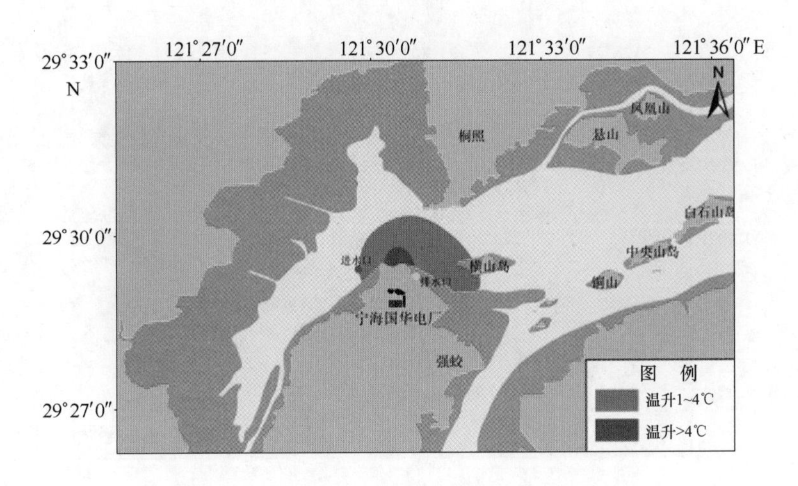

图 4.1-8 2005 年冬季小潮落憩表层温升分布

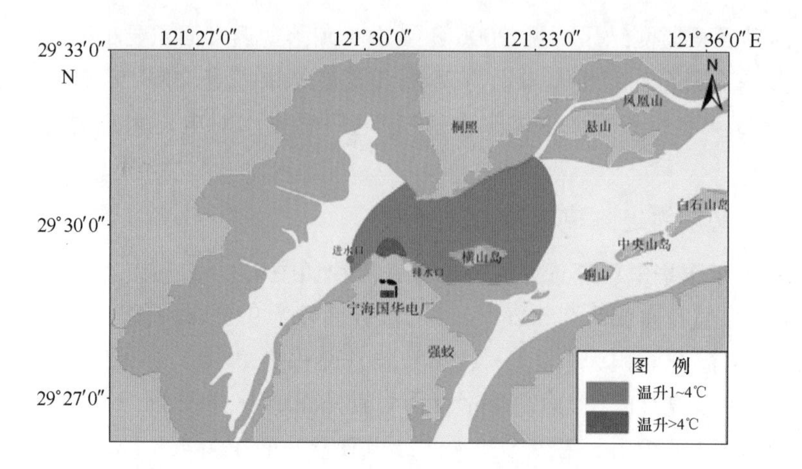

图 4.1-9　2006 年冬季小潮落憩表层温升分布

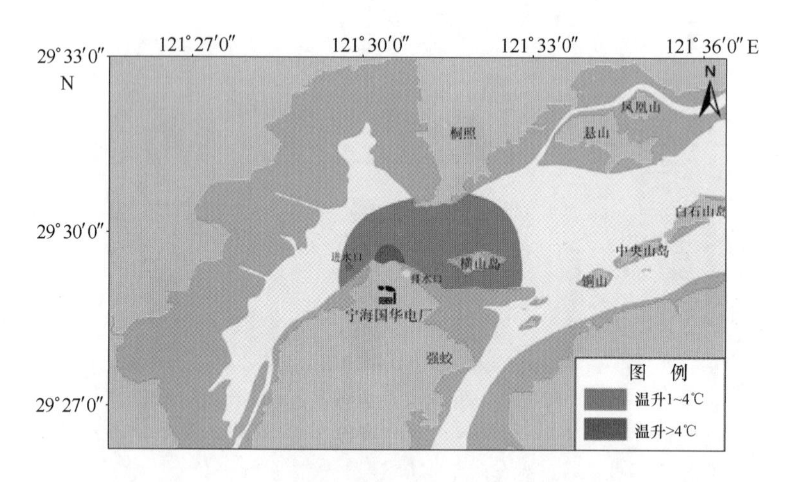

图 4.1-10　2007 年冬季小潮落憩表层温升分布

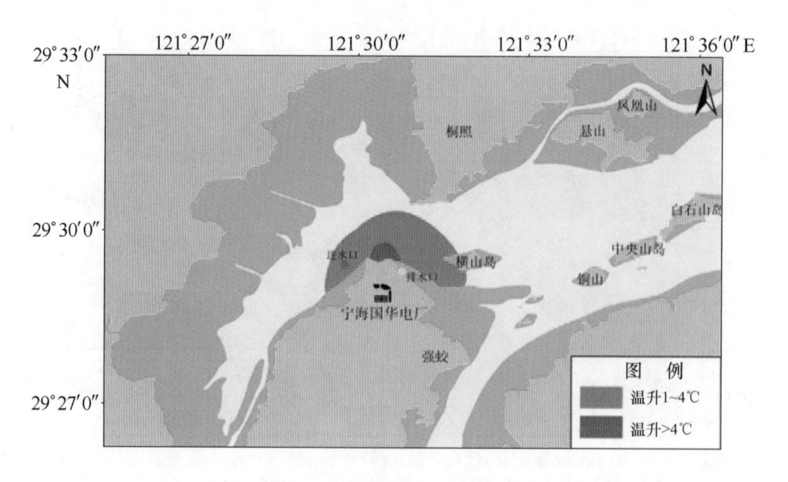

图 4.1-11　2009 年冬季小潮落憩表层温升分布

根据历年监测结果显示(表4.1-2和图4.1-7),2006年冬季小潮落憩温升面积则要大于2005年的温升面积。2007年温升面积与2006年基本相当,2009年、2011年温升面积小于2005—2007年。总体来讲,国华电厂温排水对电厂邻近海域温升影响程度较大。

表4.1-2 国华电厂邻近海域历年冬季航次表层温升线覆盖面积 单位:km^2

年份	>4.0℃	>1.0℃
2005年	0.6	9.5
2006年	1.0	19.6
2007年	1.1	13.2
2009年	0.5	4.8
2011年	0.5	7.2

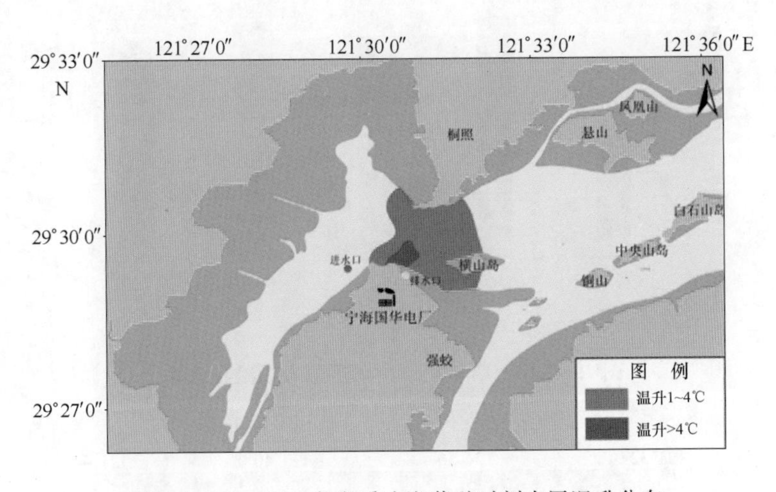

图4.1-12 2011年冬季小潮落憩时刻表层温升分布

4.1.2 乌沙山电厂邻近海域温升分布

4.1.2.1 乌沙山电厂邻近海域夏季温升分布

2006年年底,浙江大唐乌沙山发电厂的四台机组(4×600 MW)已经试运行,2007年夏季监测结果显示电厂邻近海域显示出一定的温升,且温升幅度较大(表4.1-3和图4.1-13)。2007年夏季小潮落憩时4.0℃温升面积为7.9 km^2,1.0℃温升面积为25.6 km^2(图4.1-14);2008年夏季小潮落憩时4.0℃温升面积为5.8 km^2,1.0℃温升面积为46.4 km^2(图4.1-15);2009年夏季小潮落憩时4.0℃温升面积为7.4 km^2,1.0℃温升面积为60.8 km^2(图4.1-16);2010年夏季小潮落憩时4.0℃温升面积为9.2 km^2,1.0℃温升面积为55.0 km^2(图4.1-17);2011年夏季小潮落憩时4.0℃温升面积为3.2 km^2, 1.0℃温升面积为42.7 km^2(图4.1-18)。

表 4.1－3　乌沙山电厂邻近海域历年夏季小潮落憩表层温升面积　单位:km^2

年份	>4.0℃	>1.0℃
2007 年	7.9	25.6
2008 年	5.8	46.4
2009 年	7.4	60.8
2010 年	9.2	55.0
2011 年	3.2	42.7

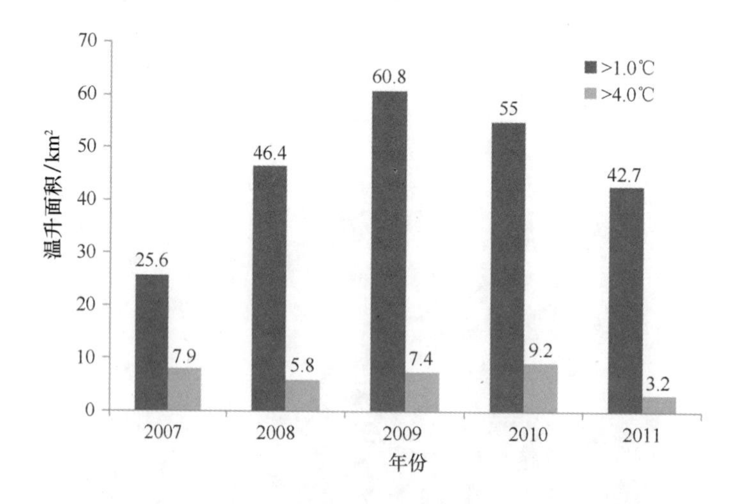

图 4.1－13　历年夏季小潮落憩表层温升统计

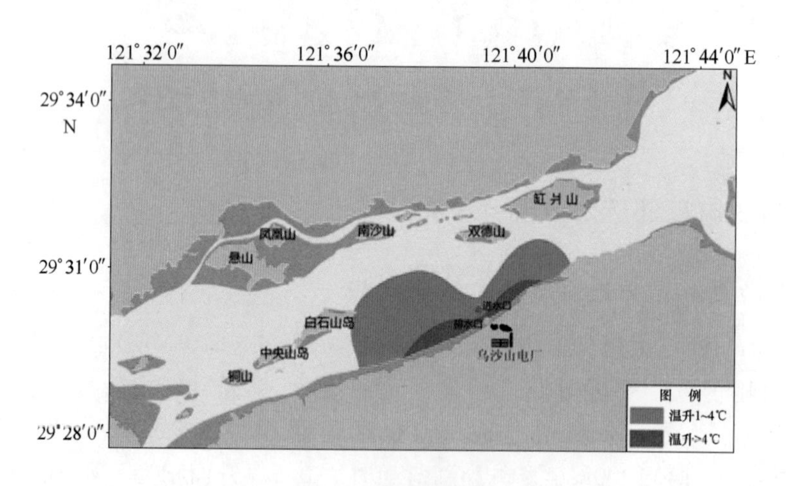

图 4.1－14　2007 年夏季小潮落憩表层温升分布

由历年温升面积监测结果可见(表 4.1－3 和图 4.1－13),2008 年夏季小潮落憩温升面积要小于 2007 年,2009 年夏季温升面积与 2007 年基本相当。2010 年 1℃温升范围比 2009 年有所减少,但 4℃温升范围比 2009 年略有增加。2011 年温升面积与 2008 年基本相当,但与 2009 年和 2010 年相比,则有所减小。总体来讲,乌沙山电厂温排水对电厂附近海域温升影响程度较大。

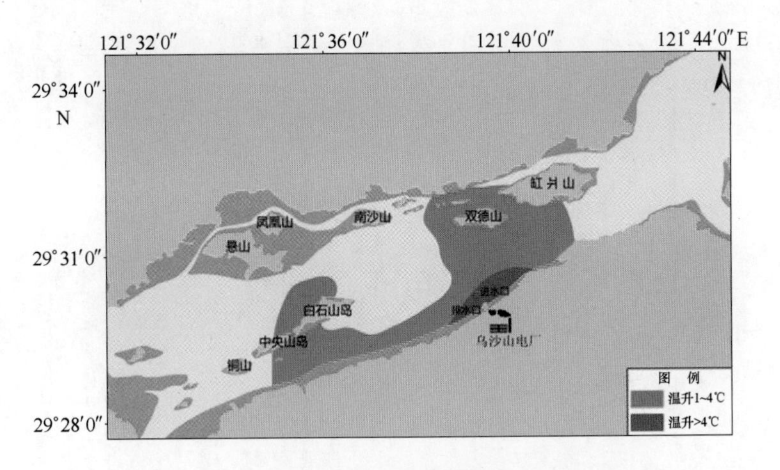

图 4.1－15　2008 年夏季小潮落憩表层温升分布

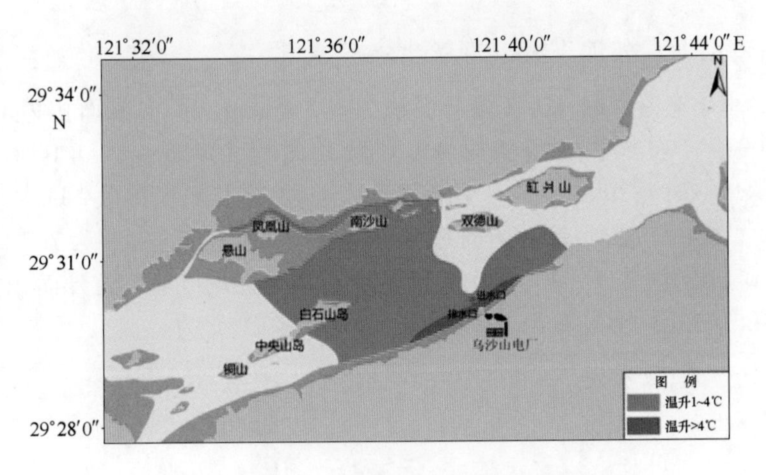

图 4.1－16　2009 年夏季小潮落憩表层温升分布

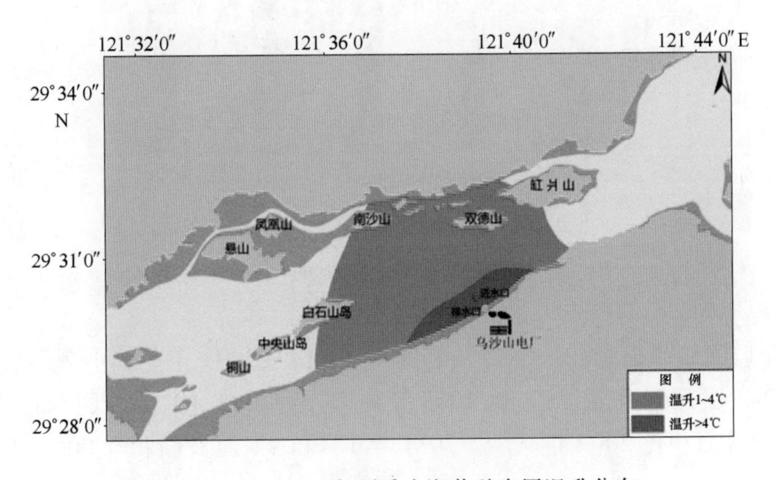

图 4.1－17　2010 年夏季小潮落憩表层温升分布

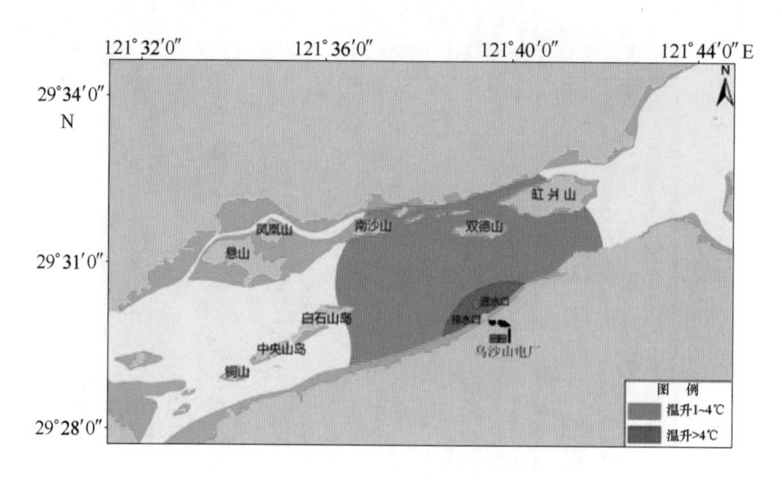

图 4.1－18　2011 年夏季小潮落憩表层温升分布

4.1.2.2　乌沙山电厂邻近海域冬季温升分布

2007 年冬季小潮落憩时 4.0℃温升面积为 2.5 km^2，1.0℃温升面积为 12.6 km^2（图 4.1－20）；2008 年冬季小潮落憩时 4.0℃温升面积为 4.6 km^2，1.0℃温升面积为 17.9 km^2（图 4.1－21）；2009 年冬季小潮落憩时 4.0℃温升面积为 9.0 km^2，1.0℃温升面积为 35.8 km^2（图 4.1－22）；2010 年冬季小潮落憩时 4.0℃温升面积为 7.7 km^2，1.0℃温升面积为 47.0 km^2（图 4.1－23）；2011 年冬季小潮落憩时 4.0℃温升面积为 8.2 km^2，1.0℃温升面积为 33.3 km^2（图 4.1－24）。

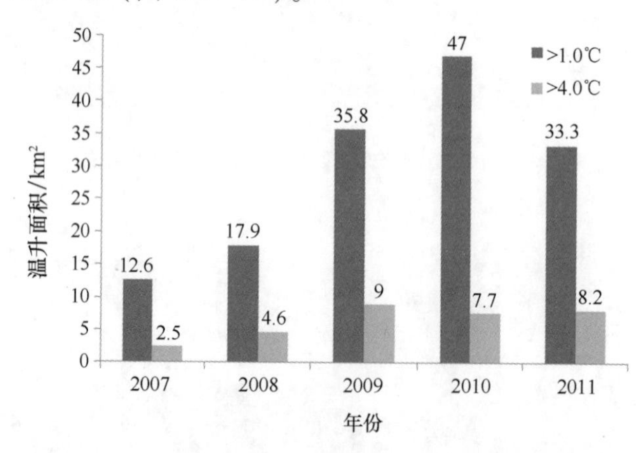

图 4.1－19　历年冬季小潮落憩表层温升统计

根据历年监测结果显示（表 4.1－4 和图 4.1－19），2008 年冬季小潮落憩温面积大于 2007 年，2009 年温升面积比 2007 年、2008 年更大。2010 年 1℃温升面积比 2009 年有所增加，但 4℃温升面积比 2009 年减少。2011 年 1℃和 4℃温升面积与 2009 年相当，1℃温升范围比 2010 年略有减小。总体来讲，乌沙山电厂温排水对电厂邻近海域温升影响程度较大。

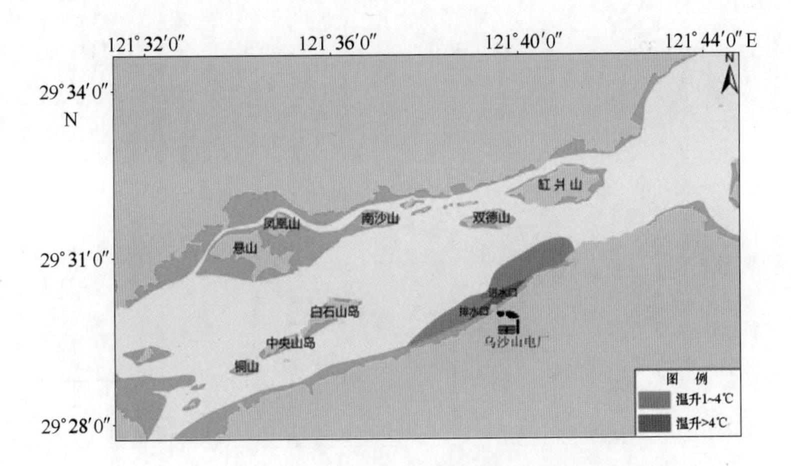

图 4.1-20　2007 年冬季小潮落憩表层温升分布

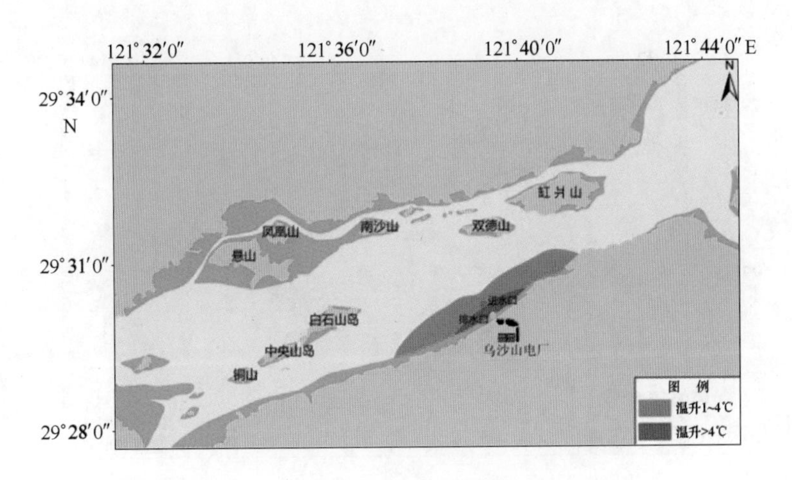

图 4.1-21　2008 年冬季小潮落憩表层温升分布

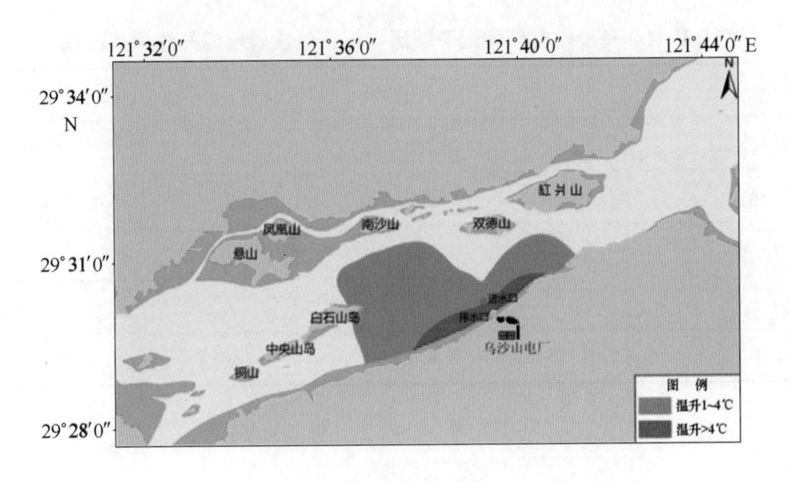

图 4.1-22　2009 年冬季小潮落憩表层温升分布

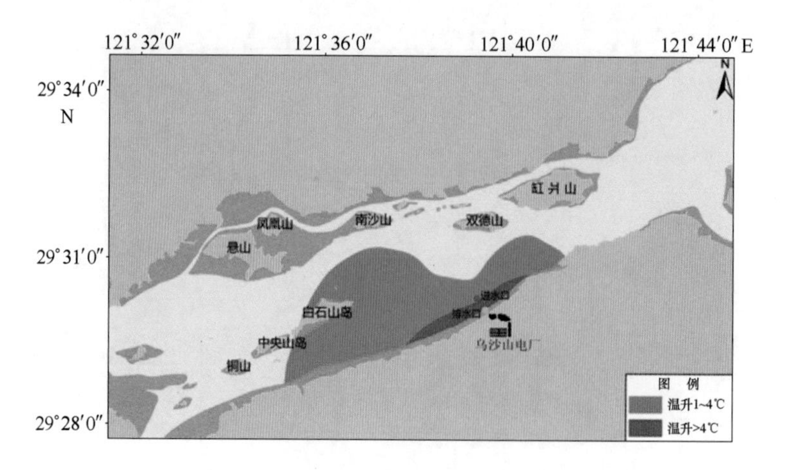

图 4.1-23　2010 年冬季小潮落憩表层温升分布

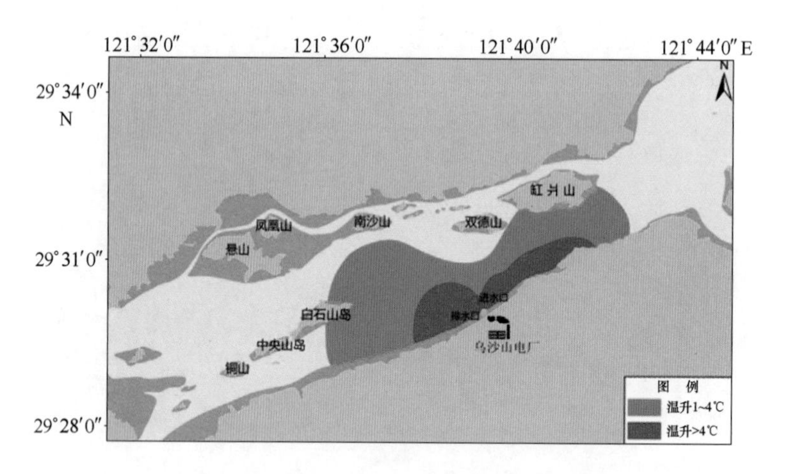

图 4.1-24　2011 年冬季小潮落憩时刻表层温升分布

表 4.1-4　乌沙山电厂邻近海域历年冬季航次表层温升线覆盖面积　　单位：km^2

年份	>4.0℃	>1.0℃
2007 年	2.5	12.6
2008 年	4.6	17.9
2009 年	9.0	35.8
2010 年	7.7	47.0
2011 年	8.2	33.3

4.2 象山港电厂温排水对邻近海域水质的影响

4.2.1 国华电厂温排水对邻近海域水质的影响

根据历年的温升监测结果，国华电厂与乌沙山电厂温升边界没有重叠。由于两个电厂温升范围相对独立，没有相互叠加。且国华电厂处于象山港底部，水体交换能力较弱，电厂温排水对邻近海域海洋生态环境影响较明显。根据国华电厂邻近海域监测结果，将电厂邻近海测站分为1℃温升线范围内（强影响区）、1℃温升线范围外（弱影响区）和对照区（无影响）三个区域，通过对这些测站的水质数据统计分析，说明电厂温排水对电厂邻近海域从排水口由近及远的海洋环境影响程度。

4.2.1.1 pH

国华电厂邻近海域历年夏季、冬季水质中 pH 在 7.8 ~ 8.5 范围内（一类海水水质）变化（图 4.2 - 1、图 4.2 - 2），夏季各航次除 2006 年外，呈 1℃线内 pH 值低于 1℃线外 pH 值；冬季各航次除 2005 年和 2006 年外，亦呈 1℃线内 pH 值低于 1℃线外 pH 值。从季节分布上看，基本呈冬季高于夏季，这主要与冬季水温较夏季低有关，与学者（银小兵，2000）以热力学角度推导出中性水体 pH 值与水温（K）的倒数呈线性关系一致。与建厂前 pH（2004 年冬）相比，电厂温排水使电厂邻近海域水质 pH 呈下降趋势。

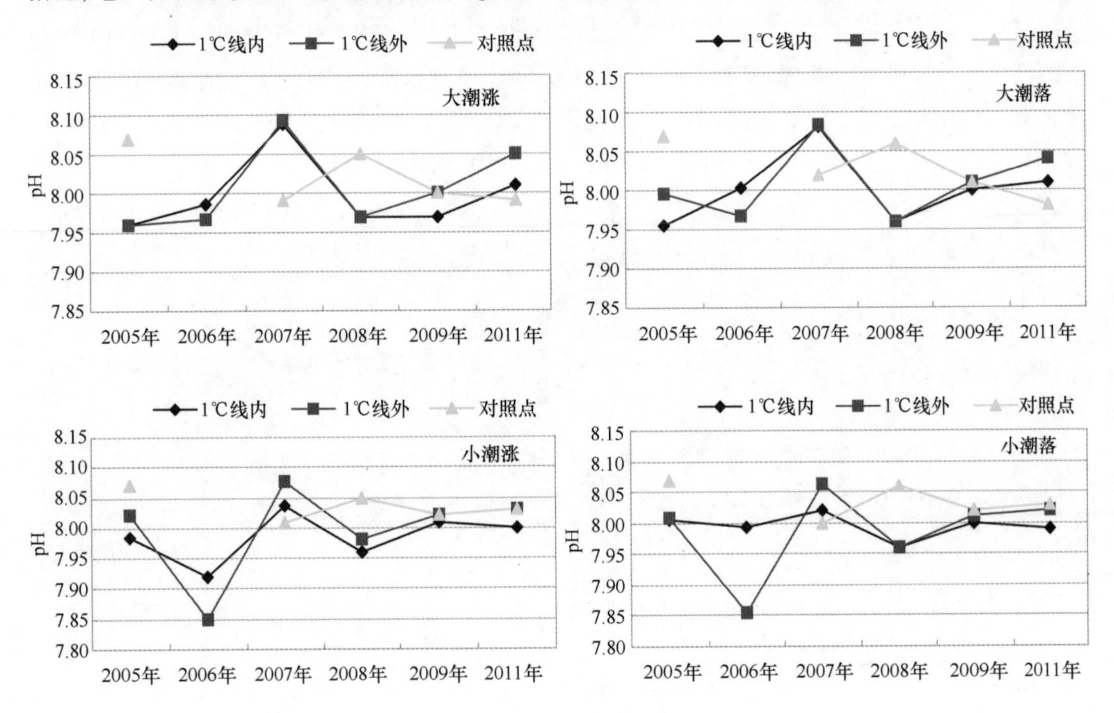

图 4.2 - 1　国华电厂邻近海域历年夏季各航次 pH 变化

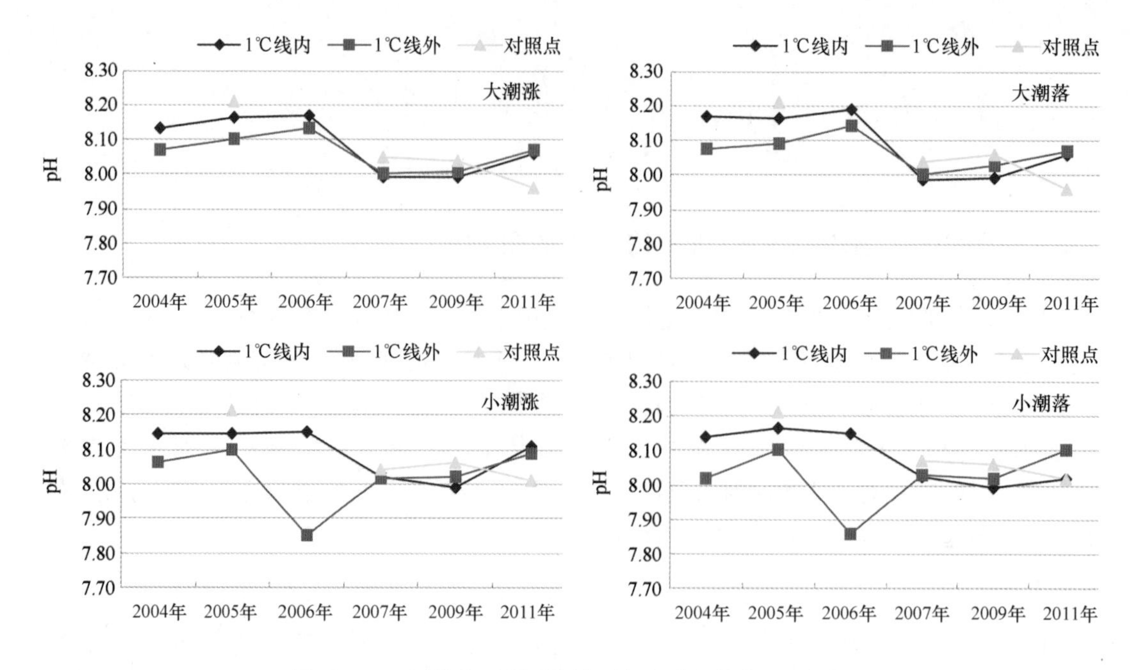

图 4.2－2　国华电厂邻近海域历年冬季各航次 pH 变化

4.2.1.2　溶解氧

国华电厂邻近海域历年夏季各航次水质溶解氧(DO)(图 4.2－3)均在 8.00 mg/L 以下波动,1℃线内 DO 含量较 1℃线外低,除个别年份个别航次外,均低于对照点;冬季各航次 DO(图 4.2－4)含量在 8.00 mg/L 以上波动,除个别年份个别航次外,基本呈 1℃线内 DO 含量略低于 1℃线外。从季节分布上看,冬季 DO 含量大于夏季,原因为水体溶解氧的大小通常是随氧的分压而增大,随水的温度升高而降低(柳瑞君,1985;徐镜波,1990)。与建厂前(2004 年冬)DO 含量相比,电厂温排水使电厂邻近海域水体中 DO 呈下降趋势。

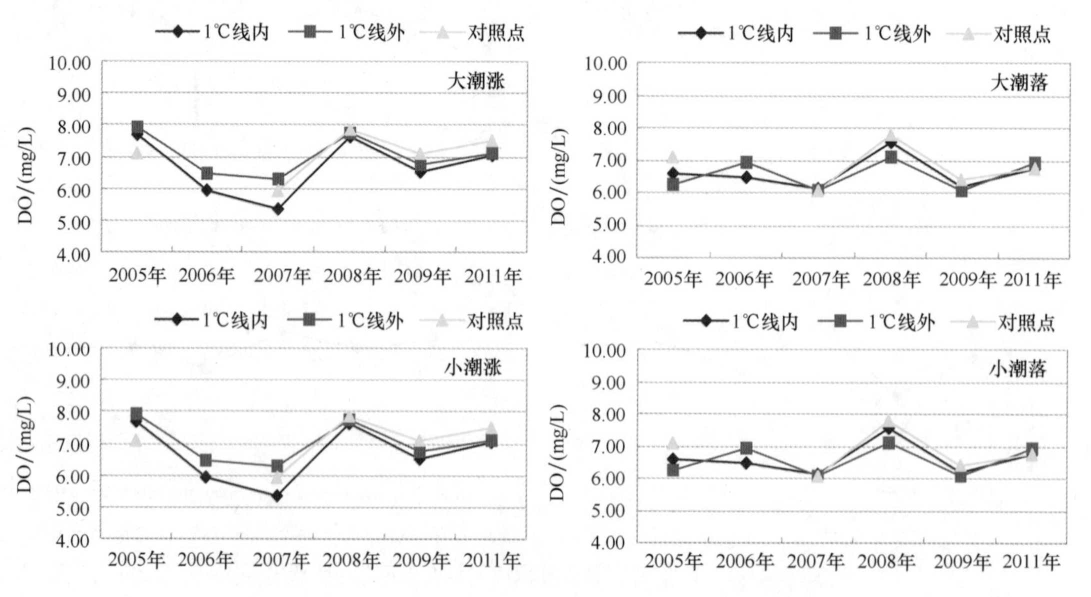

图 4.2－3　国华电厂邻近海域历年夏季各航次 DO 变化

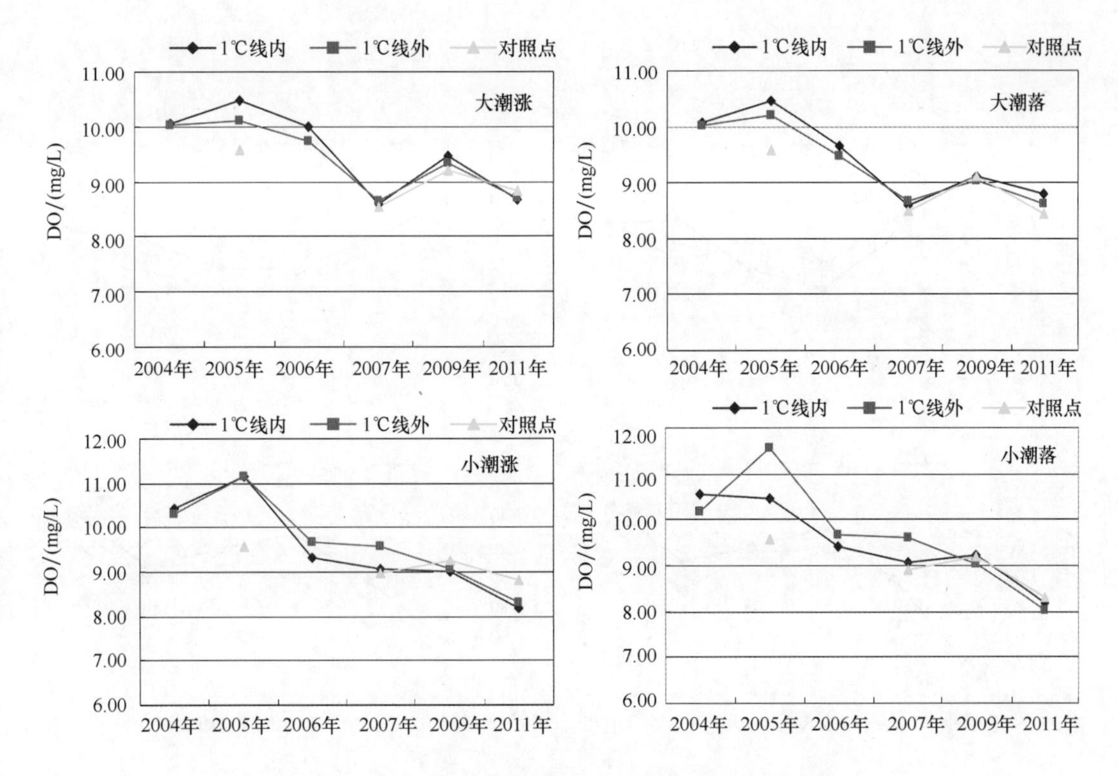

图 4.2－4　国华电厂邻近海域历年冬季各航次 DO 变化

4.2.1.3　有机污染物

1)化学需氧量(COD)

COD 值是评价水体质量的重要标准,反映了水样中可氧化的有机质氧化时所需要的氧量,体现了水中受还原物质污染的程度。因此,COD 值可作为有机物相对含量的指标,其测值的高低直接反映了水体质量的好坏。

国华电厂邻近海域历年夏、冬季水质 COD 呈波动变化(图 4.2－5、图 4.2－6),历年夏季大潮期呈先下降后上升趋势,小潮期基本呈上升趋势。同时,基本呈 1℃线内 COD 含量高于 1℃线外,1℃线内外 COD 含量均高于对照点;历年冬季各航次基本呈先上升后下降趋势,除历年冬季小潮落潮外,基本呈 1℃线内 COD 含量高于 1℃线外,1℃线内外 COD 含量均高于对照点(除冬季大潮涨潮期外),电厂温排水使电厂邻近海域水体中 COD 含量呈升高态势。

2)石油类

国华电厂邻近海域水质中石油类(图 4.2－7、图 4.2－8)含量为投产前(2004 年冬)最高,投产后(2005—2011 年)比投产前呈较明显下降趋势。历年夏、冬季各航次 1℃线内、外石油类含量均高于对照点,可能与电厂运营后加大煤船运输有关。

4.2.1.4　营养盐类

1)活性磷酸盐

磷是所有海洋浮游植物生长与繁殖不可缺少的元素,是海洋水体中浮游植物正常生长

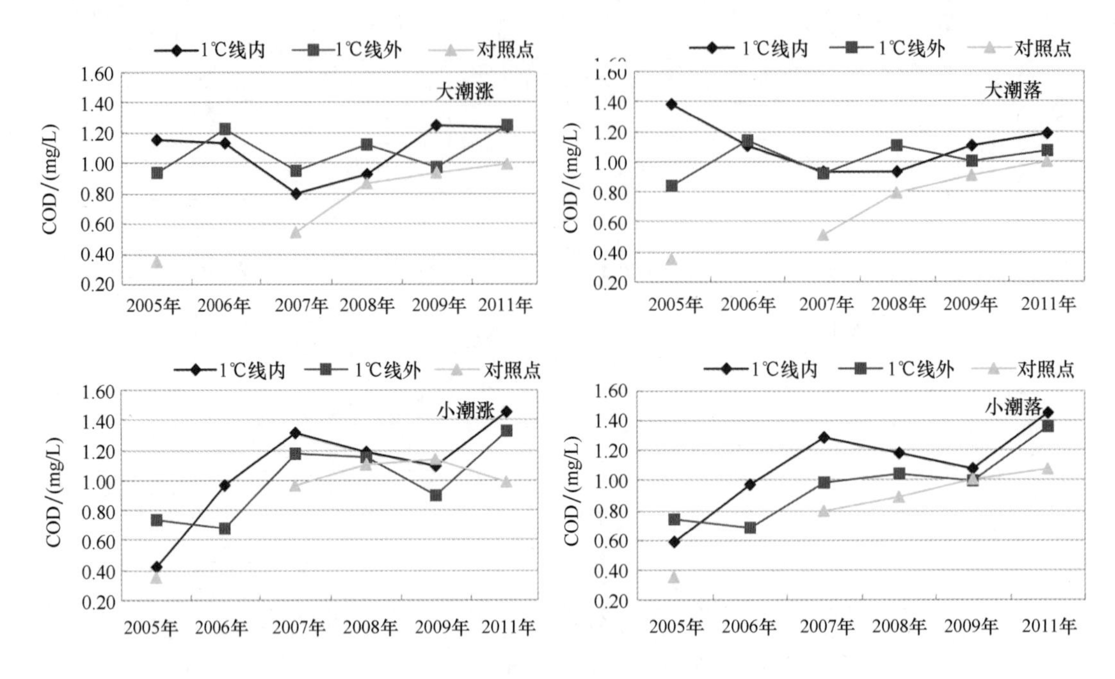

图 4.2－5　国华电厂邻近海域历年夏季各航次 COD 变化

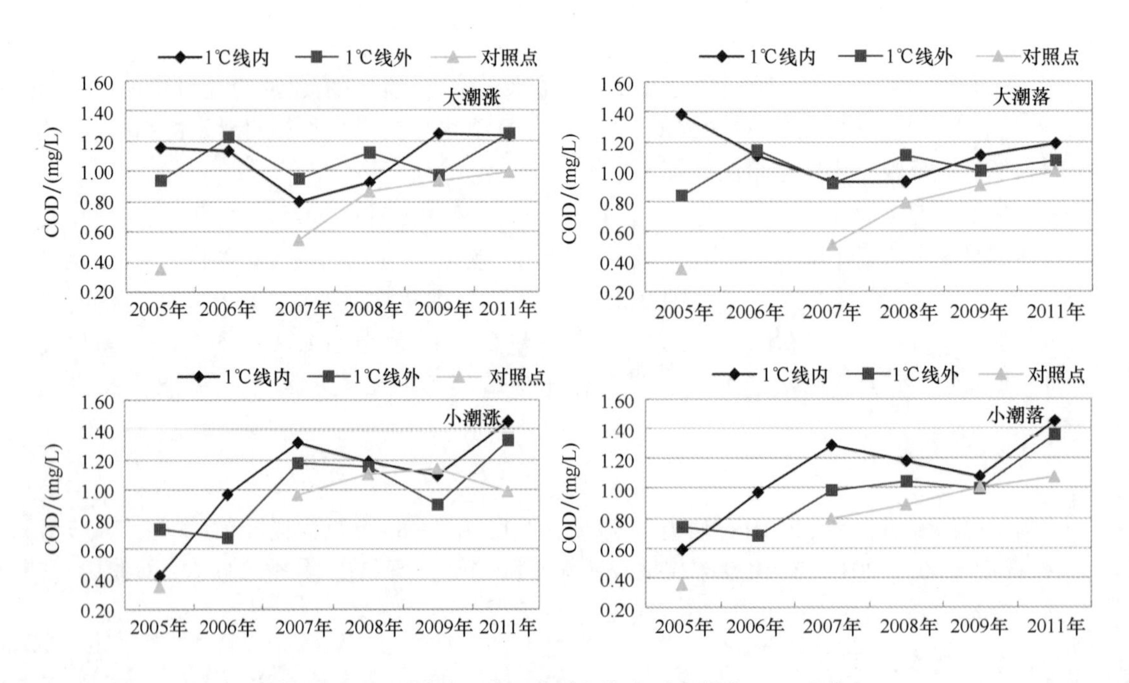

图 4.2－6　国华电厂邻近海域历年冬季各航次 COD 变化

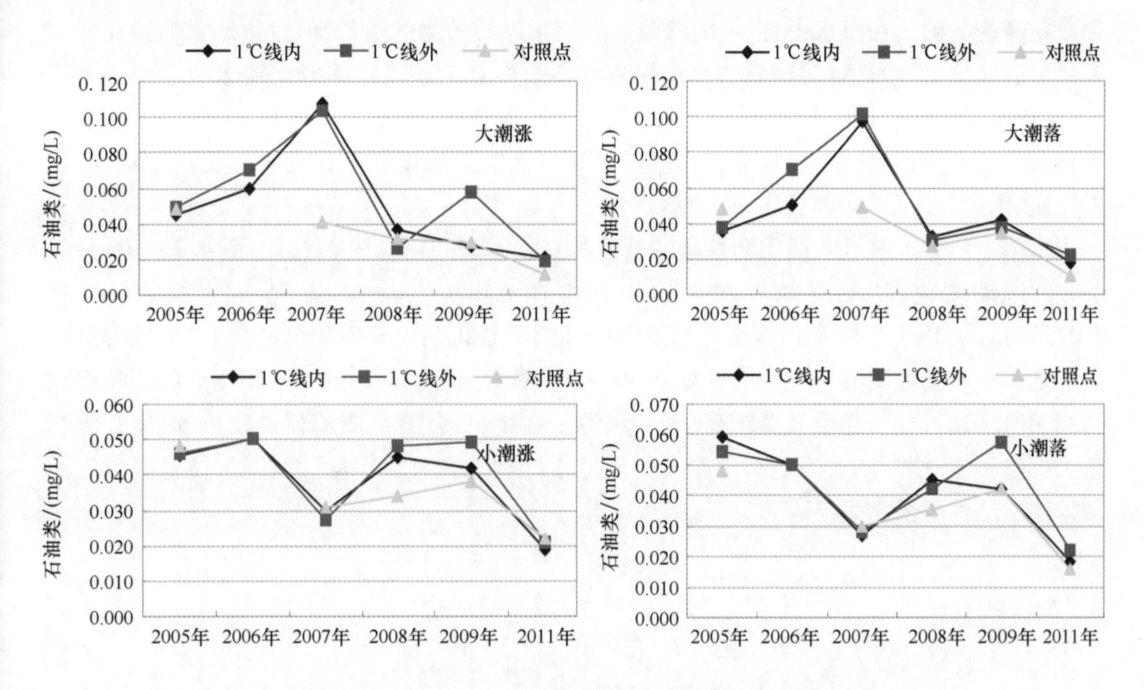

图 4.2－7　国华电厂邻近海域历年夏季各航次石油类变化

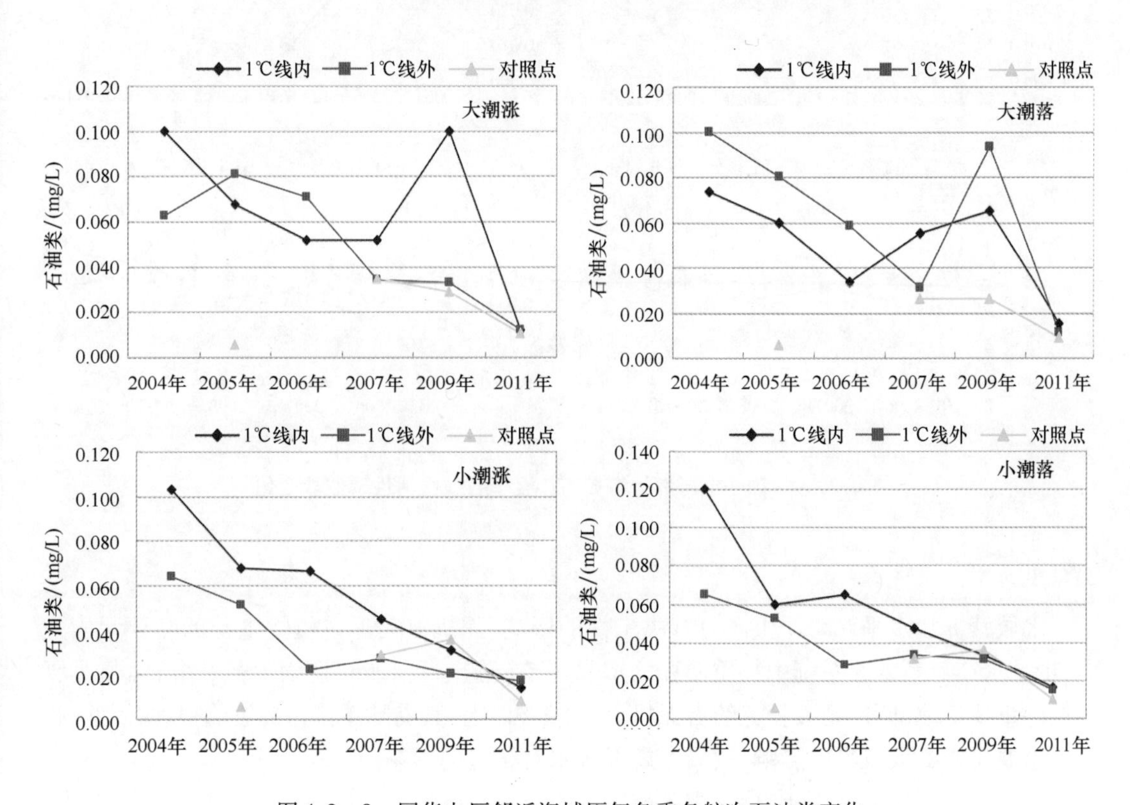

图 4.2－8　国华电厂邻近海域历年冬季各航次石油类变化

所必需的元素之一(Benitez - Nelson C R. ,2000;Spencer C P. ,1975),也是海洋初级生产力和食物链的基础。在海水中,适量的营养盐有利于浮游植物的生长,但过量的营养盐在一定条件下造成该水域水体富营养化,甚至引发赤潮。而且它还是水体氧化还原状态的一种指示,反映了饵料被利用的程度和生物新陈代谢的活动规律(韦献革,2005)。它的输入、分散和移出是一个物理、化学、生物综合作用的过程,因此,其浓度的变化也主要受水体运动、沿岸径流、生物效应等影响(张正斌,1998)。

国华电厂邻近海域水质中活性磷酸盐含量夏、冬季各航次(图 4.2 - 9、图 4.2 - 10)呈较明显的波动变化,历年夏季各航次均值基本在 0.060 0 mg/L 以下,而冬季各航次在 0.045 0 mg/L 以上。除个别年份个别航次外,呈 1℃线内活性磷酸盐含量低于 1℃线外磷酸盐含量。季节上较明显呈冬季大于夏季,与学者(李德尚等,1991)对于水库中磷的周年变化研究相符。这可能与夏季气温较高、利于浮游生物生长,营养物质消耗得较快,沿岸径流携带无机磷不能及时补充,而冬季营养盐含量处于饱和状态有关。电厂温排水使电厂邻近海域水体中活性磷酸盐呈下降态势。

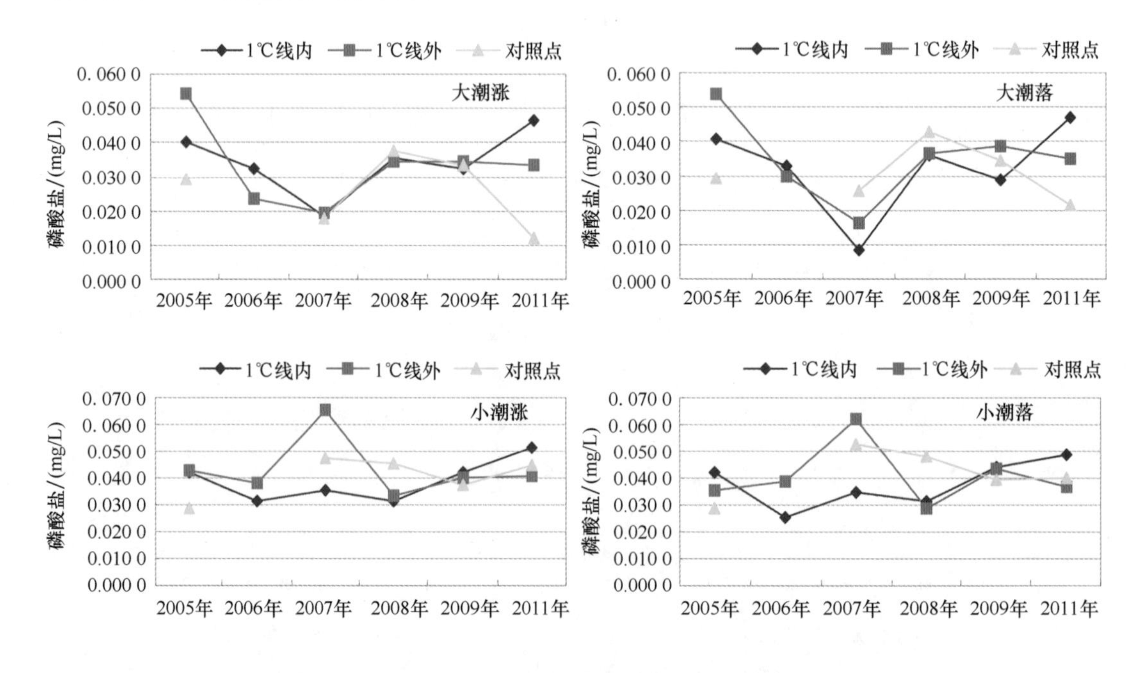

图 4.2 - 9　国华电厂邻近海域历年夏季各航次活性磷酸盐变化

2)氨氮

水域营养盐水平对海洋生产力有决定性的影响,无机氮是浮游植物生长的必要元素之一,也是水产养殖生态系统中物质循环的重要环节(陈金斯,1996)。而氨氮、硝酸盐氮是无机氮的重要组成部分,硝酸盐氮约占无机氮的 85% 以上,其受陆源排污的影响很大,因此,很难看出温排水对无机氮的影响,故只考虑温排水对氨氮的影响。

国华电厂邻近海域历年夏、冬季各航次水质氨氮(图 4.2 - 11、图 4.2 - 12)呈 1℃线内、外氨氮含量高于对照点氨氮,电厂温排水使电厂邻近海域水体中氨氮升高。

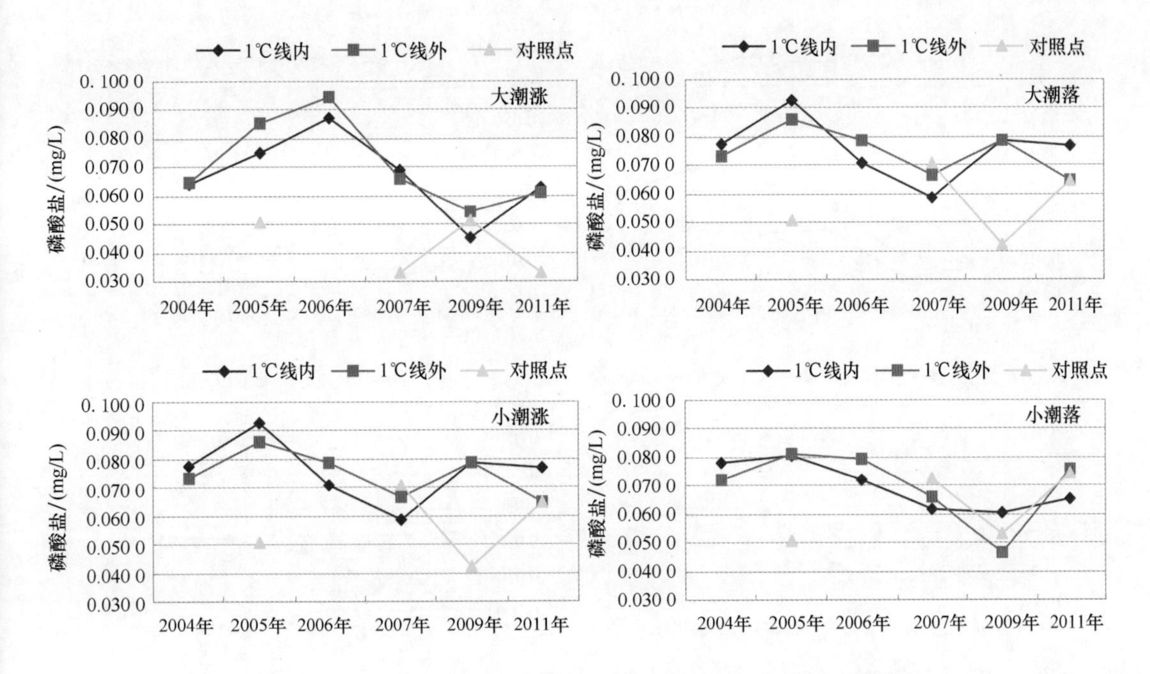

图4.2-10 国华电厂邻近海域历年冬季各航次活性磷酸盐变化

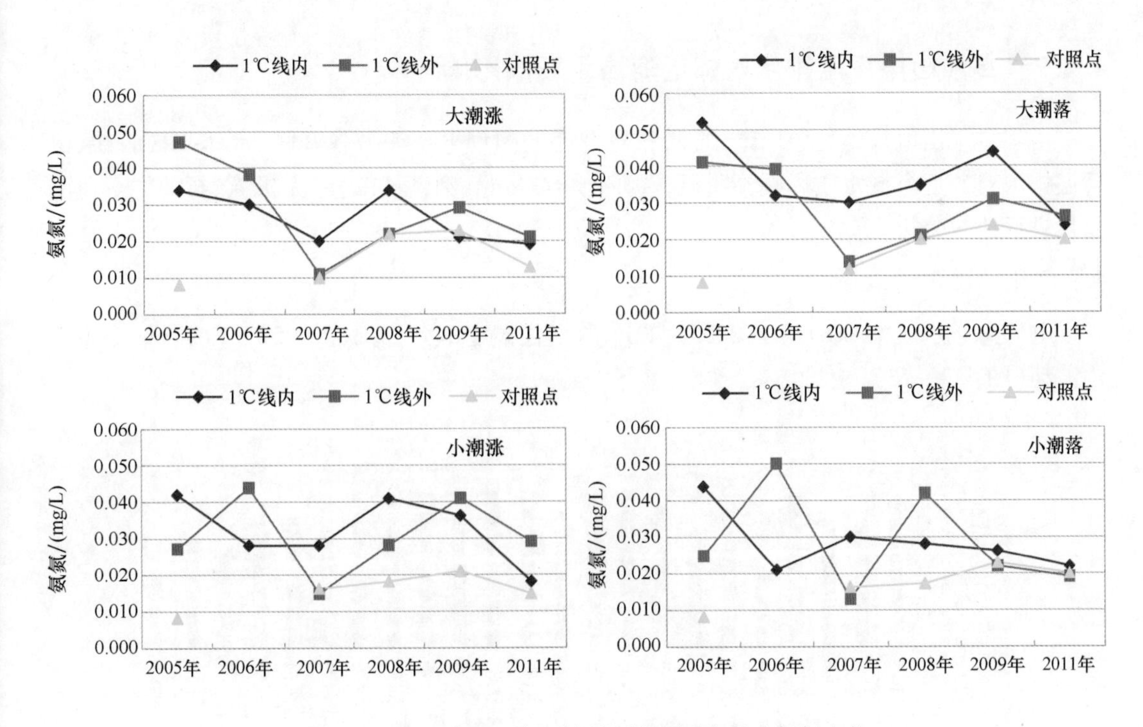

图4.2-11 国华电厂邻近海域历年夏季各航次氨氮变化

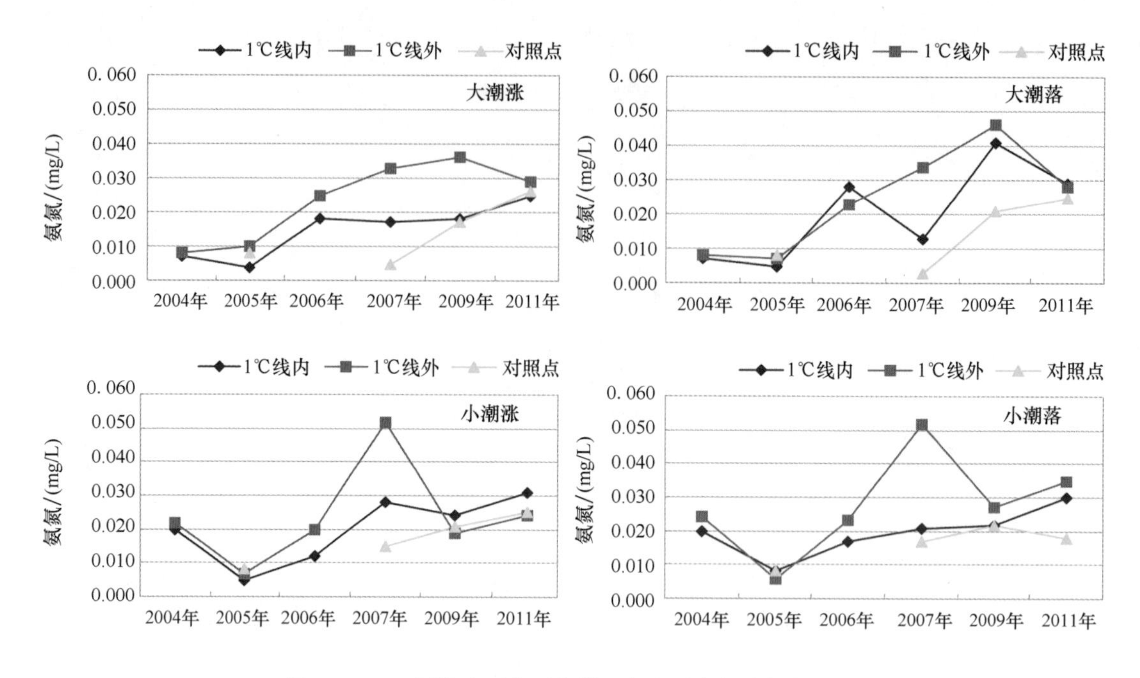

图 4.2－12　国华电厂邻近海域历年冬季各航次氨氮变化

4.2.2　乌沙山电厂温排水对邻近海域水质的影响

由于乌沙山电厂地处象山港中部，相对港底的国华电厂海域较开阔，水体交换较快，电厂温排水对邻近海域水质影响不明显，选择化学需氧量、活性磷酸盐、无机氮、石油类等监测指标进行比较分析。

4.2.2.1　化学需氧量

电厂海域水质中 COD 含量 2005—2011 年变化幅度不大，基本在 0.59～1.34 mg/L 范围内波动（图 4.2－13）。

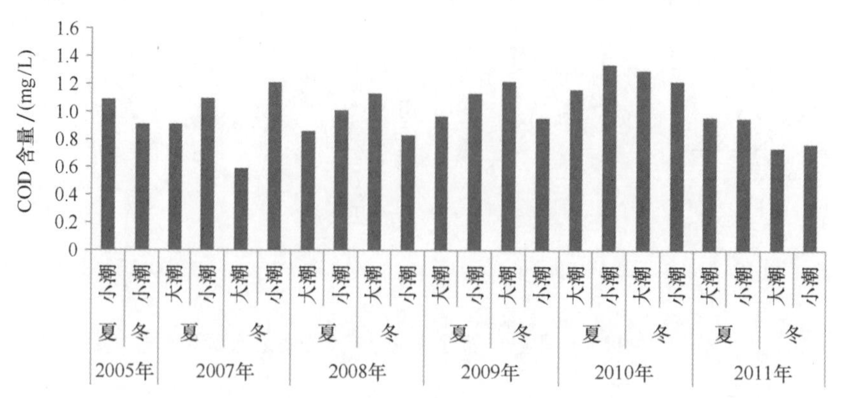

图 4.2－13　乌沙山电厂附近海域水质 COD 含量历年变化

4.2.2.2 活性磷酸盐

电厂海域水质中活性磷酸盐含量历年呈冬季大于夏季的趋势，主要是因为夏季浮游植物生物活动量大，对营养物质的消耗量增大；而冬季由于气候等因素不利浮游植物生长，营养盐含量相对饱和（图 4.2－14）。

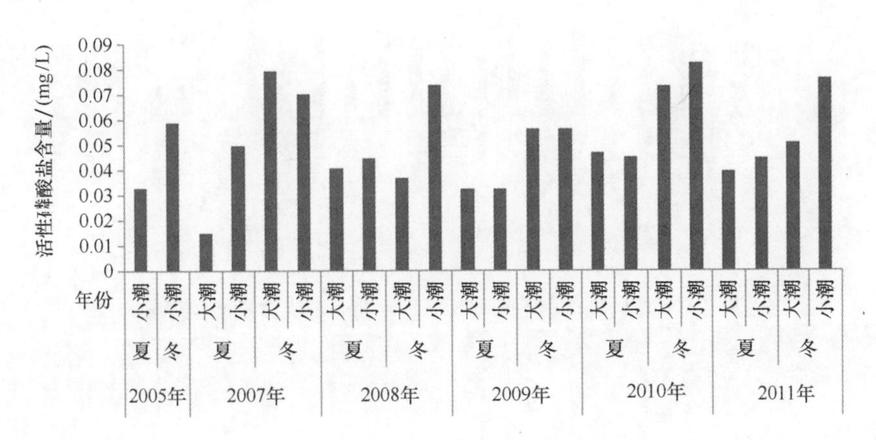

图 4.2－14 乌沙山电厂附近海域水质活性磷酸盐含量历年变化

4.2.2.3 无机氮

自 2005 年至 2011 年以来，除 2011 年冬季小潮航次达到峰值 1.575 mg/L 外，其余年份无机氮变化幅度较小，平均含量在 0.396～1.575 mg/L（图 4.2－15）。

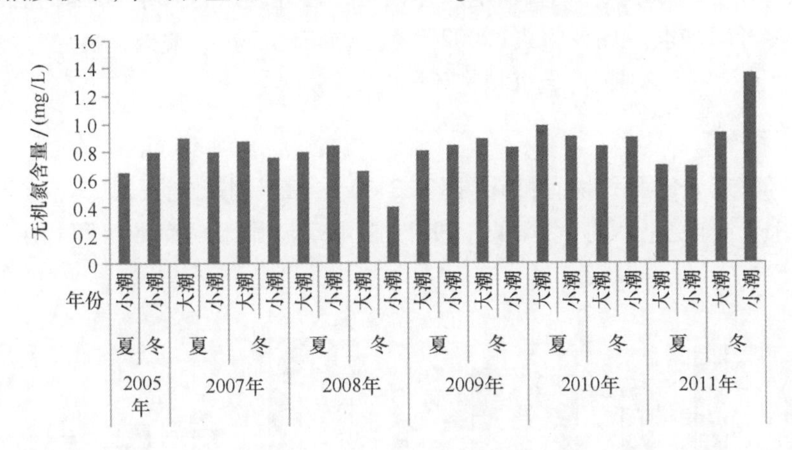

图 4.2－15 乌沙山电厂附近海域水质无机氮含量历年变化

4.2.2.4 石油类

电厂附近海域水质中石油类含量在 2005 年夏季小潮航次较其他年份高出 2～5 倍左右，这可能与当时监测海域现状有关；建厂后（2007—2011 年）冬季石油类高于建厂前（2005 年）冬季，这可能与电厂投产后运煤船增加有关（图 4.2－16）。

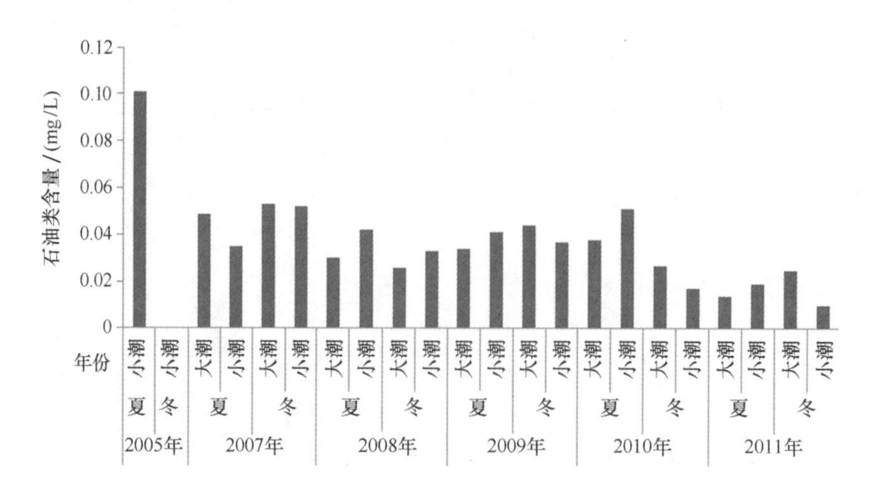

图 4.2-16　乌沙山电厂附近海域水质石油类含量历年变化

4.3　象山港电厂温排水对邻近海域沉积物的影响

4.3.1　国华电厂温排水对邻近海域沉积物的影响

国华电厂邻近海域沉积物调查从电厂建设至今已连续进行6年的跟踪监测，电厂投产前本底数据参考国华电厂环评报告(2002年)，选择有机碳、石油类、硫化物等主要监测项目，以比较电厂运营以来邻近海域沉积物环境的变化情况。

4.3.1.1　有机碳

国华电厂邻近海域沉积物有机碳(图4.3-1)含量属投产前(2002年冬)最高，投产后(2005—2011年)变化不明显，均低于投产前，电厂温排水对海域沉积物中有机碳没有影响。

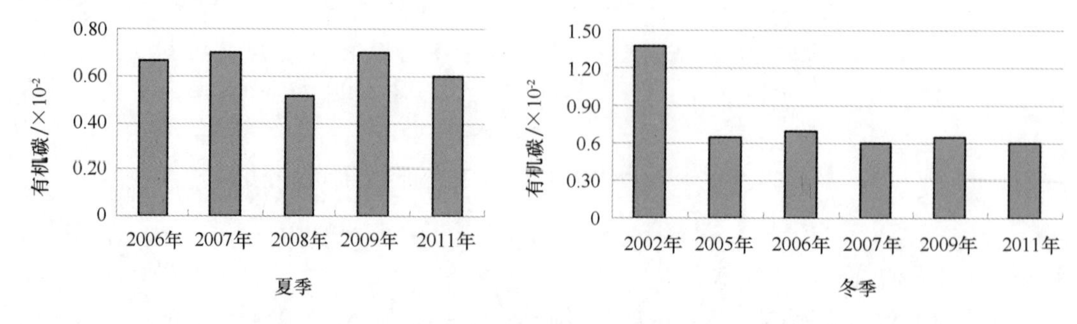

图 4.3-1　国华电厂邻近海域沉积物有机碳含量历年变化

4.3.1.2　硫化物

国华电厂邻近海域沉积物硫化物(图4.3-2)含量属投产前(2002年冬)最高，投产后

(2005—2011 年)变化不明显(除 2011 年外),均低于投产前。电厂温排水对海域沉积物中硫化物没有影响。

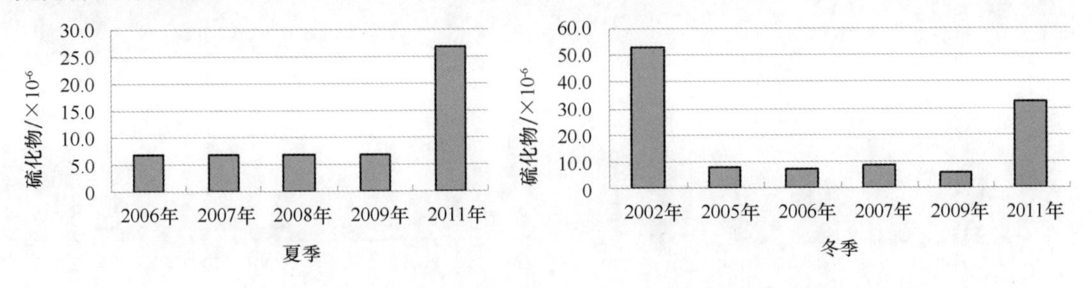

图 4.3 -2 国华电厂邻近海域沉积物硫化物含量历年变化

4.3.1.3 *石油类*

由于表层沉积物中油污染物主要通过吸附和沉降作用进入沉积物中,此过程受到油污染物的存在形态与官能团的离解程度、水体 pH 值、悬浮颗粒物浓度、颗粒大小及径流量季节变化等多种因素影响(叶新荣,1995)。

国华电厂邻近海域沉积物石油类(图 4.3 -3)含量呈缓慢上升趋势,在季节上夏季高于冬季,分析认为这和夏季受陆源输入的影响较冬季高有关,较投产前(2002 年冬)略有升高,电厂温排水致电厂邻近海域沉积物中石油类含量升高。

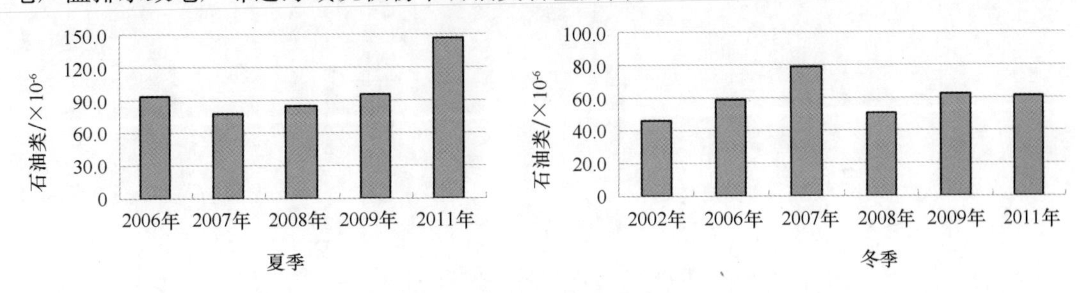

图 4.3 -3 国华电厂邻近海域沉积物石油类含量历年变化

4.3.2 乌沙山电厂温排水对邻近海域沉积物的影响

2005—2011 年从电厂建设至投产,共进行 6 个年度的监测,其中 2005 年为本底监测,2007—2011 年为跟踪监测,选择有机碳、石油类、硫化物等主要监测项目,以比较电厂运营以来邻近海域沉积物环境的变化情况。

4.3.2.1 *有机碳*

乌沙山电厂邻近海域沉积物有机碳(图 4.3 -4)含量属投产前(2005 年冬)最高,投产后(2007—2011 年)变化不明显,均低于投产前,可见,乌沙山电厂温排水对邻近海域沉积物中有机碳没有影响。

4.3.2.2 *硫化物*

乌沙山电厂邻近海域沉积物硫化物(图 4.3 -5)含量 2005—2009 年含量变化不大,

2010—2011 年突然升高,2011 年达到峰值,可能与象山港海水养殖增多有关。

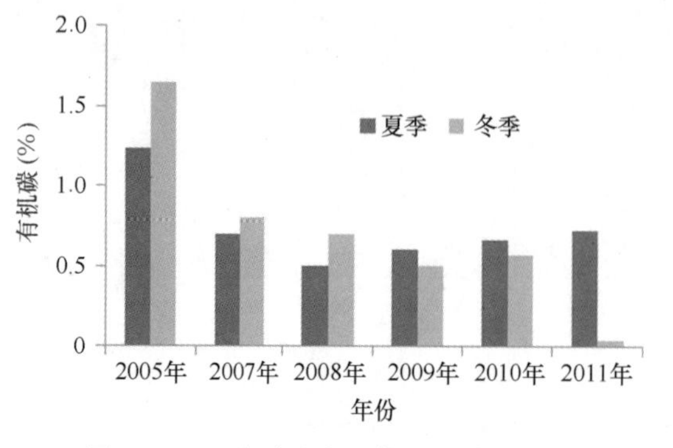

图 4.3-4　乌沙山电厂邻近海域沉积物有机碳历年变化

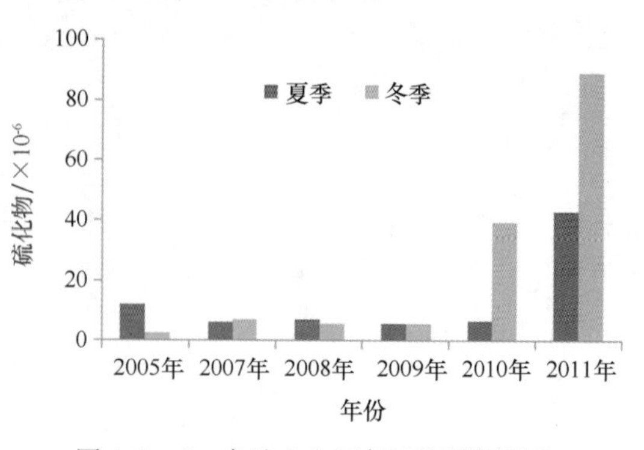

图 4.3-5　乌沙山电厂邻近海域沉积物硫化物历年变化

4.3.2.3　石油类

乌沙山电厂邻近海域沉积物石油类(图 4.3-6)从季节上来看,夏季高于冬季分析认为这和夏季受陆源输入的影响较冬季高有关;从年际变化来看电厂运营后(2007—2011 年)较投产前(2005 年)略有升高,可见电厂温排水致电厂邻近海域沉积物中石油类含量升高。

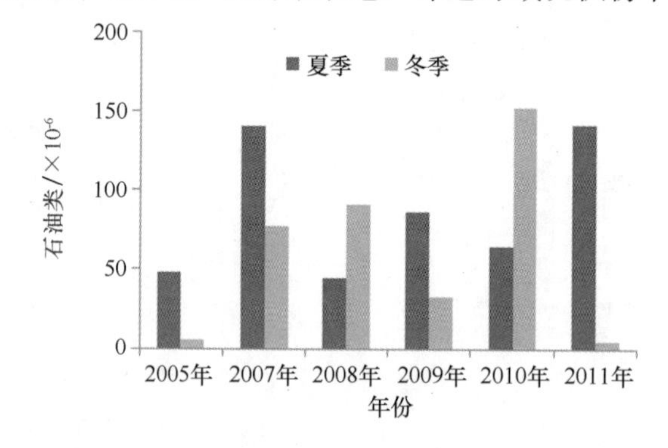

图 4.3-6　国华电厂邻近海域沉积物石油类含量历年变化

4.4　象山港电厂温排水对邻近海域生物生态的影响

4.4.1　国华电厂温排水对邻近海域生物生态的影响

4.4.1.1　浮游植物

1)网样优势种变化

国华电厂邻近海域,冬季浮游植物第一、第二优势种为近岸低盐暖温性种类琼氏圆筛藻和广温广盐性种类中肋骨条藻,浮游植物第一、第二优势种基本保持稳定。夏季浮游植物第一、第二优势种有近岸低盐暖温性种类布氏双尾藻、广温广盐性种类中肋骨条藻、近岸低盐暖温性种类琼氏圆筛藻、广温广盐性种类冕孢角毛藻和暖水性种类的冕孢角毛藻(表4.3-1)。夏季电厂邻近海域浮游植物第一、第二优势种存在一定的演变,2005—2007年夏季浮游植物优势种基本保持稳定,从2008年开始,第一优势种变为冕孢角毛藻,优势种之一的紧密角管藻在2009年夏季演变为第一优势种;2010年优势种为紧密角管藻和冕孢角毛藻。从监测结果看,国华电厂邻近海域浮游植物优势种在冬季相对保持稳定,而在夏季浮游植物优势种存在一定的演替过程。

表4.4-1 国华电厂邻近海域浮游植物优势种年际变化

年份	冬(1月)	夏(7月)
2005	琼氏圆筛藻、中肋骨条藻	布氏双尾藻、中肋骨条藻
2006	琼氏圆筛藻、中肋骨条藻	琼氏圆筛藻、中肋骨条藻
2007	中肋骨条藻丹、麦细柱藻	琼氏圆筛藻、布氏双尾藻
2008	中肋骨条藻、琼氏圆筛藻	冕孢角毛藻、琼氏圆筛藻
2009		紧密角管藻、冕孢角毛藻
2010	琼氏圆筛藻、中肋骨条藻	紧密角管藻、冕孢角毛藻

2)网样种类数变化

国华电厂邻近海域,夏季浮游植物种类数基本呈现下降趋势,从2005年的71种逐渐下降到2008年最少39种,之后2009年43种,2010年42种,浮游植物种类数有趋于稳定的趋势;冬季,浮游植物种类数在2006年最少只有38种,之后逐渐增多,2008年有70种,2010年只有38种,浮游植物种类数无明显变化趋势(图4.4-1)。

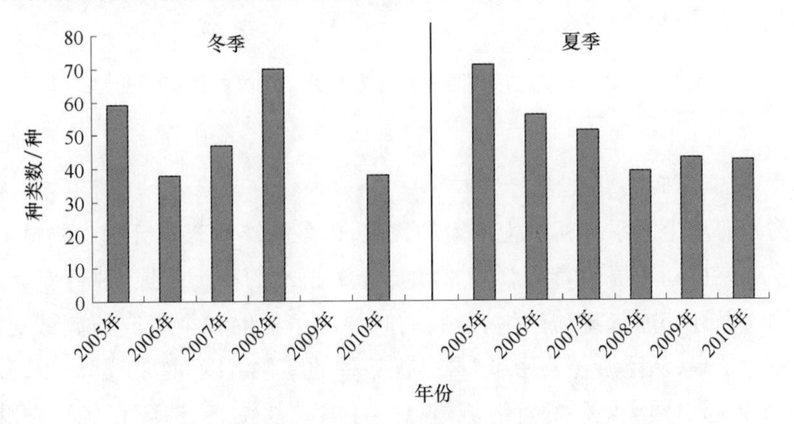

图4.4-1 国华电厂邻近海域浮游植物种类历年变化

3)网样密度变化

国华电厂邻近海域,冬季浮游植物密度变化幅度较大,在2006年有较大的上升,之后从近3年呈逐步下降趋势。夏季,浮游植物密度变化幅度较小,呈下降趋势(图4.4-2)。

4)多样性指数变化

国华电厂邻近海域,夏季浮游植物多样性指数从2005—2008年呈下降趋势,2009年比

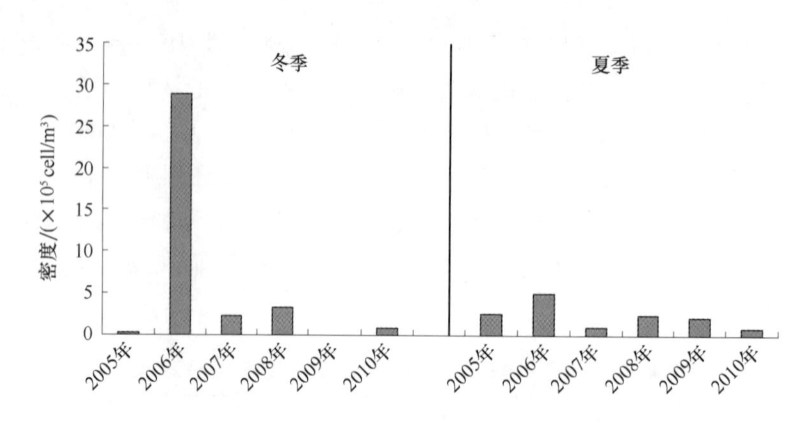

图 4.4-2　国华电厂邻近海域浮游植物密度历年变化

2008 年略有上升；冬季，浮游植物多样性指数 2005 年、2006 年和 2007 年基本保持稳定，2008 年有一定幅度上升，2010 年相比 2008 年略有下降(图 4.4-3)。

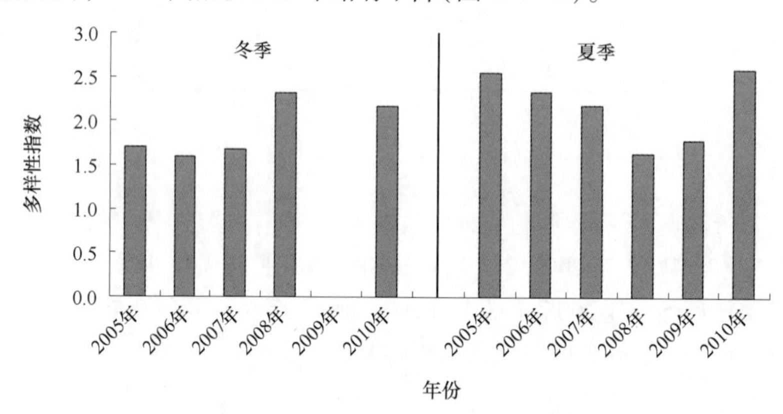

图 4.4-3　国华电厂邻近海域浮游植物多样性指数历年变化

5)不同温升区比较分析

浮游植物是海洋生态系统初级生产力的代表，也是海洋生态系统中食物链的重要环节，它为浮游动物和底栖动物提供直接食物来源。浮游植物的种类组成、数量变化都会对海洋生态系统的物质循环和能量流动产生影响，同时浮游植物的种类组成和数量变化也是所处环境综合作用的结果，从浮游植物密度、群落优势种的变化可以间接了解所处环境的变化和状况。从 2005 年起对国华电厂邻近海域进行了浮游植物调查，选取有代表性的测站，通过对浮游植物调查结果的分析，了解电厂温排水对海洋生态系统的影响程度。

优势种是具有控制群落和反映群落特征的种类，因此优势种是数量或生物量所占比例最多的种类。如果将优势种去除，群落将失去原来的特征，同时将导致群落性质和环境的变化，可见优势种对维护群落(或生态系统)的稳定具有重要的作用。冬季厂址邻近海域浮游植物优势种主要为中肋骨条藻、琼氏圆筛藻，但 2006 年 1 月浮游植物优势种主要为具槽直链藻和中肋骨条藻，冬季从 2005—2010 年这一周期看，浮游植物优势种虽有所变化，但整体基本保持稳定(表 4.4-2)。2006 年 1 月 1℃温升范围内测站优势种涨落潮皆为具槽直链藻,而1℃温升范围外测站落潮时其优势种为中肋骨条藻,涨潮时为具槽直链藻。2005年12月国华电厂试运营,电厂温排水开始扰动厂址邻近海域,但冬季象山港港底水体温度较低,异源扰动未超出浮游植物群落承受程度,浮游植物群落优势种基本保持稳定。

表4.4-2　冬季1℃温升范围内、外冬季浮游植物优势种年际变化

年份	潮汐/站位	第一优势种		
		1℃温升范围内	1℃温升范围外	对照点
2005 运营前	小潮涨	琼氏圆筛藻	念珠直链藻	
	小潮落	中肋骨条藻	柔弱根管藻	
	大潮涨	中肋骨条藻	琼氏圆筛藻	
	大潮落	中肋骨条藻	中肋骨条藻	
2006 运营后	小潮涨	具槽直链藻	具槽直链藻	
	小潮落	具槽直链藻	中肋骨条藻	
	大潮涨	具槽直链藻	具槽直链藻	
	大潮落	具槽直链藻	中肋骨条藻	
2007	小潮涨	中肋骨条藻	中肋骨条藻	
	小潮落	中肋骨条藻	中肋骨条藻	
	大潮涨	中肋骨条藻	扇形楔形藻	
	大潮落	中肋骨条藻	中肋骨条藻	
2008	小潮涨	中肋骨条藻	小细柱藻	
	小潮落	中肋骨条藻	琼氏圆筛藻	
	大潮涨	中肋骨条藻	琼氏圆筛藻	
	大潮落	琼氏圆筛藻	琼氏圆筛藻	
2010	小潮涨	琼氏圆筛藻	琼氏圆筛藻	琼氏圆筛藻
	小潮落	中肋骨条藻	琼氏圆筛藻	琼氏圆筛藻
	大潮涨	中肋骨条藻	中肋骨条藻	中肋骨条藻
	大潮落	中肋骨条藻	中肋骨条藻	中肋骨条藻

夏季由于电厂邻近海域自然水温较高,再者电厂温排水的热效应的不断累积,对浮游植物群落逐步产生了影响。在电厂运营前浮游植物优势种为琼氏圆筛藻,1℃温升范围内、外测站优势种未见明显差异。从2006年开始琼氏圆筛藻作为优势种的优势地位有所减弱,紧密角管藻、冕孢角毛藻等种类快速生长而成为优势种,厂址邻近海域浮游植物优势种存在较明显的演替;1℃温升范围内、外优势种的演变过程未见明显差异。

冕孢角毛藻占浮游植物总密度比重在2007年夏季为低点,但整体看从2005—2009年间呈上升趋势,特别是在2008年上升幅度明显。1℃温升范围内、外测站两站冕孢角毛藻密度比重变化趋势基本一致。紧密角管藻的密度与浮游植物总密度的比亦呈逐步升趋势,但1℃温升范围内测站紧密角管藻密度占浮游植物重密度的比重振荡幅度较1℃温升范围外测站大,说明1℃温升范围内测站受外源扰动强度较1℃温升范围外测站强(如图4.4-4、图4.4-5)。

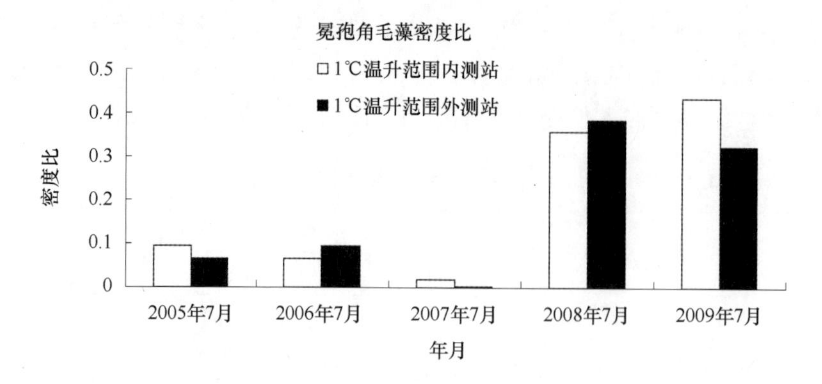

图 4.4-4　冕孢角毛藻密度比历年变化

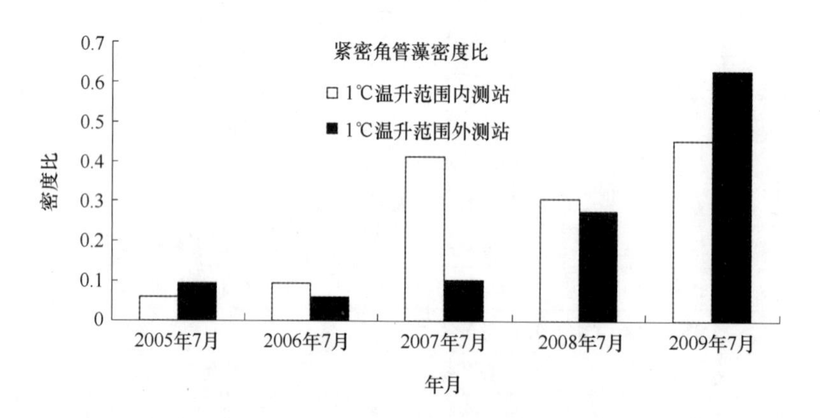

图 4.4-5　紧密角管藻密度比历年变化

从优势种的演替及密度比的变化，说明电厂运营后对海域的浮游植物群落和丰度造成了较大的影响，使原本平衡的浮游生态系统产生了局部的紊乱，从海洋生物群落异源演替需 8～10 年这一规律看，电厂邻近海域浮游植物群落的演替及对浮游动物、整个海洋生态系统的影响尚待进一步的研究。

表 4.4-3　夏季 1℃温升范围内、外浮游植物优势种年际变化

年份	潮汐/站位	第一优势种		
		1℃温升范围内测站	1℃温升范围外测站	对照点
2005 运营前	小潮涨	琼氏圆筛藻	琼氏圆筛藻	
	小潮落	琼氏圆筛藻	琼氏圆筛藻	
	大潮涨	丹麦细柱藻	丹麦细柱藻	
	大潮落	琼氏圆筛藻	紧密角管藻	
2006 运营后	小潮涨	中肋骨条藻	琼氏圆筛藻	
	小潮落	琼氏圆筛藻	窄隙角毛藻	
	大潮涨	丹麦细柱藻	丹麦细柱藻	
	大潮落	紧密角管藻	琼氏圆筛藻	

续表

年份	潮汐/站位	第一优势种		
		1℃温升范围内测站	1℃温升范围外测站	对照点
2007	小潮涨	紧密角管藻	紧密角管藻	
	小潮落	紧密角管藻	聚生角毛藻	
	大潮涨	琼氏圆筛藻	琼氏圆筛藻	
	大潮落	琼氏圆筛藻	琼氏圆筛藻	
2008	小潮涨	琼氏圆筛藻	琼氏圆筛藻	
	小潮落	琼氏圆筛藻	琼氏圆筛藻	
	大潮涨	冕孢角毛藻	冕孢角毛藻	
	大潮落	冕孢角毛藻	冕孢角毛藻	
2009	小潮涨	冕孢角毛藻	紧密角管藻	紧密角管藻
	小潮落	紧密角管藻	紧密角管藻	紧密角管藻
	大潮涨	冕孢角毛藻	琼氏圆筛藻	琼氏圆筛藻
	大潮落	冕孢角毛藻	冕孢角毛藻	冕孢角毛藻

4.4.1.2 浮游动物

1)优势种变化

国华电厂邻近海域,从浮游动物优势种看浮游动物第一优势种分别为墨氏胸刺水蚤和太平洋纺锤水蚤。低盐低温近岸种墨氏胸刺水蚤为冬、春两季电厂邻近海域主要种类,冬季为墨氏胸刺水蚤爆发期,占到浮游动物总密度的97%以上,为象山港“虾子”最主要组成部分。夏季,厂址邻近海域近岸低盐暖水种太平洋纺锤水蚤为第一优势种(表4.4-4)。厂址邻近海域浮游动物优势种保持稳定。

表4.4-4 国华电厂邻近海域浮游动物优势种年际变化

年/季节	冬	夏
2005	墨氏胸刺水蚤	太平洋纺锤水蚤
2006	墨氏胸刺水蚤	太平洋纺锤水蚤
2007	墨氏胸刺水蚤	太平洋纺锤水蚤
2008	墨氏胸刺水蚤	太平洋纺锤水蚤
2009		太平洋纺锤水蚤
2010	墨氏胸刺水蚤	太平洋纺锤水蚤

2)种类数变化

国华电厂邻近海域,夏季2005—2010年浮游动物种类数整体呈下降趋势;冬季,2005—2008年浮游动物种类数略微有上升趋势,2010年种类数少于以往(图4.4-6)。

3)密度变化

国华电厂邻近海域,夏季浮游动物密度从2005年开始呈明显的下降趋势,2007年开始

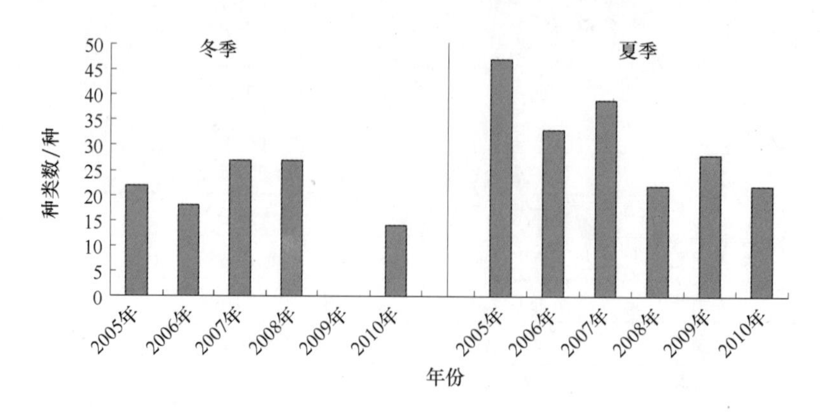

图 4.4－6　国华电厂邻近海域浮游动物种类数

基本保持稳定，但 2010 年浮游动物密度突然上升；冬季，浮游动物密度变化幅度较大，趋势性不明显（图 4.4－7）。

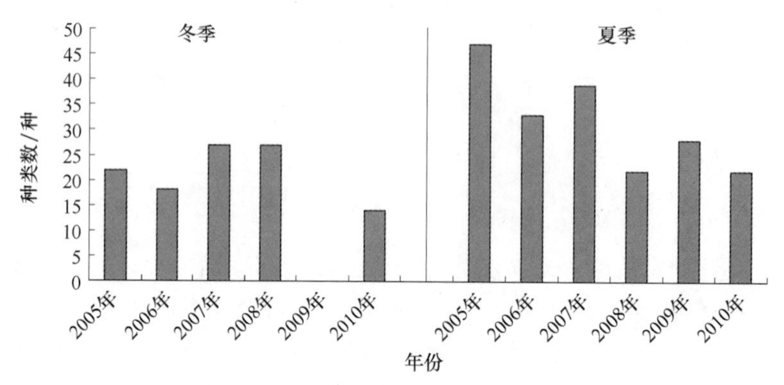

图 4.4－7　国华电厂邻近海域浮游动物密度

4）多样性指数变化

国华电厂邻近海域，夏季浮游动物多样性指数呈现缓慢上升趋势，在 2008 年达到峰值后 2009 年、2010 年持续回落；冬季，浮游动物多样性指数 2005—2008 年则呈现“U”字形走势，2010 年 1 月年则明显低于往年（图 4.4－8）。

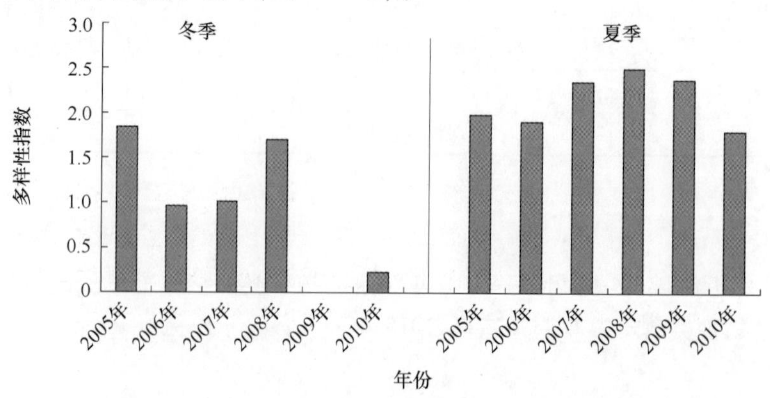

图 4.4－8　国华电厂厂址前沿浮游动物多样性指数

5)不同温升区比较分析

浮游动物是海洋生态系统中一类重要生物类群，在海洋生物食物链中，它通过捕食作用控制浮游植物的数量，同时又是鱼类等高层营养者的饵料，因此，浮游动物在养殖、生态系统结构及功能、生物生产力研究中占有重要地位，其种类组成、数量的时空变化对海洋生态系统产生直接的影响。同时，海洋生态系统中的非生物因子及生物因子的变化也对浮游动物的种类组成、数量及其分布产生影响。

冬季电厂邻近海域1℃温升范围内、外测站浮游动物优势种主要为针刺拟哲水蚤和墨氏胸刺水蚤（表4.4－5）。墨氏胸刺水蚤，是适温较低的近岸低盐种（王春生等，1996），也是象山港冬、春两季出现的季节性种类，其在象山港海域旺发时间有早有迟，持续时间也有长短（王春生等，2003）；其在象山港适温适盐范围为8～12℃和23～25。而针刺拟哲水蚤，小型暖温带种类，数量大，繁殖期长，该种在象山港海域四季皆为优势种之一，此种在象山港适温适盐范围分别为26～27℃和22～24。从优势种在本港的适温适盐性角度看，这两种适盐范围基本一致，主要差异在适温上。1℃温升范围内、外测站冬季优势种的年际变化，主要原因是采样时间上的差异所引起的，在墨氏胸刺水蚤尚未旺发时间，浮游动物密度相对较低，其密度优势种为针刺拟哲水蚤，一旦墨氏胸刺水蚤旺发，墨氏胸刺水蚤密度急剧增加，成为浮游动物中占有绝对优势的优势种。总体来说，1℃温升范围内、外测站间优势种未见明显差异，可能冬季由于海水基础水温较低，温排水引起的温升不明显，对电厂邻近海域的浮游动物影响程度较小，但随着温排水效应的累积，其热效应是否会导致电厂邻近海域浮游动物峰值和低谷时间的明显偏移，还有待研究。

表4.4－5　冬季1℃温升范围内、外浮游动物优势种比较

时间	潮汐/站位	第一优势种		
		1℃温升范围内测站	1℃温升范围外测站	对照点
2005年1月 发电前	小潮涨	针刺拟哲水蚤	针刺拟哲水蚤	
	小潮落	针刺拟哲水蚤	针刺拟哲水蚤	
	大潮涨	针刺拟哲水蚤	针刺拟哲水蚤	
	大潮落	针刺拟哲水蚤	针刺拟哲水蚤	
2006年1月 发电后	小潮涨	墨氏胸刺水蚤	墨氏胸刺水蚤	
	小潮落	墨氏胸刺水蚤	墨氏胸刺水蚤	
	大潮涨	墨氏胸刺水蚤	墨氏胸刺水蚤	
	大潮落	墨氏胸刺水蚤	墨氏胸刺水蚤	
2007年1月	小潮涨	墨氏胸刺水蚤	墨氏胸刺水蚤	
	小潮落	墨氏胸刺水蚤	墨氏胸刺水蚤	
	大潮涨	墨氏胸刺水蚤	墨氏胸刺水蚤	
	大潮落	异体住囊虫	墨氏胸刺水蚤	
2008年1月	小潮涨	针刺拟哲水蚤	针刺拟哲水蚤	
	小潮落	针刺拟哲水蚤	针刺拟哲水蚤	
	大潮涨	针刺拟哲水蚤	针刺拟哲水蚤	
	大潮落	针刺拟哲水蚤	针刺拟哲水蚤	

续表

时间	潮汐/站位	第一优势种		
		1℃温升范围内测站	1℃温升范围外测站	对照点
2009年1月	缺测			
2010年1月	小潮涨	墨氏胸刺水蚤	墨氏胸刺水蚤	墨氏胸刺水蚤
	小潮落	墨氏胸刺水蚤	墨氏胸刺水蚤	墨氏胸刺水蚤
	大潮涨	墨氏胸刺水蚤	墨氏胸刺水蚤	墨氏胸刺水蚤
	大潮落	墨氏胸刺水蚤	墨氏胸刺水蚤	墨氏胸刺水蚤

夏季，电厂邻近海域1℃温升范围内、外测站浮游动物优势种主要为太平洋纺锤水蚤、短尾类蚤状幼虫、汤氏长足水蚤和针刺拟哲水蚤（表4.4-6）。从浮游动物优势种的角度看，1℃温升范围内、外测站未见明显区别，且电厂邻近海域浮游动物的年际变化由于年限较短，变化规律不明显。

表4.4-6　夏季1℃温升范围内、外浮游动物优势种

时间	潮汐/站位	第一优势种		
		1℃温升范围内测站	1℃温升范围外测站	对照点
2005年7月 发电前	小潮涨	太平洋纺锤水蚤	太平洋纺锤水蚤	
	小潮落	短尾类蚤状幼虫	太平洋纺锤水蚤	
	大潮涨	太平洋纺锤水蚤	太平洋纺锤水蚤	
	大潮落	太平洋纺锤水蚤	太平洋纺锤水蚤	
2006年7月 发电后	小潮涨	短尾类蚤状幼虫	汤氏长足水蚤	
	小潮落	汤氏长足水蚤	汤氏长足水蚤	
	大潮涨	汤氏长足水蚤	汤氏长足水蚤	
	大潮落	太平洋纺锤水蚤	太平洋纺锤水蚤	
2007年7月	小潮涨	短尾类蚤状幼虫	汤氏长足水蚤	
	小潮落	短尾类蚤状幼虫	短尾类蚤状幼虫	
	大潮涨	太平洋纺锤水蚤	太平洋纺锤水蚤	
	大潮落	太平洋纺锤水蚤	太平洋纺锤水蚤	
2008年7月	小潮涨	短尾类蚤状幼虫	针刺拟哲水蚤	
	小潮落	针刺拟哲水蚤	针刺拟哲水蚤	
	大潮涨	太平洋纺锤水蚤	汤氏长足水蚤	
	大潮落	太平洋纺锤水蚤	太平洋纺锤水蚤	
2009年7月	小潮涨	太平洋纺锤水蚤	太平洋纺锤水蚤	太平洋纺锤水蚤
	小潮落	短尾类蚤状幼虫	带叉幼虫	短尾类蚤状幼虫
	大潮涨	太平洋纺锤水蚤	太平洋纺锤水蚤	太平洋纺锤水蚤
	大潮落	短尾类蚤状幼虫	短尾类蚤状幼虫	短尾类蚤状幼虫

6) 进水口、出水口比较分析

为了研究象山港国华电厂卷载效应对电厂邻近海域浮游动物的影响，宁波海洋环境监测中心站于2010年7月对国华电厂进水口、排水口进行浮游生物对比研究，采样采用浅水Ⅰ网，于7月29日中午12时开始，每隔3小时采样一次，持续24小时，共计采样9次。出水口采样点位于电厂排水口约50 m外，直接受电厂温排水控制。

(1) 浮游动物种类组成变化

进水口共鉴定到浮游动物20种，出水口共鉴定到浮游动物14种，进水口、出水口种类皆以甲壳类为主，由图4.3-9可知，进水口、排水口种类组成上主要差异体现在桡足类、水母类和幼体上，说明卷载受损伤最重的类群是桡足类和幼体，与盛连喜（盛连喜等，1994）研究结论基本一致。

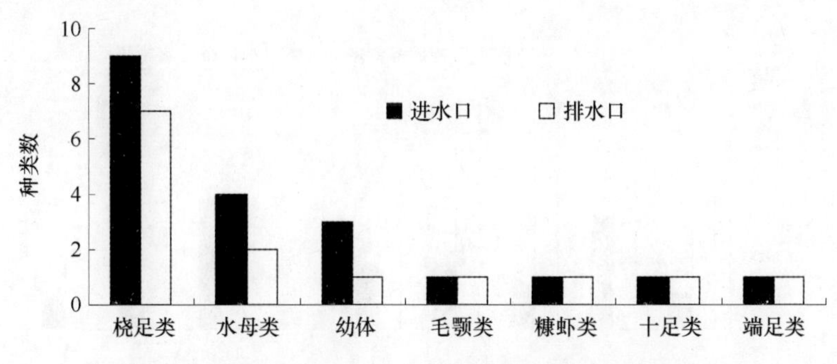

图4.4-9　进水口、排水口浮游动物群落组成比较

(2) 浮游动物损失率

国华电厂卷载效应对浮游动物数量损失的范围为32.4%～80.2%，平均损失率为57.1%（表4.4-7、图4.4-10），其损失范围属于常见（盛连喜等，1994；金岚等，1993）。桡足类数量损失的范围为32.8%～79.5%，平均损失率为60.0%（图4.4-11）；优势种太平洋纺锤水蚤数量损失的范围为44.1%～90.2%，平均损失率为74.9%。从数据上看，桡足类的太平洋纺锤水蚤损失幅度最大。

表4.4-7　进水口、排水口生态数据统计

项目	位置	2010年7月29日				2010年7月30日				
		12:00	15:00	18:00	21:00	00:00	03:00	06:00	09:00	12:00
种类数	进水口	10	12	10	10	11	12	11	10	6
	排水口	8	9	5	7	8	8	8	6	4
总密度/(ind./m^3)	进水口	204.5	289.0	334.7	334.0	245.0	301.7	306.1	214.3	162.5
	排水口	78.5	193.2	66.2	105.9	112.9	152.0	206.8	81.5	44.8
	损伤率	61.6%	33.1%	80.2%	68.3%	53.9%	49.6%	32.4%	62.0%	72.4%
桡足类密度/(ind./m^3)	进水口	190.0	241.0	300.5	313.0	223.4	258.5	265.3	175.2	140.8
	排水口	48.6	155.5	61.6	90.6	89.4	126.6	178.4	60.1	42.4
	损伤率	74.4%	35.5%	79.5%	71.1%	60.0%	51.0%	32.8%	65.7%	69.9%
太平洋纺锤水蚤密度/(ind./m^3)	进水口	145.5	180	242.1	240	156.5	221.1	208.7	114.3	104.3
	出水口	34.3	22.2	30.8	23.5	23.5	80	116.7	42.9	23.5
	损伤率	76.4%	87.7%	87.3%	90.2%	85.0%	63.8%	44.1%	62.5%	77.5%

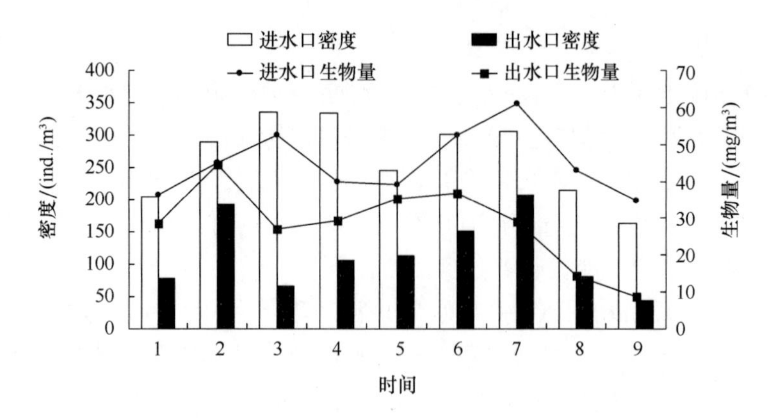

图 4.4-10　进水口、出水口浮游动物密度、生物量对比

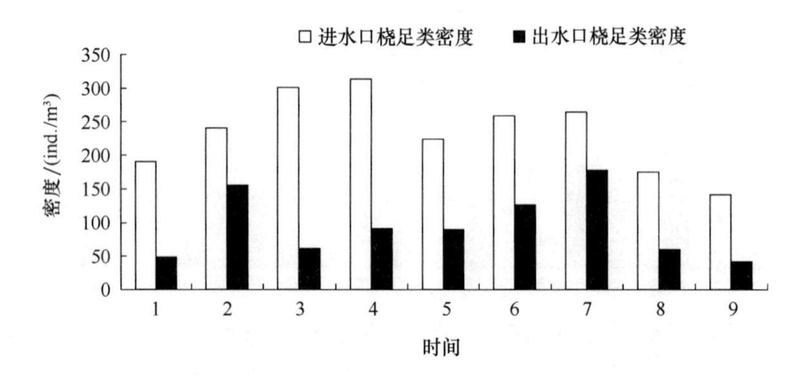

图 4.4-11　进水口、出水口桡足类密度对比

就损失率的昼夜变化看,18 时的数量损失最高,晨 6 时的数量损失最低,这与盛连喜等(盛连喜等,1994)研究结果不一致,可能与国华电厂"底吸表排"的这一取水方式及象山港底特殊的水文特征等综合因素影响了浮游动物垂直移动的生态习性有关。

4.4.1.3　底栖生物

1)优势种变化

国华电厂邻近海域大型底栖生物第一优势种基本为多毛类和软体类动物,第一优势种演变较快,2005—2008 年第一优势种主要为多毛类,2009 年主要优势种为软体类动物。从第一优势种角度讲,电厂邻近海域大型底栖生物群落尚未稳定(表 4.4-8)。

表 4.4-8　国华电厂邻近海域底栖生物优势种年际变化

年份	冬季(1 月)	夏(7 月)
2005	日本索沙蚕	双鳃内卷齿蚕
2006	日本刺沙蚕	双齿围沙蚕
2007	寡节甘吻沙蚕	不倒翁虫
2008	全刺沙蚕	不倒翁虫
2009	缺测	薄云母蛤
2010	棘刺锚参	不倒翁虫

2）种类数变化

电厂邻近海域大型底栖生物主要以软体动物和多毛类动物为主，大型底栖生物种类数基本呈现下降趋势，从29种下降到10种左右，下降幅度较大。其中，冬季大型底栖生物密度2005—2008年稳定逐步下降，2010年略高于2008年；夏季大型底栖生物种类数变化幅度较大，2008年种类数下降到最少，之后逐步回升，但亦明显低于2005年（图4.4－12）。

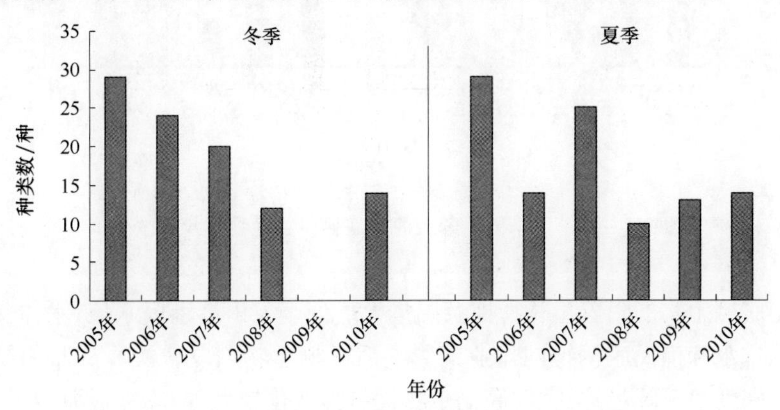

图4.4－12　国华电厂邻近海域底栖生物种类数年际变化

3）密度变化

国华电厂邻近海域监测结果显示，冬季电厂邻近海域底栖生物密度基本呈现下降趋势；2005年、2006年间底栖生物密度下降幅度较大，2006—2010年底栖生物密度呈缓慢下降趋势；夏季2005年、2006年底栖生物密度下降幅度较大，2007年略有上升，之后两年逐步下降，2010年底栖密度较高，底栖生物密度变化趋势不明显（图4.4－13）。

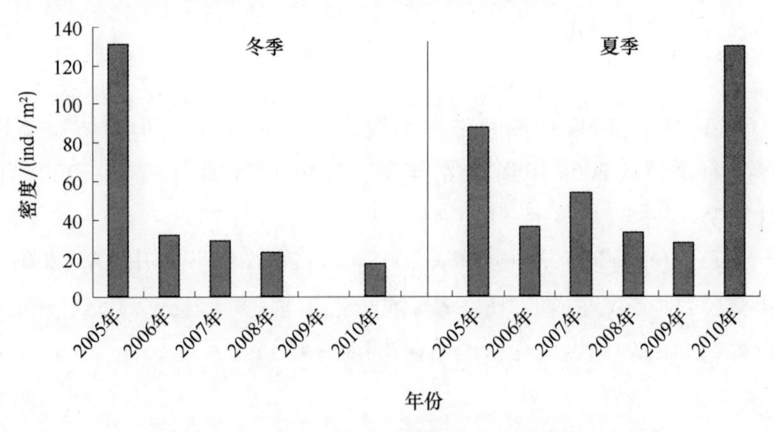

图4.4－13　国华电厂邻近海域底栖生物密度年际变化

4）生物量变化

电厂邻近海域大型底栖生物生物量振荡区间较大；冬季，2006年出现一个峰值后大型底栖生物生物量逐步下降；夏季，底栖生物从2005—2010年呈现大幅度振荡格局，底栖生物生物量无明显趋势性变化。大型底栖生物生物量振荡幅度较大除却电厂影响外可能是与软体动物个体间生物量差距较大和采样的偶然性有关。

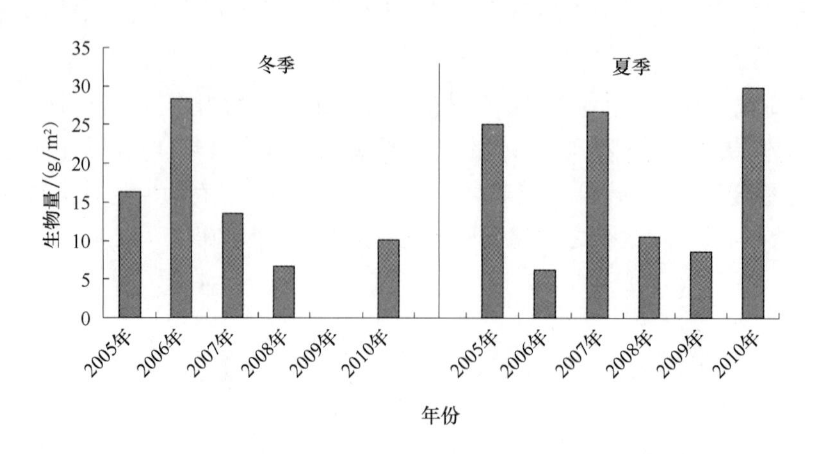

图 4.4－14　国华电厂邻近海域底栖生物生物量年际变化

由于大型底栖生物的附着生长特性及国华电厂处于象山港港底水域,水体交换缓慢,其在受到电厂温排水和渔民底栖拖网作业的影响后底栖生物恢复较慢。从监测结果看,底栖生物种类数和密度呈下降趋势,大型底栖生物优势种变化较大,国华邻近海域大型底栖生物生物群落结构尚未稳定。

4.4.1.4　潮间带生物

1)优势种变化

电厂左侧(CJD1)、电厂右侧(CJD2)这两条潮间带生物主要以软体动物为主,其次为甲壳动物;主要优势种为粗糙拟滨螺、短滨螺、珠带拟蟹守螺、堇拟沼螺、西格织纹螺、长足长方蟹和婆罗囊螺等,从 2005 年到 2010 年跨度看,其潮间带大型底栖生物类别基本保持稳定,但优势种不稳定,存在一定变化。

2)种类数变化

国华电厂 CJD1:夏季,2007 年潮间带种类数略少于其他年份,但整体振荡趋势不明显;冬季,潮间带生物种类数从 2005 年到 2007 年呈上升趋势,2008 年略低于 2007 年,2010 年又略有上升,变化趋势不明显(图 4.4－15)。

国华电厂 CJD2:夏季,潮间带种类数从 2005 年到 2006 年呈上升趋势,2007 年种类数明显低于 2006 年,之后种类数逐步上升;冬季,潮间带生物种类数从 2005 年开始呈现上升趋势,趋势性较明显,但在 2010 年又有所回落(图 4.4－15)。

3)密度和生物量变化

国华电厂 CJD1:冬季,潮间带生物栖息密度基本保持稳定,但 2010 年有较大幅度上升;夏季,潮间带生物栖息密度从 2005 年到 2008 呈上升趋势,在 2008 年达到峰值后 2009 年回落,潮间带生物生物量在一定范围内波动(图 4.4－16)。

冬季,潮间带生物生物量变化幅度较大,2005—2007 年生物量小幅度上升,之后 2008 年下降,但 2010 年潮间带生物量明显高于其余航次,潮间带底栖生物生物量变化规律不明显,生物量不稳定(图 4.4－16);夏季,潮间带生物生物量从 2005 年到 2006 年呈下降趋势,2006—2008 年呈上升趋势,2008 年明显高于其余航次,2009 年低于 2008 年,生物量变化不明显。

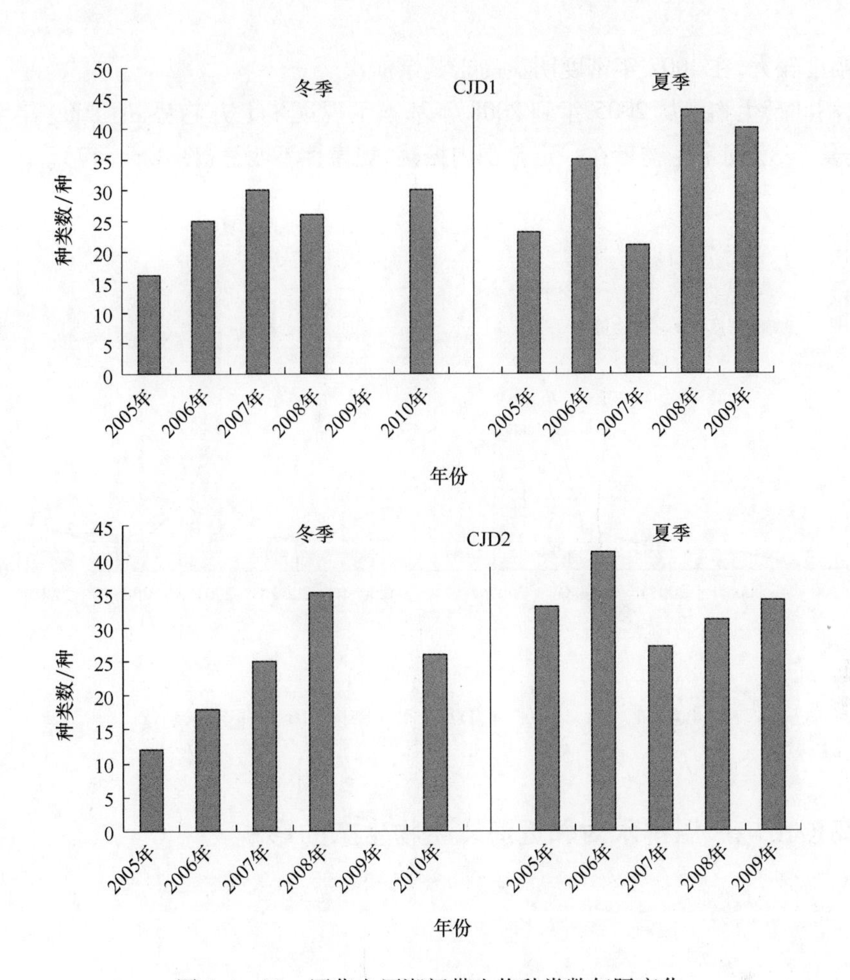

图 4.4-15　国华电厂潮间带生物种类数年际变化

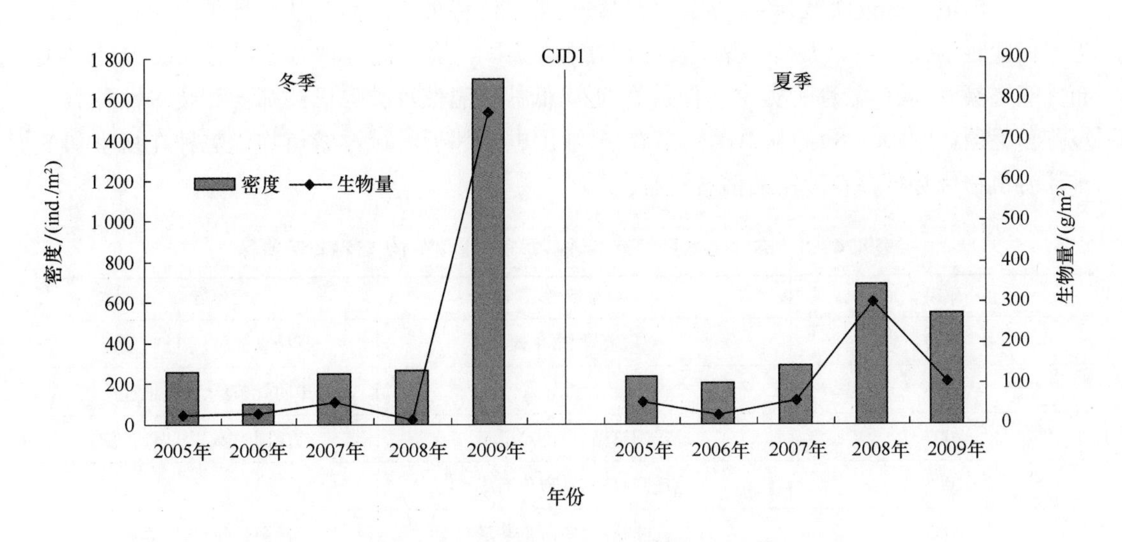

图 4.4-16　国华电厂 CJD1 潮间带密度和生物量年际变化

国华电厂 CJD2：冬季，潮间带生物栖息密度从 2005 年到 2007 年逐步上升，之后 2008 年略有下降，2009 年潮间带生物栖息密度明显高于以往（图 4.4-17）；夏季，潮间带生物栖息密度变化幅度较大，在 2007 年密度明显高于其余航次。

冬季，潮间带生物量从 2005 年到 2008 年基本呈现逐步上升趋势，但 2009 年明显高于其余航次；夏季，潮间带生物量在一定范围内振荡，规律性不明显（图 4.4-17）。

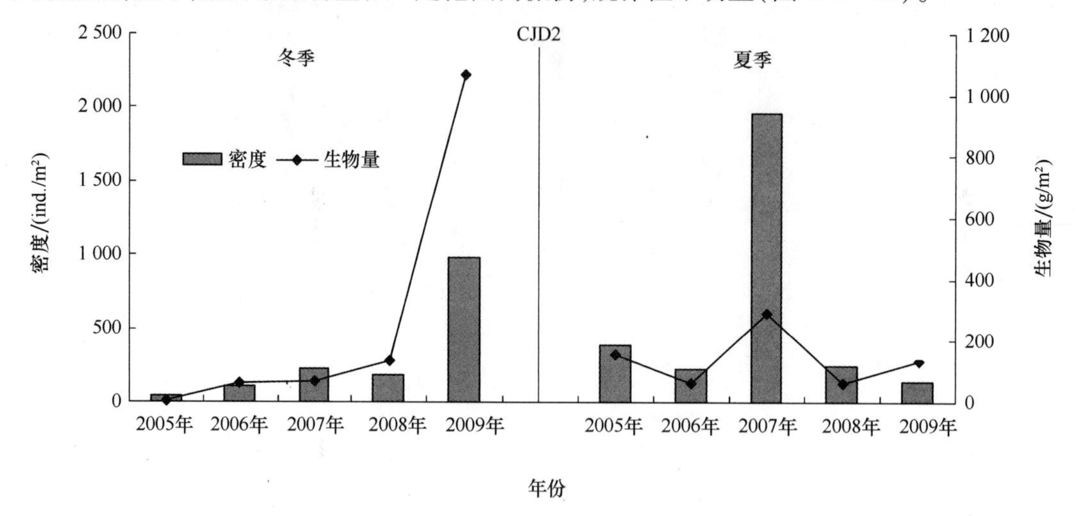

图 4.4-17　国华电厂 CJD2 潮间带密度和生物量年际变化

4.4.2　乌沙山电厂温排水对邻近海域生物生态的影响

4.4.2.1　浮游植物

1）网样优势种变化

乌沙山电厂邻近海域，冬季浮游植物第一、第二优势种为广温广盐性种类中肋骨条藻和近岸低盐暖温性种类琼氏圆筛藻。夏季浮游植物第一、第二优势种有近岸低盐暖温性种类布氏双尾藻、广温广盐性种类中肋骨条藻、近岸低盐暖温性种类琼氏圆筛藻和暖水性种类的冕孢角毛藻（表 4.4-8）。从监测结果看，乌沙山电厂邻近海域浮游植物优势种在夏季和冬季浮游植物优势种存在一定的演替过程。

表 4.4-8　乌沙山电厂邻近海域各季节浮游植物优势种年际差异

年份	夏季	冬季
2005	双鞭藻、原多甲藻	具槽直链藻、中肋骨条藻
2006		中肋骨条藻、丹麦细柱藻
2007	琼氏圆筛藻、布氏双尾藻	琼氏圆筛藻、中肋骨条藻
2008	琼氏圆筛藻、冕孢角毛藻	
2009	琼氏圆筛藻、冕孢角毛藻	琼氏圆筛藻、洛氏菱形藻
2010	异常角毛藻、琼氏圆筛藻	琼氏圆筛藻、小眼圆筛藻
2011	琼氏圆筛藻、豪猪棘冠藻	高盒形藻、有翼圆筛藻

2) 网样种类数变化

乌沙山电厂邻近海域，电厂运营后(2006—2011 年)浮游植物种类数明显低于电厂运营前(2005 年)。电厂运营前乌沙山邻近海域浮游植物种类数为 100 余种，而电厂运营后 3 年(2006—2009 年)浮游植物下降到 40 余种，2010 年起又缓慢上升(图 4.4－18)。

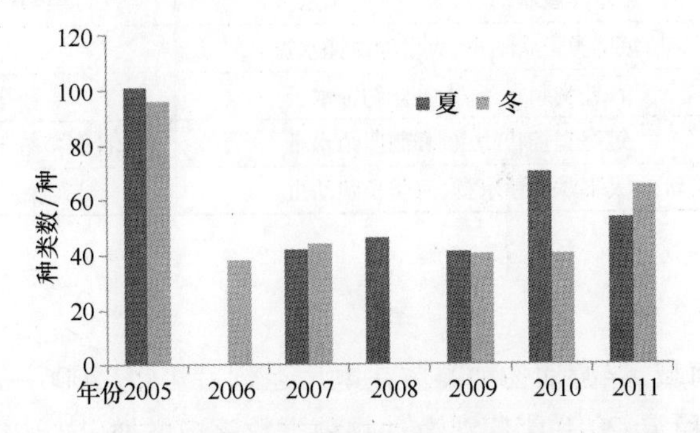

图 4.4－18　乌沙山电厂邻近海域浮游植物种类数年际变化

3) 水样细胞密度变化

乌沙山电厂邻近海域，浮游植物密度季节差异很大。2005 年夏季、2010 年冬季、2011 年冬季浮游植物异常高，比其他年份、季节高出 1～2 个数量级(图 4.4－19)。

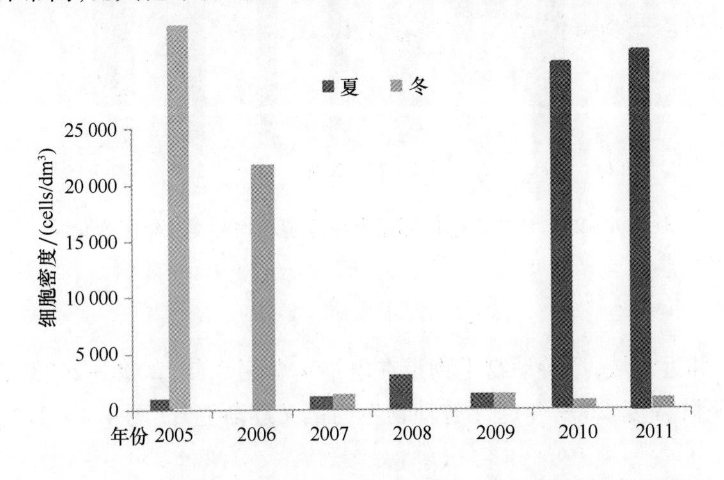

图 4.4－19　乌沙山电厂邻近海域浮游植物水样细胞密度年际变化

4.4.2.2　浮游动物

1) 优势种变化

乌沙山电厂附近海域夏冬两季浮游动物优势种变化较明显，处在不断演变之中(表 4.4－9)。2005 年夏季主要为背针胸刺水蚤和真刺唇角水蚤，2007 年、2008 年、2009 年夏季优势种主要为太平洋纺锤水蚤，2010 年夏季优势种为短尾类蚤状幼虫和真刺唇角水蚤，2011 年夏季优势种为太平洋纺锤水蚤。2005 年和 2009 年，为本土栖息季节墨氏胸刺水蚤密度较大，2006 年、2007 年优势种为中华哲水蚤、中华假磷虾，2010 年、2011 年优势种为针刺拟哲水蚤。

表 4.4-9　乌沙山电厂邻近海域各季节各季节浮游动物优势种年际差异

年份	夏季	冬季
2005	背针胸刺水蚤、真刺唇角水蚤	墨氏胸刺水蚤、真刺唇角水蚤
2006		中华哲水蚤、中华假磷虾
2007	短尾类蚤状幼虫、太平洋纺锤水蚤	中华哲水蚤、中华假磷虾
2008	短尾类蚤状幼虫、太平洋纺锤水蚤	
2009	背针胸刺水蚤、太平洋纺锤水蚤	墨氏胸刺水蚤
2010	短尾类蚤状幼虫、真刺唇角水蚤	针刺拟哲水蚤、太平洋纺锤水蚤、
2011	太平洋纺锤水蚤、海胆长腕幼虫	针刺拟哲水蚤、汤氏长足水蚤

2）种类数变化

乌沙山电厂附近海域，浮游动物种类数在电厂运营后 4 年（2006—2009 年）与电厂投产前（2005 年）保持相对稳定，2010 年起浮游动物种类数逐渐增加（图 4.4-20）。

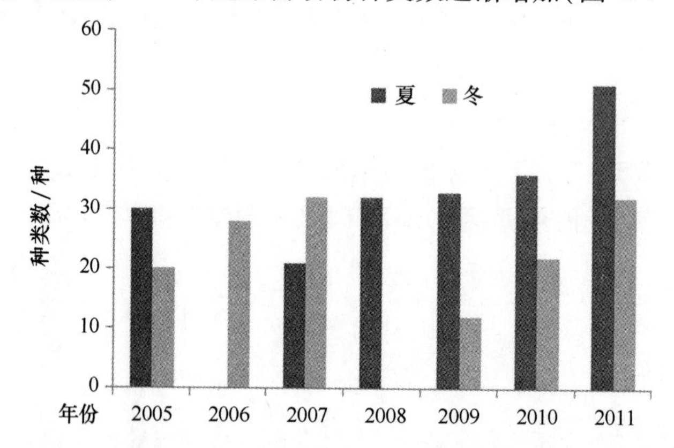

图 4.4-20　乌沙山电厂邻近海域浮游动物种类数年际变化

3）生物量变化

乌沙山电厂邻近海域，浮游动物生物量在电厂运营后 3 年（2006—2008 年）较电厂投产前（2005 年）呈下降幅度，2009 年起浮游动物生物量又逐渐上升（图 4.4-21）。

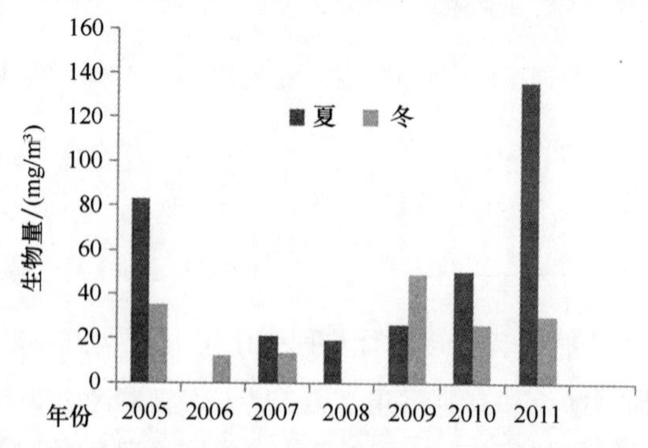

图 4.4-21　乌沙山电厂邻近海域浮游动物生物量年际变化

4.4.2.3 底栖生物

1)优势种变化

2005—2011年间,底栖生物优势种发生了较大改变(表4.4-10)。2005年优势种薄云母蛤、西格织纹螺和毛齿吻沙蚕的优势地位逐年下降,至2009年这3个种类均已不再出现在优势种行列,薄云母蛤仅出现在靠近象山港口的W8站,西格织纹螺和毛齿吻沙蚕未出现在2009年的底栖生物样品中;2010年的底栖生物夏季主要有日本镜哈和日本倍棘蛇尾,冬季为不倒翁虫。2011年底栖生物优势种是不倒翁虫和织纹螺,冬季是日本倍棘蛇尾和织纹螺,群落结构与电厂投产前发生变化。

表4.4-10 乌沙山电厂邻近海域各季节底栖生物优势种年际差异

年份	夏季	冬季
2005	薄云母蛤、不倒翁虫	西格织纹螺
2006	/	薄倍海蛇尾
2007	棘刺锚参	不倒翁虫、西格织纹螺
2008	不倒翁虫、薄倍海蛇尾	/
2009	棘刺锚参、薄倍海蛇尾	半褶织纹螺、不倒翁虫
2010	日本倍棘蛇尾、日本镜蛤	不倒翁虫
2011	不倒翁虫、半褶织纹螺	日本倍棘蛇尾、织纹螺

2)种类数变化

乌沙山电厂附近海域,底栖生物种类数在电厂运营后2006年起大幅度下降,2007—2010年都维持在较低水平,2011年底栖生物种类数又大幅度回升(图4.4-22)。

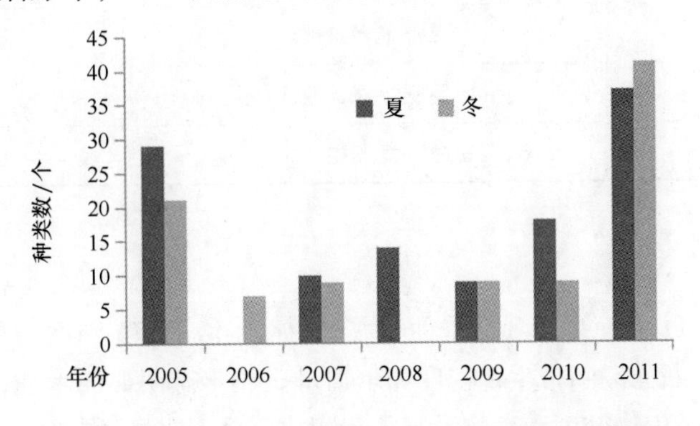

图4.4-22 乌沙山电厂邻近海域底栖生物种类数年际变化

3)个体密度变化

乌沙山电厂附近海域,底栖生物个体密度在电厂运营后均低于电厂投产前。2006年底栖生物个体密度远低于2005年,2007—2010年也都维持在较低水平,2011年底栖生物种类数又大幅度回升(图4.4-23),特别是2011年夏季已经回升至投产前水平。

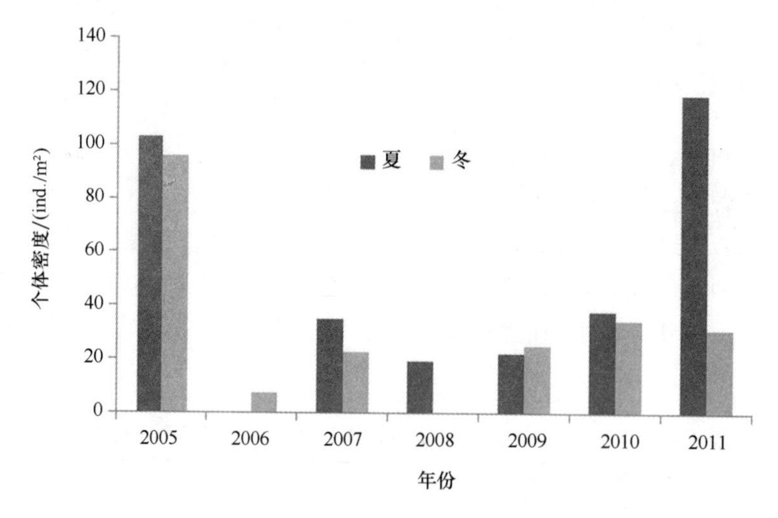

图 4.4－23　乌沙山电厂邻近海域底栖生物个体密度年际变化

4.4.2.4　潮间带生物

1）优势种变化

电厂附近潮间带生物的优势种年际变化不明显（表 4.4－11），主要有岩石上的短滨螺、粗糙滨螺、齿纹蜒螺、青蚶、僧帽牡蛎等，泥滩里的珠带拟蟹守螺、不倒翁虫等。

表 4.4－11　乌沙山电厂邻近海域各季节潮间带生物优势种年际差异

年份	夏季	冬季
2007	粗糙滨螺、短滨螺	长足长方蟹、绯拟沼螺
2008	青蚶、僧帽牡蛎	短滨螺、堇拟沼螺
2009	青蚶、齿纹蜒螺	青蚶、褶牡蛎
2010	不倒翁虫、谭氏泥蟹	短滨螺、粗糙滨螺
2011	粗糙滨螺、僧帽牡蛎	短滨螺、青蚶

2）种类数变化

2006—2011 年，T1 断面夏季和冬季种类数量均逐年增加，T3 断面的种类数量有一定变化。2011 年夏季 T1 断面潮间带生物密度和生物量比往年有明显的增加，冬季变化不明显；T3 断面夏冬季潮间带生物密度和生物量与往年相比变化不明显（图 4.4－24）。

3）个体密度变化

2006—2007 年 T1 潮间带生物密度处在较低水平，2008—2009 年出现大幅度回升，2010 年又有所下降，2011 年夏季潮间带生物密度达到峰值。而 T2 潮间带生物密度 2006—2011 年均处在较低水平，且变化趋势不明显（图 4.4－25）。

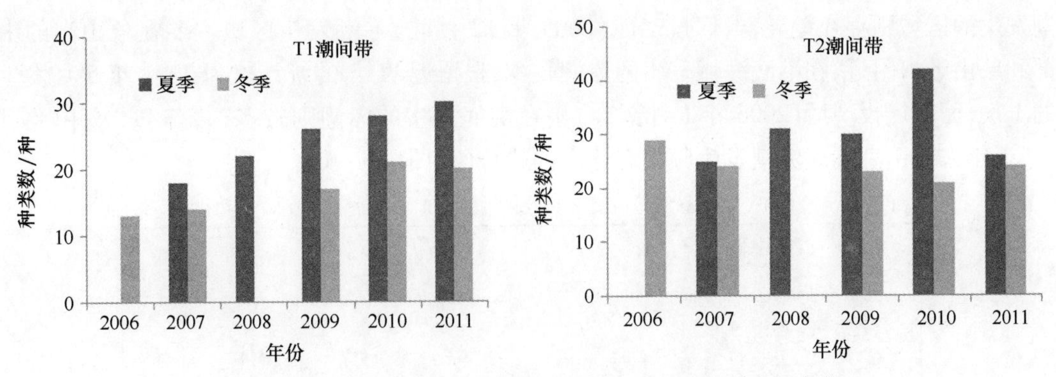

图 4.4－24　乌沙山电厂邻近海域潮间带生物种类数年际变化

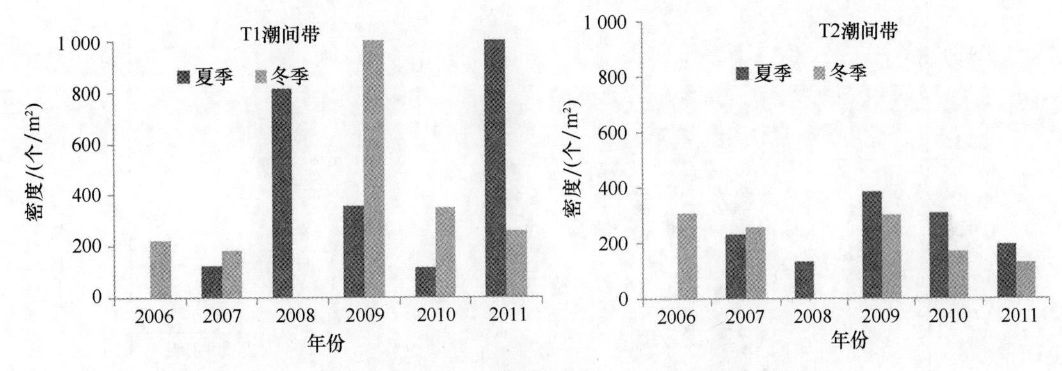

图 4.4－25　乌沙山电厂邻近海域潮间带生物密度年际变化

4.5　象山港电厂温排水对海域赤潮的影响

近年来，象山港沿湾工农业和水产养殖业迅猛发展，工农业污水以及养殖业产生的污染物大量进入港湾，整个象山港水质处于严重的富营养化状态，港内赤潮发生的范围扩大，频率增加。特别2006年象山港两个电厂（浙江大唐乌沙山发电厂、宁海国华浙能发电有限公司）投产以来，象山港赤潮频发的状况日益严重，赤潮发生次数居高不下，范围不断扩大，并呈现出新的特点和趋势。

4.5.1　赤潮发生概况

本文统计了近11年（根据2001—2011年宁波市海洋环境公报）的象山港赤潮发生情况，具体情况见表4.5－1。11年来，象山港内共发生赤潮27起，发生区域遍布整个象山港海域，发生面积自0.001 5～350 km^2 不等，发生时间在1—9月份，赤潮发生的优势种主要为中肋骨条藻、红色中缢虫、具齿原甲藻等。

4.5.2　温排水对赤潮发生的影响分析

1）发生区域

根据象山港电厂投产前后象山港海域的赤潮发生情况看，赤潮发生频率差异不大，但赤潮发生的区域则存在差异，电厂投产前（2005 年 12 月前）赤潮发生区域主要在象山港的中部和象山港口附近，在港底海域发生的赤潮较少，根据近 11 年的统计仅为 2001 年 5 月发生的 1 次，而电厂投产后（2006 年 1 月至今）则在港底发生的赤潮则较多，共有 11 次，由此可见，近年来象山港港底赤潮发生频率有增多的趋势（见图 4.5－1）。

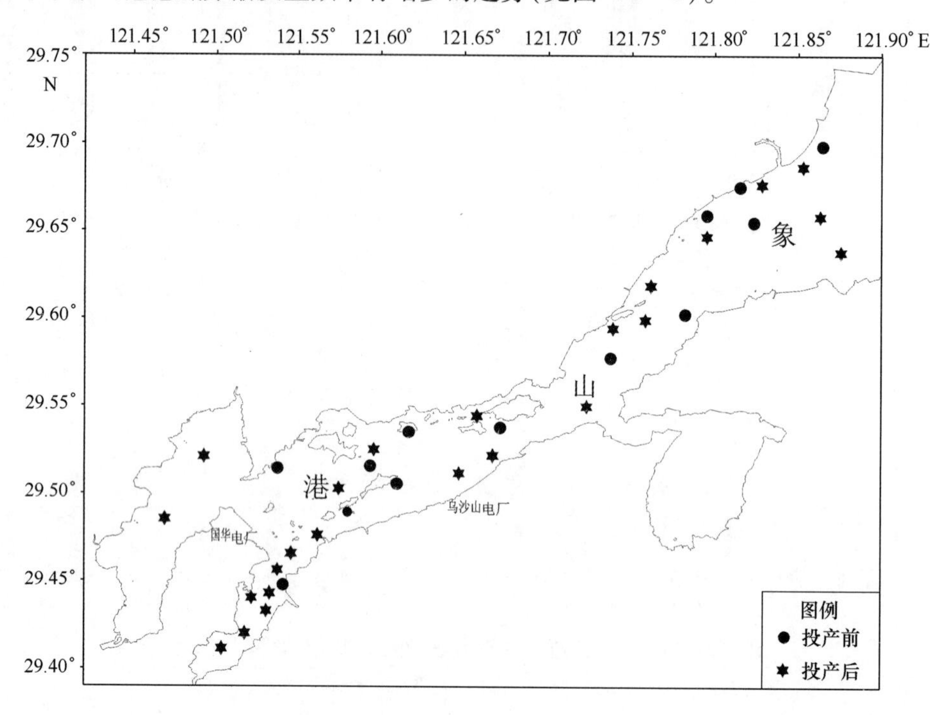

图 4.5－1　象山港赤潮发生情况位置（2001—2011 年）

2）发生时间

从赤潮发生的时间看，投产前赤潮发生时期主要集中在 5—9 月气温较高的月份，而投产后则赤潮发生时间则有所不同，在投产后发生的 16 次赤潮中，有 5 次是发生在气温较低的 1—3 月份，且在这些气温较低时段发生赤潮的地点都在象山港港底的黄敦港和铁港海域（表 4.5－1）。可能是因为地处象山港中部的乌沙山电厂和象山港底部国华电厂温排水的排放，两个电厂温排水的叠加效应，导致象山港海域水温升高，加之港底水交换能力较差，形成冬季或冬春之交港底海域海水的持续高温，进而成为诱发赤潮的一个重要因素。电厂温排水的排放在冬季和冬春之交使邻近海域水温升高，达到赤潮发生的适宜温度，导致赤潮的发生。

3）优势种变化

根据 11 年来象山港赤潮发生的赤潮优势种组成来看，在电厂投产前的优势种主要为红色中缢虫、具齿原甲藻、红色裸甲藻、聚生角刺藻等，优势种每年出现均有所不同，优势种在电厂投产前种类相对较多和分散。在投产后赤潮优势种出现次数最多的为中肋骨条藻，占了投产后赤潮发生次数约 50%，其他优势种则为红色中缢虫等。

表 4.5-1　2001—2011 年象山港赤潮发生情况

投产前后	年份	序号	发生区域	发生面积	赤潮优势种	发生时间
投产前	2001 年	1	薛岙、黄敦港	30～40 km^2	具齿原甲藻	5 月
		2	横山码头	20～30 km^2	具齿原甲藻	5 月
	2002 年	1	象山港白石山	40 km^2	聚生角刺藻、中肋骨条藻	6 月
		2	横山码头	1 500 m^2	红色中缢虫	8 月
		3	西沪港港口至白石山	35 km^2	红色中缢虫、聚生角刺藻	9 月
	2003 年	1	西沪港口区域	3 km^2	新月菱形藻	6 月
		2	黄避岙乡	面积较小	聚生角刺藻	8 月
	2004 年	1	中央山岛和白石山岛附近	10 km^2	红色裸甲藻	5 月
		2	横山码头、大嵩江口、西沪港、白石山及桐照	240 km^2	红色裸甲藻	5—6 月
	2005 年	1	大嵩江口外、西沪港、白石山东北角海域	8 km^2	红色中缢虫	6 月
		2	象山港中部	10 km^2	红色中缢虫	7 月
投产后	2006 年	1	象山港峡山网箱养殖区以西海域	17 km^2	具槽直链藻	1 月
		2	象山港浙江船厂、西沪港港口	80 km^2	中肋骨条藻	5 月
		3	黄敦港	1 km^2	中肋骨条藻	5 月
		4	象山港盘池岛至黄鳅滩	12 km^2	锥状斯克里普藻	7—8 月
	2007 年	1	鄞州区大嵩江口至宁海中央山，至西沪港海域	190 km^2	扭链角毛藻	7—8 月
		2	整个象山港赤潮监控区	350 km^2	中肋骨条藻	8 月
	2008 年	1	黄墩港海域	25 km^2	中肋骨条藻	3—4 月
		2	大嵩江口至横山码头海域	2 km^2	红色中缢虫	5 月
	2009 年	1	黄墩港、铁港海域	25 km^2	中肋骨条藻	1 月
	2010 年	1	黄敦港	30 km^2	中肋骨条藻	1 月
		2	象山港盘池山至大嵩江口	20 km^2	红色中缢虫	6 月
		3	胜利船厂至乌沙山电厂邻近海域	120 km^2	中肋骨条藻、红色中缢虫	7 月
		4	象山港大礁岛邻近海域	190 km^2	红色中缢虫、旋链角毛藻	8 月
	2011 年	1	象山胜利船厂（中央山西侧海域）至薛岙海域	30 km^2	中肋骨条藻	2 月
		2	洋沙山邻近海域至浙江造船厂邻近海域	90 km^2	红色中缢虫、具刺膝沟藻	7 月
		3	象山港口海域至乌沙山电厂邻近海域	160 km^2	中肋骨条藻、洛氏角毛藻	7 月

4.5.3　赤潮变化原因讨论

1）赤潮时空分布变化原因

近年来，特别是两个电厂投产以来，象山港赤潮跟浙江省、全国情况相比，出现了新的变化特点。从时间上来看，象山港赤潮爆发从原来的 5—9 月份提前至 1—3 月份。从空间上看，电厂投产后象山港赤潮是从港口、港中转移到港底。赤潮发生的物质基础和首要条件是海水富营养化，象山港港底水交换能力较差，而周边地区近年来工业、城市化建设发展迅速，城市工业废水和生活污水大量排入海中，使营养物质在水体中富集，造成海域富营养化（张丽旭,2006)。海水的温度是赤潮发生的又一重要环境因子,20～30℃是赤潮发生的适宜温度范围(周成旭,2008)。因为地处象山港中部的乌沙山电厂和象山港底部的国华电厂温排水持续排放,两个电厂温排水的叠加效应,导致象山港电厂邻近海域水温升高,加之港底水交换能力较差,形成冬季或冬春之交港底海域海水温度高于其他海域,达到赤潮发生的适宜温度。丰富的营养物质和适宜的水温导致赤潮的爆发。

2)赤潮种的变化原因

电厂投产来,象山港海域中引发的赤潮记录最多为中肋骨条藻,占发生次数的50%以上。根据宁波海洋环境监测中心站对象山港2个电厂邻近海域的调查,2006年以来电厂邻近海域浮游植物以广温广盐性种类中肋骨条藻、近岸低盐暖温性种类布氏双尾藻、琼氏圆筛藻等为优势种,这说明两个电厂邻近海域海水可能已适合暖水性种类的生长。中肋骨条藻是一种广温、广盐的近岸性硅藻,在水温为0～37℃、盐度为13～36范围内均可生长,但其最适增殖温、盐度范围则为24～28℃和20～30(王桂兰,1993)。2个电厂的温排水排放,导致象山港港底1—5月份水温升高。根据监测,2个电厂邻近海域春季水温能达20℃左右,特别是象山港港底能达20℃以上。象山港是内陆性港湾,水体富营养化严重,水动力交换差,内湾水体相对稳定,加上适宜的温度,良好的海况条件,有利于中肋骨条藻赤潮的发生和聚集。但是赤潮的爆发与温度、盐度、海水富营养化程度、营养盐N、P、Si比值、水文气象有一定关系,可能还受其他因素制约,这一点值得我们在今后的工作当中作进一步探讨。

4.6 小结

宁波海洋环境监测中心站于2005年起对国华电厂邻近海域进行跟踪监测,并于2006年对乌沙山电厂邻近海域进行跟踪监测。通过几年的跟踪监测,结果显示电厂温排水对邻近海域海洋生态环境产生了较明显的影响。

①由于国华电厂地处象山港港底,水体交换弱,电厂温排水对电厂邻近海域水质有一定影响,水质中pH、DO、活性磷酸盐呈下降态势;而COD、石油类、氨氮呈升高态势;而乌沙山电厂地处象山港中部,相对港底的国华电厂海域较开阔,水体交换较快,电厂温排水对邻近海域水质影响不明显,水体环境较稳定。

②通过对两个电厂邻近海域沉积物的历年监测,电厂温排水对沉积物中石油类呈升高态势,对有机碳、硫化物等影响不明显,沉积物环境较稳定。

③从两个电厂邻近海域生物生态的历年监测结果看,浮游植物、浮游动物的优势种存在一定的演变、密度和生物量振荡幅度较大;底栖生物优势种存在一定演变、底栖生物种类数存在下降趋势、密度和生物量存在较大幅度的变化;潮间带优势种存在演变,密度和生物量振荡幅度较大。总而言之,电厂温排水对电厂厂址前沿海域海洋生态系统产生了影响,温排水使得海洋生态系统产生了演变,但演变过程尚未完成。

④自两个电厂投产后,象山港海域赤潮发生出现了新的特点。赤潮发生时间提前至1—3月,而且发生区域多在港底,初步分析这与电厂温排水的排放在冬季和冬春之交使港中底部海域水温升高有直接关系。

5 象山港电厂温排水温升对海洋生物生态的影响实验研究

电厂温排水对水生生态的影响一直是海洋和环保领域的重要问题。本章通过实验室内急性热冲击实验、亚急性热冲击实验和海上围隔实验,研究温排水对海洋生物及水生生态系统的影响,为量化温排水对海洋生态环境影响、制定温排水方面技术指南及标准、温排对生物多样性损害的生态补偿估算等提供基础,也为滨海电厂邻近水域生态系统的可持续使用和环境保护、管理及规划提供科学依据。

5.1 温升对海洋生物的急性热冲击实验

5.1.1 实验方法

1)实验材料

室内急性热冲击实验对象包括浮游动物和底栖生物两类。浮游动物实验生物为选择培养纯化后的太平洋纺锤水蚤(*Acartia pacifica*),底栖生物实验对象为象山港海域主要养殖贝类菲律宾蛤仔(*Venerupis Philippinaram*)。

2)实验方法

(1)浮游动物热冲击实验

在培养箱内,在28℃和24℃恒温驯化培养的太平洋纺锤水蚤,进行热冲击实验,理论上以其驯养温度为基线,ΔT 为1℃设置6个温度梯度组,实测温度分别为25.8℃、26℃、27℃、28℃、29℃和32℃以及29℃、30℃、31℃、32℃、33℃和34℃。选取个体大小相近的、体质良好,无损伤、活动能力强的太平洋纺锤水蚤,每组100个,转移到4 L的可移动小玻璃缸内(内壁置一精密水银温度计),移动到实验人工气候箱待实验,此时光照条件控制在500 lx左右(±10%),期间可投喂适量球等鞭金藻(*Isochrysis galbana*)和中肋骨条藻(*Skeletonema costatum*)。

开始短期热冲击实验,采用Lahdes标准方式进行。用1 L的大烧杯放置在4个人工气候箱的方式同时进行实验,即实验采用4个平行组进行。先将太平洋纺锤水蚤分别置于1 L烧杯中15 min、30 min、45 min后,再转移到原驯化的水体中,培养24 h后,以胶头滴管在水体中吸水后,轻微吹出水流冲击受试生物,若冲击3次10 s内无反应者,判定为个体死亡,并记录其死亡个数。

(2)底栖生物热冲击实验

选取采集到的健康无损伤个体在盛有人工海水的水族箱中驯养7 d,驯养期间用充氧泵连续充气、投喂单胞藻，光照强度 2 000 lx，光暗周期 12 h∶12 h，每日换水 1 ~ 2 次，驯养 7 d 后挑选健康个体作为实验用贝，分组后逐渐将驯养条件调节至各实验组的条件，并测定其壳长、壳宽、壳高，实验用海水温度为(25 ±0. 5)℃。实验采用体积为 15 cm × 13 cm × 10 cm 的水族箱，水温由导电温控装置控制，控制精度为 ±0. 2℃。盐度为 25，pH 为 7. 78 ~ 7. 87。根据不同的指标测定，设置不同的温度组，期间观察并统计受试生物不同时间的活动情况、死亡个体数以及其生理代谢情况等。实验过程中，为避免水质恶化，应及时将死亡个体清除，每组设置平行实验。

5. 1. 2　结果与分析

1) 温升对太平洋纺锤水蚤的影响

对 2010 年 7 月国华电厂及其附近海域浮游动物优势种太平洋纺锤水蚤(*Acartia pacifica*)于 24℃及 28℃条件下驯养后进行急性热冲击实验，其实验结果如图 5. 1 – 1。

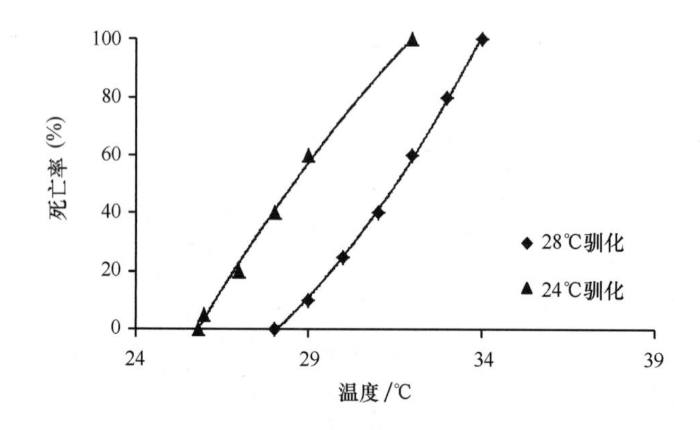

图 5. 1 – 1　太平洋纺锤水蚤冲击死亡率结果

急性热冲击对太平洋纺锤水蚤(*Acartia pacifica*)的影响显著，经 24℃驯化的太平洋纺锤水蚤在 ΔT 为 2℃的热冲击下，开始死亡。而经过 28℃驯化的太平洋纺锤水蚤在 28℃下轻微升温其生物密度就开始减少。温度对太平洋纺锤水蚤的影响显著，细微的温升即会导致该种类的死亡。结合现场条件，在夏季，温排水温升影响区域水温很容易就升高到 33℃，根据实验结果，此条件下太平洋纺锤水蚤的死亡率高达 80%。持续暴露时间对太平洋纺锤水蚤的影响也比较大，热冲击时间越长，其死亡率越高。驯化温度高，其热耐受能力增加，同温度热冲击下，驯化温度高的太平洋纺锤水蚤的死亡率低于驯化温度低的太平洋纺锤水蚤的死亡率。

2) 温升对菲律宾蛤仔的影响

实验结果表明，在驯养温度为 22℃时，当对照组中的菲律宾蛤仔均未出现死亡时，随着实验温度的升高，其死亡率逐渐增加，直至全部死亡。表 5. 1 – 1 反映了不同短期热冲击温度下的菲律宾蛤仔的死亡率。

表 5.1-1 不同短期热冲击温度下的菲律宾蛤仔死亡率

目标温度	加热时间	6 h		12 h		18 h		24 h	
		A	B	A	B	A	B	A	B
22℃	30 min	100%	0	100%	0	100%	0	100%	0
35℃	30 min	100%	0	100%	0	100%	0	100%	0
36℃	30 min	100%	0	100%	0	100%	0	100%	0
38℃	30 min	60%	0	70%	0	40%	5%	15%	20%
40℃	30 min	20%	0	20%	0	10%	25%	0	45%
42℃	30 min	5%	70%	0	70%	0	80%	0	100%

注:A 为菲律宾蛤仔打开双壳的概率;B 为菲律宾蛤仔死亡率。

水温在 38.0℃、40.0℃、42.0℃、44.0℃分别成活时间为 9.7 h、5.2 h、1.6 h 和 0.5 h。菲律宾蛤仔经高于 38.0℃的水体短期热冲击 30 min 后,其双壳将非正常张开。但放入正常水温(22.0℃)水体后,还存活的个体双壳会慢慢闭合,并经长时间适应后,双壳将再行打开甚至伸出水管,进行滤食。部分个体双壳不再张开,而依靠消耗自生的储能生存。22.0℃水温环境下,菲律宾蛤仔受到外界刺激,水管缩入双壳内的时间平均值约为 0.92 s,经急性热冲击后平均时间延长为 2 s 以上。同时,急性热冲击使得菲律宾蛤仔收缩水管和闭合双壳的协调性受到严重影响,可使得其水管因动作不协调,而被闭合的双壳截断,从而影响菲律宾蛤仔的滤食率及其活性,严重时甚至能使其死亡。热冲击 30 min 后,适应实验驯养水温为 22℃的菲律宾蛤仔的 24 h$UILT_{50}$为 39.21℃,$UILT_{50}$的 95% 可置信限为(39.21 ± 1.023)℃。

5.1.3 实验结论

①急性热冲击对太平洋纺锤水蚤的影响显著,经 24℃驯化的太平洋纺锤水蚤在 26℃的热冲击下,开始死亡。而经过 28℃驯化的太平洋纺锤水蚤在 28℃下轻微升温其生物密度就开始减少。温度对太平洋纺锤水蚤的影响显著,细微的温升即会导致该种类的死亡。

②急性热冲击使得菲律宾蛤仔收缩水管和闭合双壳的协调性受到严重影响,可使得其水管因动作不协调,而被闭合的双壳截断,从而影响菲律宾蛤仔的滤食率及其活性,严重时甚至能使其死亡;菲律宾蛤仔的 $UILT_{50}$为 39.21℃(24 h)随着温度的升高,菲律宾蛤仔的死亡率逐渐增大。

5.2 温升对海洋生物的亚急性热冲击实验

5.2.1 实验设计

我国滨海地区火(核)电厂众多,每年产生的温排水会导致水温变化从而影响生物的生长率、代谢率以及生物的正常活动(Elliott J A,1995),长期温排水也会造成排水口周围生物密度显著降低(Bamber R N,1990)。对水生生态系统的生物环境而言,水体温度的升高意味着压力胁迫。众所周知,生物对生态因子一般有一定的耐受适应范围,如果某一因子变化超出了该范围,生物体或整个生态系统会对此变化产生反应,而重新适应的过程则相当漫长,在此过程中,生物或系统将付出惨重代价。另外,水温的增加还会提高水中有毒物质的毒性,提高水生生物对有害物质的富集能力。国内外众多研究中多侧重某个特定时间里电厂温排水对于海洋生物的热效应影响,而缺少四季不同水温背景下温排水排放对海洋生物的热效应研究。不同季节中水温背景相差很大,热量扩散与海气交换也相差迥异,由此产生电厂温排水对邻近海域的水温影响可能会对海洋生物产生较大的影响差异,对于造成海洋生物污染损害的生态效应无法客观估算。

此实验旨在研究不同季节中滨海电厂温排水对周围海域增温效应以及热冲击对东海区典型海洋生物的致死效应,了解不同季节不同升温幅度对典型鱼、虾、蟹、贝类生物的影响,为滨海电厂温排水生态污染损害评估体系的构建和生态补偿理论的提出提供一定的参考方法和依据。

1)实验时间和地点

实验时间分别为春季(2011 年 4 月)、夏季(2011 年 7 月)、秋季(2010 年 11 月)、冬季(2011 年 2 月),实验选择在浙江省象山港海域附近的一个室内实验室进行。

2)实验生物的选择

采用东海区典型鱼、虾、蟹、贝作为实验生物,均取自象山港自然海区,从中选择健康、活力强、大小均匀的个体(实验前均驯养 48 h 以上)。四季实验所用的实验生物及其规格见表 5.2-1。

表 5.2-1　四季实验生物的体长及体重

时间	大黄鱼/黑棘鲷		脊尾白虾		日本蟳		熊本牡蛎/菲律宾蛤仔
	体长/cm	体重/g	体长/cm	体重/g	体长/cm	体重/g	体重/g
春季	6.30 ±1.70	4.09 ±1.51	5.69 ±0.17	1.36 ±0.08	5.32 ±0.06	20.59 ±0.54	3.01 ±1.43
夏季	6.36 ±1.64	4.20 ±1.84	6.79 ±0.81	2.21 ±0.96	6.45 ±0.15	31.20 ±4.20	2.88 ±0.84
秋季	5.26 ±0.30	2.46 ±0.44	6.21 ±1.35	2.18 ±0.47	6.43 ±0.14	32.09 ±2.34	7.41 ±0.23
冬季	6.30 ±0.87	4.09 ±1.83	6.93 ±0.68	2.25 ±0.47	6.45 ±0.09	31.42 ±2.61	3.01 ±0.75

注:鱼类实验:春季为大黄鱼,其他为黑棘鲷;贝类实验:秋季为菲律宾蛤仔,其他为熊本牡蛎。

3)实验温度梯度设计

根据四个季节现场调查结果,实验时设计了不同的温度梯度。

2011 年四个季节对现场站位进行了水温观测,并计算了温升值,实测各季度表层水温和温升情况见表 5.2-2。

表 5.2-2　四季电厂温排水口附近海域表层水温及温升情况　　单位:℃

站位	春季(2011-04)		夏季(2011-07)		秋季(2011-11)		冬季(2011-02)	
	水温	温升值	水温	温升值	水温	温升值	水温	温升值
1	21.7	4.8	33.8	3.9	20.9	4.1	13.7	4.6
2	17.6	0.9	30.8	0.9	19.7	2.8	12.9	3.8
3	17.2	0.3	30.6	0.7	19.3	2.4	11.9	2.8
4	20.6	4.0	33.4	3.5	22.3	5.4	12.1	3.0
5	17.2	0.3	32.4	2.5	18.3	1.4	10.1	1.0
6	17.4	0.5	30.3	0.4	18.0	1.1	10.8	1.7
7	17.7	0.8	31.1	1.2	17.7	0.8	11.3	2.2
8	18.5	1.9	30.3	0.4	17.6	0.7	11.0	1.9
9	18.6	2.0	30.6	0.7	17.9	1.0	10.3	0.4
10	16.9	—	29.9	—	16.9	—	9.1	—

注:每个季度后列数据为各个站位温度与对照组温度之差。

现场调查结果表明,春、夏、秋、冬四季,水温变化的显著程度为春秋季最强($\Delta T>4$℃),冬季次之,夏季最弱($\Delta T<4$℃),可能原因为夏季水体本身温度较高(28℃),不易持续升温,冬季散热效果较好,利于温排水热量流失,春、秋季节不包含上述因素,因此水温升高显著。

四个季度的热冲击实验温度设置梯度见表 5.2-3。

表 5.2-3　不同季节热冲击实验温度梯度　　单位:℃

序号	春季	秋季	冬季	夏季			
				黑棘鲷	脊尾白虾	日本蟳	熊本牡蛎
1	15	16	10	28	28	28	28
2	20	20	15	30	31	30	31
3	25	24	20	32	34	32	34
4	30	28	25	34	37	34	37
5	35	32	30	36	40	36	40
6		36	35	40		38	43

注:每个季度后列数据为各个站位温度与对照组温度之差。

4)实验方法

实验采用体积为 20 L 的水槽,水温由导电温控装置控制,控制精度为 ±0.2℃。实验过程中连续冲氧,采用半静态试验方式,每 8 h 更换 1/3 实验用水。全部实验用水均取自象山县东陈育苗场过滤海水,盐度为 23.5~25.0,pH 为 8.05~8.20,溶解氧在 8.0 mg/L 以上。四个季度的热冲击实验温度设置梯度见表 5.2-3,从常温起按照 0.5℃/h 的升温速率,一直上升到目标温度,每一种实验生物设置不同的温度组,期间观察并统计受试生物 2 h、6 h、

12 h、24 h、48 h、72 h、96 h 的活动情况及死亡个体数。每一实验组投放 10 尾个体，实验过程中，为避免水质恶化，应及时将死亡个体清除，每组设置平行实验。记录不同种类不同温度升高条件下起始死亡温度（江志兵等，2009）。

5）数据处理

高起始致死温度（upper incipient lethal temperature，$UILT_{50}$）参照江志兵等（2010）计算所得。整个实验过程中对照组各种生物存活率均高于 90%，属于正常范围。

5.2.2 结果与分析

1）不同温度下升温对黑棘鲷（大黄鱼）的影响

黑棘鲷属鲈形目、鲷科、棘鲷属，分布于我国东海、黄海、渤海沿岸及台湾海峡南部水域。黑棘鲷属杂食性，生命力强，对盐度和温度的适应范围较广。大黄鱼俗称黄瓜、黄花鱼等，属鲈形目、石首鱼科、黄鱼属，对温度适应范围 10～32℃，最适生长温度为 18～25℃，生存盐度范围 24.8～34.5，最佳 pH 值为 8.0 以上，溶氧临界值为 3 mg/L，一般溶解氧要在 4 mg/L 以上。在不同季节中，热冲击对于黑棘鲷（大黄鱼）的起始致死温度及 96 h $UILT_{50}$ 影响见表 5.2－4。

表 5.2－4　热冲击对黑棘鲷（大黄鱼）的致死效应

时间	自然对照水温/℃	起始死亡温度/℃	96 h $UILT_{50}$/℃	起始死亡时间/h
春季	15.00	25.00	27.40	96
夏季	28.00	37.00	36.50	6
秋季	16.00	36.00	35.33	12
冬季	10.00	25.00	22.50	2

根据实验现象和结果，每一个季度实验中，温度由自然水温上升到一定程度时，黑棘鲷（大黄鱼）由于水温不适出现敏感反应，如跳跃现象、激烈游动等反应。随着时间推移，相对较低温度组别中的实验样品趋于适应平静，较高温度组别中出现死亡现象，死亡个体数目随着热冲击时间延长而增多。不同季节中黑棘鲷对于温度升高幅度的反应不同，春季实验中，在高于正常水温 10℃实验组中，96 h 出现一只样品死亡现象；夏季实验中，黑棘鲷的起始死亡温度比自然水温高 9℃；秋、冬季节起始死亡温度均比自然水温高 15℃以上。可见春夏季度水温对于黑棘鲷（大黄鱼）的影响较秋冬季节更为显著，可能原因为春夏实验时水温较高，上升温度突破鱼类的最高耐受能力，导致鱼类致死。

2）不同温度下升温对脊尾白虾的影响

脊尾白虾生活在近岸和浅海中，对环境的适应性强，水温适宜范围 2～35℃，盐度 4～35 范围均能适应，在咸淡水中生长最快，脊尾白虾食性广而杂，动、植物饵料均能摄食，生长周期短，脊尾白虾繁殖能力强，几乎全年都有抱卵虾。繁殖期一般出现在春、夏、秋三季，一年可繁殖 10 次左右，为东海区滨海海域常见经济种类，具有较高的经济价值（徐鹏飞，2010）。在不同季节中，热冲击对于脊尾白虾的起始致死温度及 96 h $UILT_{50}$ 影响见表 5.2－5。

表 5.2-5　热冲击对脊尾白虾的致死效应

时间	自然对照水温/℃	起始死亡温度/℃	96 h $UILT_{50}$/℃	起始死亡时间/h
春季	15.00	30.00	31.00	12
夏季	28.00	36.00	35.50	12
秋季	16.00	32.00	30.93	2
冬季	10.00	25.00	26.00	24

实验中表明，温度由自然对照水温上升到一定程度时，脊尾白虾出现对于温度的敏感反应，如跳跃现象、激烈游动等反应。随着时间的推移，相对较低温度组中的脊尾白虾趋于适应平静，而较高温度组中出现死亡现象，死亡个体数目随着热冲击时间延长而增多。不同季节脊尾白虾对于温度升高幅度的反应不同，夏季脊尾白虾的起始死亡温度比自然对照温度高 9℃，而其他三个季节的起始死亡温度比自然对照温度高 15℃左右，可见夏季温度升高对于脊尾白虾的影响最为显著，可能由于夏季水温本来较高，上升造成超过生物的最高耐受能力，从而导致生物致死。

3) 不同温度下升温对日本蟳的影响

日本蟳属梭子蟹科、梭子蟹亚科、蟳属，俗称靠山红、石蟳仔、海蟳和石蟹等，是一种大型海产食用蟹类，生活于潮间带至水深 10～15 m 有水草、泥沙的水底或潜伏于石块下，水温适宜范围 5～30℃，属沿岸定居性种类，广泛分布于我国沿海及日本、朝鲜、东南亚等沿海岛礁区及浅海水域，具有较高的经济价值（徐国成，2007）。不同季节中，热冲击对于对于日本蟳的起始致死温度及 96 h $UILT_{50}$影响见表 5.2-6。

表 5.2-6　热冲击对日本蟳的致死效应

时间	自然对照水温/℃	起始死亡温度/℃	96 h $UILT_{50}$/℃	起始死亡时间/h
春季	16.00	25.00	31.33	72
夏季	28.00	36.00	36.40	24
秋季	16.00	32.00	34.21	24
冬季	10.00	25.00	30.32	72

日本蟳的实验结果与脊尾白虾类似，随着温度升高，日本蟳出现活跃，好斗，易怒等现象。随时间的推移会使日本蟳对较高的温度趋于适应，但是当温度升高到一定程度时，日本蟳会出现死亡，起始死亡温度在夏季与自然水温最为相近，为 8℃左右，其他季节为 15℃左右。日本蟳升温致死的原因可能与前文脊尾白虾死亡原因相似，均为超过其热耐受能力。

4) 不同温度下升温对菲律宾蛤仔（熊本牡蛎）的影响

菲律宾蛤仔属于广温性的贝类。在自然海区中，水温在 0～36℃范围内，均能适应，当水温为 5～35℃时，生长正常，而其中以 18～30℃生长最快。菲律宾蛤仔对海水比重的变化，也有较强的适应能力。比重为 1.004～1.027 时，生活正常，而其中以比重为 1.015～1.020 时生长最好。菲律宾蛤仔在溶解氧为 1 mg/L 的海水里，就能正常生活。熊本牡蛎属于软体动物门，瓣鳃纲，异柱目，牡蛎科。牡蛎在我国已有 2 000 多年的养殖历史，俗称四大养殖贝类之一，它在食用（鲜蚝、蚝干、蚝油）、药用（有治虚弱、解丹毒、止渴等药用价值）和工业（贝壳可供制石灰、水泥、电石等）均有较好的应用价值，其中熊本牡蛎属于广温广盐性种（-3～32℃），主要分布于我国东部、北部沿海潮间带。不同季节中，热冲击对于菲律宾蛤仔（熊本牡蛎）的起始致死温度及96 h $UILT_{50}$影响见表5.2-7。

表5.2-7 热冲击对菲律宾蛤仔（熊本牡蛎）的致死效应

时间	自然对照水温/℃	起始死亡温度/℃	96 h $UILT_{50}$/℃	起始死亡时间/h
春季	15.00	35.00	37.50	6
夏季	28.00	40.00	41.50	96
秋季	16.00	28.00	30.00	48
冬季	10.00	30.00	28.00	72

贝类（菲律宾蛤仔/熊本牡蛎）由于活动能力有限，对于温度升高的反应不剧烈，在观察过程中不出现明显反应，温度升高时其行动及反应变得迟缓。另外，贝类如果出现死亡双壳张开，在连续充氧的作用下，死亡个体腐烂加剧，会更迅速地污染水质，加速温排水对该组别其他个体的影响，故某一组别中出现死亡个体后，其他个体趋于死亡的趋势会加快。另外，由于贝类（菲律宾蛤仔/熊本牡蛎）属于底栖种类，游动能力较弱，无法避开温排水带来的冲击，所以温排水对该物种影响相对较大。

5.2.3 讨论

1）不同季节背景下温排水对海洋生物热效应的差异性

不同季节中海水本底不尽相同，由此情况下电厂温排水的扩散会有很大不同，在冬季海水温度一般只有10℃左右，而夏季在30℃左右（表5.2-7），冬季肯定利于热量扩散。东海区常见海洋生物适宜的生存温度范围一般在5～30℃左右（徐鹏飞，2010；徐国成，2007）。在本实验中，夏季的实验结果中96 h $UILT_{50}$与对照温度相差最小（10℃以内），而冬季的实验结果中96 h $UILT_{50}$与对照温度相差最大（16℃以上），说明在夏季海水本底温度较高的情况下温排水对虾蟹的热冲击影响更显著。江志兵等（2010）报道了不同季节升温条件下余氯对桡足类的毒性，由于亚热带海区夏季自然水温较高，冷却系统轻微的升温即可加剧余氯对其的毒性，即在夏季较其他季节电厂温排水对生物的影响尤其明显。江志兵等（2009）对四季浮游植物进行了不同水平的热冲击和加氯胁迫，结果发现自然水温越高、升温幅度越大，细胞数量恢复越慢。春、秋、冬季自然水温较低时，升温4～12℃后，细胞数量仅需1～6 d即可恢复到对照组水平；夏季自然水温较高，升温4～8℃后，细胞数量需4～9 d恢复到对照组水平，但升温12℃后，细胞数量在15 d内未能恢复到对照组水平。因此，不同季节背景下温排水排放对夏季海洋生物的影响更大，滨海电厂在夏季应适当采取措施缓解温排水对海洋生物的影响。

2）鱼、虾、蟹、贝类对升温耐受力的比较

结合现场调查电厂排水口最大温差在4℃左右（表5.2-3），因此这种强度的热冲击对脊尾白虾和日本蟳短时存活影响不大（表5.2-6和表5.2-7）。蔡泽平等（2005）在大亚湾海区对斑节对虾(*Penaeus monodon*)和近缘新对虾(*Metapenaeus affinis*)两种重要经济虾类的高温热效应实验研究,结果表明,大亚湾核电站温排水形成的温度场绝大部分的温升不超过4℃,温度场水域的温度变化基本上都低于这两种对虾的生存安全温度,处于它们的最适生长温度范围内,此程度的温排水对大亚湾海区的斑节对虾和近缘新对虾资源热影响甚微,同本研究结果基本一致。根据上述实验结果表明,鱼类(黑棘鲷/大黄鱼)对于温度的响应与虾类类似,但是多数情况下 96 h $UILT_{50}$略低于虾类,适应情况好于虾类,可能是由于鱼类和虾类在水体中处于不同的位置,其受到热冲击温度的影响略有差异;蟹类和贝类在不同季节的 96 h $UILT_{50}$高于鱼类、虾类,升温耐受力相对较强。出现此种结果的原因可能与不同种类生物的不同构造有关,蟹类和贝类有外壳,且较厚,可以较薄外壳的虾类和无外壳的鱼类更强的抵抗诸如温度升高等环境条件变化。此外,由于鱼类、虾类的游泳器官较蟹类、贝类发达,因此,当自然进化中出现温度变化等极端情况时,鱼类、虾类可以更快地采取回避反应,游动到合适区域中去,以改变自身所处的不良环境。但是当栖息环境改变较为迅速,面积较为宽泛,导致其在短时间内无法迁移到合适的良好环境中时,环境的改变就会对鱼类、虾类产生较为严重的影响;而蟹类、贝类的游动不如鱼类、虾类快捷,更能够适应环境变化的种群得以保留,这也可能是造成蟹类、贝类的升温耐受力较鱼类、虾类强的原因之一。关于四种不同生物的升温耐受能力,也可以从它们分别对于温度升高的起始死亡时间得到侧面说明(表5.2-4、表5.2-5、表5.2-6和表5.2-7),在不同季节中,同等升温状况下,蟹类、贝类出现死亡的起始时间往往较鱼类、虾类更迟,这一点也反映了蟹类、贝类对于温度升高等条件的适应能力强于鱼类、虾类。

鱼类、虾类、蟹类和贝类四种生物对于温度升高的起始死亡温度以贝类最高,蟹类、鱼类和虾类无明显规律,死亡温度相近,从另一个方面说明了贝类生物对于温度变化的适应能力较强。不同季节中,四种生物对于温度升高的适应程度也不同,冬季出现的死亡时间最长,可能与冬季自然水温本就较低,实验所采用的升温幅度虽在不同季节无显著差别,但是很大一部分冬季实验中升温幅度处在生物一生要经历的水温中,冬季实验所升高的温度区间,有相当一部分是在夏季自然水温内或与夏季自然水温相差不大的温度,例如夏季午后自然水温超过28℃。在冬季各种实验生物的起始死亡温度大约比自然水温高15℃,而夏季此数值平均不到10℃,春、秋季节此数值约为10~15℃。据此可以看出不同季节对于温度升高同等度数的条件下,几种实验生物在冬季所受影响相对最小,春、秋季所受影响稍强于冬季,而夏季温度升高对于四种实验生物所造成的影响最大、最致命。

5.2.4 实验结论

通过在控制温度条件下对海洋生物黑棘鲷(大黄鱼)、脊尾白虾、日本蟳以及菲律宾蛤仔(熊本牡蛎)进行了季节性热污染耐受实验研究,研究得出的重要结果表明:

①夏季的实验结果中 96 h $UILT_{50}$与对照温度相差最小(10℃以内),而冬季的实验结果中 96 h $UILT_{50}$与对照温度相差最大(16℃以上),说明在夏季海水本底温度较高的情况下温排水对虾蟹的热冲击影响更显著,即在夏季较其他季节电厂温排水对生物的影响尤其明显。因此不同季节背景下温排水排放对夏季海洋生物的影响更大。

②鱼类(黑棘鲷/大黄鱼)对于温度的响应与虾类类似,但是多数情况下 96 h $UILT_{50}$略低

于虾类,适应情况好于虾类,可能是由于鱼类和虾类在水体中处于不同的位置,其受到热冲击温度的影响略有差异;蟹类和贝类在不同季节的 96 h $UILT_{50}$ 高于鱼类、虾类,升温耐受力相对较强。

③鱼类、虾类、蟹类和贝类四种生物对于温度升高的起始死亡温度以贝类最高,蟹类、鱼类和虾类无明显规律,死亡温度相近,从另一个方面说明了贝类生物对于温度变化的适应能力较强。不同季节中,四种生物对于温度升高的适应程度也不同,冬季出现的死亡时间最长。不同季节对于温度升高同等度数的条件下,几种实验生物在冬季所受影响相对最小,春秋季所受影响稍强于冬季,而夏季温度升高对于四种实验生物所造成的影响最大、最致命。

④滨海电厂温排水在现阶段造成的水域温度升高在短期内不会造成鱼、虾、蟹、贝类的种群死亡的现象。但是长期来看,由于水温是影响水生生物性腺发育的重要因素,水温升高可能会使水生生物提前进入产卵期,但对于食物链中其他组成生物却不尽然,可能导致水生生物幼体饵料减少,间接影响其成活率,进而影响到整体海域的天然渔业资源量和生物资源量,温度升高对于鱼、虾、蟹、贝类等水生生物在繁殖及个体进化上的影响仍不可忽视。

5.3 温升对海洋生态的影响实验——围隔实验

围隔(enclosure)生态系是用人工方法把自然海水围起来的相对封闭的生态系,水体积介于 1~1 000 m^3,与周围海水没有交换(Rajadurai M, 2005)。围隔系统是物质相对守恒的系统。利用现场围隔实验可以定量地、系统地研究海洋生态系统对温排水的响应。围隔实验现已成为全球海洋生态系统动力学研究的重要手段。现场围隔实验是一种新兴的水域生态学研究方法,也是研究水域生态系的有效工具(李德尚,1998)。

围隔实验始于 20 世纪 60 年代。Strickland(1961)在加拿大用 6 m 直径的围隔研究浮游植物水华期间生态系统发生的化学和生物学的变化。70 年代围隔实验主要用于污染研究,美国自然科学基金委资助了受控生态系污染实验(CEPEX),使用直径 10 m、水深 30 m 的大型围隔,进行了为期 6 年的污染物对浮游生态系结构和功能的影响研究。80 年代许多国家均开展了围隔实验研究:1983—1987 年中国和加拿大合作在厦门进行了海洋生态系统围隔实验(MEEE),在 20 m×10 m×5 m 的陆基水池中主要进行油和重金属对生态系统影响的研究(Wong C S,1992)。为了总结围隔实验的成果和经验,国际海洋科学研究委员会(SCOR)成立了第 85 工作组指导协调各国围隔实验研究。该工作组出版了《海洋实验生态系统手册》和《围隔实验海洋生态系统》(Lalli,1990;Rokeby,1991)。1997 年 10 月和 1998 年 5 月国家海洋局第一海洋研究所与日本国立环境所等单位合作在长江口进行了加磷和加油围隔实验。春季和秋季浮游生物优势种不同,它们对磷富营养化的反应也不同。

海洋围隔实验是重要的现代海洋生态系统现场研究手段,采用人工的方法将自然水体围起来的相对封闭的生态系统,围隔实验一般在现场进行,其环境条件与自然状态相似,但比室内实验相对复杂,可在保持大部分海洋生态系特征的前提下,在较长时间尺度内进行有目的控制生态系实验,是一个生态系统水平的实验,可以提供生态系统尺度的信息,并以此了解生态系功能。

本项目针对电厂可能产生的诸多环境问题,为确定象山港电厂温排水污染损害对象以及程度,在象山港电厂温排温度异常区范围内选择示范区域开展海上围隔实验和目标生物的室内实验,获取针对温排对生物多样性的污染损害评估所需的关键参数,为开展温排对生物多样性损害的评估和生态补偿估算提供基础。

5.3.1 实验设计

1)围隔实验区域选择

2010 年 7 月间,对象山港国华电厂排水口及其附近海域设置 6 个站位进行本底调查监测,包括水质、海洋生物、气象和水文要素,共计 29 个指标。根据前期调查结果及象山港国华电厂温排水引起增温的梯度特点,在其附近海域共设置 3 组围隔站点 M1、M2、M3(图 5.3-1),其中 M3 作为对照区,视为未受温排水影响区域;M1 布设在强增温区,距排水口的距离为 1.84 km;M2 布设在弱增温区,距排水口的距离为 2.57 km。每个围隔区设置 4 个围隔,主要观测浮游生态系统、浮游植物、浮游动物优势种的变化。相对于对照区 M3,M1 试验期间的平均温升 0.815℃,M2 的平均温升为 0.407℃。围隔实验所采用的不透水型围隔袋由高密度聚乙烯编织布缝合呈圆筒形,高 2.5 m(水下,水上 0.7 m),直径 1 m(与顶圈相同),容水量为 1.5 m^3。透水围隔袋为纱绢袋,孔径约 0.3 mm。

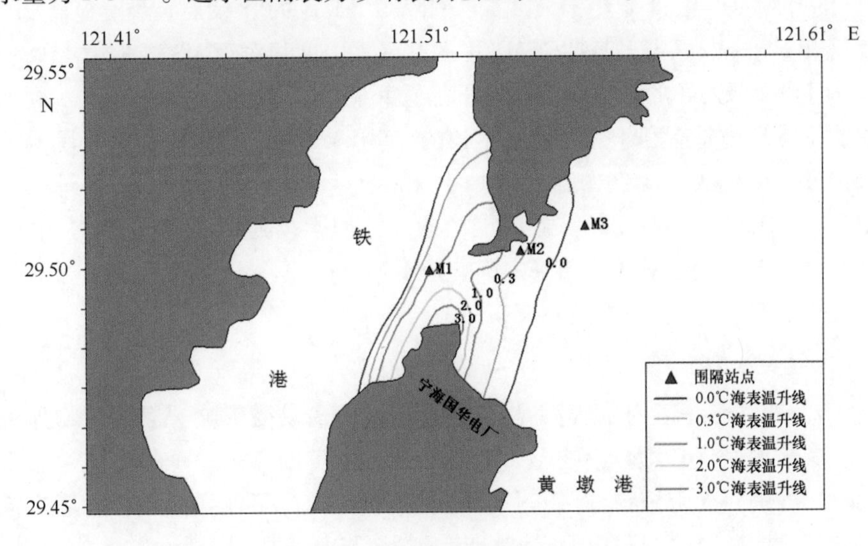

图 5.3-1 围隔实验站位分布

2)实验时间和监测指标

实验时间为 2010 年 9—10 月和 2011 年 6—7 月,每次实验时间周期 8 ~ 14 d。2010 年 9—10 月间的围隔实验,实验时间 14 d,采样频率为每天 9:00 和 17:00,后阶段 1 次/d 计。2011 年 6—7 月间围隔实验时间 8 d,每天分别于涨停时、涨转落时和落停时采集水样及生物样。样品现场预处理保存后,带回岸边实验室测定。

水样测定按照《海洋调查规范》(GB 17387.4—2007)方法进行,测定项目包括溶解氧(DO)、化学需氧量(COD)、活性磷酸盐(DIP)、活性硅酸盐(DSi)、氨氮(AN)、硝酸盐氮

(NAN)、亚硝酸盐氮(NIN)、叶绿素 a(Chla)等。其中,叶绿素 a 经抽滤后置于离心管于冰箱冷冻保存,带回室内实验室测定,其余各水质指标均于当日当地测定。浮游植物和浮游动物在光学显微镜下放大 40 ~ 200 倍进行种类鉴别和细胞计数,先将样品充分摇匀,用移液枪分两次吸取总计 200 mL 样品置入特制计数框内,在显微镜下进行计数。每一样品计数两次,取其平均值,每次计数的结果与其平均值之差应不大于 ±15%,记录浮游生物的种类和个数。

3)数据处理方法

在温排水温升对浮游植物的影响分析中,根据象山港多年监测资料,以当地海区多年常见浮游植物优势种琼氏圆筛藻为例,对海上围隔实验不同站位不同时刻的温度及琼氏圆筛藻生物量数据进行比对分析。温升和琼氏圆筛藻生物量变化值由同一时刻 M1 和 M2 站位与 M3 站位的水温和琼氏圆筛藻生物量的差值求得。运用 SPSS19.0 统计分析软件,对实验所得的计算结果进行统计分析,以分析温升与琼氏圆筛藻生物量的响应关系。

5.3.2 结果与分析

5.3.2.1 温升水对叶绿素 a 浓度的影响

比较各温升区围隔内的叶绿素 a 浓度总平均值(图 5.3-2),可以看出在实验期间围隔外各温升区的叶绿素 a 浓度变化不大。1 号围隔中 M1 区的叶绿素 a 浓度显著低于 M2 和 M3 区,M1 区相对于 M3 区温升 0.8℃,M1 区的叶绿素浓度相对于 M3 减少了 45%;M2 区温升为 0.4℃,但是叶绿素 a 的浓度较 M3 区升高了 26%。2 号围隔内的叶绿素 a 含量均高于围隔外,说明围隔环境是有利于浮游植物生长的,其中 M1 的 2 号围隔与 1 号围隔差异最为明显(2.06 倍),间接验证 M1 区的温升对 1 号围隔内浮游植物的损害。对比涨落潮时的平均浓度可知,各温升区落停时期较涨停时期的差异性加剧,与温度的变化趋势相同,可见在近海围隔实验中,潮汐变化对实验结果的影响是不容忽视的。M3 区 1 号和 2 号内均为对照区海水,可视作实验平行组,平均偏差为 0.013。

1)温排对叶绿素 a 污染损害分析

温排水会改变局部海区的自然水温状况,浮游植物最易受影响。浮游植物处于整个食物链的底端,其结构变化必然会影响整个生态系统。由于围隔是一个封闭的生态系统与外界无物质交换,各围隔浮游植物(叶绿素 a)的损害影响,除受温度的影响外,还受营养盐减少的限制影响,故浮游植物损害影响需结合叶绿素 a 与营养盐(以活性磷酸盐为例)随时间变化情况进行综合分析。M1 区的活性磷酸盐与叶绿素 a 呈负相关关系(图 5.3-3a),当活性磷酸盐浓度升高时,叶绿素含量下降。从实验的第二天起,叶绿素含量开始逐渐下降到极低值,由于浮游植物的大量死亡,并有部分营养盐释放入水中,活性磷酸盐逐渐升高到最高位,可见 M1 区的温升对浮游植物造成的损害是显而易见的。

M2 区的叶绿素 a 经历了 4 次波峰,且每次波峰值都逐渐减小(图 5.3-3b),说明该围隔内的浮游植物处于正常的生长周期,但是由于营养盐的限制,使得叶绿素 a 的浓度逐渐下降。M3 区叶绿素 a 也经历了 2 次波峰,与 M2 区不同的是,M3 区经历波峰后,叶绿素 a 急剧下降(图 5.3-3c),浓度值仅为最大值的 13%,可见 M2 区的浮游植物的生长受温升影响较小,M2 与 M3 的营养盐到实验后期(第五天)逐渐回升。

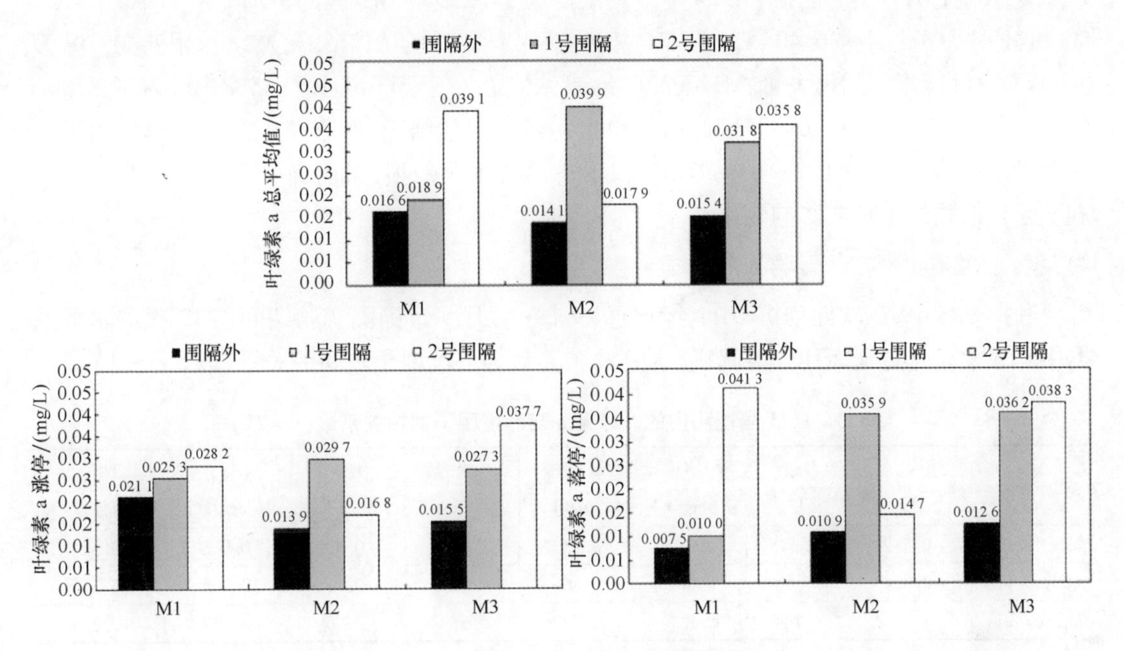

图 5.3－2　各温升区叶绿素 a 平均值比较

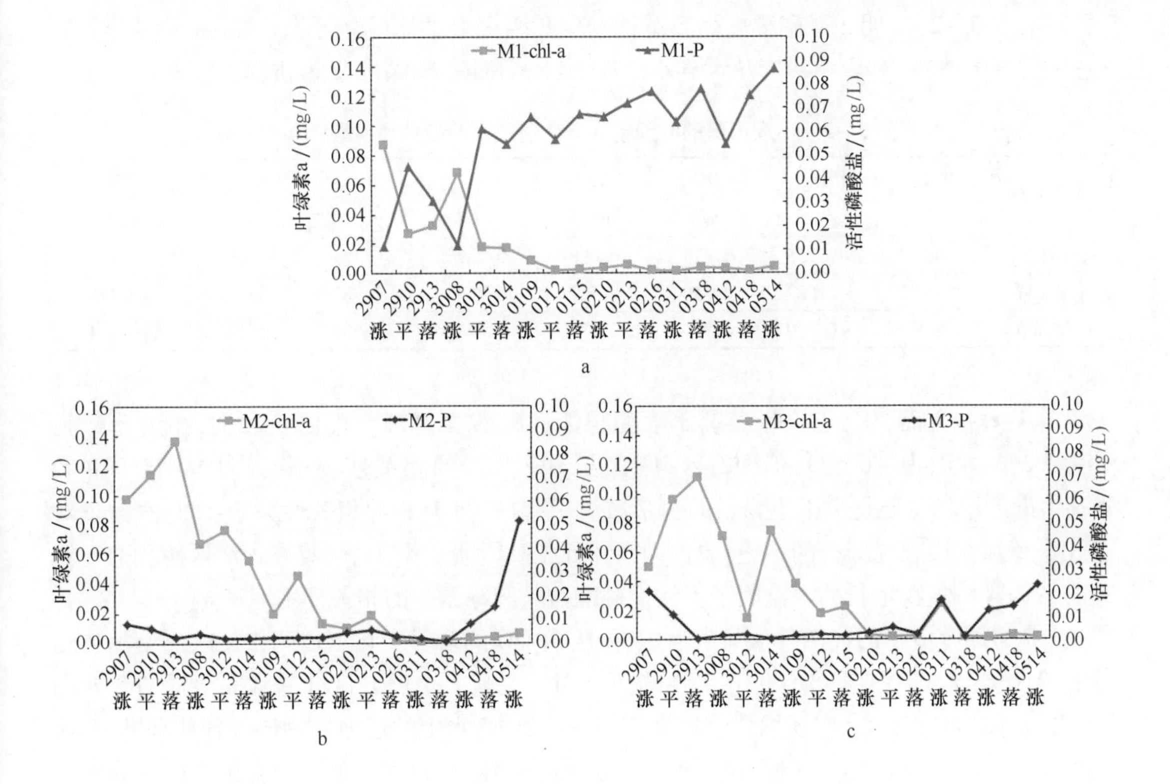

图 5.3－3　叶绿素 a 与活性磷酸盐的变化趋势

夏季海上围隔实验测得，M1 区的平均温度为 27.220℃，M2 区的平均温度为 26.812℃，M3 区的平均温度为 26.405℃，即 M1 相对于 M3 温升为 0.815℃，M2 相对于 M3 温升 0.407℃。叶绿素 a 的损失量：M1 区的叶绿素浓度相对于 M3 减少了 45%；M2 区叶绿素 a 的浓度较 M3 区升高了 26%。因此可以得出初步的定量结论：对于象山港国华电厂附近海区温排水，温升超过 0.8℃，会导致 45% 以上的浮游植物的损害，而当温升小于 0.4℃，则有利于浮游植物的生长或影响较小。

2）温排水对生物损害的影响因子筛选

利用 SPSS19.0 软件分析 2011 年 6 月 29 日—7 月 5 日围隔实验期间共 17 次的水样数据中叶绿素 a 与温升、温度、溶解氧、COD 和营养盐等环境因子之间的关系（表 5.3－1）。

表 5.3－1　1 号围隔内的叶绿素 a 与环境因子的相关系数（$n=17$）

相关系数	温升 /℃	水温 /℃	DO /(mg/L)	COD /(mg/L)	SS /g	DSi /(mg/L)	DIP /(mg/L)	TIN /(mg/L)
M1（$n=17$）	－0.582	－0.615	0.331	0.238	0.052	－0.430	－0.906	－0.529
M2（$n=17$）	－0.324	－0.67	0.757	0.586	0.606	－0.136	－0.204	－0.376
M3（$n=17$）		－0.658	0.796	0.779	0.586	0.475	－0.152	－0.245

在温升方面，叶绿素 a 与 M1 区温升的相关性为 －0.582，M2 区的相关性为 －0.324，说明 M1 区的浮游植物的生长更容易受温升的影响。不同实验条件下叶绿素 a 与温升的相关系数（表 5.3－2）表明 2 号围隔内的浮游植物生长受温升的影响较小，1 号围隔受温升的影响较大（－0.487），其影响程度从大到小依次为：1 号围隔、围隔外、2 号围隔。

表 5.3－2　不同围隔的叶绿素 a 与环境因子的相关性系数（$n=51$）

相关系数	温升 /℃	水温 /℃	DO /(mg/L)	COD /(mg/L)	SS /g	DSi /(mg/L)	DIP /(mg/L)	TIN /(mg/L)
围隔外	－0.299	－0.555	0.476	0.098	0.137	－0.151	－0.833	－0.338
1 号围隔	－0.487	－0.637	0.716	0.522	0.305	－0.382	－0.514	－0.470
2 号围隔	－0.045	－0.520	0.840	0.378	0.444	－0.239	－0.51	－0.414

在营养盐方面，M1 区的叶绿素 a 浓度与活性磷酸盐呈现高度的负相关，相关系数为 －0.906，无机氮为 －0.529，但 M2 和 M3 区与 DIP、TIN 的相关性较小，说明 M1 区 DIP 和 TIN 溶度的增加主要是由于生物量的大量减少引起的，且 DIP 的相关性大于 TIN，罗益华对象山港海域水质状况分析的结论：象山港水体处于高 N 低 P 状态，可见在该海区磷相对于 N 更能成为浮游植物生长的限制因子。活性硅酸盐与叶绿素 a 的相关性不明显。

DO 与浮游植物的代谢释放氧气有关，围隔内 DO 的含量变化可以间接反映浮游植物的生长，M2 区与 M3 对照区 DO 的相关性选大于 M1，这与 3 个温升区叶绿素 a 含量的差异趋势相同。COD 是表示水中还原性物质多少的一个指标，水中的还原性物质有各种有机物、亚硝酸盐、硫化物、亚铁盐等，但主要的是有机物，孙大伟（2010）对大亚湾浮游植物群落的研究表明，在一定范围内，随着水体有机质的增多，中肋骨条藻的种群数量增加，可见，COD 也是表征浮游植物生长的关键因子，在本实验中，围隔外 COD 与叶绿素 a 的相关系数很小

(0.098),说明非围隔体系中COD与叶绿素a相关性较小,而在围隔内其相关系数较大,这也与3个温升区内叶绿素a含量的差异趋势相同。

综上所述,活性磷酸盐、无机氮、DO和COD均可作为表征浮游植物损害的辅助指标,建立温升与叶绿素a损害关系中,应考虑这4个因素对浮游植物的影响。

5.3.2.2 温升对浮游植物的影响

1)样本检验

对实验数据进行单个样本检验,得出各组海水水质及生物样本数据的显著性水平Sig.(significance)均小于0.01,表明99%以上的样本均通过样本双边检验。

2)线性回归分析

采用逐步筛选因子法,以琼氏圆筛藻生物量作为因变量,进行线性回归分析。分析结果表明,软件分析结果输入了水温变量为自变量,移去了盐度、溶解氧、COD、总磷、总氮因子。因此,选取主要水温为主要因子,定量分析水温变化所导致的象山港国华电厂附近海域浮游植物优势种——琼氏圆筛藻生物量的变化情况。

3)曲线拟合及统计模型的建立

琼氏圆筛藻生物量($\times 10^4$ cells/m^3)与温升(℃)曲线拟合过程,为满足拟合度的要求(一般为0.6~0.7以上),选取了13组数据进行曲线拟合分析。分析结果表明,琼氏圆筛藻生物量($\times 10^4$ cells/m^3)相对于水温升高(℃)的响应关系呈现一增一减两个趋势:①温升为0.2~0.79℃时,琼氏圆筛藻生物量随水温的升高而增加;②温升为0.80~2.00℃时,琼氏圆筛藻生物量随水温的升高而减少。

(1)统计模型Ⅰ(温升0.2~0.79℃)

各曲线中对数曲线的拟合度最高(图5.3-4),为0.750。F检验(方差分析)结果Sig值远小于0.01,说明模型成立的统计学意义非常显著。

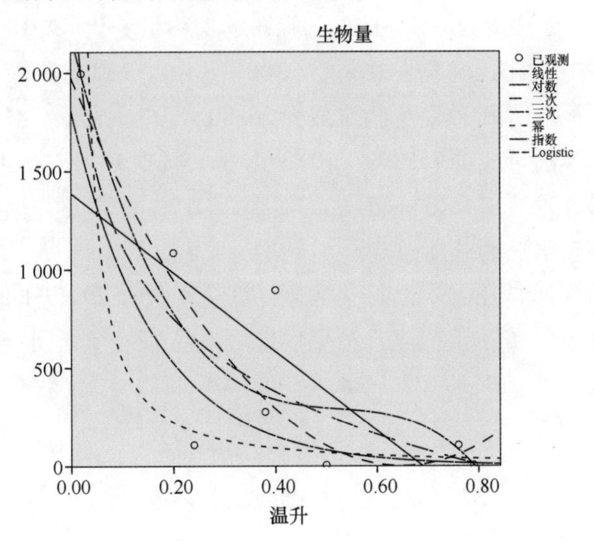

图5.3-4 拟合曲线Ⅰ

根据对数曲线拟合结果，采用温升为影响因子，统计分析琼氏圆筛藻生物量随水温的升高的变化情况，建立统计模型Ⅰ，如式(5.3－1)：

$$\triangle N = -536.027 \times \ln(\triangle T) - 113.123 \quad (5.3-1)$$

式中，$\triangle T$——水温变化(℃)；$\triangle N$——琼氏圆筛藻的生物量变化($\times 10^4$ cells/m^3)。

(2)统计模型Ⅱ(温升0.80～2.00℃)

与预测模型Ⅰ相似，各曲线中对数曲线的拟合度最高(图5.3－5)，为0.672。F检验(方差分析)结果Sig值等于0.01说明模型成立的统计学意义显著。

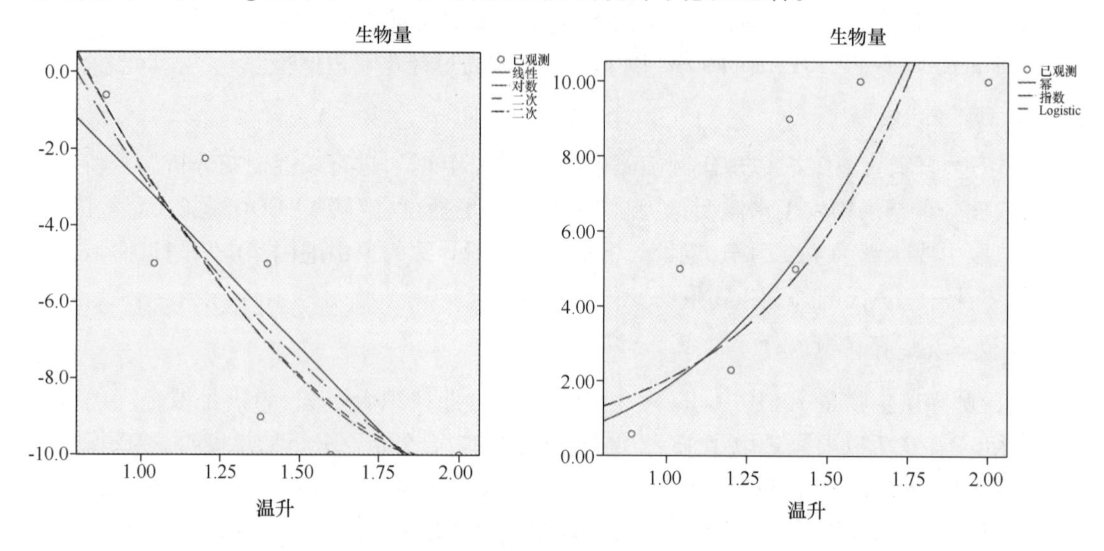

图5.3－5　拟合曲线Ⅱ

根据对数曲线拟合结果，建立统计模型Ⅱ，如式(5.3－2)：

$$\triangle N = -119.86 \times \ln(\triangle T) - 26.80 \quad (5.3-2)$$

式中，$\triangle T$——水温变化(℃)；$\triangle N$——琼氏圆筛藻的生物量变化($\times 10^4$ cells/m^3)。

根据模型计算，结果表明：温升在0.80～2.00℃，不利于琼氏圆筛藻的生长，即呈负相关。水温升高1.0℃，琼氏圆筛藻的生物量减少26.80×10^4 cells/m^3，减少6.38%；水温升高1.5℃，琼氏圆筛藻的生物量减少75.399×10^4 cells/m^3，减少17.95%；水温升高2.0℃，琼氏圆筛藻的生物量减少109.810×10^4 cells/m^3，减少26.17%。且在此温升范围内，琼氏圆筛藻生物量的减少速率随水温的升高而减小。

海上围隔实验的设计温升在2℃以下，数值计算结果包含2℃以上的温升影响范围。根据上述响应关系式，推算2℃以上强温升与生物量的关系，估算得到水温升高3℃，生物量减少158.48×10^4 cells/m^3，减少37.73%；水温升高4℃及以上，生物量平均减少241.56×10^4 cells/m^3，减少57.51%。

5.3.3　实验结论

1)温升对水质因子的影响

浮游植物生长与环境因子的相关性分析表明：①在营养盐方面，叶绿素a的含量与活性磷酸盐相关性最高，为 -0.906，其次为无机氮，活性硅酸盐的影响较小；②在不同温升区内，COD 与 DO 与叶绿素 a 相关性差异能间接反映温升对浮游植物的影响，可以作为浮游植物损害评估的辅助指标。

2）温升对叶绿素 a 的影响

温排水会改变局部海区的自然水温状况，浮游植物最易受影响。浮游植物处于整个食物链的底端，其结构变化必然会影响整个生态系统。Chen YL（1992）指出，温排水作用的季节性明显，尤其在夏季其热效应的影响较大，会使某些藻类暂时消失，使海区浮游植物基本的种类组成发生改变。根据彭云辉（2001）等的监测统计结果表明，大亚湾核电站邻近海域的浮游植物年平均总量，运转前（1991 年）为 14×10^6 个/m^3，运转后（1998 年）为 149.6×10^6 个/m^3，升高了 10 倍。彭云辉等同时指出无论核电站运转前或运转后，其邻近海域水质属清洁水平，未受污染。可见在海域未受污染的情况下电站热废水的升温作用（平均 Δ1℃）对受纳水体中浮游植物的生长繁殖无抑制作用，相反，还有促进生长作用。

温排水对浮游植物利弊影响与电厂的温升幅度、海区状况、营养盐状况等的密切相关，仅运用历史监测数据或进行室内实验都无法定性定量地反映温升对浮游植物的影响程度。夏季海上围隔实验可得出结果表明：平均温升 0.8℃，叶绿素 a 平均浓度下降 45%，平均温升 0.4℃，叶绿素 a 上升 26%。

3）温升对浮游植物的影响

琼氏圆筛藻生物量（$\times10^4$ cells/m^3）相对于水温升高（℃）的响应关系呈现一增一减两个趋势：①温升为 0.2 ~ 0.79℃ 时，琼氏圆筛藻生物量随水温的升高而增加；②温升为 0.80 ~ 2.00℃ 时，琼氏圆筛藻生物量随水温的升高而减少。即 0.8℃ 为温升对琼氏圆筛藻生物量影响的一个重要临界值。

温升在 0.80 ~ 2.00℃ 之间，水温升高 1.0℃，琼氏圆筛藻的生物量减少 6.38%；水温升高 1.5℃，琼氏圆筛藻的生物量减少 17.95%；水温升高 2.0℃，琼氏圆筛藻的生物量减少 26.17%。同时，推算 2℃ 以上强温升与生物量的关系，估算得到水温升高 3℃，生物量减少 37.73%；水温升高 4℃ 及以上，生物量减少 57.51%。

5.4 小结

通过室内海洋生物急性热冲击实验、室内海洋生物亚急性热冲击实验和海上围隔实验研究得出主要结果如下。

①通过对太平洋纺锤水蚤、菲律宾蛤急性热冲击实验研究，结果显示温度对太平洋纺锤水蚤的影响显著，细微的温升即会导致该种类的死亡。对菲律宾蛤仔高起始致死温度（$UILT_{50}$）为 39.21℃。

②通过滨海电厂温排水热污染对鱼类、虾类、蟹类和贝类四种生物亚急性热冲击实验研究，说明了贝类生物对于温度变化的适应能力较强。不同季节中，四种生物对于温度升高的适应程度，在冬季所受影响相对最小，春、秋季所受影响稍强于冬季，而夏季温度升高对于四种实验生物所造成的影响最大、最致命。

③通过滨海电厂温排水生态影响的围隔实验研究，实验得出了在不同温升区内，COD 与 DO 与叶绿素 a 相关性差异显著，反映温升对浮游植物的影响。并定量说明了平均温升 0.8℃，叶绿素 a 平均浓度下降 45%；平均温升 0.4℃，叶绿素 a 平均浓度上升 26%。水温升高 1.0℃，琼氏圆筛藻的生物量减少约 6.38%；水温升高 2.0℃，琼氏圆筛藻的生物量约减少 26.17%，推算 2℃以上强温升与生物量的关系。

最后，通过室内热冲击实验和现场围隔实验的方法研究电厂温排水对生态环境的影响，是对传统研究方法的突破，特别是现场围隔实验方法，在温排水对生物多样性的影响研究上，具有开创性。实验得出的结果可以为温排水方面技术指南及标准的制定、温排对生物多样性损害的生态补偿估算提供基础等。然而由于海洋生态系统的多样性、复杂性，目前的研究还只能进行单种群或几个种群的研究，缺少对整个生态系统尺度上的研究，虽然围隔实验可以提供生态系统尺度上的信息，囿于成本及多变的自然状况，目前研究也限在小型的浮游生态系统。从种群尺度到生态系统尺度的上升具有挑战性，一方面通过扩大对不同营养级典型生物种群的研究，另一方面寻求更优化的能够进一步反映自然生态系统真实状况的围隔生态系统，这都是今后研究的重要方面。

6 象山港电厂群温排水叠加影响的数值模拟

6.1 水文观测分析

6.1.1 潮汐观测结果

6.1.1.1 实测潮汐特征

象山港海区实测潮汐特征如表6.1-1所示。

①2011年夏季,乌沙山潮位站最大潮差5.51 m,最小潮差0.87 m,平均潮差3.65 m;平均涨潮历时大于落潮历时,平均涨潮历时为7 h 15 min,平均落潮历时为5 h 2 min。

②2011年冬季,乌沙山潮位站最大潮差5.33 m,最小潮差1.70 m,平均潮差3.40 m;平均涨潮历时大于落潮历时,平均涨潮历时为7 h 16 min,平均落潮历时为5 h 2 min。

表6.1-1 调查海区实测潮汐特征值

项 目		乌沙山潮位站(夏季)	乌沙山潮位站(冬季)
潮位	最高潮位/m	3.72	2.89
	最低潮位/m	-1.99	-2.46
	平均高潮位/m	2.53	2.05
	平均低潮位/m	-1.12	-1.35
	平均海平面/m	0.44	0.14
潮差	最大潮差/m	5.51	5.33
	最小潮差/m	0.87	1.70
	平均潮差/m	3.65	3.40
涨、落潮历时	平均涨潮历时	7 h 15 min	7 h 16 min
	平均落潮历时	5 h 2 min	5 h 2 min
基 准 面		85国家高程	85国家高程
资料时间		2011-09-01—2011-09-30	2011-12-01—2011-12-30

6.1.1.2 潮汐性质

1)潮汐调和常数

利用乌沙山潮位站2011年夏季和冬季逐时潮位资料计算主要的11个分潮调和常数(表6.1-2),象山港海域潮汐以M_2分潮为主。

表6.1-2 调查海区的潮汐调和常数

分潮	2011年夏季		2011年冬季	
	振幅 h/cm	迟角 g/(°)	振幅 h/cm	迟角 g/(°)
M_2	157	268	156	257
S_2	67	320	67	306
N_2	31	252	31	242
K_2	18	324	18	310
K_1	29	206	29	198
O_1	22	177	22	166
P_1	7	204	8	196
Q_1	5	145	5	140
M_4	28	219	28	211
M_{S4}	16	294	16	282
M_6	3	355	4	339

2)潮汐特性

2011年夏季,乌沙山潮位站主要日分潮与主太阴分潮之比$(H_{K_1}+H_{O_1})/H_{M_2}=0.33<0.5$,根据潮港类型判别式可知调查海区为一个规则半日潮海区;且$H_{M_4}/H_{M_2}=0.18>0.04$,可见潮汐浅海作用比较明显,浅海分潮振幅和$(H_{M_4}+H_{MS_4}+H_{M_6})$约为47 cm。

2011年冬季,乌沙山潮位站主要日分潮与主太阴分潮之比$(H_{K_1}+H_{O_1})/H_{M_2}=0.33<0.5$,根据潮港类型判别式可知调查海区为一个规则半日潮海区;且$H_{M_4}/H_{M_2}=0.17>0.04$,可见潮汐浅海作用比较明显,浅海分潮振幅和$(H_{M_4}+H_{MS_4}+H_{M_6})$约为47 cm。

象山港海域潮汐属于不规则半日浅海潮。

6.1.1.3 基准面关系

乌沙山潮位站水尺零点在85高程以下3.48 m,2011年夏季短期平均海平面在85高程基面上0.44 m,2011年冬季短期平均海平面在85高程基面上0.14 m(图6.1-1)。

6.1.2 潮流调查结果

根据实测资料统计得到的各潮汛期间的平均流速(表6.1-3),最大流速统计(表6.1-4),三小时平均最大流速统计(表6.1-5),并对绘制的流矢图(图6.1-2~图6.1-5)予以分析。

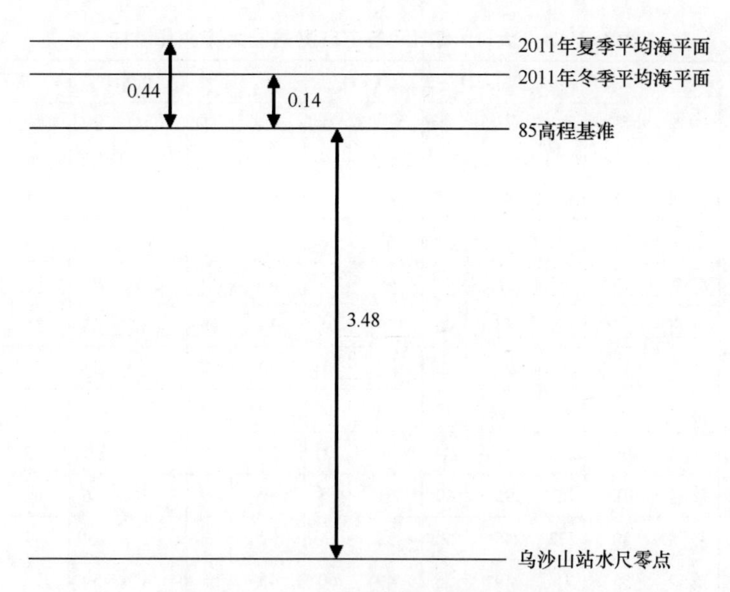

图 6.1－1　乌沙山站各基面之间关系

表 6.1－3　大、小潮期间各定点测站平均流速和流向

时间	潮汛	站号	涨落	表层		0.2H		0.4H		0.6H		0.8H		底层		垂向平均	
				流速/(cm/s)	流向/(°)	流速/(cm/s)	流向/(°)	流速/(cm/s)	流向/(°)	流速/(cm/s)	流向/(°)	流速/(cm/s)	流向/(°)	流速/(cm/s)	流向/(°)	流速/(cm/s)	流向/(°)
夏季	大潮	SW1	涨潮	40	227	42	220	40	215	37	214	32	213	25	216	36	213
			落潮	31	92	28	92	28	94	27	90	26	79	25	78	28	79
		SW2	涨潮	26	264	28	262	29	265	28	272	29	267	27	256	27	265
			落潮	53	85	49	91	43	92	37	93	30	100	30	103	40	90
		SW3	涨潮	19	146	20	215	33	200	30	190	28	191	28	207	27	209
			落潮	45	105	45	100	45	56	46	41	41	54	26	79	44	63
		SW4	涨潮	44	237	46	233	47	232	41	232	37	216	29	238	40	230
			落潮	46	98	47	89	42	83	48	63	39	68	33	76	41	77
	小潮	SW1	涨潮	23	170	21	233	28	230	27	222	24	197	22	230	26	230
			落潮	23	74	22	66	21	76	22	78	20	70	15	82	20	75
		SW2	涨潮	14	247	18	245	23	260	23	263	22	258	20	259	19	259
			落潮	20	88	18	83	18	82	14	88	12	86	13	120	14	81
		SW3	涨潮	18	142	19	203	20	210	20	220	19	227	16	225	19	212
			落潮	23	95	21	92	22	58	23	36	23	70	18	83	23	42
		SW4	涨潮	28	243	25	245	24	233	24	248	20	226	16	229	25	249
			落潮	20	102	20	71	20	73	20	77	17	85	15	88	20	79
冬季	大潮	W8	涨潮	44	226	55	223	41	240	38	245	42	257	33	254	40	244
			落潮	53	77	56	63	56	68	59	72	54	67	43	78	52	70
	小潮	W8	涨潮	22	217	26	226	28	242	22	232	25	248	23	247	18	227
			落潮	28	91	31	79	27	88	32	70	34	66	32	61	30	69

表6.1-4　大、小潮期间各定点测站最大流速和流向

时间	潮汛	站号	涨落	表层		0.2H		0.4H		0.6H		0.8H		底层		垂向平均	
				流速/(cm/s)	流向/(°)	流速/(cm/s)	流向/(°)	流速/(cm/s)	流向/(°)	流速/(cm/s)	流向/(°)	流速/(cm/s)	流向/(°)	流速/(cm/s)	流向/(°)	流速/(cm/s)	流向/(°)
夏季	大潮	SW1	涨潮	91	218	88	209	83	218	80	220	72	210	51	218	78	214
			落潮	73	198	63	61	61	70	62	72	54	72	49	63	58	66
		SW2	涨潮	71	263	68	274	65	274	62	279	56	261	48	287	61	277
			落潮	94	92	86	96	75	95	74	99	63	95	56	85	70	93
		SW3	涨潮	15	209	20	224	80	204	80	206	72	209	54	204	72	200
			落潮	112	49	112	37	102	34	90	33	76	39	58	31	93	38
		SW4	涨潮	96	225	101	218	96	221	92	220	87	218	72	214	92	219
			落潮	103	85	95	69	91	65	80	69	73	66	66	56	82	71
	小潮	SW1	涨潮	50	222	48	222	52	223	52	230	52	230	41	226	50	226
			落潮	55	45	49	56	49	60	46	65	34	59	26	50	42	52
		SW2	涨潮	36	227	43	264	44	268	44	274	37	223	37	264	36	256
			落潮	44	90	38	86	32	82	28	81	24	82	27	85	30	84
		SW3	涨潮	16	259	54	212	50	216	50	217	46	226	35	224	45	212
			落潮	58	169	45	43	48	43	42	41	36	36	31	36	41	42
		SW4	涨潮	57	238	50	231	54	229	56	225	50	238	45	249	51	234
			落潮	52	80	50	84	46	78	42	77	37	75	29	76	43	79
冬季	大潮	W8	涨潮	89	215	91	220	94	224	78	220	83	217	74	220	87	214
			落潮	110	55	106	58	107	60	100	59	99	61	83	62	102	59
	小潮	W8	涨潮	37	217	42	214	42	220	44	231	53	242	45	13	43	224
			落潮	66	61	64	60	64	57	60	57	60	56	46	46	61	56

表6.1-5　各定点测站3小时平均的最大流速和流向

时间	站号	涨落	表层		0.2H		0.4H		0.6H		0.8H		底层		垂向平均	
			流速/(cm/s)	流向/(°)	流速/(cm/s)	流向/(°)	流速/(cm/s)	流向/(°)	流速/(cm/s)	流向/(°)	流速/(cm/s)	流向/(°)	流速/(cm/s)	流向/(°)	流速/(cm/s)	流向/(°)
夏季	SW1	涨潮	66	216	62	213	59	223	56	221	50	213	42	208	56	217
		落潮	59	208	55	39	46	52	51	61	48	58	43	62	51	51
	SW2	涨潮	52	258	48	266	48	278	47	276	38	235	42	277	46	272
		落潮	69	90	65	94	62	85	58	84	46	81	43	72	56	83
	SW3	涨潮	29	186	34	206	60	204	61	208	53	210	41	214	55	201
		落潮	69	41	66	37	71	33	59	35	51	32	40	35	61	37
	SW4	涨潮	68	234	69	230	71	224	68	222	62	219	51	205	66	222
		落潮	79	82	79	70	74	62	65	60	58	53	44	55	67	64
冬季	W8	涨潮	72	218	74	221	76	225	53	230	71	233	63	222	71	224
		落潮	93	56	91	58	92	57	84	57	78	56	67	62	85	57

6.1.2.1 潮流矢量图

潮流矢量图是反映海区一个潮周期内潮流运动方向与流速强弱变化最直观的表现形式之一。根据夏季和冬季大、小潮期间各条垂线表层、0.2H、0.4H、0.6H、0.8H、底层、垂向平均的实测流速、流向资料绘制了定点测站的涨、落潮流矢量图(图6.1-2~图6.1-5)。

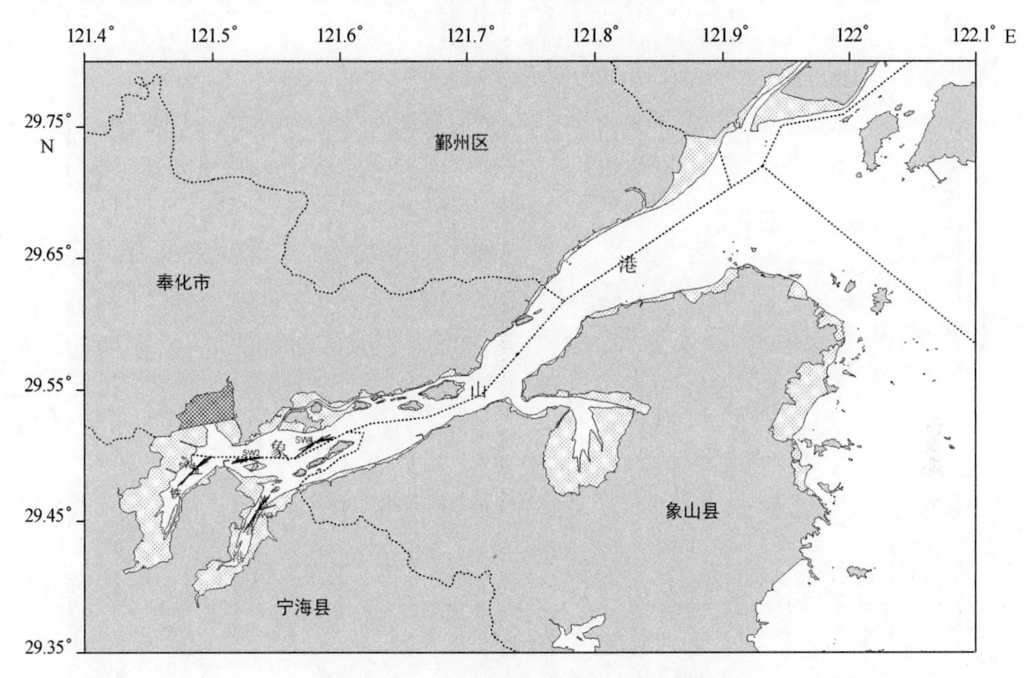

图6.1-2 夏季小潮垂向平均潮流矢量图

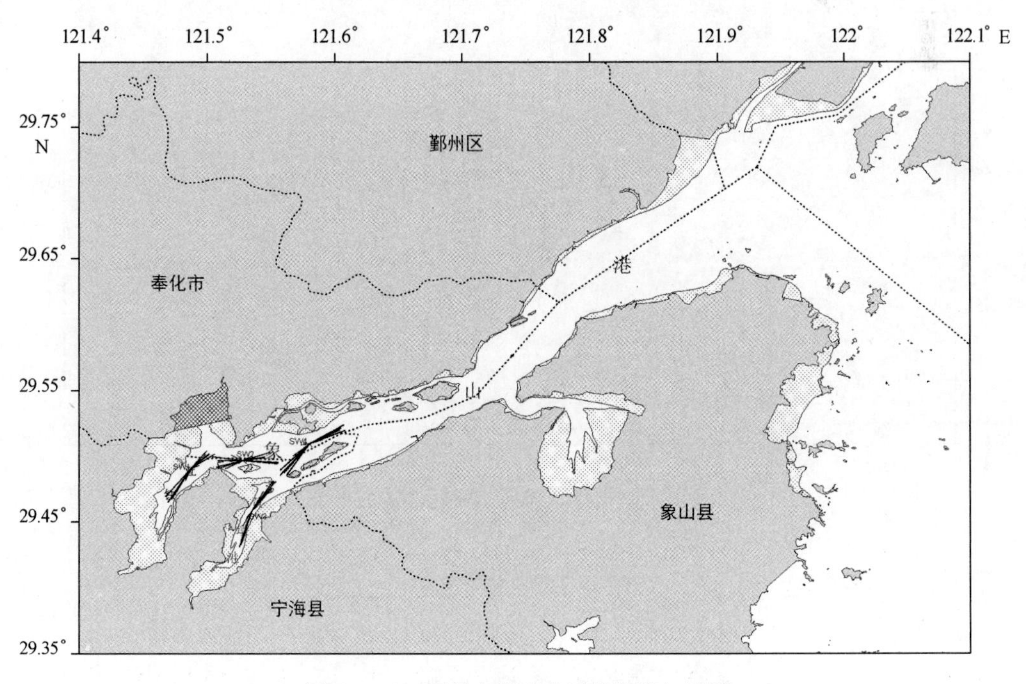

图6.1-3 夏季大潮垂向平均潮流矢量图

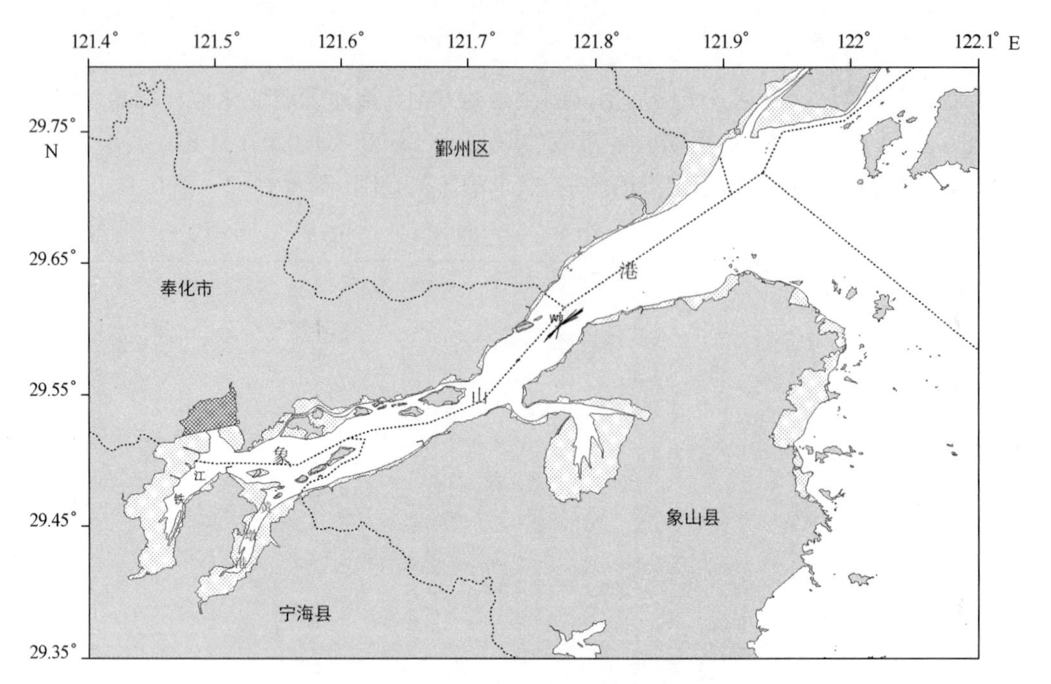

图 6.1-4　冬季小潮垂向平均潮流矢量图

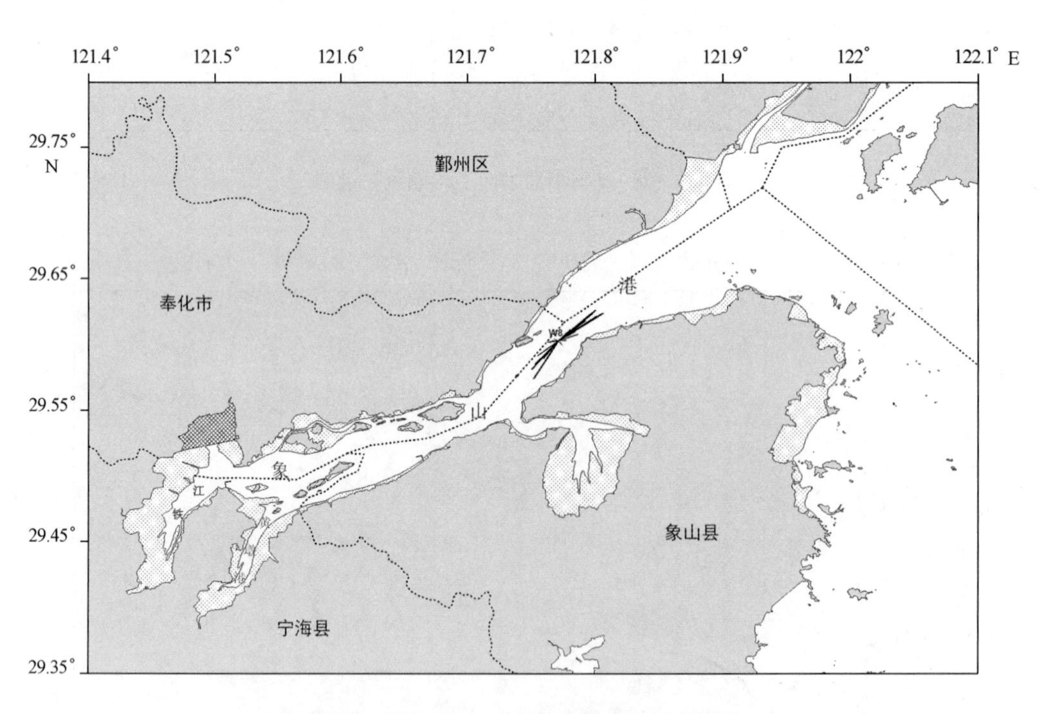

图 6.1-5　冬季大潮垂向平均潮流矢量图

①无论是夏季还是冬季，调查海域各个测站的海流以往复流为主。

②从潮汛来看，无论是夏季还是冬季，大潮期的流速较大，小潮期的流速较小。

③受地形变化影响，测区各个测站涨、落潮流速略有不同。夏季，SW1、SW3 和 SW4 测站涨、落流向为西南—东北向，SW2 测站涨、落流向为东—西向；冬季，W8 测站涨、落流向为

西南—东北向。

④总体上看,测区 SW1、SW3、W8 测站的流速较大,最大流速为 112 cm/s;SW2、SW4 测站的流速较小。

6.1.2.2 潮流的流速、流向分布特征

1)2011 年夏季监测结果

(1)潮流的时间变化特征

潮流的时间变化分布特征主要反映在潮流随潮汛的变化及涨、落潮流的变化特征上。

就各测点而言,测区潮流是随潮汛的减弱而减小,大潮的平均流速大于小潮。如 SW1 测站大、小潮垂向平均落潮流平均流速分别为 28 cm/s 和 20 cm/s。

依各潮汛而论,大潮汛时,SW1 测站的涨潮流速强于落潮流速,SW2、SW3 和 SW4 测站的落潮流速均强于涨潮流速,SW1、SW2、SW3 和 SW4 测站大潮垂向平均涨潮流流速分别为 36 cm/s、27 cm/s、27 cm/s 和 40 cm/s,垂向平均落潮流流速分别为 28 cm/s、40 cm/s、44 cm/s 和 41 cm/s;小潮汛时,SW2、SW3 和 SW4 测站的涨潮流速强于落潮流速,SW3 测站的落潮流速强于涨潮流速,SW1、SW2、SW3 和 SW4 测站小潮垂向平均涨潮流流速分别为 26 cm/s、19 cm/s、19 cm/s 和 25 cm/s,平均落潮流流速分别为 20 cm/s、14 cm/s、23 cm/s 和 20 cm/s。

从实测最大流速来看,有大潮最大潮流流速大于小潮的变化特征。大潮汛时,SW1、SW3 测站的涨潮流速强于落潮流速,SW2、SW4 测站的落潮流速均强于涨潮流速,SW1、SW2、SW3 和 SW4 测站大潮垂向平均的最大涨潮流流速分别为 78 cm/s、61 cm/s、72 cm/s 和 92 cm/s,最大落潮流流速分别为 58 cm/s、70 cm/s、93 cm/s 和 82 cm/s;小潮汛时,测区四个测站的涨潮流速均强于落潮流速,SW1、SW2、SW3 和 SW4 测站小潮垂向平均的最大涨潮流流速分别为 50 cm/s、36 cm/s、45 cm/s 和 51 cm/s,最大落潮流流速分别为 42 cm/s、30 cm/s、41 cm/s 和 43 cm/s。

3 小时平均最大流速统计(表 6.1-5)表明:SW1 测站的涨潮流速强于落潮流速,SW2、SW3 和 SW4 测站的落潮流速均强于涨潮流速。SW1、SW2、SW3 和 SW4 测站垂向平均三小时平均最大涨潮流速分别为 56 cm/s、46 cm/s、55 cm/s 和 66 cm/s,落潮流速分别为 51 cm/s、56 cm/s、61 cm/s 和 67 cm/s。

如上述的特征流速统计所示,测区的实测最大涨潮流速为 101 cm/s,其对应流向为 218°;最大落潮流速为 112 cm/s,其对应流向为 49°;垂向平均的最大涨潮流流速为 92 cm/s,其对应流向为 219°;垂向平均的最大落潮流流速为 93 cm/s,其对应流向为 71°。

总体来讲,测区的流速较小,涨、落潮流流速相当。

(2)潮流的空间分布特征

潮流的空间分布特征主要反映在潮流的平面及垂向的变化特征上。

从潮流的平面变化特征来看,不论从平均流速或最大流速来看,测区 SW1、SW4 测站的流速较大,SW2、SW3 测站的流速较小。如大潮期垂向的平均流速,SW1、SW2、SW3 和 SW4 测站的涨潮流速分别为 36 cm/s、27 cm/s、27 cm/s 和 40 cm/s,落潮流流速分别为 28 cm/s、40 cm/s、44 cm/s 和 41 cm/s。大潮期垂向平均最大流速,SW1、SW2、SW3 和 SW4 测站的涨潮流流速分别为 78 cm/s、61 cm/s、72 cm/s 和 92 cm/s;落潮流流速分别为 58 cm/s、

70 cm/s、93 cm/s 和 82 cm/s。

各测站的最大流速一般出现在表层或 0. 2H 层，流速值随深度减小。

（3）流向分布特征

综观测区全貌，受地形变化影响，测区各个测站涨、落潮流速有不同。其中，SW1、SW3 和 SW4 测站涨、落流向为西南—东北向，SW2 测站涨、落流向为东—西向。

依各潮汛变化来看，测区四个站最大涨、落潮流流向变化不大。如，SW1 测站大、小潮的垂向平均的最大涨潮流流速对应的流向分别为 214°、226°，最大落潮流流速对应的流向分别为 66°、52°；SW3 测站大、小潮的垂向平均最大涨潮流流速对应的流向分别为 200°、212°，最大落潮流流速对应的流向分别为 38°、42°。

从三小时平均最大流速对应流向来看，SW1、SW2、SW3 和 SW4 测站的垂向平均的三小时平均最大落潮流速对应流向分别为 217°、272°、201°和 222°；最大涨潮时对应流向分别为 51°、83°、37°和 64°。说明各测站受地形变化影响，涨、落潮流流向有所不同。

2）2011 年冬季监测结果

（1）潮流的时间变化特征

潮流的时间变化分布特征主要反映在潮流随潮汛的变化及涨、落潮流的变化特征上。

就各测点而言，测区潮流是随潮汛的减弱而减小，大潮的平均流速大于小潮。W8 测站大、小潮垂向平均落潮流平均流速分别为 52 cm/s 和 30 cm/s。

依各潮汛而论，大潮汛时，落潮流速强于涨潮流速，大潮垂向平均涨潮流流速为 40 cm/s，垂向平均落潮流流速为 52 cm/s；小潮汛时，涨潮流速强于落潮流速，小潮垂向平均涨潮流流速为 18 cm/s，垂向平均落潮流流速为 30 cm/s。

从实测最大流速来看，有实测大潮最大潮流流速大于小潮的变化特征。大潮汛时，落潮流速均强于涨潮流速，W8 测站大潮垂向平均的最大涨潮流流速为 87 cm/s，最大落潮流流速为 102 cm/s；小潮汛时，落潮流速均强于涨潮流速，W8 测站小潮垂向平均的最大涨潮流流速为 43 cm/s，最大落潮流流速为 61 cm/s。

三小时平均最大流速统计（表 6. 1 -5）表明：落潮流速强于涨潮流速，W8 测站垂向平均三小时平均最大涨潮流速为 7 cm/s，落潮流速为 85 cm/s。

如上述的特征流速统计所示，测区的实测最大涨潮流速为 94 cm/s，其对应流向为 224°；最大落潮流速为 110 cm/s，其对应流向为 55°；垂向平均的最大涨潮流流速为 87 cm/s，其对应流向为 214°；垂向平均的最大落潮流流速为 102 cm/s，其对应流向为 59°。总体来讲，测区的流速较大，落潮流流速大于涨潮流流速。

（2）潮流的空间分布特征

潮流的空间分布特征主要反映在潮流的平面及垂向的变化特征上。

从潮流的平面变化特征来看，W8 测站的流速较大。如大潮期垂向平均的平均流速，涨潮流流速为 40 cm/s，落潮流流速为 52 cm/s。大潮期垂向平均最大流速，涨潮流流速为 87 cm/s，落潮流流速为 102 cm/s。

各测站的最大流速一般出现在表层或 0. 2H 层，流速值随深度减小。

（3）流向分布特征

W8 测站涨、落流向为西南—东北向。依各潮汛变化来看，W8 测站最大涨、落潮流流向变化不大。如大、小潮的垂向平均的最大涨潮流流速对应的流向分别为214°、224°，最大落潮流流速对应的流向分别为59°、56°。

从三小时平均最大流速对应流向来看，W8 测站的垂向平均的三小时平均最大涨、落潮流速对应流向分别为224°和57°。

6.1.2.3 涨、落潮流历时

象山港海域无论夏季还是冬季，各个测站的涨潮流历时均长于落潮流历时（表6.1－6）。

表6.1－6 各测站大、小潮垂向平均的涨、落潮流历时

时间	站号	大潮				小潮			
		涨潮		落潮		涨潮		落潮	
		h	min	h	min	h	min	h	min
夏季	SW1	7	13	4	59	6	19	5	53
	SW2	7	0	4	59	7	21	4	55
	SW3	5	45	5	42	7	20	5	2
	SW4	6	45	5	41	6	32	6	0
冬季	W8	6	28	6	6	6	42	5	51

6.1.2.4 潮流分布

为了对象山港测站出现的所有流况在总体上有一个定量的了解，我们对测站的垂向平均流速进行了出现频次和频率的统计。象山港海域小于 1 kn 的流速出现频率最高，1～2 kn 的流速次之，大于 2 kn 的流速出现频率较小（表6.1－7）。

表6.1－7 各个测站垂向平均流速出现频次和频率

时间	站位	流速范围							
		$\bar{v} \leqslant 51$ cm/s		$52 < \bar{v} \leqslant 102$ cm/s		$102 < \bar{v} \leqslant 153$ cm/s		$\bar{v} > 153$ cm/s	
		$\bar{v} \leqslant 1$ kn		$1 < \bar{v} \leqslant 2$ kn		$2 < \bar{v} \leqslant 3$ kn		$\bar{v} > 3$ kn	
		出现频次	出现频率	出现频次	出现频率	出现频次	出现频率	出现频次	出现频率
夏季	SW1	65	86.7%	10	13.3%	0	0	0	0
	SW2	66	86.8%	10	13.2%	0	0	0	0
	SW3	62	83.8%	12	16.2%	0	0	0	0
	SW4	61	80.3%	15	19.7%	0	0	0	0
冬季	W8	39	75.0%	12	23.1%	1	1.9%	0	0

6.1.2.5 潮流类型

本节按《海洋调查规范》（GB/T 12763—2007）中潮流观测的准调和分析方法，依据各个测站的实测潮流资料进行分析计算，得出各个测站的潮流调和常数、潮流椭圆要素，从而判断潮流类型。

潮流类型以主要全日分潮流与半日分潮流椭圆长轴的比值 $F=(W_{O1}+W_{K1})/W_{M2}$ 来判别。有时，为了考察测区浅海分潮流的大小与作用，往往又将主要浅海分潮流 M4 椭圆长半

轴 W_{M4} 与 W_{M2} 之比 $G = W_{M4}/W_{M2}$ 作为判据，进行分析。

经对 W8 测站潮流资料的调和分析计算，表 6.1－8 中给出了 W8 测站各层次上潮流性质判据计算结果的统计 $(W_{O1}+W_{K1})/W_{M2}$ 之值是表征潮流类型的特征参数，按《海港水文规范》(JTS145－2013) 之规定，确定港区的潮流类型。

表 6.1－8　测区各站各层次上潮流性质判据计算结果统计

时间	测站	表层		0.2H		0.4H		0.6H		0.8H		底层		垂向平均	
		F	*G*	*F*	*G*	*F*	*G*	*F*	*G*	*F*	*G*	*F*	*G*	*F*	*G*
夏季	SW1	0.42	0.49	0.24	0.46	0.22	0.44	0.29	0.41	0.27	0.37	0.26	0.35	0.22	0.42
	SW2	0.24	0.45	0.22	0.45	0.18	0.47	0.07	0.53	0.04	0.56	0.23	0.53	0.10	0.49
	SW3	0.26	0.35	0.20	0.37	0.18	0.37	0.15	0.38	0.14	0.40	0.13	0.44	0.17	0.38
	SW4	0.27	0.35	0.17	0.35	0.17	0.33	0.20	0.32	0.21	0.29	0.22	0.34	0.18	0.33
冬季	W8	0.14	0.34	0.16	0.31	0.17	0.33	0.15	0.31	0.11	0.30	0.22	0.33	0.15	0.32

实测资料表明：

夏季，各测站各层的 $(W_{O1}+W_{K1})/W_{M2}$ 比值在 0.07～0.42 之间，均小于 0.5，说明这四个测站半日潮流占绝对优势，潮流流向和流速具有明显的半日周期变化，属于规则半日潮流。各测站各层次的 W_{M4}/W_{M2} 的值基本在 0.29～0.56 范围内，均大于 0.04，亦说明本水域受浅海分潮的影响比较显著。

冬季，W8 测站各层的 $(W_{O1}+W_{K1})/W_{M2}$ 比值在 0.11～0.22 之间，均小于 0.5，说明 W8 测站半日潮流占绝对优势，潮流流向和流速具有明显的半日周期变化，属于规则半日潮流。W8 测站各层次的 W_{M4}/W_{M2} 的值基本在 0.30～0.34 范围内，均大于 0.04，亦说明本水域受浅海分潮的影响比较显著。

因此，总体而论，W8 测站的潮流性质应属于不规则半日浅海潮流。

6.1.2.6　潮流运动形式

调查区以半日潮流为主，故以 M_2 分潮流的椭圆率 *K* 值来判别潮流的运动形式，值小，说明往复流形式显著；反之，说明旋转流特征强烈。同时按规定，当 *K* 值为正时，潮流呈逆时针向旋转；*K* 值为负时，呈顺时针向旋转。经计算各站 M_2 分潮流的椭圆率 *K* 值见表 6.1－9。

表 6.1－9　M_2 分潮流的 *K* 值统计

时间	测站	表层	0.6H	0.6H	0.6H	0.6H	底层	垂向平均
夏季	SW1	0.01	0.01	0.00	0.02	0.04	0.08	0.02
	SW2	0.06	0.02	0.00	0.03	0.10	0.17	0.05
	SW3	0.26	0.09	0.00	0.00	0.01	0.02	0.05
	SW4	0.04	0.05	0.07	0.09	0.10	0.12	0.07
冬季	W8	0.07	0.11	0.12	0.15	0.15	0.19	0.13

由表 6.1－9 可以看出，各个测站 *K* 值在 0.01～0.26 之间，潮流有着明显的往复流特征。

6.1.2.7　余流

余流乃指剔除了周期性变化的潮流之后的一种相对稳定的流动。然而由于受分析方法和计算资料序列的限制，表6.1-10和表6.1-11列出的余流值仍可能包含部分尚未被分离的潮流成分，但其结果仍可表征某些统计性的规律。

表6.1-10 2011年夏季各测站余流大、小潮统计

测站	层次	大潮		小潮		测站	层次	大潮		小潮	
		流速/(cm/s)	流向/(°)	流速/(cm/s)	流向/(°)			流速/(cm/s)	流向/(°)	流速/(cm/s)	流向/(°)
SW1	表层	4.2	204	6.2	182	SW3	表层	22.1	195	11.2	211
	0.2H	6.0	208	3.5	194		0.2H	10.4	196	5.3	203
	0.4H	6.6	219	3.6	202		0.4H	3.7	199	0.4	219
	0.6H	7.6	225	3.7	208		0.6H	2.4	179	2.5	228
	0.8H	7.2	231	3.9	220		0.8H	3.5	216	3.6	224
	底层	6.0	211	3.9	214		底层	3.4	215	3.1	208
	平均	6.5	218	3.9	204		平均	6.6	199	3.8	217
SW2	表层	7.8	256	7.3	223	SW4	表层	13.0	219	7.3	205
	0.2H	4.8	280	5.2	236		0.2H	12.5	220	3.0	213
	0.4H	1.2	314	0.6	244		0.4H	9.1	223	2.1	217
	0.6H	1.6	298	3.1	251		0.6H	7.0	225	3.7	222
	0.8H	4.6	271	3.6	265		0.8H	5.8	236	5.5	219
	底层	4.4	319	3.6	250		底层	4.4	216	5.2	218
	平均	3.7	290	3.6	246		平均	8.6	224	4.1	216

①2011年夏季，平均余流为5.4 cm/s；2011年12月，平均余流为7.6 cm/s。

②2011年夏季，最大余流出现在SW3测站大潮的表层，值为22.1 cm/s，流向为195°；2011年12月，最大余流出现在大潮的表层，值为15.9 cm/s，流向为90°。

③各测站余流有大潮较大，小潮较小的特性。

④夏季，各测站各层次余流的方向与涨潮流方向基本一致；冬季，余流的方向与落潮流方向基本一致。

⑤SW4、W8测站余流最大，SW1、SW3测站次之，SW2测站余流最小，越靠近外海，余流越大。

表6.1-11 2011年冬季各测站余流大、小潮统计

测站	层次	大潮		小潮	
		流速/(cm/s)	流向/(°)	流速/(cm/s)	流向/(°)
W8	表层	15.9	90	12.4	89
	0.2H	14.5	83	9.7	80
	0.4H	9.3	78	9.8	81
	0.6H	6.0	70	4.5	62
	0.8H	4.7	19	5.2	28
	底层	3.8	63	6.5	357
	平均	8.2	75	7.0	67

6.2 温排水三维水动力数值模型

6.2.1 模式简介

象山港海域三维温排水扩散模型选取 FVCOM 作为水动力模式。其采用有限体积法原理和有限元法无结构网格构造模型，既具有有限元易于拟合岸界和局部加密的特点，对于复杂岸线海域以及电厂温排水模型等精细化动力和物质输运过程的刻画具有明显的优势，又兼顾有限体积法差分计算离散简洁、守恒性好等优点，计算效率高。

FVCOM 模式三维水动力控制方程组如下：

$$\frac{\partial \zeta}{\partial t} + \frac{\partial Du}{\partial x} + \frac{\partial Dv}{\partial y} + \frac{\partial \omega}{\partial \sigma} = 0 \tag{6.2-1}$$

$$\frac{\partial uD}{\partial t} + \frac{\partial u^2 D}{\partial x} + \frac{\partial uvD}{\partial y} + \frac{\partial u\omega}{\partial \sigma} - fvD$$

$$= -gD\frac{\partial \zeta}{\partial x} - \frac{gD}{\rho_0}\left[\frac{\partial}{\partial x}\left(D\int_\sigma^0 \rho d\sigma'\right) + \sigma\rho\frac{\partial D}{\partial x}\right] + \frac{1}{D}\frac{\partial}{\partial \sigma}\left(K_m\frac{\partial u}{\partial \sigma}\right) + DF_x, \tag{6.2-2}$$

$$\frac{\partial vD}{\partial t} + \frac{\partial uvD}{\partial x} + \frac{\partial v^2 D}{\partial y} + \frac{\partial v\omega}{\partial \sigma} - fuD$$

$$= -gD\frac{\partial \zeta}{\partial y} - \frac{gD}{\rho_0}\left[\frac{\partial}{\partial y}\left(D\int_\sigma^0 \rho d\sigma'\right) + \sigma\rho\frac{\partial D}{\partial y}\right] + \frac{1}{D}\frac{\partial}{\partial \sigma}\left(K_m\frac{\partial v}{\partial \sigma}\right) + DF_y, \tag{6.2-3}$$

$$\frac{\partial \theta D}{\partial t} + \frac{\partial \theta uD}{\partial x} + \frac{\partial \theta vD}{\partial y} + \frac{\partial \theta\omega}{\partial \sigma} = \frac{1}{D}\frac{\partial}{\partial \sigma}\left(K_h\frac{\partial \theta}{\partial \sigma}\right) + D\hat{H} + DF_\theta, \tag{6.2-4}$$

$$\frac{\partial sD}{\partial t} + \frac{\partial suD}{\partial x} + \frac{\partial svD}{\partial y} + \frac{\partial s\omega}{\partial \sigma} = \frac{1}{D}\frac{\partial}{\partial \sigma}\left(K_h\frac{\partial s}{\partial \sigma}\right) + DF_s, \tag{6.2-5}$$

$$\frac{\partial q^2 D}{\partial t} + \frac{\partial q^2 uD}{\partial x} + \frac{\partial q^2 vD}{\partial y} + \frac{\partial q^2 \omega}{\partial \sigma} = 2D(P_s + P_b - \varepsilon) + \frac{1}{D}\frac{\partial}{\partial \sigma}\left(K_q\frac{\partial q^2}{\partial \sigma}\right) + DF_q, \tag{6.2-6}$$

$$\frac{\partial q^2 D}{\partial t} + \frac{\partial q^2 luD}{\partial x} + \frac{\partial q^2 lvD}{\partial y} + \frac{\omega}{D}\frac{\partial q^2 l\omega}{\partial \sigma} = lE_1 D\left(P_s + P_b - \frac{\tilde{W}}{E_1}\varepsilon\right) + \frac{1}{D}\frac{\partial}{\partial \sigma}\left(K_q\frac{\partial q^2 l}{\partial \sigma}\right) + DF_l, \tag{6.2-7}$$

$$\rho = \rho(\theta, s)。 \tag{6.2-8}$$

FVCOM 模式采用有限体积法离散计算控制方程组，时间积分采用 4 阶 - 荣格库塔法，整合 Mellor - Yamada 的 2.5 阶湍流闭合模型和 MPDATA 物质输运平流项（包括温度、盐度的平流项）计算方法；模式采用分外模分裂算子法计算，内模时间步长较大，计算三维温度、盐度和流速，外模时间步长较小，计算垂向平均二维流速和水位。

6.2.2 模式设置及验证

6.2.2.1 模式设置

采用三维 FVCOM 数值模式，建立了包括国华电厂和乌沙山电厂的象山港海域水动力数值模式，以计算温升变化。模式垂向均匀分 9 层。模式采用的网格范围包括了象山港及其外部海域，水位开边界位置避开了海岛以防止边界效应（图 6.2－1）。网格在象山港海域作了局部加密，在国华电厂和乌沙山电厂附近的网格密度尤其高（图 6.2－2～图 6.2－4），最小网格的边长约 15 m。

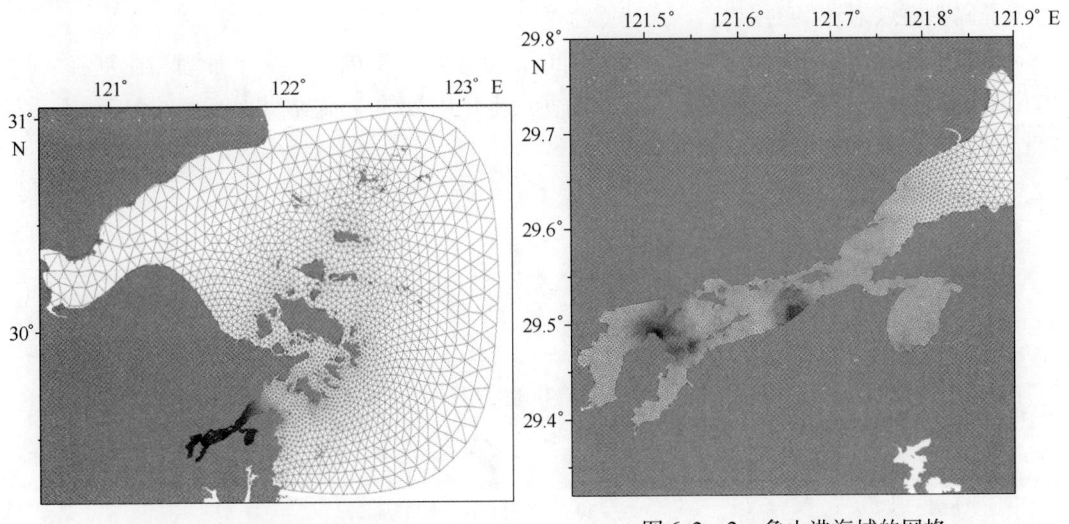

图 6.2－1　模式的网格

图 6.2－2　象山港海域的网格

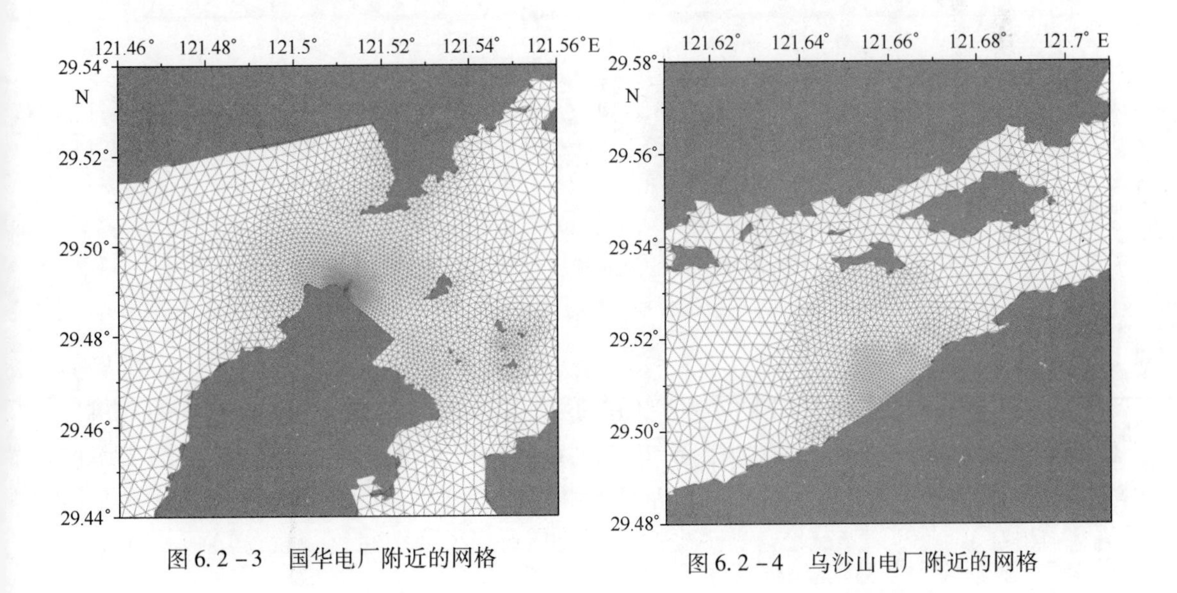

图 6.2－3　国华电厂附近的网格

图 6.2－4　乌沙山电厂附近的网格

模式的外模时间步长设为 0.1 s，内模时间步长设为 1 s。外海开边界给出了 16 个分潮（M2、S2、N2、K2、K1、O1、P1、Q1、MU2、NU2、T2、L2、2N2、J1、M1、OO1）的调和常数以计算开边界水位。

6.2.2.2 模型率定

1)流速率定

在2010年12月29—30日(小潮)和2011年1月4—5日(大潮)期间,曾对国华电厂和乌沙山电厂附近作过现场水文观测,观测站位置为国华电厂附近的wm1站和乌沙山电厂附近的wm2站(图6.2-7)。

模式率定过程中,根据象山港水域基岩质海底的特性,适当减小了底摩擦系数。两个电厂附近建有码头,具有一定阻水作用,所以在码头所在位置,通过适当减小水深的方法概化考虑了码头桥墩对流场的影响。

模式的流速率定结果见图6.2-5和图6.2-6。象山港内主要为半日潮和往复流,国华电厂附近的wm1站最大流速接近1 m/s,乌沙山电厂附近的wm2站最大流速约1.3 m/s。计算结果与实测值基本相符。

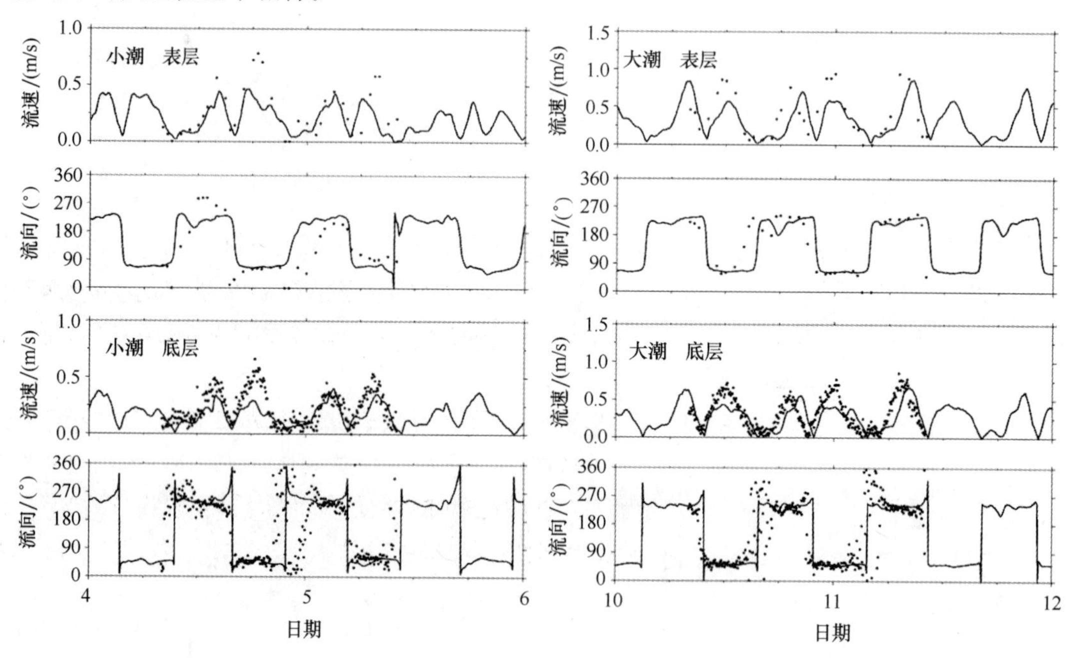

图6.2-5 wm1测站流速、流向率定结果(点为实测,线为计算)

2)水位验证

根据六横岛和乌沙山长期水位测站2010年12月和2011年1月期间的实测水位资料,验证计算的水位。水位测站位置见图6.2-7。图6.2-8和图6.2-9为验证结果,其中点为实测值,线为计算值。除了乌沙山测站在低潮时略有偏差外,模式的水位计算结果与实测值基本相符。

6.2.3 流场分布特征

采用率定验证后的象山港海域FVCOM三维数值模式,对冬、夏季象山港流场进行模拟。

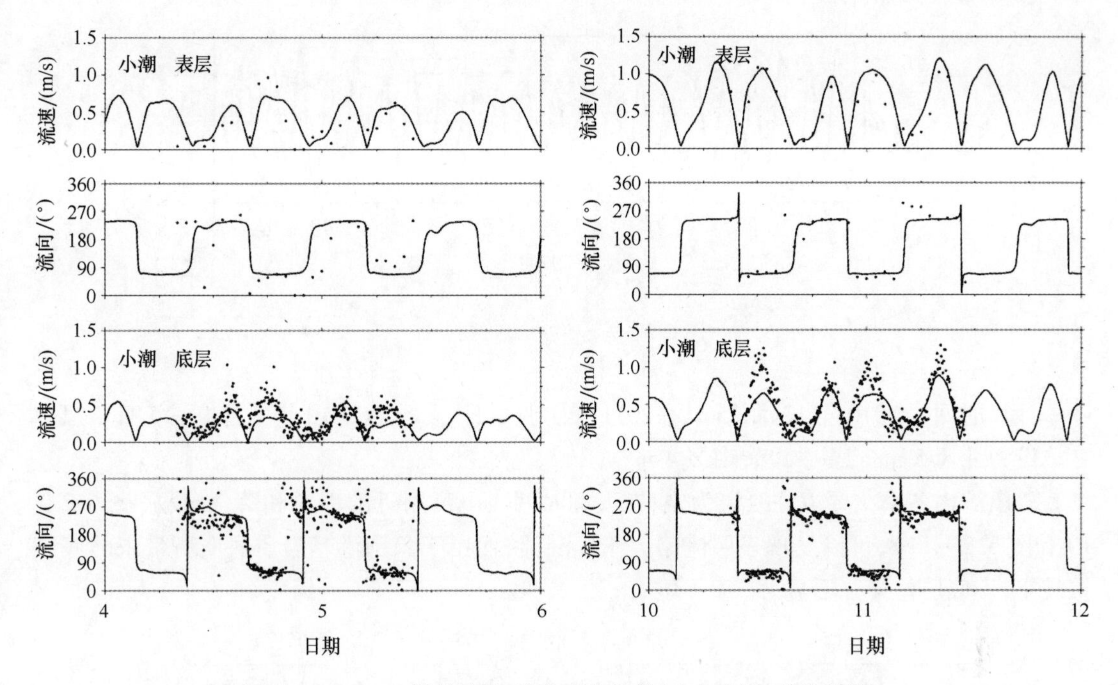

图 6.2－6　wm2 测站流速、流向率定结果(点为实测,线为计算)

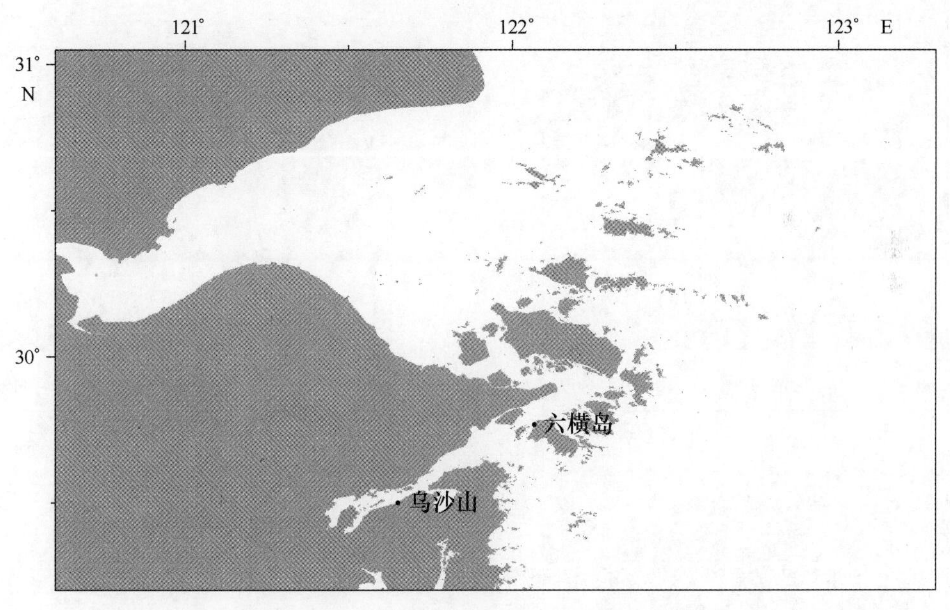

图 6.2－7　乌沙山和六横岛水位测站位置

图 6.2－8　六横岛水位验证

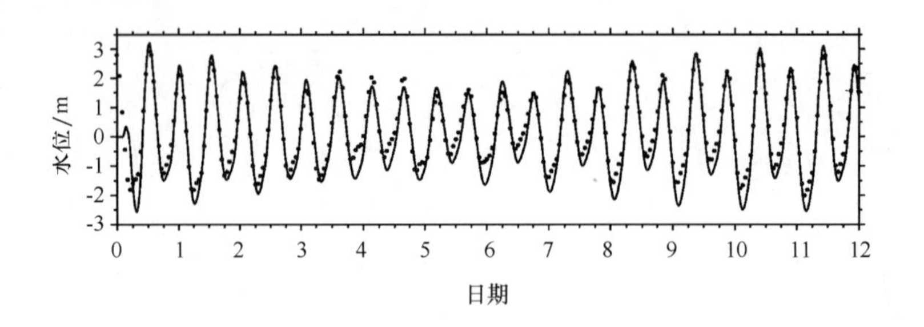

图 6.2-9　乌沙山水位验证

冬季计算时间为 2010 年 12 月 25 日—2011 年 1 月 6 日，夏季为 2010 年 7 月 1—15 日。风速冬季设为北风 5 m/s、夏季设置南风 4 m/s。

象山港内冬季主要以往复流为主，在大潮时两大电厂附近的涨急和落急流场（图 6.2-10 和图 6.2-11），可以发现表层流略大于底层流，而由于象山港基岩质底质所带来的底摩擦较小，表底层差异并不显著。

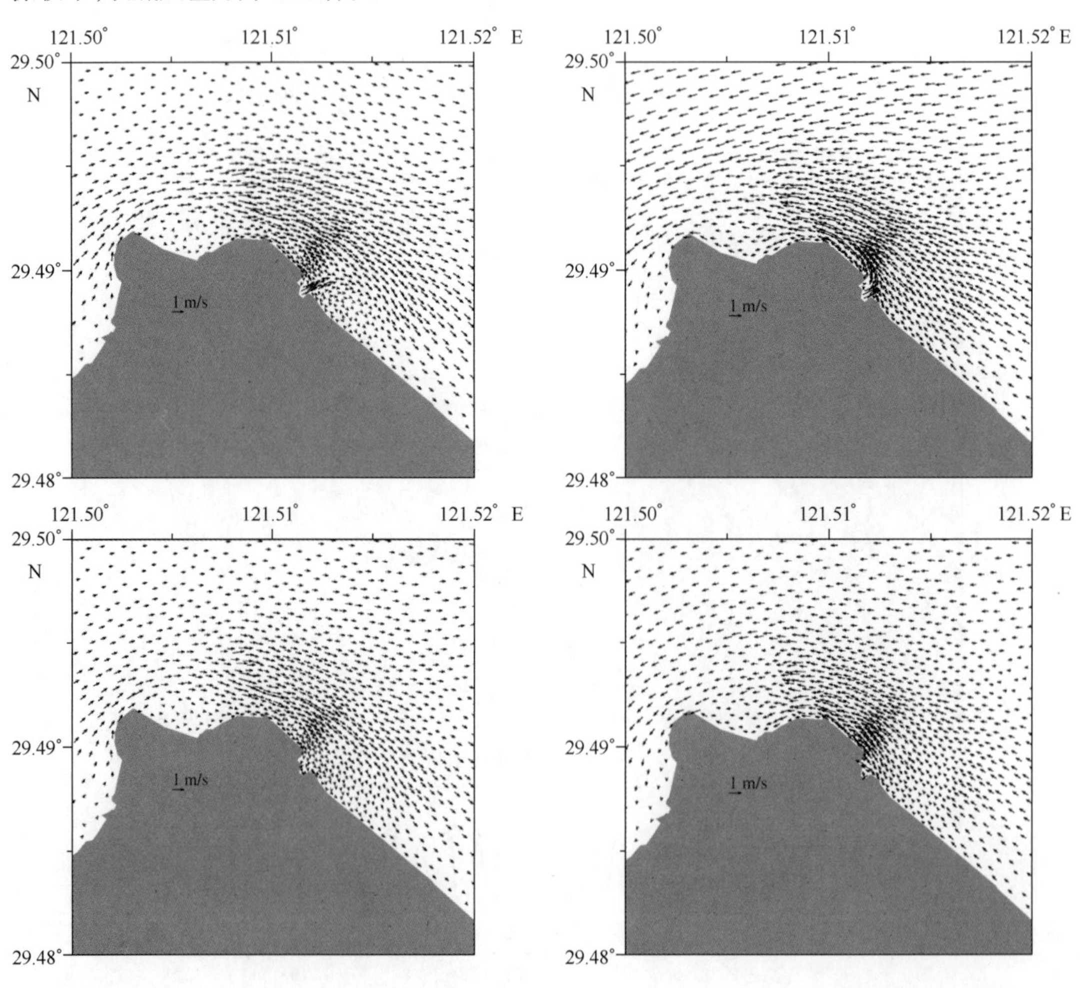

图 6.2-10　国华宁海电厂附近大潮落急（左）和涨急（右）表（上）底（下）层流场

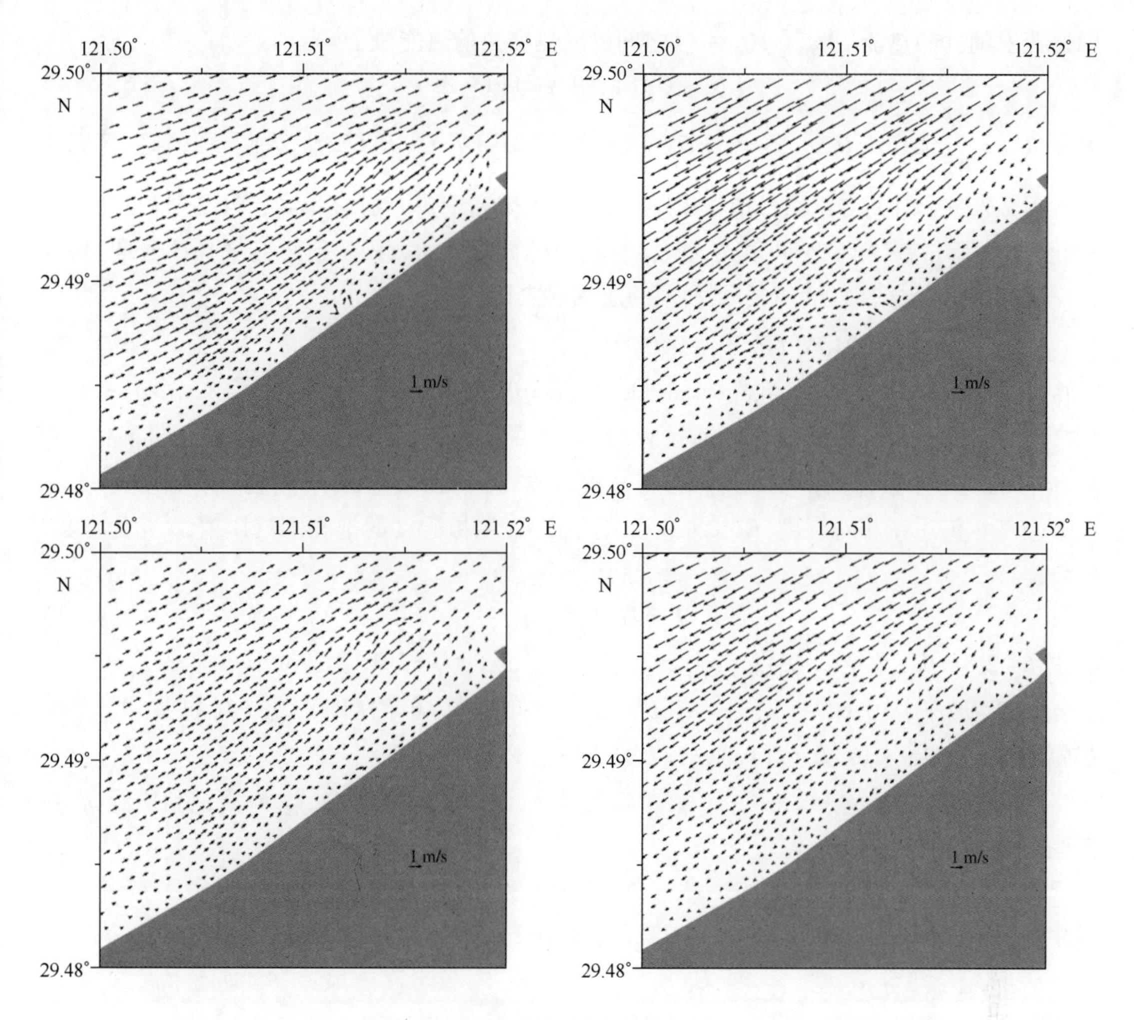

图 6.2－11　乌沙山电厂附近大潮落急（左）和涨急（右）表（上）底（下）层流场

6.3　温排水海气热通量模型

6.3.1　模型介绍

海表面和水体内部存在热通量交换，所以需要确定海表面热通量的计算方案。不少温排水模式采用海表面综合散热系数来概化计算水体对大气的失热过程，这样的处理未能体现真实的海表面热通量过程，且无法体现昼夜和不同季节的差异，仅适用于精度要求不高的场合。所以在此采用了《物理海洋学》（叶安乐，1992）中介绍的热通量计算方法，将其引入到模式中，同时在对太阳辐射计算的过程中体现了昼夜和季节变化。

热通量计算要用到气象和水温资料。海表面热通量为：$Q_\theta = Q_s - Q_b - Q_e - Q_h$，单位为 W/m^2。其中，$Q_\theta$ 河水吸收的净热能，Q_s 通过河面进入水体的辐射能，Q_b 有效回辐射，Q_e

河水蒸发消耗的热能(潜热),Q_h 水气之间的显热交换的热能(感热)。

$$Q_s - Q_{s0}(1-0.7C)(1-As) \tag{6.3-1}$$

其中,$Q_{s0}=\frac{S}{E_R}\max(\sin H,0)$,$S=1\ 367(\mathrm{W/m^2})$,$As=0.07$,$C=0.67$,$Q_{s0}$ 为晴空时到达河面的总辐射,通过随时间变化的日地订正距离 E_R 和太阳高度角 H 计算得到,考虑了昼夜和季节变化。S 太阳常数(单位时间射达大气上界的单位面积上的太阳辐射总能量),C 云量,As 反射率(从河面反射的辐射与入射到河面的总辐射之比)。

$$Q_b = 0.94\sigma T^4(0.39-0.005\sqrt{e_z})(1-kC^2)+3.76\sigma T^3(\theta_w-\theta_z) \tag{6.3-2}$$

其中,$\sigma=5.670\ 51\times10^{-8}$,单位($\mathrm{Wm^{-2}K^{-4}}$),$k=0.59+0.005(\varphi-20°)$,$e_z=fE$,$E=E_0\times 10^{a*t/(b+t)}$,$E_0=6.11\times10^2$,单位(Pa),$a=7.45$,$b=235$,$C=0.67$。$\sigma$ 为 Stefan - boltzman 常数,k 云的阻拦系数,φ 地理纬度,θ_z 参考高度气温,θ_w 海面水温,T 空气热力学温度,e_z 参考高度空气水汽压,f 相对湿度,E 水面饱和水汽压,E_0 零摄氏度的饱和水汽压值,a、b 为常数,C 云量。

$$Q_e = L\rho_a C_e U_z(q_w-q_z) \tag{6.3-3}$$

其中,$L=2.5\times10^6$,单位(J/kg);$\rho_a=1.292$,单位($\mathrm{kg/m^3}$);$U_z=2.9$,单位(m/s);$C_e=1.3\times10^{-3}$;$q_w=0.622E/p$;$q_z=0.622e_z/p$,$e_z=fE$,$E=E_0\times10^{a*t/(b+t)}$,单位(Pa),$E_0=6.11\times10^2$,单位(Pa),$p=1.005\ 9\times10^5$ 单位(Pa),$a=7.45$,$b=235$。

L 比蒸发潜热,ρ_a 空气密度,U_z 参考高度风速,C_e 水汽输送系数,q_w 海面饱和比湿,q_z 参考高度比湿,p 空气压强。

$$Q_h = C_p\rho_a C_h U_z(\theta_w-\theta_z) \tag{6.3-4}$$

其中,$C_p=1.005\times10^3$,单位(J/kg·℃);$\rho_a=1.292$,单位($\mathrm{kg/m^3}$);$C_h=1.3\times10^{-3}$。

C_p 比定压热容,ρ_a 空气密度,C_h 块体交换系数,U_z 参考高度风速,θ_w 海面水温,θ_z 参考高度气温。

在象山港海域,根据历史实测资料设定部分系数的取值。

象山港区空气湿润,各测站多年平均相对湿度为 0.80~0.81,而 1993 年和 1994 年国华电厂附近的强蛟海洋站测得年均相对湿度为 0.79 与 0.83,年内峰值出现在 4—6 月,月平均相对湿度 0.86。冬季干燥,1 月、2 月的月平均相对湿度为 0.77。根据这一情况,模式热通量系数中相对湿度 f 在冬季取 0.77,夏季取 0.85。

象山港沿岸各气象站多年平均气温在 16.3~17.1℃,季节变化明显,最冷的 1 月平均气温为 4.2~5.5℃,最热的 7 月平均气温为 27.6~28.1℃。据此,冬季气温设为 4.8℃,夏季设为 27.6℃。

6.3.2 模型建立和验证

6.3.2.1 模型设置

在电厂排水口位置(图 6.3-1)设置径流以考虑表层温排水,同时在取水口设置与排水等量的底层取水。其中,国华电厂的温排水量为冬季 40 $\mathrm{m^3/s}$、夏季 80 $\mathrm{m^3/s}$,乌沙山电厂为 52 $\mathrm{m^3/s}$,排水温升均为 8℃,即排水水温等于取水水温加 8℃。

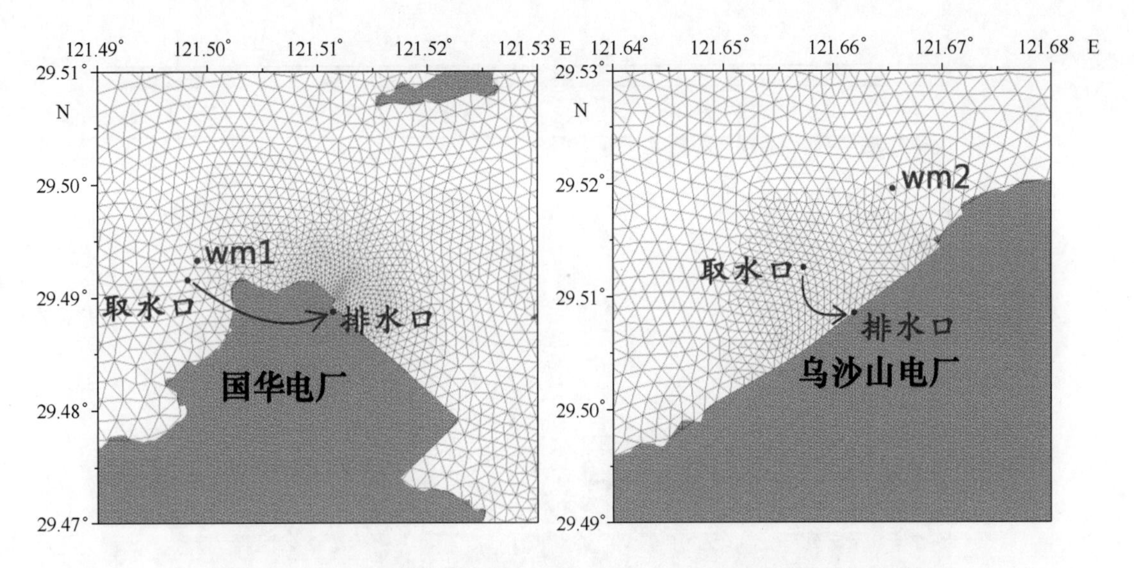

图 6.3－1　电厂附近的测站 wm1 和 wm2 的位置和电厂取排水口位置

验证试验的计算时间均为 2010 年 12 月 25 日—2011 年 1 月 6 日。根据象山港冬季的特征设置模式。风场采用乌沙山海洋站的实测海面风速资料。温度初始场取自海洋图集编委会(1991)冬季 12 月多年月平均的结果(图 6.3－2 和图 6.3－3)。盐度初始场取 25 均匀场。模式中计算斜压梯度力,考虑了斜压的影响。

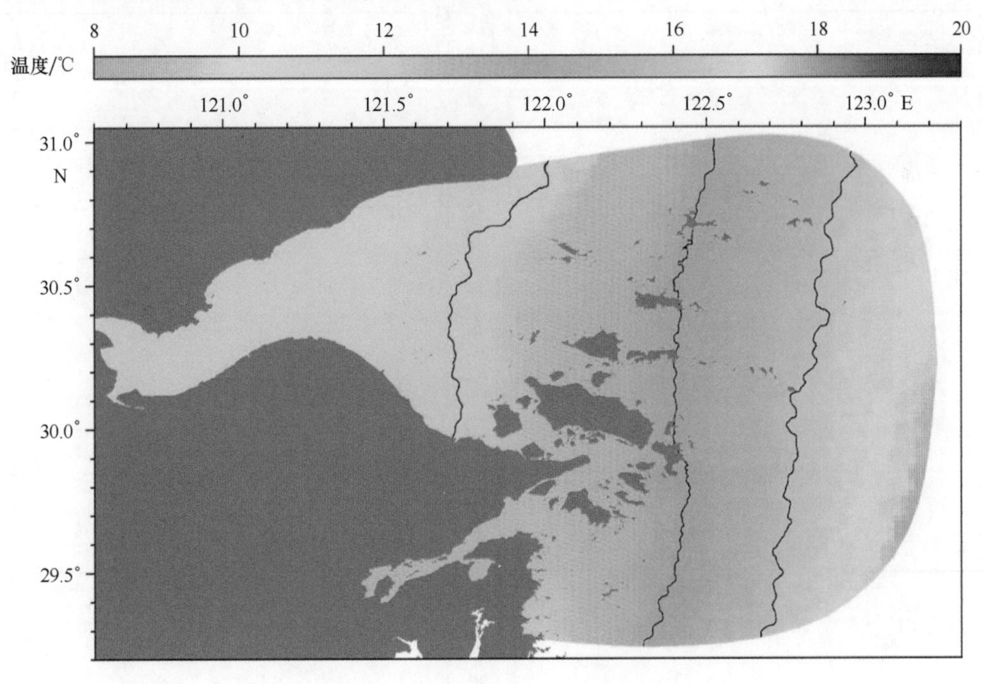

图 6.3－2　冬季表层温度初始场

6.3.2.2　模型验证

2010 年 12 月 29—30 日(小潮)和 2011 年 1 月 4—5 日(大潮)期间的 wm1 和 wm2 测站

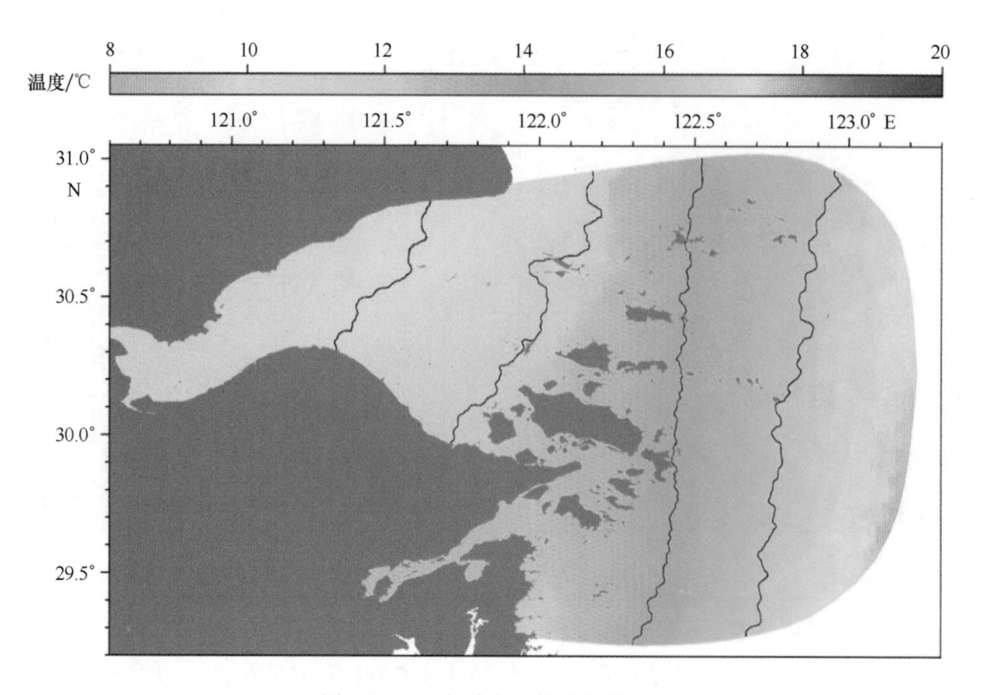

图 6.3－3　冬季底层温度初始场

的测量内容包括水温，故用此资料验证水温模式（图 6.3－4 和图 6.3－5）。

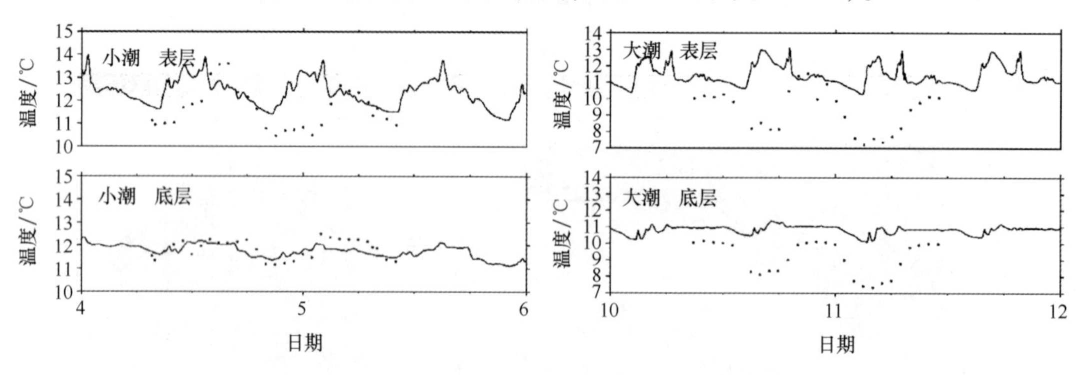

图 6.3－4　wm1 测站温度验证结果（点为实测，线为计算）

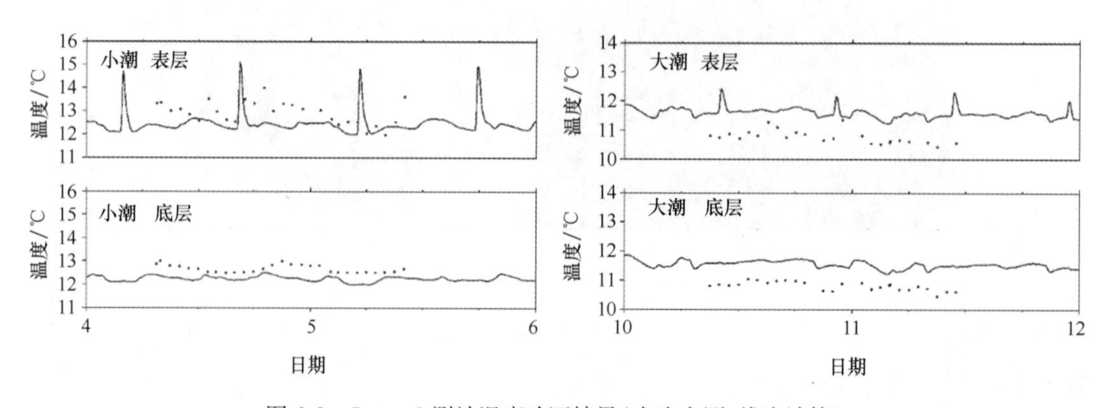

图 6.3－5　wm2 测站温度验证结果（点为实测，线为计算）

温度在这一时间段中呈不断下降的趋势，模式基本再现了这一变化趋势，同时表层温度波动比底层大的特点也得以体现。总体上看，模式计算的温度变化把握了实际的温度变化趋势，表明热通量的计算是有效的。

6.4 象山港电厂群温排水温升影响分析和讨论

本次电厂温排水温升计算采用浑水模型法，即为采用率定验证后的象山港海域 FVCOM 三维数值模式，进行冬季和夏季象山港电厂温排水排放有、无两种情况模拟计算，将计算后温度场直接相减，得到海域电厂温排水排放后造成的海域温升。

冬季模式计算的时间段为 2010 年 12 月 1 日—2011 年 2 月 15 日，共 91 天；夏季模式计算的时间段为 2010 年 7 月 1 日—9 月 6 日，共 81 天。

模式共设置 8 个试验，含义如表 6.4－1 所示。

表 6.4－1　数值试验名称

时间	无排放	两大电厂同时排放	仅国华电厂排放	仅乌沙山电厂排放
冬季	A0	A1	A2	A3
夏季	B0	B1	B2	B3

两大电厂的冬季温升值通过试验 A1 的温度场减去试验 A0 的即可（方便起见记为 A1－A0），而 A2－A0 则得到冬季仅国华电厂排放造成的温升，A3－A0 为仅乌沙山电厂造成的温升，夏季依此类推。

冬季、夏季的模式基本参数设置如表 6.4－2 所示［其中初始水温取自（海洋图集编委会，1991）］。

表 6.4－2　数值试验参数基本设置

时间	计算时间段	风场/（m/s）	初始水温	初始盐度
冬季	2010－12－01—2011－02－15	北风 5	12 月多年月平均	25
夏季	2010－07－01—2011－09－06	南风 4	7 月多年月平均	25

两大电厂的排水温升均为 8℃，国华电厂温排水量冬季为 40 m^3/s，夏季为 80 m^3/s；乌沙山电厂冬、夏季均为 52 m^3/s。

冬季和夏季的温度初始场取自（海洋图集编委会，1991），冬季的初始温度表底层分布为图 6.4－5 和图 6.4－6，夏季的初始温度表底层分布为图 6.4－1 和图 6.4－2。

6.4.1 象山港电厂群温排水温度场分布

6.4.1.1 冬季

输出冬季考虑两大电厂排放的试验 A1 的温度场，以观察其在象山港内的分布变化。在

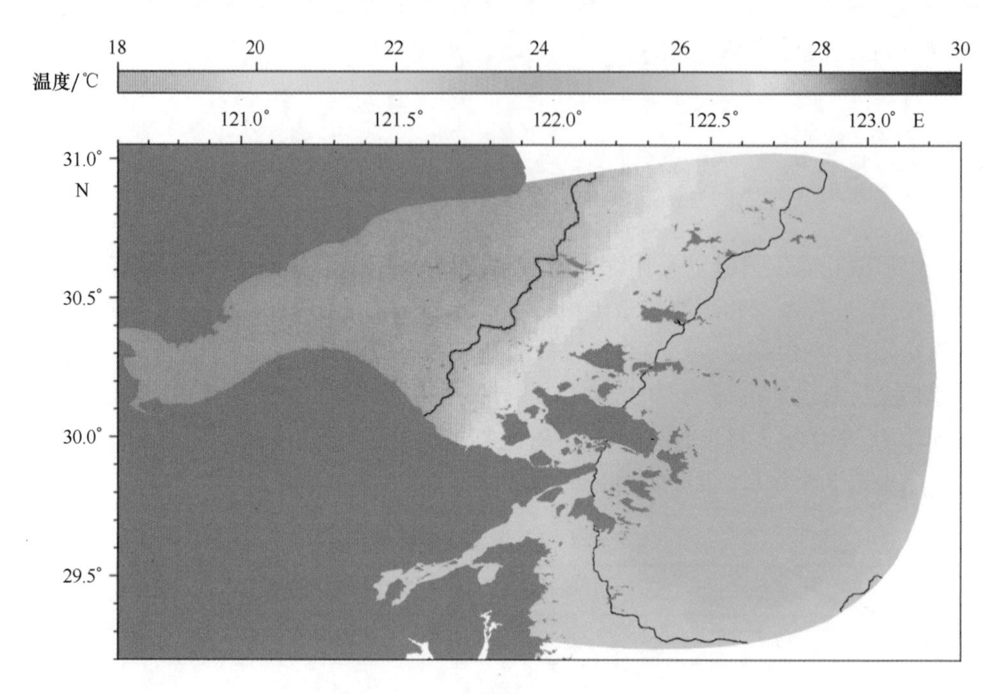

图 6.4－1　夏季表层温度初始场

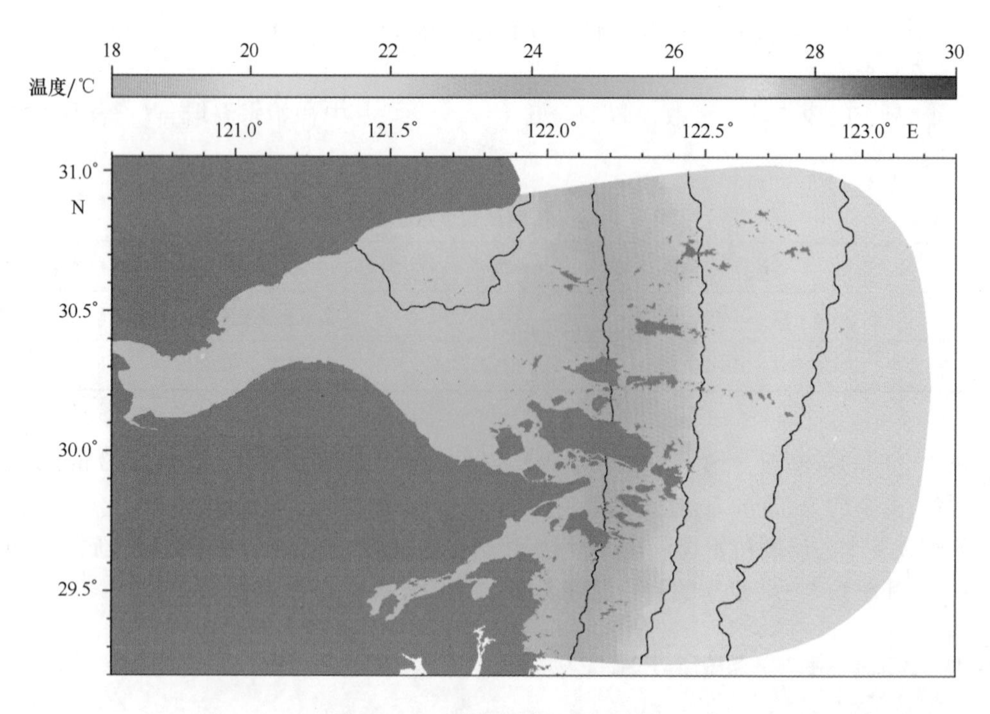

图 6.4－2　夏季底层温度初始场

模式 79 ~ 80 d 之间的大潮时段,涨憩、落急、落憩、涨急时刻的表底层温度场平面分布如图6.4 – 3 ~ 图 6.4 – 6 所示。在象山港内部水深较浅的浅滩区域,由于失热相对较快,所以温度较低,在落潮时会形成较强的温度锋面。表底层温度较为接近,其中在国华电厂和乌沙山电厂排水口附近温度较高,且表层高于底层,这是由电厂温排水所造成的。从图中可以发现在涨急和落急时,高温水的扩展范围较大,而涨憩和落憩时则仅聚集在电厂排水口附近不远的范围内。

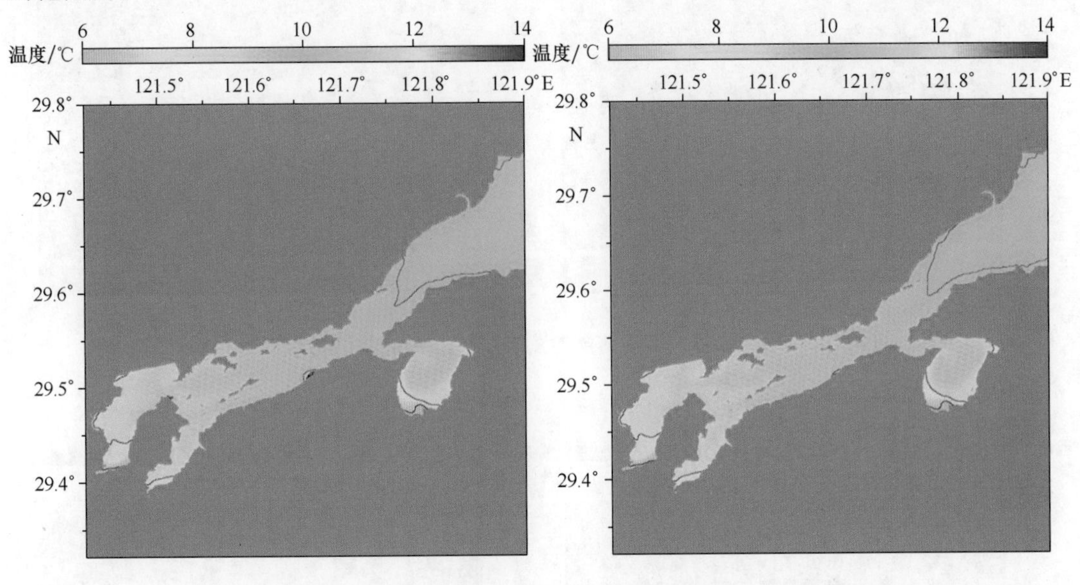

图 6.4 – 3　象山港内冬季涨憩时刻表层(左)和底层(右)温度分布

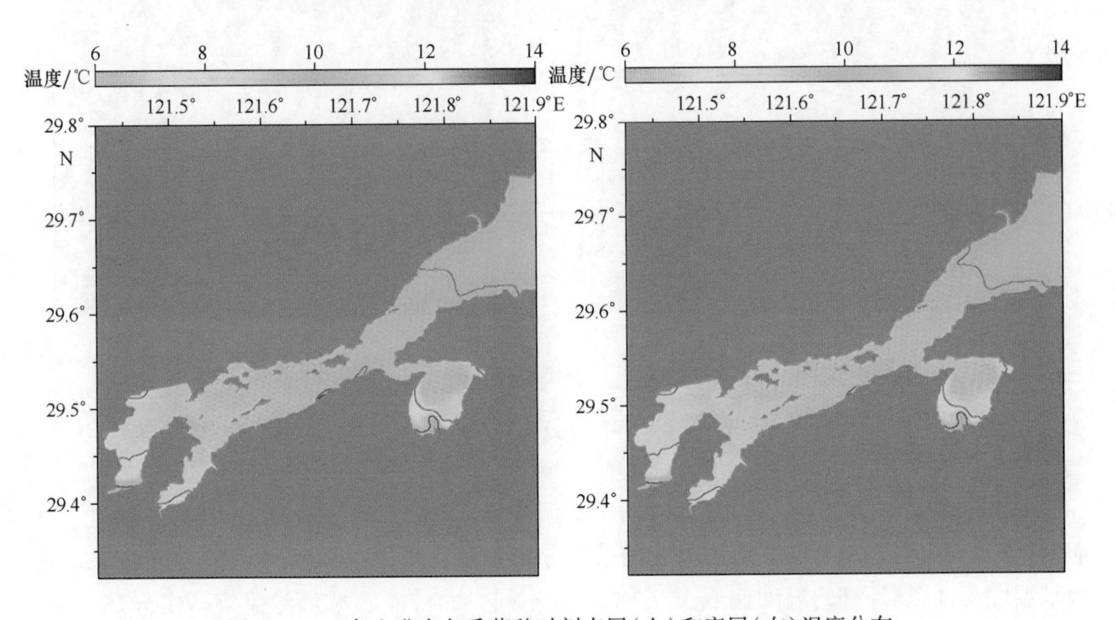

图 6.4 – 4　象山港内冬季落憩时刻表层(左)和底层(右)温度分布

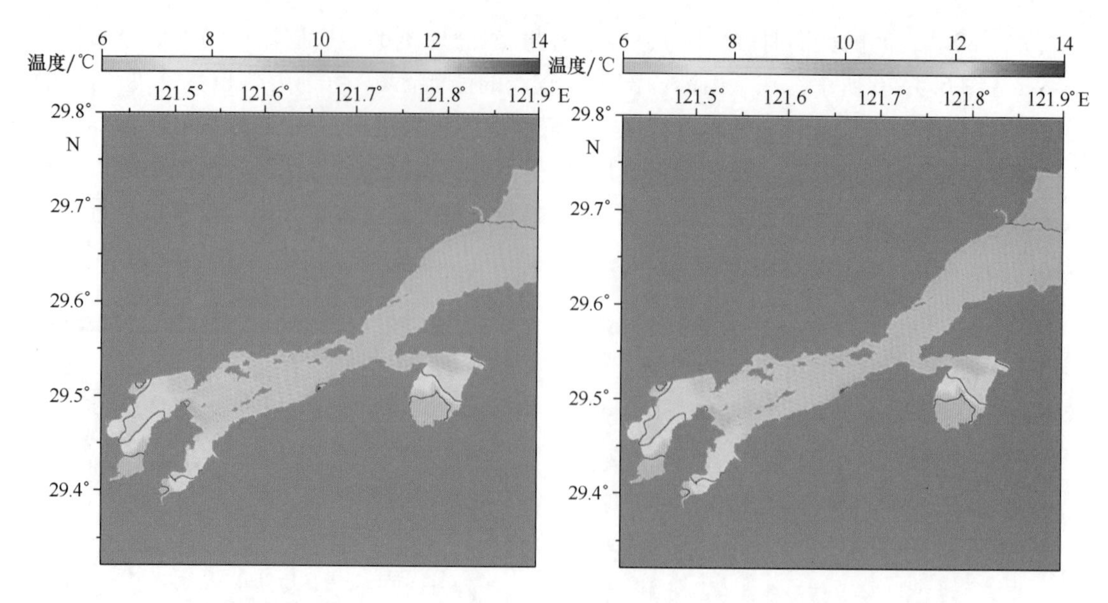

图 6.4－5　象山港内冬季落憩时刻表层(左)和底层(右)温度分布

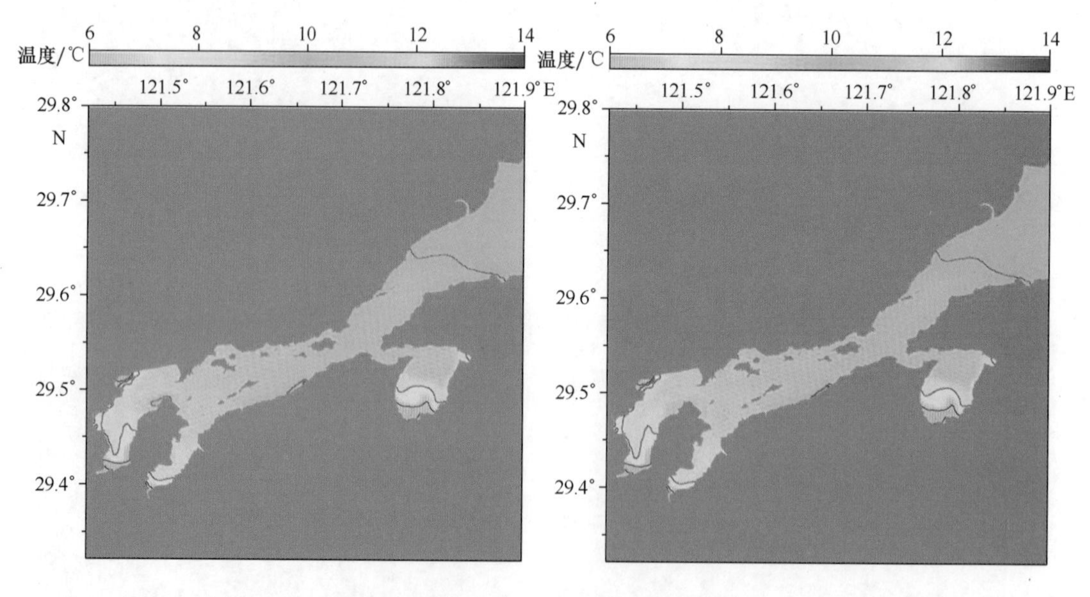

图 6.4－6　象山港内冬季涨憩时刻表层(左)和底层(右)温度分布

6.4.1.2　夏季

输出夏季考虑两大电厂排放的试验 B1 的温度场,在模式 70～72 d 之间的大潮时段,涨憩、落急、落憩、涨急时刻的表底层温度场平面分布如图 6.4－7～图 6.4－10 所示。象山港内部温度偏高,靠外部的温度偏低,与冬季略有不同。而浅滩区域仍然会有一定失热现象,形成局部低温。表底层温度较为接近,其中在国华电厂和乌沙山电厂排水口附近温度较高,且表层高于底层。

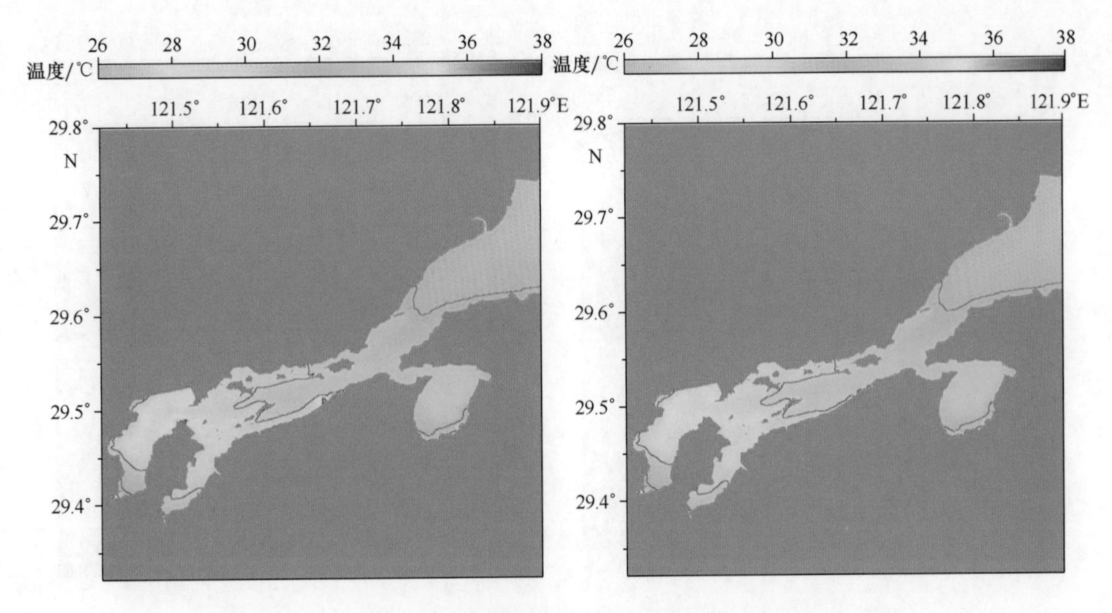

图 6.4－7　象山港内夏季涨憩时刻表层(左)和底层(右)温度分布

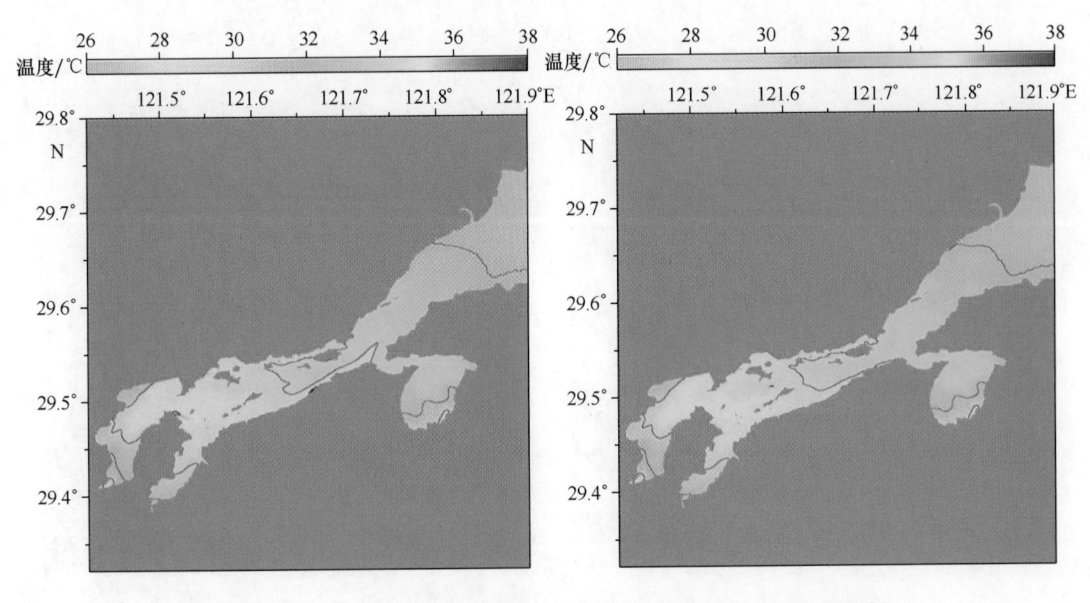

图 6.4－8　象山港内夏季落憩时刻表层(左)和底层(右)温度分布

6.4.2　象山港电厂群温排水温升场分布

对有无温排试验的温度场相减，得到两大电厂温排放情况下的温升分布场(A1－A0)，仅考虑国华电厂温排放的温升场(A2－A0)和仅考虑乌沙山电厂温排放的温升场(A3－A0)。同样在模式 79～80 d 之间的大潮时段，选取涨急和落急时刻作平面分布图和垂向断面分布图。

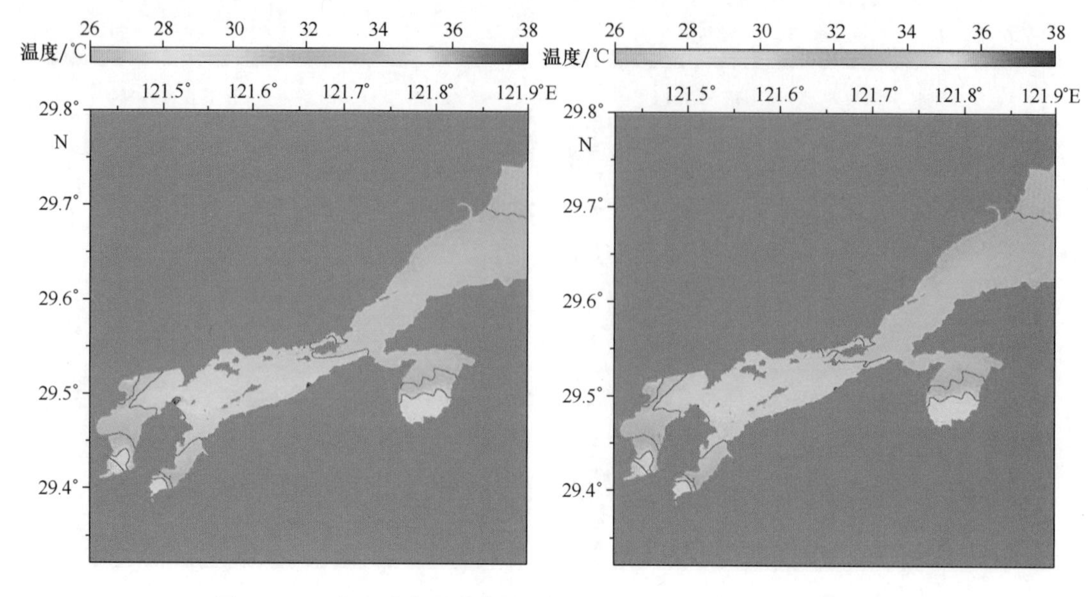

图6.4-9　象山港内夏季落憩时刻表层(左)和底层(右)温度分布

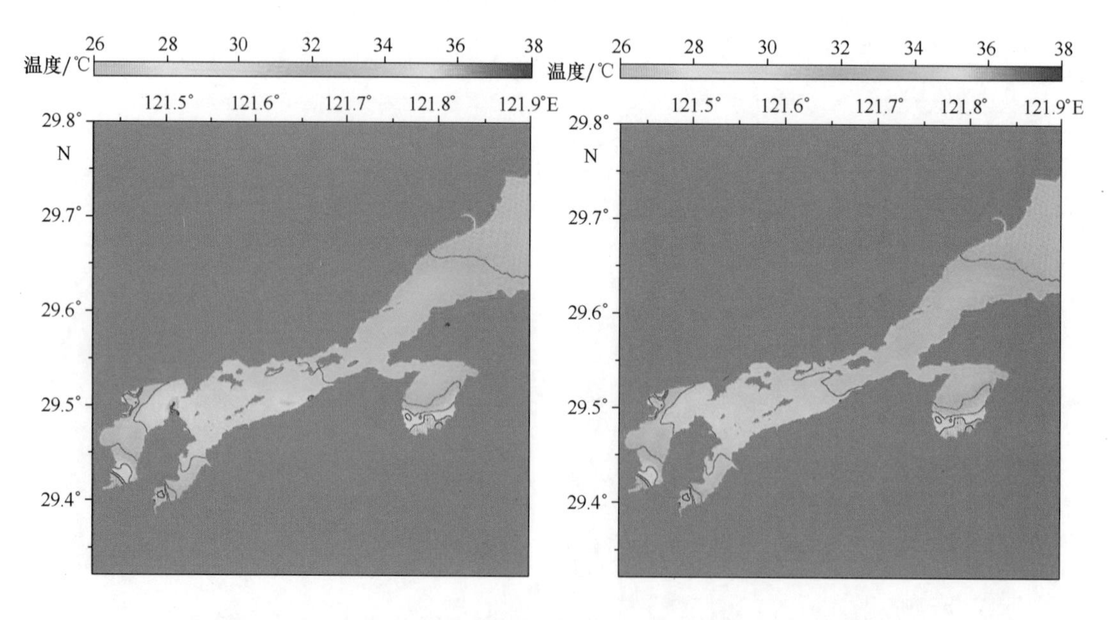

图6.4-10　象山港内夏季涨憩时刻表层(左)和底层(右)温度分布

6.4.2.1　冬季

图6.4-11和图6.4-12为考虑两大电厂温排放(A1-A0)的表底层平面温升分布图(平面温升场的等值线均为每1℃作一根)。由于连续温排放的累积效应,象山港内大部分区域均产生了0.5℃左右的温升,表层温升略大于底层温升,在港口处向港外温升减小。超过1℃的温升范围主要集中在两大电厂附近,其中表层略大于底层。超过2℃的温升范围,表层比底层显著更大,说明电厂温排水排出后主要浮于表层。涨急时温升范围向上游扩展,落急时向下游扩展。图6.4-13和图6.4-14为仅考虑单独电厂温排放的表

层温升场(A2 - A0 和 A3 - A0),此时 0.5℃左右的温升主要分布在电厂附近,超过 1℃的温升范围比两大电厂同时排放显著减小。涨落急时温升范围仍然分别向上下游扩展,但形态略有不同。

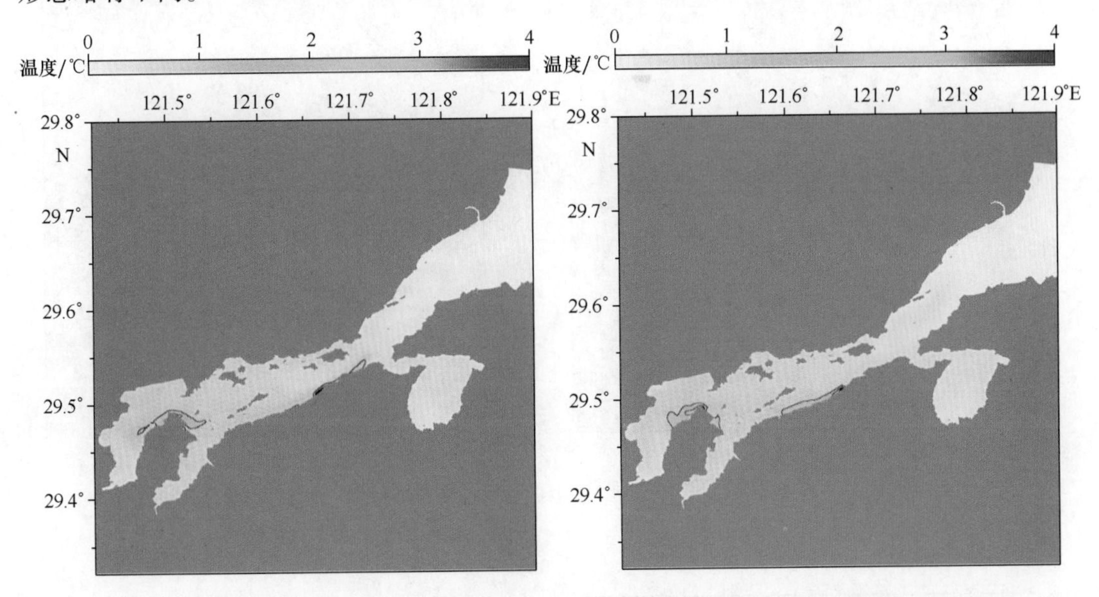

图 6.4 - 11　象山港内冬季落急(左)和涨急(右)时刻考虑两大电厂温排放的表层温升分布

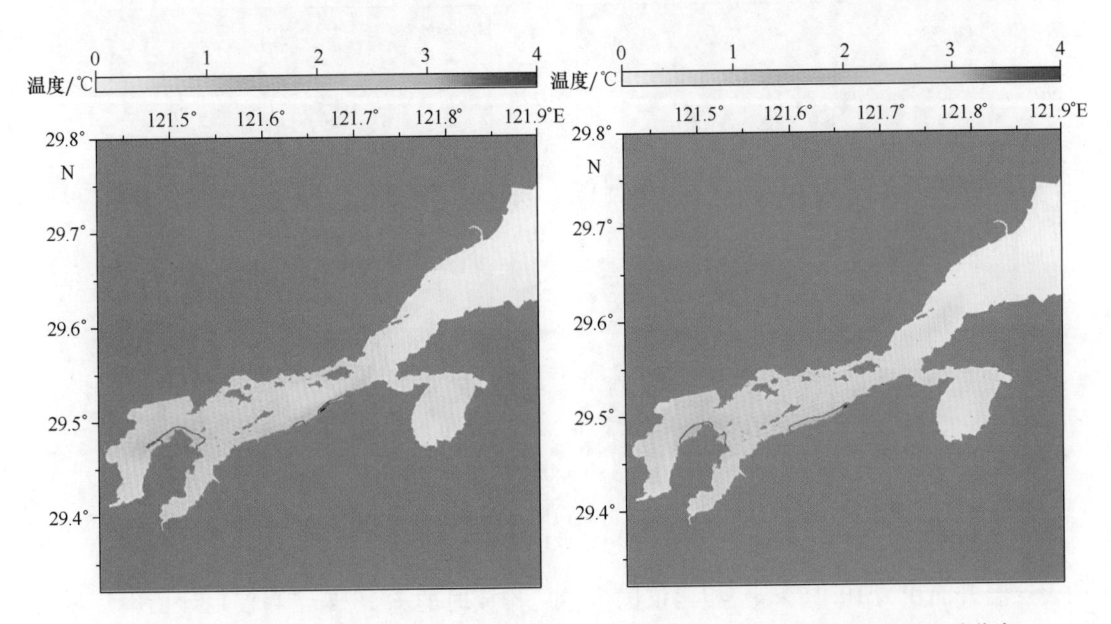

图 6.4 - 12　象山港内冬季落急(左)和涨急(右)时刻考虑两大电厂温排放的底层温升分布

对模式 76 ~ 91 d 时间段中超过 1℃、2℃、3℃和 4℃温升的面积分别统计时间平均值(表 6.4 - 3)。从统计数据看,超过 2℃、3℃和 4℃的温升面积表层比中层和底层大得多,显示出电厂温排水主要直接影响表层海水。超过 1℃的温升面积表底层差异相对较小,这是由于温排水连续排放使得整体温升本底抬高的原因。两大电厂同时排放下超过 1℃

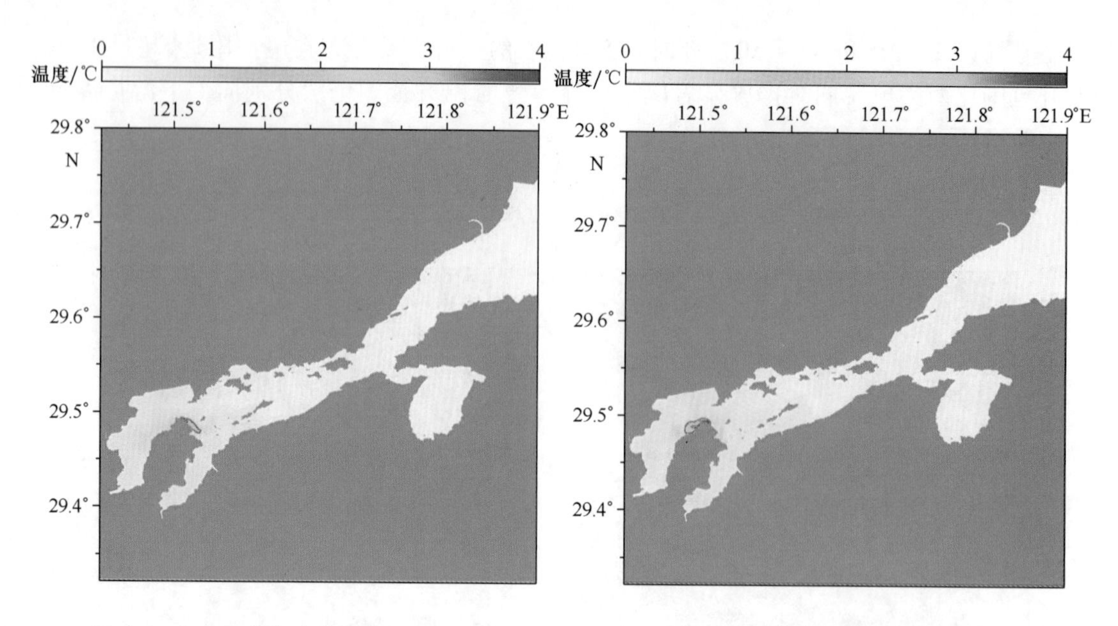

图 6.4－13　象山港内冬季落急(左)和涨急(右)时刻仅考虑国华电厂温排放的表层温升分布

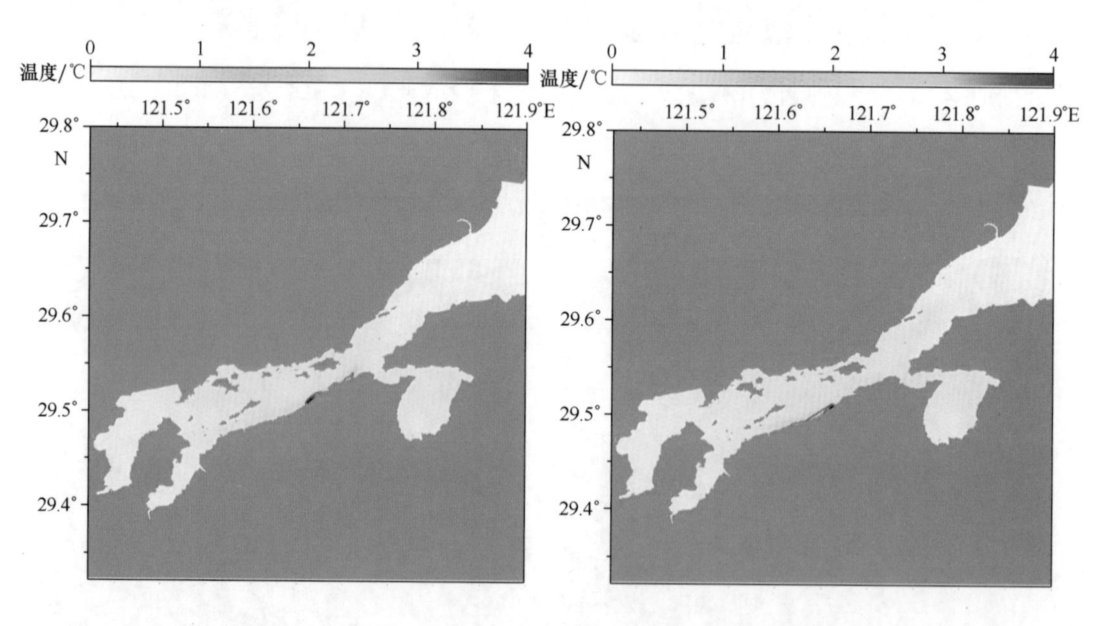

图 6.4－14　象山港内冬季落急(左)和涨急(右)时刻仅考虑乌沙山电厂温排放的表层温升分布

的表层温升面积为 10.16 km²,相比仅国华电厂排放时的 1.18 km² 和仅乌沙山电厂排放时的 2.50 km² 有显著扩大,电厂群叠加效应明显。而超过 2℃的表层温升面积,叠加效应相对不明显。乌沙山电厂的温升范围比国华电厂更大,这与其更大的温排水量及地形因素均有关。

表 6.4-3　冬季温升面积的时间平均值　　单位:km^2

温排放方式	温升超过											
	1℃			2℃			3℃			4℃		
	表层	中层	低层	表层	中层	低层	表层	中层	低层	表层	中层	低层
两大电厂同时	10.161	8.383	6.645	0.985	0.269	0.110	0.326	0.089	0.039	0.137	0.047	0.022
仅国华电厂	1.919	1.178	0.668	0.298	0.052	0.014	0.103	0.021	0.008	0.044	0.013	0.006
仅乌沙山电厂	2.500	1.473	0.990	0.437	0.141	0.069	0.160	0.054	0.025	0.071	0.029	0.014

6.4.2.2　夏季

对有无温排试验的温度场相减,得到两大电厂温排放情况下的温升分布场(B1 - B0)、仅考虑国华电厂温排放的温升场(B2 - B0)和仅考虑乌沙山电厂温排放的温升场(B3 - B0)。同样在模式 70 ~ 72 d 之间的大潮时段,选取涨急和落急时刻作平面分布图和垂向断面分布图。

图 6.4-15 和图 6.4-16 为考虑两大电厂温排放(B1 - B0)的表底层平面温升分布图。由于国华电厂的温排水量达到了冬季的 2 倍,连续温排放的累积效应显著,1℃的温升范围在象山港内面积过半,底层比表层略小。超过 2℃的温升范围集中在电厂排放口周围,且主要分布在表层,涨落急时刻分别向上下游扩展。从仅考虑单独电厂温排放的表层温升场(B2 - B0 和 B3 - B0)看(图 6.4-17 和图 6.4-18),超过 1℃的温升面积有明显减小,其中国华电厂排放形成的面积仍然较大,而乌沙山电厂排放形成的面积较小,这主要由于国华电厂的夏季排放量较大(80 m^3/s)导致的。

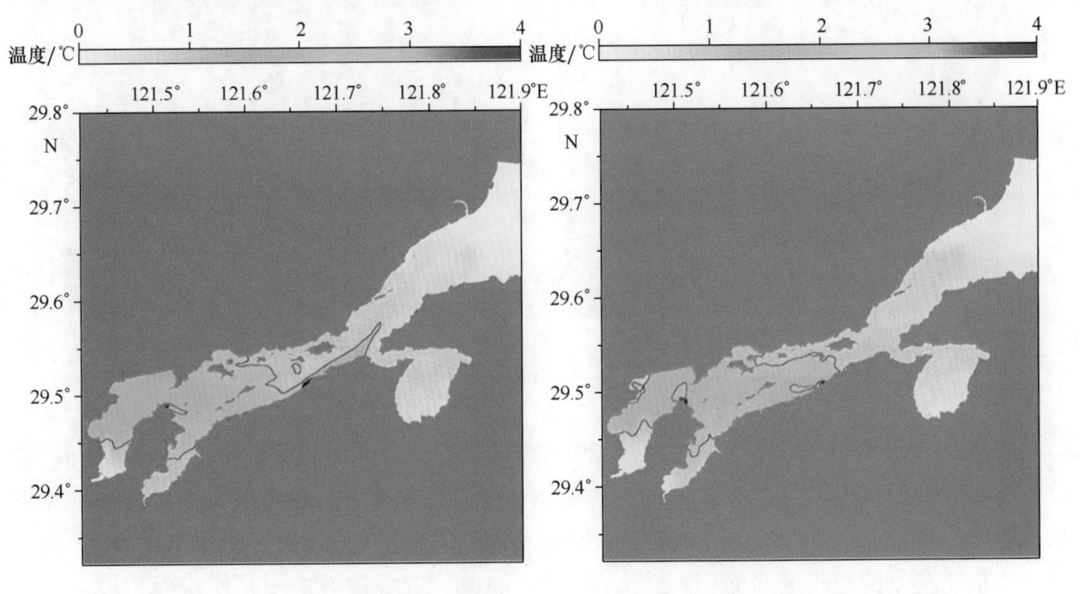

图 6.4-15　象山港内夏季落急(左)和涨急(右)时刻考虑两大电厂温排放的表层温升分布

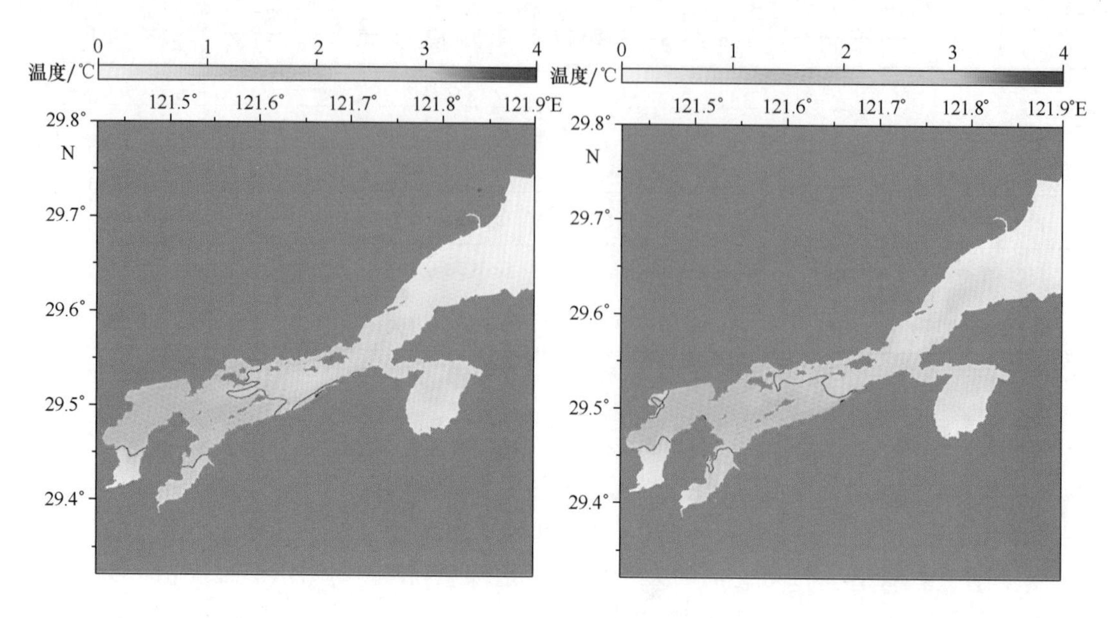

图 6.4-16　象山港内夏季落急(左)和涨急(右)时刻考虑两大电厂温排放的底层温升分布

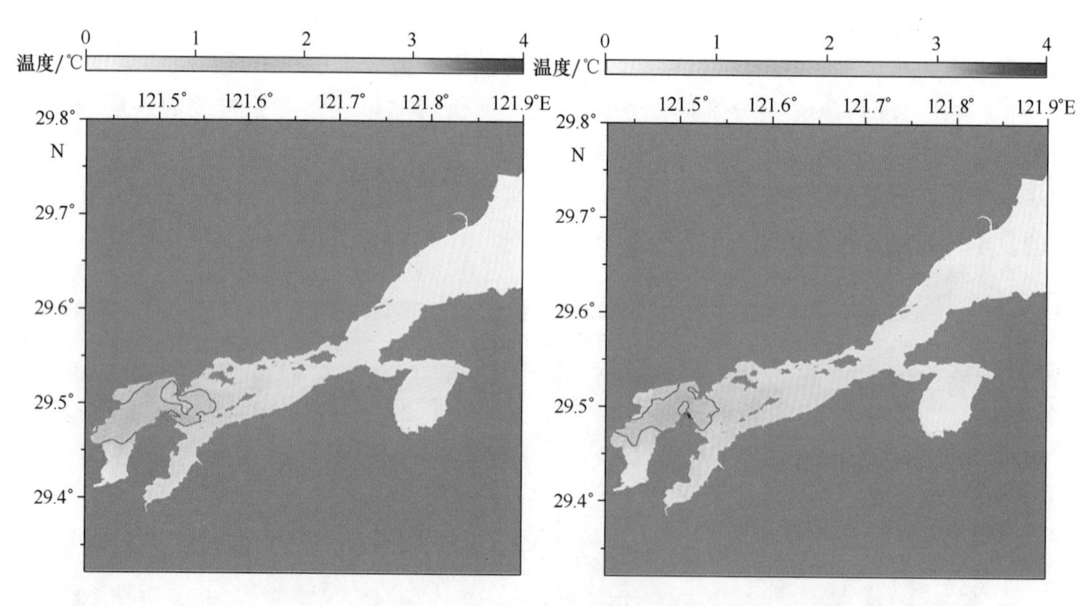

图 6.4-17　象山港内夏季落急(左)和涨急(右)时刻仅考虑国华电厂温排放的表层温升分布

对模式 66 ~ 81 d 时间段中超过 1℃、2℃、3℃和 4℃温升的面积分别统计时间平均值(表 6.4-4)。从统计数据看,两大电厂同时排放下超过 1℃的表层温升面积为 118.5 km^2,相比仅国华电厂排放时的 38.8 km^2 和仅乌沙山电厂排放时的 2.4 km^2 存在量级上的增大,国华电厂 2 倍于冬季的温排放是面积如此大的主因,而电厂群叠加效应更是使得面积进一步扩大。而超过 2℃的表层温升面积,则仍然都控制在较小的量级上。乌沙山电厂的温升范围比国华电厂小很多。

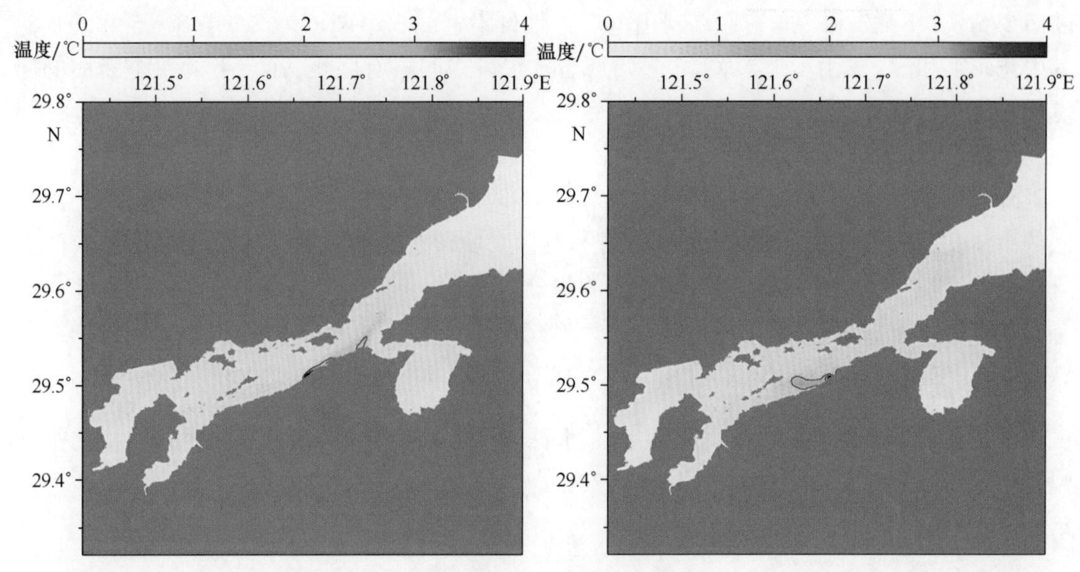

图 6.4－18　象山港内夏季落急(左)和涨急(右)时刻仅考虑乌沙山电厂温排放的表层温升分布

表 6.4－4　夏季温升面积的时间平均值　　单位:km^2

温排放方式	温升超过											
	1℃			2℃			3℃			4℃		
	表层	中层	低层	表层	中层	低层	表层	中层	低层	表层	中层	低层
两大电厂同时	118.468	107.161	100.286	2.747	0.233	0.066	0.452	0.055	0.026	0.153	0.033	0.018
仅国华宁海电厂	38.825	35.379	29.646	0.761	0.052	0.016	0.141	0.019	0.010	0.046	0.013	0.007
仅乌沙山电厂	2.369	0.141	0.076	0.375	0.044	0.021	0.135	0.024	0.012	0.058	0.015	0.009

6.4.3　象山港电厂群温排水温升三维特征及温升总量统计

为观察排水口附近温升在垂向的结构,模式设置输出了 6 个垂向断面,每个断面的起始位置在排水口旁,各长 2 000 m(图 6.4－19 和图 6.4－20)。在国华电厂排水口附近的 3 个

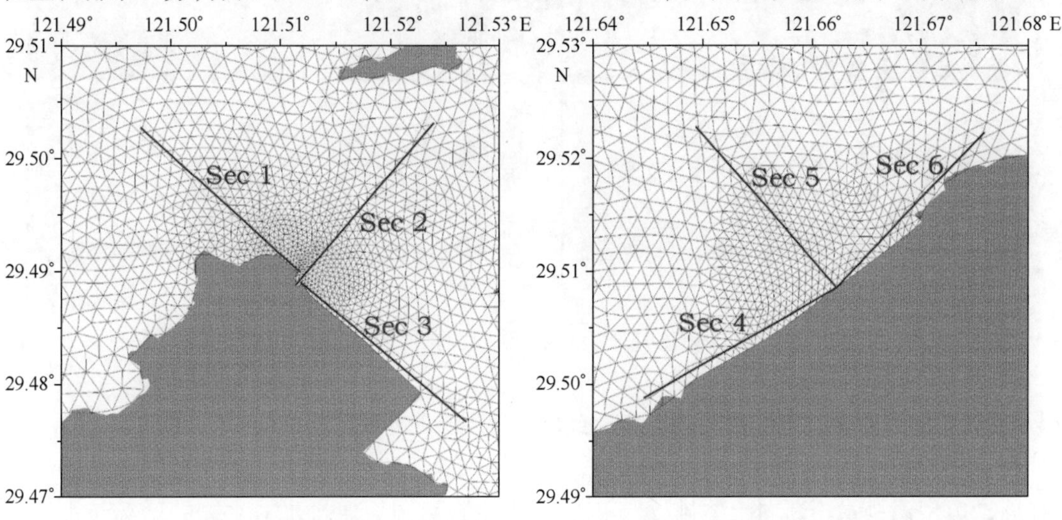

图 6.4－19　国华电厂附近各垂向断面位置　　图 6.4－20　乌沙山电厂附近各垂向断面位置

断面为 Sec 1、Sec 2 和 Sec 3;在乌沙山电厂排水口附近的 3 个断面为 Sec 4、Sec 5 和 Sec 6。其中,Sec 1 和 Sec 3 由于地形关系,起始点与排水口之间略有间距,而余下的 4 个断面的起点均在排水口位置。

此外,为探讨电厂造成的水体温升总体数量,引入温升总量的计算。电厂温排水持续排放至海水中,造成象山港海域整体的温升,而温升可通过海气之间的热交换和港口与外海之间的水体交换向外释放,使得温升在达到一定程度后形成新的平衡。故统计象山港内的温升总量 P,即单位体积的温升在总体积上的积分。

具体统计方法为,将象山港内每个三维网格的体积乘以温升并累加,得到象山港内温升总量 $P = \sum_{i,k} vol_{i,k}\Delta t_{i,k} = \sum_{i,k} art_i d_i dz_k \Delta t_{i,k}$,其中 i 为水平网格编号,k 为垂向网格编号,vol 为三维网格体积,art 为水平网格面积,d 为总水深,dz 为垂向网格分层比例,Δt 为网格内平均温升。

6.4.3.1 冬季

从 A1 - A0 两大电厂温升的垂向分布来看,可以发现温升主要集中在排水口附近(图 6.4 - 21 和图 6.4 - 22),排水口附近的温升最高超过 8℃,与电厂所制造的 8℃温升相仿,但仅局限在非常小的距离范围内。由于取水口也受到电厂温排放的影响而温度升高,所以超过 8℃温升的存在是合理的。涨急和落急时温升分别向不同方向扩展,同时表层的温升更大,具有显著的垂向分布结构。

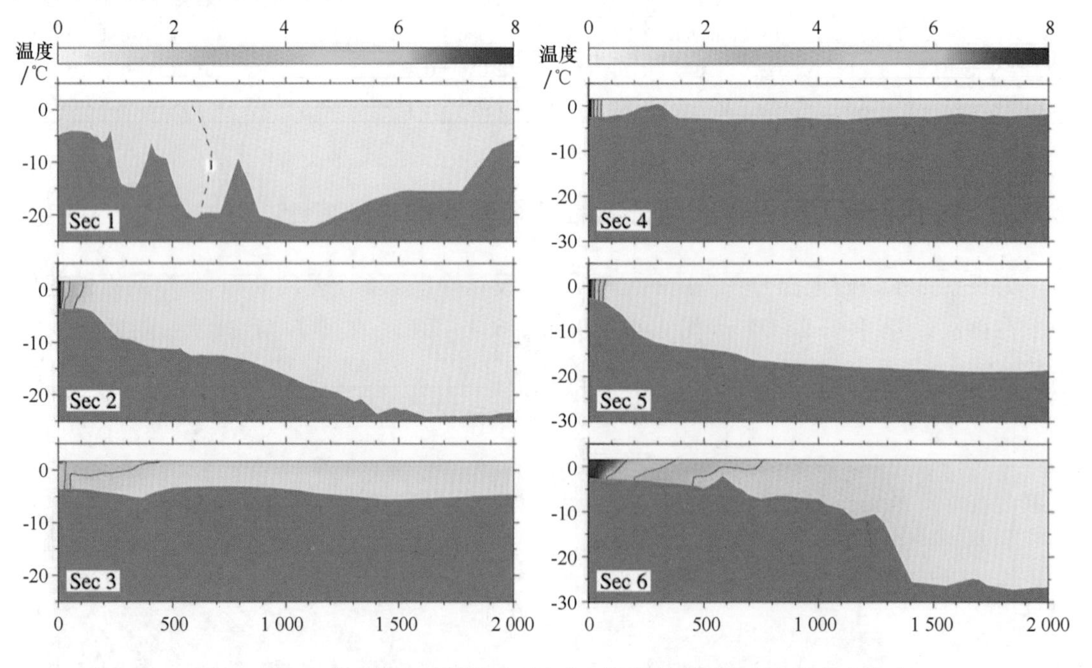

图 6.4 - 21　冬季落急时刻考虑两大电厂温排放的垂向断面温升分布

统计象山港内的温升总量,观察其随时间的变化。统计范围见图 6.4 - 23。A1 - A0、A2 - A0 和 A3 - A0 的温升总量变化见图 6.4 - 24 ~ 图 6.4 - 26。温升总量在模式开始几天几乎呈线性增长,电厂温排水不断向水体排放。随着时间的推移,电厂温排水对水体的增温与水体向

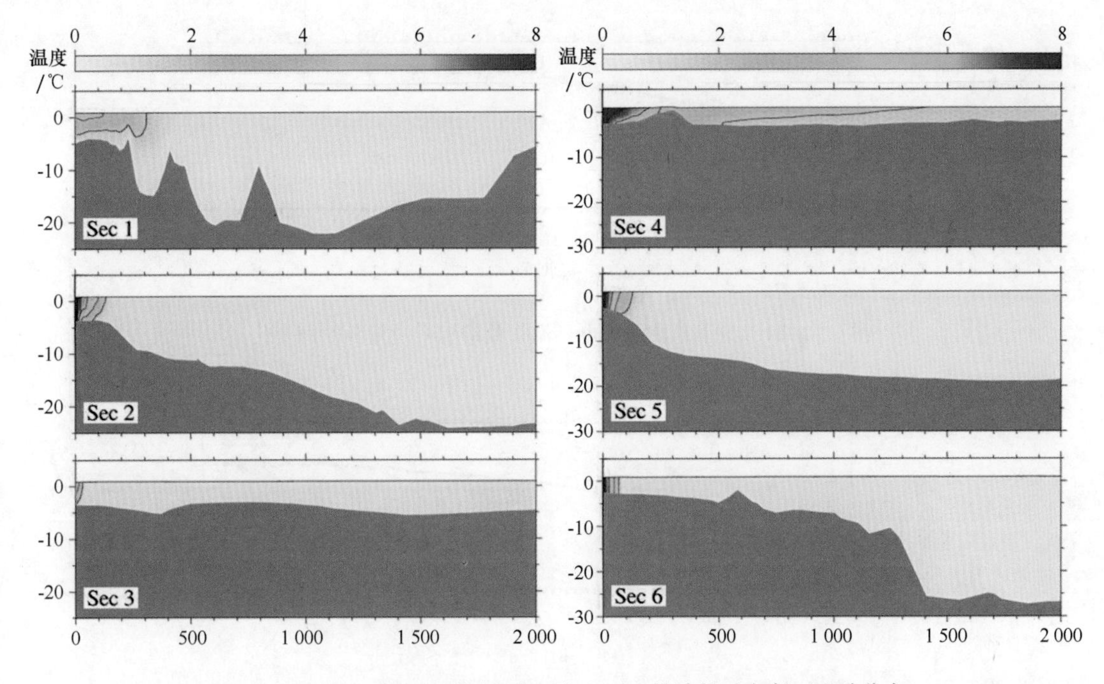

图 6.4－22　冬季涨急时刻考虑两大电厂温排放的垂向断面温升分布

大气和港外的散热逐渐找到新的平衡，在模式 70～90 d 时已基本达到稳定的平衡状态，温升总量不再进一步增长。统计模式 76～91 d 时间段中的平均值，同时考虑两大电厂温排放的温升总量达到 $17.8\times10^{8}\ \mathrm{m}^{3}\cdot℃$，仅考虑国华电厂为 $6.0\times10^{8}\ \mathrm{m}^{3}\cdot℃$，仅考虑乌沙山为 $11.7\times10^{8}\ \mathrm{m}^{3}\cdot℃$。

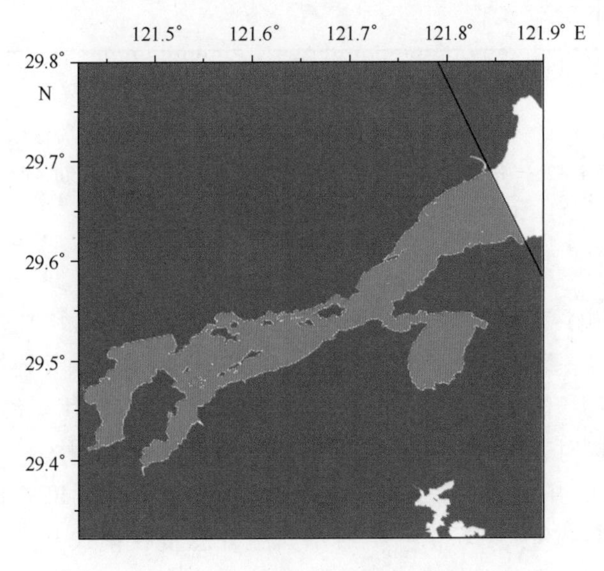

图 6.4－23　象山港温升总量统计区域范围

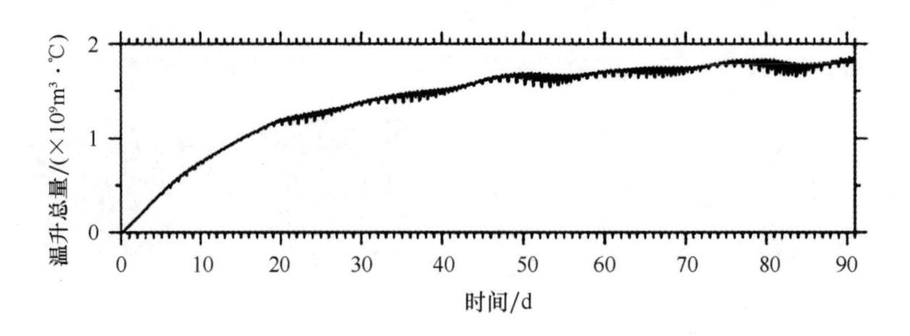

图 6.4－24　冬季考虑两大电厂温排放的温升总量随时间变化

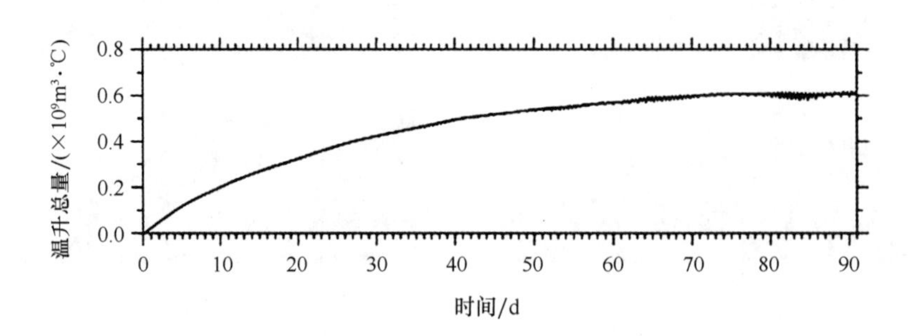

图 6.4－25　冬季仅考虑国华电厂温排放的温升总量随时间变化

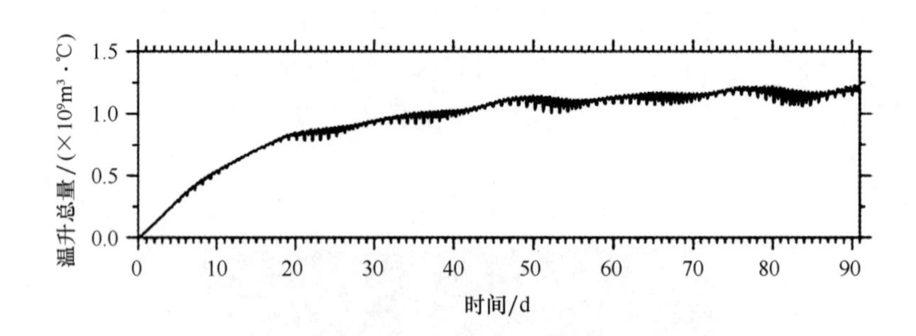

图 6.4－26　冬季仅考虑乌沙山电厂温排放的温升总量随时间变化

6.4.3.2　夏季

从 B1－B0 两大电厂温升的垂向分布来看，可以发现较大的温升主要集中在排水口附近（图 6.4－27 和图 6.4－28），排水口附近的温升最高超过 8℃。由于连续累积排放，整个断面产生了一定的背景温升，尤其在国华电厂附近，背景温升超过 1℃。涨急和落急时温升分别向不同方向扩展，同时表层的温升更大，具有显著的垂向分布结构。

统计象山港内的温升总量，观察其随时间的变化。B1－B0、B2－B0 和 B3－B0 的温升总量变化如图 6.4－29 ~ 图 6.4－31 所示。温升总量在模式开始几天几乎呈线性增长，随着时间的推移，在模式 60 ~ 80 d 时已基本达到稳定的平衡状态，温升总量不再进一步增长。统计模式 66 ~ 81 d 时间段中的平均值，同时考虑两大电厂温排放的温升总量达到 28.2×10^8 m^3 · ℃，仅考虑国华电厂时为 15.6×10^8 m^3 · ℃，仅考虑乌沙山电厂时为 13.7×10^8 m^3 · ℃。

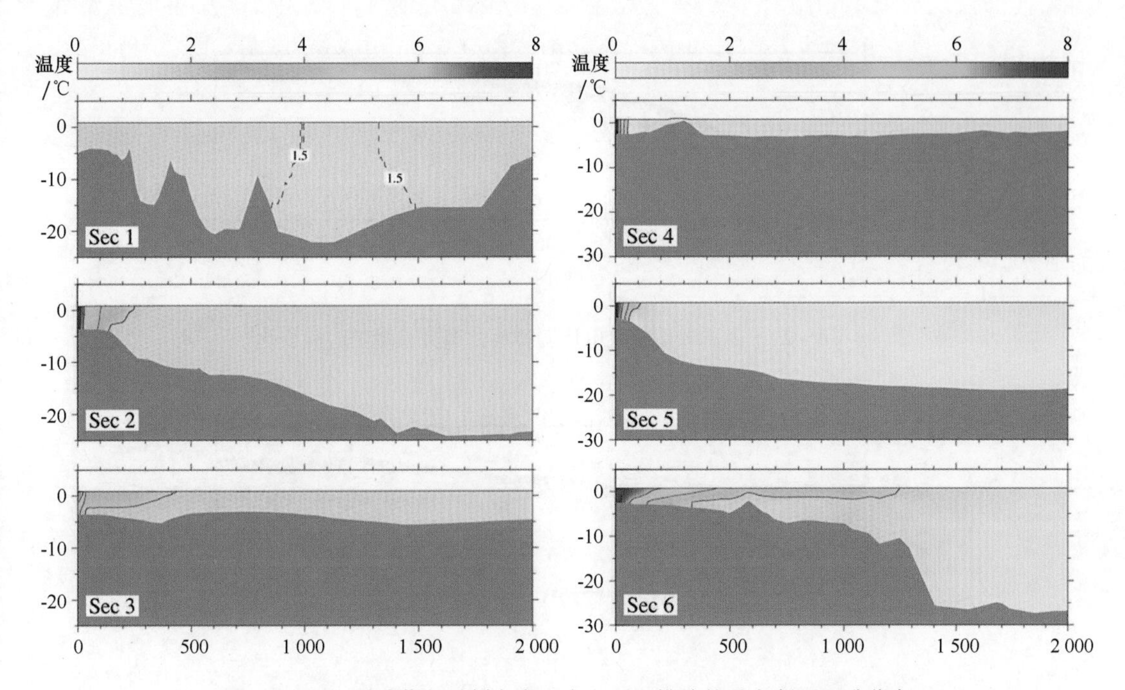

图 6.4－27　夏季落急时刻考虑两大电厂温排放的垂向断面温升分布

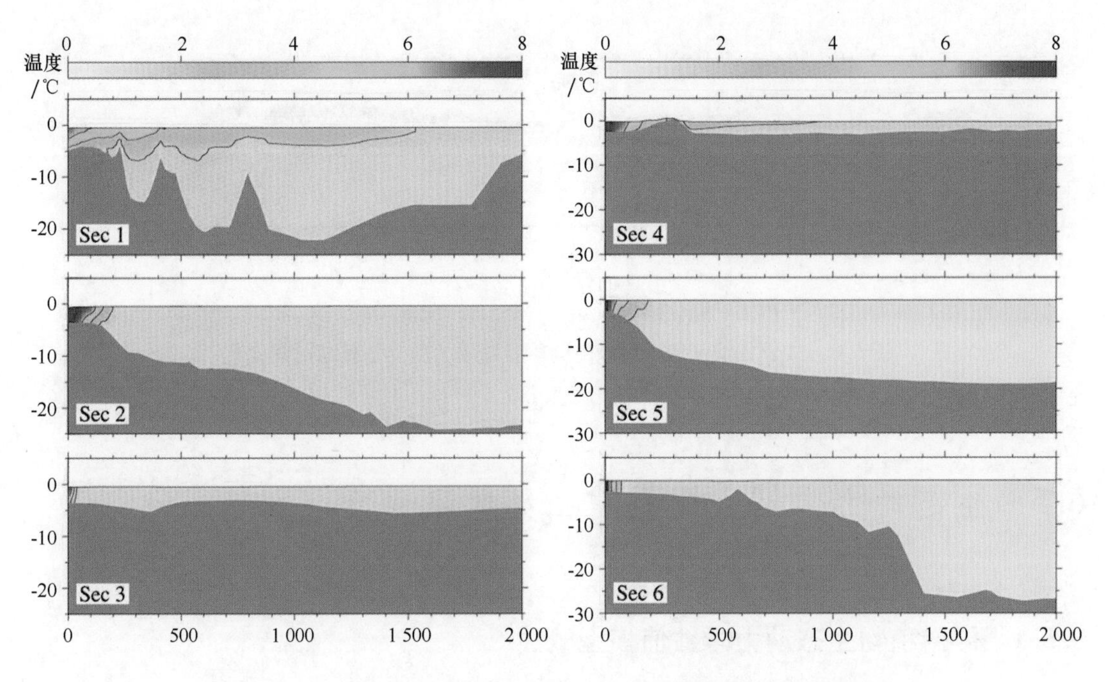

图 6.4－28　夏季涨急时刻考虑两大电厂温排放的垂向断面温升分布

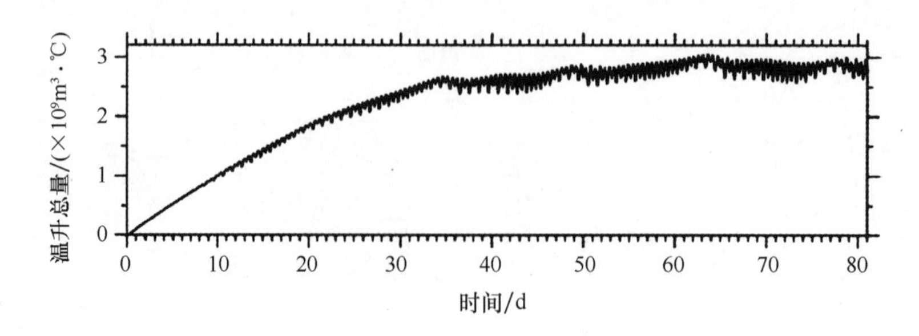

图 6.4－29　冬季考虑两大电厂温排放的温升总量随时间变化

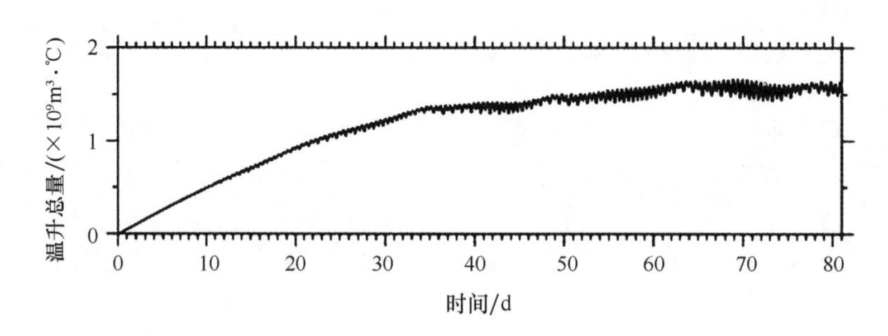

图 6.4－30　冬季仅考虑国华电厂温排放的温升总量随时间变化

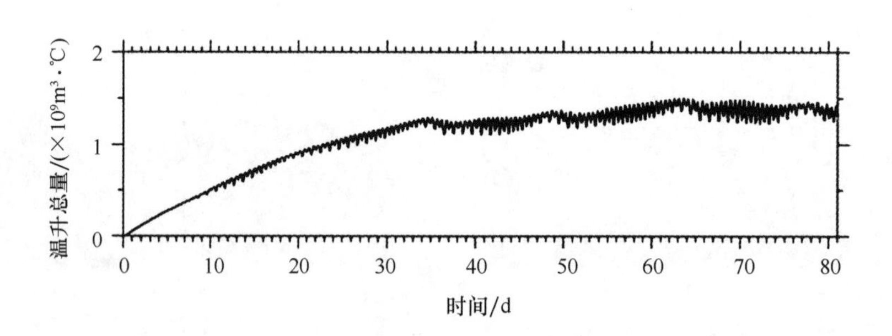

图 6.4－31　冬季仅考虑乌沙山电厂温排放的温升总量随时间变化

6.5　生态动力学耦合模型建立及数值试验

6.5.1　浮游植物生态动力学数值模型概述

本节所用的生态模型移植自有限体积河口海岸模型(FVCOM)的可变生态模型(Flexible Biological Module,FBM)(Chen C,2006)。FBM 可包括营养盐、浮游植物、浮游动物、碎屑、溶解有机物和细菌 6 类生态参量,且每个参量可以有多个种类。模型使用者可使用 FBM 中的固定参量组合模式,也可灵活多变地组建有自身特点、满足特殊海域研究需求的海洋生态模式。鉴于项目处于初步研究阶段,结合象山港海域营养盐分布的特点,所用生态模型不考虑溶解有机物和细菌,选择了 N_2P_2ZD 型生态模式,并建立了与 ECOM－si(HydroQual,Inc,

2002)程序的数据传递接口,物质(生态参量)输运和扩散方程采用与盐度计算相同的数值解法。

象山港海域的浮游植物种类繁多,根据黄秀清(2001)夏冬两次的调查,共检出浮游植物98种,其中以硅藻门为主,其次为甲藻门。根据象山港海域的浮游植物种类和营养盐浓度的特征,本研究所用 N_2P_2ZD 型生态模型考虑以下6个主要的生态变量:溶解无机氮(DIN)、磷酸盐(PO_4-P)、硅藻类(DIA)、甲藻类(FLA)、浮游动物(ZOO)和碎屑(DET)(图6.5-1)。

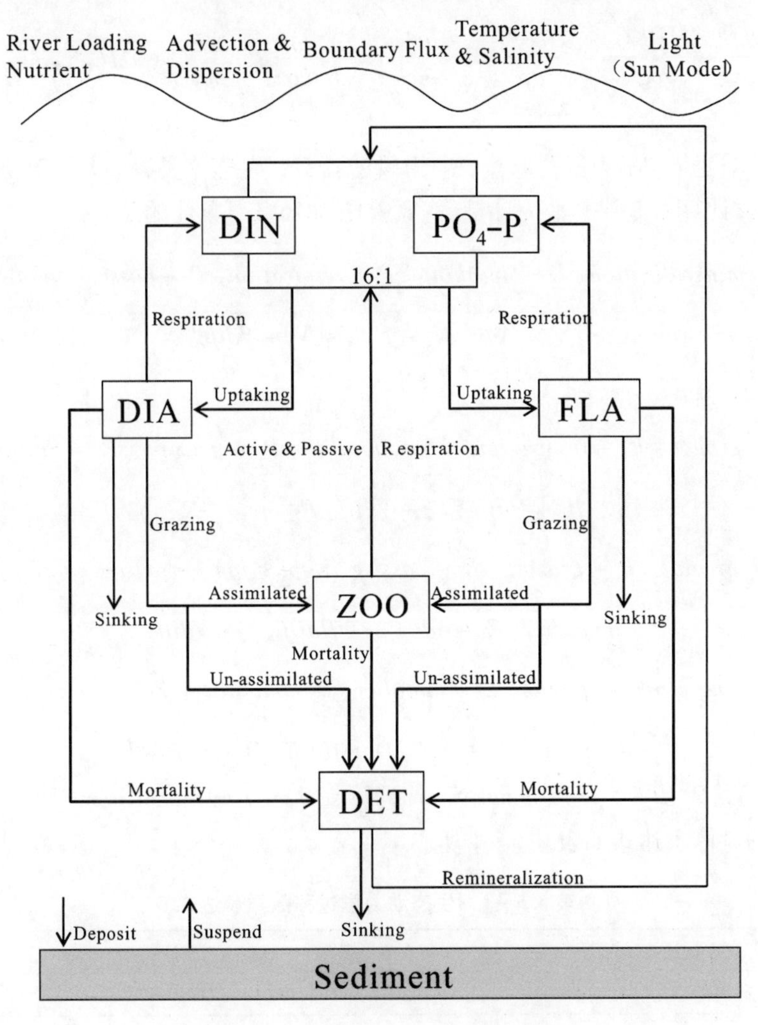

图6.5-1　N_2P_2ZD 生态模型示意图

生态模型内部包括氮和磷两种无机盐,硅藻和甲藻两种浮游植物以及各一种浮游动物和碎屑。考虑浮游植物光合作用对营养盐的吸收,营养盐吸收的氮磷比取redfield比16∶1。浮游植物还考虑其呼吸和死亡作用,并被浮游动物所摄食,呼吸作用的产物直接按redfield比转化为营养盐,死亡部分转化为碎屑。浮游动物摄食浮游植物过程中伴随主动(活动性)呼吸,且仅有部分浮游植物组分同化为浮游动物本身,因此摄食部分可分为主动呼吸为营养盐、同化为浮游动物以及摄食损失为碎屑3部分,3部分比例之和为1。模型同时考虑浮游动物的基础呼吸(含排泄)和死亡过程,呼吸产物为营养盐,死亡产物为碎屑。碎屑在矿化为氮营养盐和磷营养盐过程中矿化速率存在差异,本节简化的模型忽略这种差异,仅考虑1种碎屑,碎屑矿化为营养盐时同样按16:1进行。模型考虑浮游植物和碎屑的沉降作用。

生态模型与外部环境的关系,考虑以下因素:潮混合对营养盐和生物量的平流输运和扩散作用,水温、光照条件(由太阳辐射模型提供)对浮游生物生长、死亡和呼吸以及碎屑矿化为营养盐等作用的影响。

6个生态变量(C)计算方程形同于盐度和温度计算的控制方程组:

$$\frac{\partial JDC_i}{\partial t}+\frac{\partial JD\hat{U}C_i}{\partial \xi}+\frac{\partial JD\hat{V}C_i}{\partial \eta}+\frac{\partial J\omega C_i}{\partial \sigma}=\frac{1}{D}\frac{\partial}{\partial \sigma}\left(K_h\frac{\partial JC_i}{\partial \sigma}\right)+DJF_{C_i}\quad i=1,6 \tag{6.5-1}$$

C包括6个变量,N_1为氮营养盐,N_2为磷酸盐,P_1为硅藻类,P_2为甲藻类,Z为浮游动物,D为碎屑。计算以氮营养盐为计量,取氮磷比为16:1。具体的是:

$$\frac{\partial N_i}{\partial t}=remineralization\_D-uptaking\_P+respiration\_P+passive\_respiration\_Z$$
$$+active\_respiration\_Z+Adv\_N_i+Hdiff\_N_i+Vdiff\_N_i\quad i=1,2;nn=2 \tag{6.5-2}$$

$$\frac{\partial P_j}{\partial t}=growth\_P_j-respiration\_P_j-motality\_P_j-grazing\_P_j+Sinking\_P_j$$
$$+Adv\_P_j+Hdiff\_P_j+Vdiff\_P_j\quad j=1,2;np=2 \tag{6.5-3}$$

$$\frac{\partial Z}{\partial t}=grazing\_P+grazing\_D-passive\_respiration_Z-active-respiration_Z$$
$$-motality\_Z+Adv\_Z+Hdiff\_Z+Vdiff\_Z \tag{6.5-4}$$

$$\frac{\partial D}{\partial t}=grazing\_loss-grazing\_D+motality\_P+motality\_Z-remineralization\_D$$
$$+Sinking\_D+Adv\_D+Hdiff\_D+Vdiff\_D \tag{6.5-5}$$

上式中,N_1、P_1、P_2、Z、D以mmol N/m^{3}计算,PO_4-P以mmol P/m^{3}计算。生态模型的动力学过程的具体表达式如表6.5-1所示。

表6.5-1 生态动力学过程数学表达式

过程描述	表达式
碎屑的矿化	$remineralization\_D=D\_RN\cdot D\cdot e^{(RD\_T\cdot T)}$
浮游植物对营养盐的吸收	$uptaking\_P=\sum_{j=1}^{np}\mu_jP_j$
浮游植物生长的营养盐限制	$\mu_j=\mu_{\max j}\cdot\min[\mu_j(T),\mu_j(I),\mu_j(N)]$ $\mu_j(N)=\min[\mu_j(N_1),\mu_i(N_2)]$ $\mu_j(N_i)=\begin{cases}\frac{N_i-N_{i\min}}{K_{ij}+N_i-N_{i\min}} & N_i>N_{i\min}\\ 0 & N_i>N_{i\min}\end{cases}$ $i=1,nn;j=1,np$

续表

过程描述	表达式
浮游植物生长温度限制	$\mu_j(T) = \left(\frac{T_{max_j} - T}{T_{maxj} - T_{opt_j}}\right)^{KT_j} \times e^{KT_j\left(1-\frac{T_{maxj}-T}{T_{maxj}-T_{opt_j}}\right)}$
浮游植物生长光限制	$\mu_j(I) = \frac{I}{I_{opt_j}} e^{\left(1-\frac{I}{I_{opt_j}}\right)}$, $I = par \cdot I_0 \cdot e^{\left(-k_w z - k_{chl}\int_{=z}^{0} P dz - k_D \int_{=z}^{0} D dz\right)}$
浮游植物呼吸	$respiration\_P = \sum_{j=1}^{np} R\_P_j \cdot P_j \cdot e^{(RP\_T \cdot T)}$
浮游动物被动呼吸	$passive\_respiration\_Z = R\_Z \cdot Z \cdot e^{(RP\_T \cdot T)}$
浮游动主动呼吸(摄食活动)	$active\_respiration\_Z = \sum_{j=1}^{np} active\_R \cdot grazing\_P_j$ $+ active\_R \cdot grazing\_D$
浮游植物生长(同营养盐吸收)	$growth\_P_j = \mu_j P_j \quad j = 1,2$
浮游植物死亡	$motality\_P_j = M\_P_j \cdot [1 - \mu_j(N)] \cdot P_j^2$
浮游动物摄食浮游植物	$grazing\_P_j = G_{max} \cdot Z \cdot effi\_P_j \cdot e^{(-A\_TZ \cdot \vert T - T_{optz} \vert)}$ $\times [1 - e^{(-sigma\_P_j \cdot Z)}]$
浮游动物摄食碎屑	$grazing\_D = G_{max} \cdot Z \cdot effi\_D \cdot e^{(-A\_TZ \cdot \vert T - T_{optz} \vert)}$ $\times [1 - e^{(-sigma\_D \cdot Z)}]$
浮游植物沉降	$Sinking\_P_i = - w_{P_j} \frac{\partial P_j}{\partial z}$
碎屑沉降	$Sinking\_D = - w_D \frac{\partial D}{\partial z}$
浮游动物死亡	$motality\_Z = M\_Z \cdot Z^2$
浮游动物摄食浮游植物和碎屑过程的损失	$grazing\_loss = \sum_{j=1}^{np} (1 - active\_R - effi\_P_j) \cdot grazing\_P_j$ $+ (1 - active\_R - effi\_D) \cdot grazing\_P_j$

表6.5－1中，浮游植物生长方案选择了营养盐、光照和水温取最小值的方案，而非三者的乘积。浮游植物死亡率与营养盐浓度有关，低营养情况下，死亡率高，且死亡率还与生物量有关(死亡量与生物量的平方相关)，体现生物个体间的生存竞争。生态变量的开边界条件采用辐射边界条件。

6.5.2 生态参数及植物生长温度模型选取

6.5.2.1 浮游植物生长温度模型选取

象山港海域中，浮游植物的主要构成为硅藻，其次为甲藻，另有少量的金藻、蓝藻和绿藻等。无论从种类数和细胞丰度上，硅藻和甲藻在浮游植物生物量中都占有最大比重，且硅藻和甲藻在生长率和死亡率、光合作用最佳光强、生长最优温度、生长的最高温度限制、对低营养盐的耐受性等方面都存在较大差异。国内外学者关于海洋生态学模型研究的报道很多，由于海域特点和浮游生物特征的差异，所取生物的参数各异，本研究认为相关的生物学研究是重要基础。因此，如前节所述，基于海域的特点和生物学调查结果，本研究生态模型考虑了硅藻和甲藻两种浮游植物。在考虑浮游植物取硅藻和甲藻两大藻类的基础上，选用各一种典型的硅藻和甲藻作为生态参数设置的参数。中肋骨条藻（*Skeletonema costatum*）和东海原甲藻（*Prorocentr um donghaiense*，即具齿原甲藻（*Prorocentr umdentatum*）（张秀芳等，2007）是本海域的主要藻种。同时，这两个藻种也是近年来本海域最常爆发的赤潮生物种，且两个种群在生长过程中存在种间竞争现象（王宗灵等，2006）。因此，本研究中，以本海域典型的硅藻种中肋骨条藻和典型甲藻种东海原甲藻的生物生态学研究成果为基础，来进行硅藻和甲藻类的参数设置。

以下是关于硅藻和甲藻的主要种类生物学研究进展方面的报道，本研究根据相关报道、参照国内外学者的相关研究来确定主要参数（生长率、营养盐、水温、光照）的取值。

关于硅藻和甲藻的营养盐限制方面主要有如下研究进展。侯继灵等（2006）研究结果表明，在磷限制条件下，中肋骨条藻细胞增殖受到明显抑制，生物量偏低，而东海原甲藻受到的影响较小。磷可能是东海原甲藻及中肋骨条藻生长的限制因子。氮磷比会影响浮游生物的生长，较高的氮磷比可能对东海原甲藻的生长有利，较低氮磷比则可能有利于中肋骨条藻生长。东海原甲藻能在营养盐浓度较低的生长环境中占有优势，相反，营养盐浓度较高的环境更适合中肋骨条藻的生长。王宗灵等（2006）也认为东海原甲藻可以忍受低营养盐环境并种群增长，而中肋骨条藻细胞增长需要较丰富的营养盐。在营养盐充足的环境里中肋骨条藻具有竞争优势，相反，在营养盐限制的环境中，东海原甲藻是竞争的优胜者。

关于硅藻和甲藻生长的比生长率、最佳温度和温度范围方面主要有如下研究进展。王宗灵等（2006）东海原甲藻在20℃和25 ℃时生长状态良好，具有明显的指数增长期，15 ℃时细胞生长明显受到影响；中肋骨条藻具有较广的温度适应性，15 ~ 25 ℃时均具有明显的指数增长期。张秀芳等（2007）认为东海原甲藻生长的最适温度为22 ℃，最适盐度为25 ~ 31。邓光等（2009）认为东海原甲藻适宜的温度范围是15 ~ 30℃，最适温度22 ~ 28℃，低于9℃和高于33℃，不能进行光合作用；适宜的盐度范围为22 ~ 35，最适盐度28 ~ 30。王金辉等（2003）认为具齿原甲藻适温、适盐范围分别为15 ~ 25℃和14 ~ 32，最适温度、盐度分别为18 ~ 22℃和22 ~ 31。陈炳章等（2005）在无菌条件下，单种培养具齿原甲藻以研究温度和盐度对其生长的影响并计算了不同培养条件下藻细胞在指数生长期的比生长率。结果表明，具齿原甲藻生长的最适温、盐范围分别为22℃和25 ~ 31。温度对藻类生长的影响比盐度的要明显得多，而且藻生长的最适盐度有随着温度升高向低盐度偏移的趋势。在同样的实验条件下，做了温度和盐度对中肋骨条藻生长影响的实验，22 ℃以下时，中肋骨条藻的生长率随温度增高而增加，25℃时，有所下降。22℃是中肋骨条藻的最适温度，比霍文毅等（2001）提出的最适温度增殖范围（24～28℃）稍低。通过对具齿原甲藻和中肋骨条藻生长的比较，发现这两种藻最适温、盐范围是基本一致的，而且在同等条件下，中肋骨条藻的生长率要远远高于具齿原甲藻。王正方等（2001）的研究表明，另一种重要的东海海域赤潮生物，海洋原甲藻（*Prorocentrum micans* Ehrenb）最大增殖速率发生在温度为25℃，在温度18～28℃、盐度25～34 范围内适宜生长。陈艳拢等（2009）认为东海原甲藻对水温的耐受范围的下限和上限分别为10.2℃和30.6℃。于萍等（2006）研究了主要环境因子温度、光照对尖刺拟菱形藻（*Pseudo－nitzschia pungens*）和中肋骨条藻生长的影响。结果表明，温度对尖刺拟菱形藻的生长有显著影响，对中肋骨条藻的生长有极显著影响，光照强度对中肋骨条藻的生长有显著影响。在实验条件下，尖刺拟菱形藻的最适生长温度为25℃，最适光照强度为7 000 lx，比生长率为0.93/d；中肋骨条藻的最适生长温度为25℃，最适光照强度为7 000 lx，比生长率为0.92/d。

目前本研究的模型未能考虑盐度对浮游植物种类适盐性的影响，这也是今后生态动力学模型深入发展要考虑的方向之一。

关于硅藻和甲藻生长的最佳光强，孙百晔等（2008）利用船基现场培养实验和模型计算的方法，研究了光照与东海近海春夏季均会发生中肋骨条藻赤潮的关系。结果表明，中肋骨条藻生长的最适光照强度（I_{opt}）随水温的增加呈“慢升快降”的不对称倒“V”形变化特征，在25 ℃左右I_{opt}最大，为121.6 W/m^2，曲线符合 Blanchard 方程。中肋骨条藻对光照的适应性很强，海区海水光照的适宜性是春夏季均能形成大规模中肋骨条藻赤潮的重要原因之一。东海原甲藻生长与光照的关系可用 Steele 方程描述，其生长的最适光照强度（I_{opt}）为（38.2±3.8）W/m^2，比其他几种常见赤潮藻的I_{opt}（40～133 W/m^2）低，适应低光照的能力使东海原甲藻在高混浊海水中形成赤潮更具优势。东海近海光照最适宜东海原甲藻生长的水层厚度，由近岸向远岸逐渐增加，在赤潮高发区一般在5～10 m，而且位于水深3～15 m的次表层水层内。赤潮在“赤潮高发区”这个特定海域发生是水体光照和营养盐权衡的结果，而次表层光照最适的特性是导致春季次表层孕育赤潮的重要因素之一。王爱军等（2008）研究发现米氏凯伦藻和东海原甲藻的最适生长光照为5.0 $MJ/(m^2 \cdot d)$，中肋骨条藻和角毛藻的最适生长光照均为23 $MJ/(m^2 \cdot d)$。可见甲藻的最适生长光强要远低于硅藻类。在富营养化条件下，光照是影响优势种生长和演替的主要因素之一。

基于上述生物学研究成果，参考国内外学者以往的研究，结合 FVCOM 模式手册（Chen et al.，2006），经模型率定和优化后，给出表6.5－2中所列的生态变量参数取值。

表6.5－2　生态变量参数取值

变量名	变量符号	取值	单位	出处
碎屑矿化率	D_RN	0.0212	d^{-1}	Wei et al.，2004
矿化温度系数	RD_T	0.05	—	Drago et al.，2001
硅藻吸收氮盐半饱和系数	K_{11}	3.88	mmol N m^{-3}	李雁宾，2008
硅藻吸收磷酸盐半饱和系数	K_{21}	0.53	mmol P m^{-3}	李雁宾，2008
甲藻吸收氮盐半饱和系数	K_{12}	2.34	mmol N m^{-3}	李雁宾，2008

续表

变量名	变量符号	取值	单位	出处
甲藻吸收磷酸盐半饱和系数	K_{22}	0.16	mmol P m^{-3}	李雁宾，2008
氮盐极低值	N_{1min}	0.1	mmol N m^{-3}	—
磷酸盐极低值	N_{2min}	0.01	mmol P m^{-3}	—
硅藻生长最高温度	T_{max1}	37.0	℃	本研究结果
甲藻生长最高温度	T_{max2}	31.0	℃	本研究结果
硅藻生长最佳温度	T_{OPt1}	25.0	℃	本研究结果
甲藻生长最佳温度	T_{OPt2}	22.0	℃	本研究结果
硅藻生长温度系数	KT_1	3.5	—	本研究结果
甲藻生长温度系数	KT_2	3.5	—	本研究结果
硅藻生长最佳光强	I_{OPt1}	121.8	W/m^2	孙百晔等，2008
甲藻生长最佳光强	I_{OPt2}	38.2	W/m^2	孙百晔等，2008
太阳辐射可被光合作用利用部分	par	0.43	—	刘浩等，2006
水体消光系数	$k_w = 1.51/tri$，tri 为水体透明度（m）	—	m^{-1}	费尊乐等，1991
叶绿素光遮蔽系数	k_{chl}	0.06	$(mgChla)^{-1}m^{-2}$	Chen et al.，2006
碎屑光遮蔽系数	k_D	0.06	$(mgChla)^{-1}m^{-2}$	Chen et al.，2006
硅藻呼吸率	R_P_1	0.02	d^{-1}	本研究结果
甲藻呼吸率	R_P_2	0.02	d^{-1}	本研究结果
呼吸温度影响系数	RP_T	0.054	$℃^{-1}$	Wei et al.，2004
浮游动物呼吸率	R_Z	0.015	d^{-1}	Chen et al.，2006
浮游动物主动呼吸比率	$active\_R$	0.3	—	Chen et al.，2006
硅藻最大生长率	μ_{max1}	2.2	d^{-1}	本研究结果
甲藻最大生长率	μ_{max2}	1.1	d^{-1}	本研究结果
硅藻最大死亡率	M_P_1	0.04	d^{-1}	本研究结果
甲藻最大死亡率	M_P_2	0.04	d^{-1}	本研究结果
浮游动物最大摄食率	G_{max}	0.5	d^{-1}	李研究结果
浮游动物摄食硅藻同化系数	$effi\_P_1$	0.4	—	Chen et al.，2006
浮游动物摄食甲藻同化系数	$effi\_P_2$	0.4	—	Chen et al.，2006
浮游动物摄食温度系数	A_TZ	0.069	$℃^{-1}$	Chen et al.，2006
浮游动物生长最佳温度	T_{optz}	20	℃	Chen et al.，2006
浮游动物摄食指数	$sigma\_D$	0.2	$(mmol\ C\ m^{-3})^{-1}$	Chen et al.，2006
硅藻沉降率	w_{P_1}	0.3	m/d	Chen et al.，2006
甲藻沉降率	w_{P_2}	0.2	m/d	Chen et al.，2006
碎屑沉降率	w_D	0.6	m/d	Chen et al.，2006
浮游动物死亡率	M_Z	0.02	d^{-1}	Chen et al.，2006
浮游动物摄食碎屑同化系数	$effi\_D$	0.4	—	Chen et al.，2006
碳/叶绿素 a 比	g_c	38.306	$g\ C\ (g\ Chl\ a)^{-1}$	Wei et al.，2004
氮/碳比	g_n	12.277	$mmol\ N\ (g\ C)^{-1}$	Wei et al.，2004
磷/碳比	g_p	1.0012	$mmol\ P\ (g\ C)^{-1}$	Wei et al.，2004
叶绿素 a/氮比	g_{chl_n}	2.12638	$mg\ Chl\ a(mmol\ N)^{-1}$	Wei et al.，2004

6.5.2.2 浮游植物生长温度模型选取

在滨海电厂温排水生态影响评估中,温度是对浮游植物生物量影响因素的重中之重。本研究所采用浮游植物生长温度限制方案为下式所示(李雁宾,2008):

$$f_j(T) = \left(\frac{T_{\max_j} - T}{T_{\max_j - T_{\mathrm{opt}_j}}}\right)^{KT_j} \times e^{KT_j\left(1 - \frac{T_{\max_j} - T}{T_{\max_j} - T_{\mathrm{opt}_j}}\right)}$$

该方案不仅包含了最佳温度,还引入了最高可生长温度的限制。经对比分析,本研究所采用方案符合生物学实验结果,所以未采用传统的 Q_{10}、指数方案或单纯的最佳温度方案。

图 6.5-2 所示方案为:

①FBM 中最佳温度方案:$f(T) = e^{-0.069|T - T_{\mathrm{opt}}|}$ (Chen et al.,2002;2006);

②Q_{10}方案:$f(T) = S_b(Q_{10})^{(T-T_b)/10}$ (JI et al., 2008;高会旺等,2004),$Q_{10} = 2$,$T_b = 10℃$;

③Epply(1972)方案:$f(T) = V_p \exp(0.0633T)$(刘浩等,2006);

④本研究方案参照李雁宾(2008)的公式,对参数取值修正为:$KT = 3.5$,$T_{\mathrm{opt}} = 22℃$,$T_{\max} = 31℃$。以上方案数值上最大值为 1,图中所用值乘调整系数 0.85。

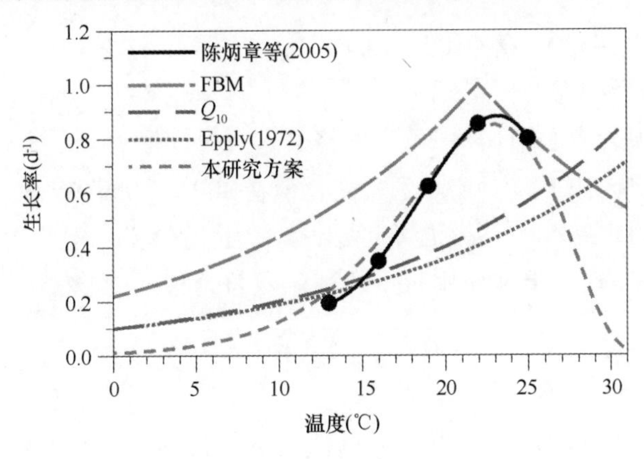

图 6.5-2 温度限制方案对比

其他的方案中,T_{opt} 也取 22℃。S_b 和 V_p 此处为便于绘图,分别取值为 0.2 和 0.1。5 个数据点为陈炳章等(2005)所测得的具齿原甲藻随温度变化的比生长率。可以看出,本研究所采用的方案与实测值拟合得最好,能体现生长率在最佳温度附近先增后降的趋势,且有较大温度区间位于最佳温度附近。FBM 中最佳温度方案虽也体现了生长率在最佳温度附近先增后降的趋势,但其最佳温度仅为一个点,且不受最高允许生长温度的控制,水温超过最佳温度较高时,生长率下降缓慢。Q_{10}方案和 Epply(1972)方案本质上比较接近,分别以 10℃和 0℃的生长率为基准,但其接近乘方或指数增长的特性不适合象山港海域,因为本海域的水温在夏季经常出现超过藻类最佳生长温度的情况,这两种方法在本海域均不适用。本研究甲藻类(或者视作不耐高温的浮游植物种类)温度限制生长函数采用上述方案,硅藻类(相对耐高温的浮游植物种类)采用类似的函数,仅最佳、最高温度等有所调整,分别取 $T_{\mathrm{opt}} = 25℃$,$T_{\max} = 37℃$。

对于温排水长期影响研究中,倘若生物学调查发现,海域的浮游植物优势种类发生变化,则需要对最佳生长温度和最高可生长温度等参数进行修正。

6.5.3 试验设置及稳定性测试

6.5.3.1 初始和边界设置

生态模型中,主要关注水温对生物量的影响,因此不考虑港区周边河流排放的影响。营养盐的初始场中,DIN 和 PO_4-P 的浓度值由文献(黄秀清等,2008)所给出的年平均值,且垂向均匀,DIN(三态氮浓度之和)为46.43 $mmol/m^3$,PO_4-P 为1.16 $mmol/m^3$。浮游生物和碎屑的初始场采用冷启动,取统一初始值0.2 $mmol/m^3$(以N计)。为了突出水温在本研究中的关键性作用,生态模式采用统一营养盐、盐度初始场的同时,边界条件也设为辐射边界条件;另一关键影响因子,即光照条件,采用年平均的透明度值1.2 m。如此,可突出水温因素在温排水生态影响研究中的作用。国华电厂和乌沙山电厂温排水量40 m^3/s 和52 m^3/s,其中国华电厂7月和8月的温排水量为80 m^3/s,冷却水的温升幅度为取水温度加8℃。

为了更好地模拟温排水温升效应对浮游生态系统的影响,昼夜气温差(℃)设置采用以下方案。

白天气温:$T_d = T_m + 9.0 \cdot Q_s/1\,000 - 3.0$;

夜晚气温:$T_n = T_m - 3.0$。

T_m 为月平均气温,在模式计算中每个网格会进行时间序列上的插值;Q_s 为太阳辐射强度,在月平均云量的条件下,本海域 Q_s 的日变化值在400~1 000 W/m^2 之间,因此昼夜温差在冬季较小,约3~4℃,夏季的昼夜温差可达9℃。上述设置一定程度上较符合本海域特点,气温为连续变化的量,比单纯使用月平均气温更符合模式,当然与实际昼夜温差肯定存在误差。

6.5.3.2 物质守恒性测试

数值模型的物质守恒性是测试模式可行性的重要指标。本研究中"目标海域"设定为121.7°E 以西的象山港海域。

目前有两种营养盐初始场计算方案可采用:①湾内采用均值初始场,给出湾内径流和径流排放营养盐浓度,湾外和开边界采用 NOAA 资料内插结果;②采用营养盐均值初始场方案,开边界采用辐射边界条件,使计算域基本保持高水平、等营养盐状态。

方案①的优点是营养盐分布接近实际分布,可基本达到周年平衡,缺点是径流量和径流排放营养盐缺乏较精确的实测值;方案②的优点是采用营养盐均值初始场方案,可突出水温因素的影响,缺点是由于平流和扩散作用,使湾内营养盐水平有一定的上升趋势。最后采用改进的方案②,仍采用营养盐均值初始场方案,在每个年末垂向混合良好时都将营养盐浓度设为 DIN 46.43 $mmol/m^3$、PO_4-P 1.16 $mmol/m^3$ 的均值状态。

计算结果显示,目标海域的 DIN 平均浓度在年末比年初增加约8 $mmol/m^3$、PO_4-P 增加0.4 $mmol/m^3$。两种营养盐的变化规律相同,在春季前基本保持恒定,此时湾内营养盐浓度与湾外一致;春季水华期,营养盐浓度大幅下降,至夏初达到最小值,此后缓慢回升,此时湾内营养盐浓度小于湾外,使湾内营养浓度因为平流和扩散作用得到补充,可以看到营养盐曲线在夏季后呈现半月潮周期的波动,此为大小潮周期在营养盐输运上的体现。同时,生物量的下降也能补充一定的营养盐量,在秋季以后,生物量大幅下降后,降解产生的营养盐湾内营养盐的平均浓度大幅上升。

在上述营养盐周期变化的同时,4 年内水温和各生物参量也体现了周期性的变化,且每年的变化规律基本一致。因此,本研究认为这一模型体系可应用于温排水对海域生态参量影响的研究。本项目取第 5 年的数值模拟结果用于分析研究。

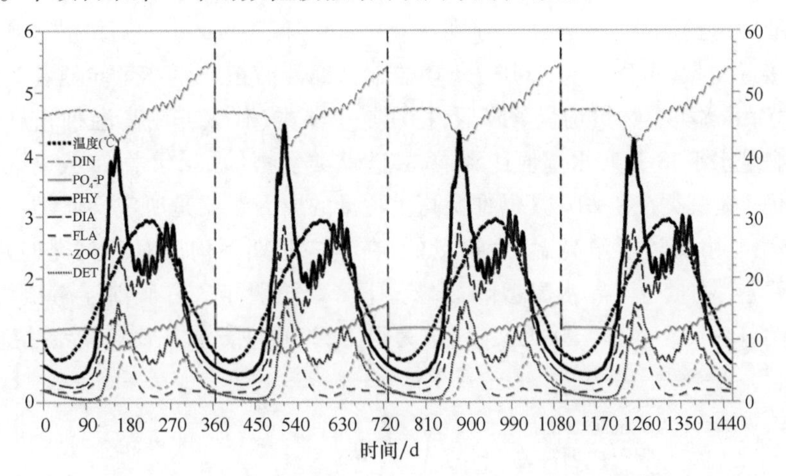

图 6.5-3　目标海域无温排水条件下 4 年生态变量变化

DIN 和水温为右坐标,其余项为左坐标;PO_4-P 单位为 mmol P/m^3,其余为 mmol N/m^3

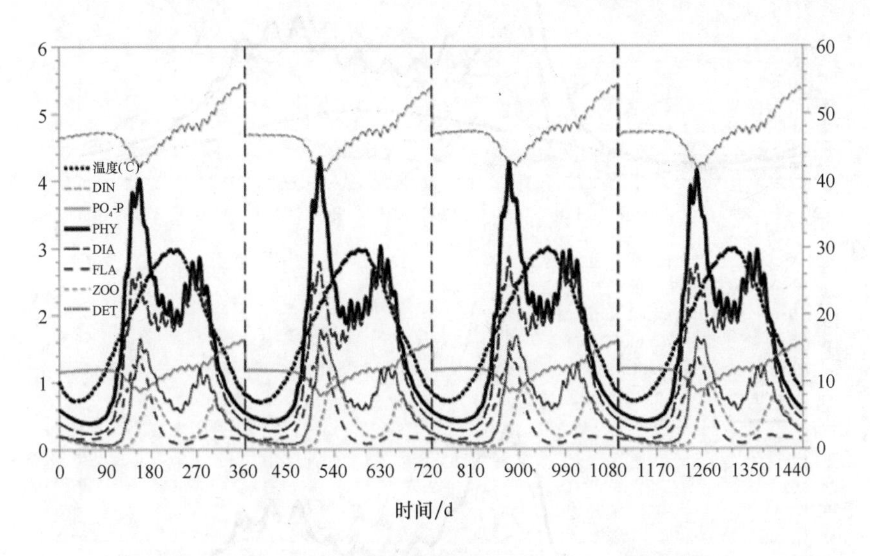

图 6.5-4　目标海域有温排水条件下 4 年生态变量变化

DIN 和水温为右坐标,其余项为左坐标;PO_4-P 单位为 mmol P/m^3,其余为 mmol N/m^3

6.5.4　浮游植物变化特征数值模拟结果

应用上一节所建象山港海域物理-生态动力学耦合模型,研究象山港海域浮游生物量的时空分布规律,为分析和讨论温排水扩展造成的温升对临近海域浮游生物量时空分布的影响奠定基础。

目标海域的生态变量季节变化规律，有、无温排水条件下目标海域的平均值总体差异较小。目标海域浮游生物的季节变化基本规律如下：一般的，12 月初期，象山港海域的水温降至 15℃以下，直至 3 月底前水温均维持在 15℃以下，这一时期目标海域的生物量一直维持在低水平。4 月中下旬后，水温上升至 15℃以上，生物量快速增长，5 月底左右，硅藻类和甲藻类的生物量均达到最高，叶绿素 a 分别达 6 mg/m^3 和 3 mg/m^3，总浮游植物生物量超过 9.0 mg/m^3，接近文献（黄秀清等，2008）所述的丰水期浮游植物生物量。随着 7 月水温超过 25℃，硅藻类和甲藻类生物量均显著降低，特别是甲藻类（代表非耐高温种），在 7 月后始终维持在低生物量水平，8 月底水温值达到最高，硅藻类生物量（叶绿素 a）从 4 mg/m^3 逐渐恢复到 6 mg/m^3。硅藻类在 9—10 月仍维持高生物量的原因主要是所定义此类浮游植物较耐高温，其次是由于甲藻类不耐高温、生物量低，在这一时期不构成对硅藻类的营养盐竞争。11 月后，硅藻类生物量也随着水温下降而显著下降。至翌年 3 月底前浮游植物生物量（叶绿素 a）维持在 1 ~ 1.5 mg/m^3，接近文献（黄秀清等，2008）所述的枯水期浮游植物生物量。

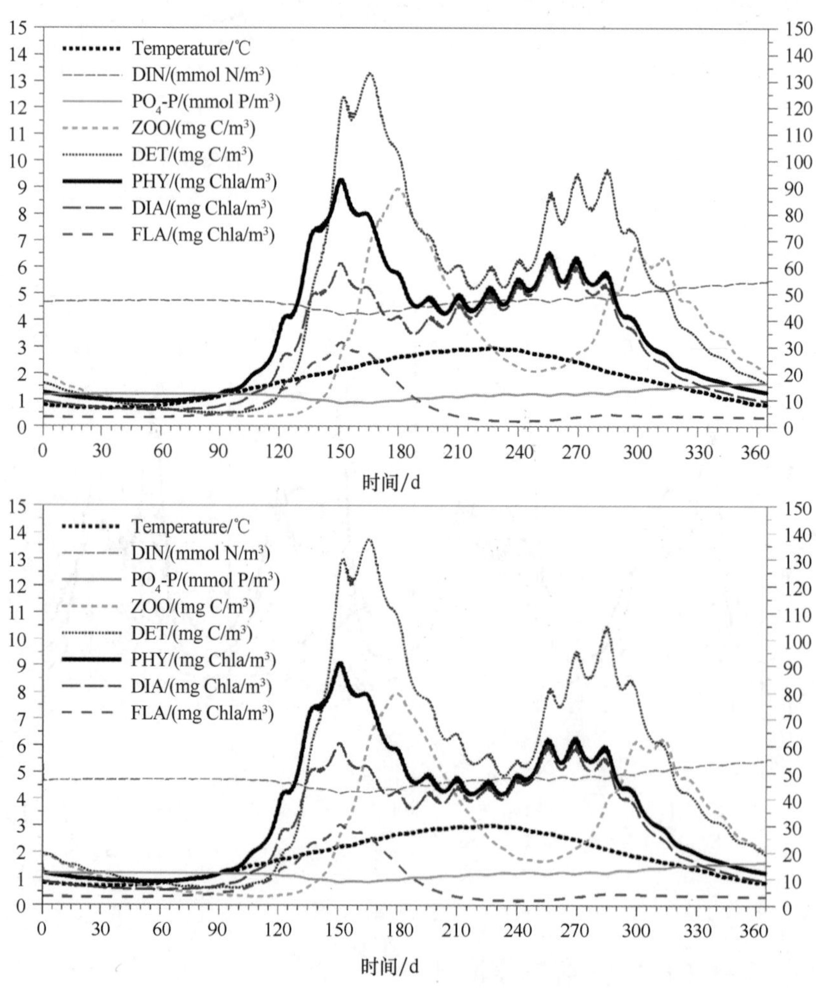

图 6.5 – 5　目标海域各参量季节变化

上：无温排水；下：有温排水；其中 PHY、DIA 和 FLA 为左坐标，其余项为右坐标

浮游动物和碎屑生物量在浮游植物低值期也维持低生物量，最低可至0.5 mg/m^3（以碳计），随着水温升高，浮游植物量上升后，浮游动物和碎屑均快速增长，碎屑的高值期较浮游植物高值期后滞5～15 d，浮游动物高值期较浮游植物高值期后滞30 d左右。浮游动物和碎屑生物量与总浮游植物量类似，均具有双峰高值期，在春季水华期最高，秋季水华期后次高。碎屑量与浮游植物和浮游动物生物直接相关，浮游动物量除了饵料来源（浮游生物和碎屑）的限制，还主要受水温的限制（本研究不考虑浮游动物被摄食）。

综上所述，周年变化的太阳辐射（光照）以及与相关的水温是影响象山港水域浮游生态系统变化的主要因素。

以下为有温排水条件下，考虑卷载和余氯对浮游生物的杀伤率为50%（据实际观测资料）的情况下，各浮游生态模型参量的月平均平面分布。

月平均气象条件下，2月的月平均水温在9℃左右，乌沙山排水口附近仅在沿岸一带出现水温9.5℃的温升带，而港底的国华电厂附近则有大面积的水温达9.5℃的温升带。5月水温在20℃左右，港底的水温高于湾口。8月的仍呈港底高于港口，平均水温30℃左右，港口29.5℃左右，港底可达31.0℃左右。11月，由于港底水深较浅处更易失热，港口及外海水深大、水温高，出现了港口水温高于港底的情形，温排水口附近水温仍保持较高。温排水的存在有助于缓解港底水温的下降，一定程度上有助于提高该时期海域的生产力。

生物量方面，其水平分布基本有以下几个特点：①浮游植物和浮游动物量由于卷载和余氯杀伤作用（曾江宁，2005），在排水口附近维持一个低值区，而碎屑生物量则在排水口附近保持一个高值区；②生物量的基本分布态势基本均为港底高于港口，仅8月的浮游动物由于港底水温较高，港口的生物量高于港底；③生物量低值期，其水平分布的差异也相对较小，生物量高值期生物量水平分布差异也较大，最大差异在港底可达港口的2倍左右。

6.6 小结

本章首先利用FVCOM模型建立了象山港三维水动力模型，对其动力场潮流场进行了较为准确的模拟，利用海气热界面平衡方程，综合考虑太阳辐射、海面有效回辐射、潜热通量和感热通量，在模型中嵌入块体公式计算感热和潜热通量，对在温排水影响下的象山港海域温度场进行了数值模拟，并得到了温升场。在考虑海气界面热通量下，通过计算有、无温排水影响下的温度场得到的温升场，讨论了冬季和夏季象山港温排水对海域温度和温升的影响，并计算了其温升总量。结果表明夏季的温升总量比冬季有显著增大，其中冬季同时考虑两大电厂的温升总量17.8×10^8 m^3·℃约等于分别仅考虑国华电厂的6.0×10^8 m^3·℃和仅考虑乌沙山电厂的11.7×10^8 m^3·℃之和，而夏季同时考虑两大电厂的28.2×10^8 m^3·℃温升总量则略小于分别考虑单独电厂的15.6×10^8 m^3·℃（国华）和13.7×10^8 m^3·℃（乌沙山）之和，说明夏季温升互相叠加产生了更高的温升从而加快了散热。

在基于ECOM－si的象山港海域水动力模型，耦合了一个太阳辐射强度和海面热通量模块，建立了象山港海域的浮游生物生态动力学模型。根据海域特点和生物学调查资料设置了主要生态模型参数，给出了浮游植物（分为耐高温的硅藻类和不耐高温的甲藻类）、浮游

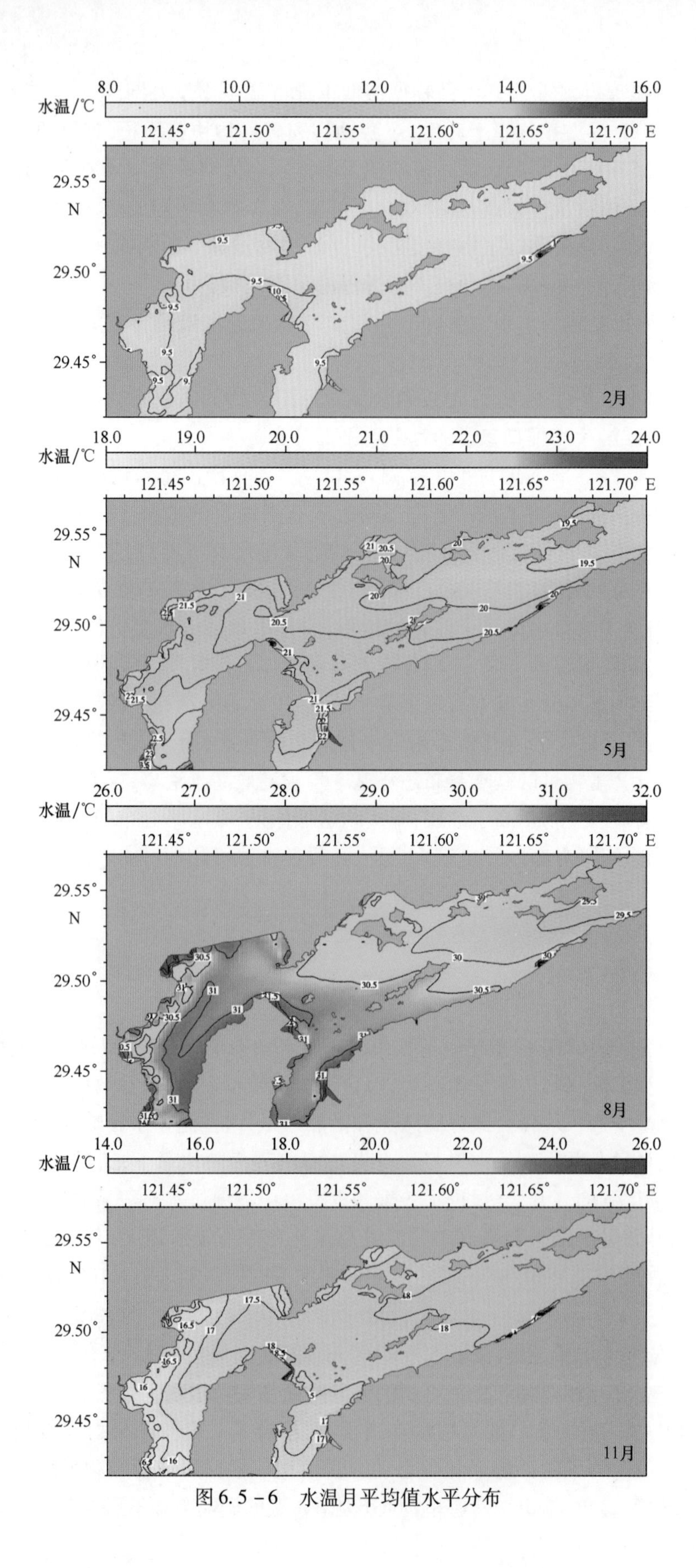

图6.5-6　水温月平均值水平分布

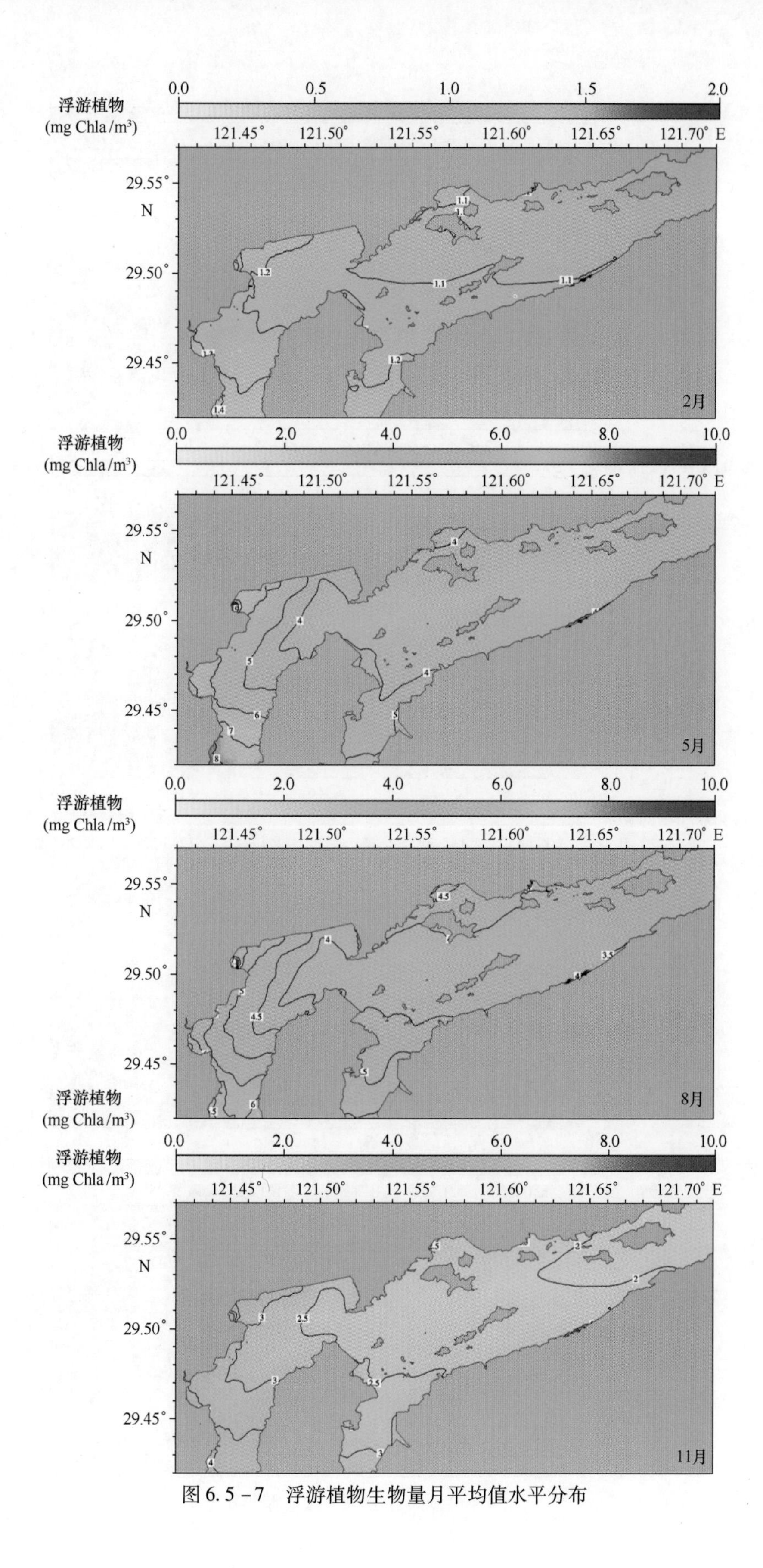

图 6.5-7　浮游植物生物量月平均值水平分布

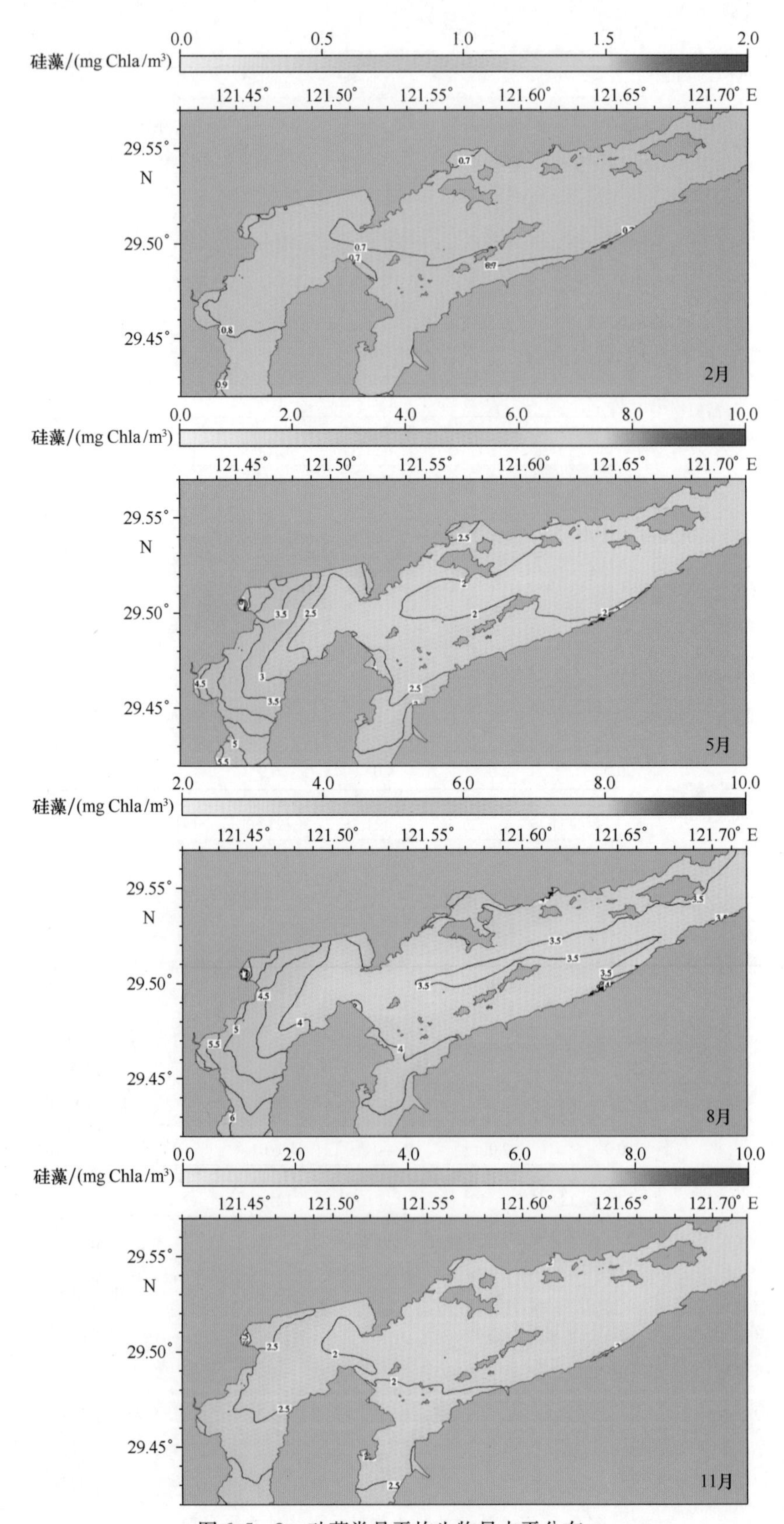

图 6.5－8　硅藻类月平均生物量水平分布

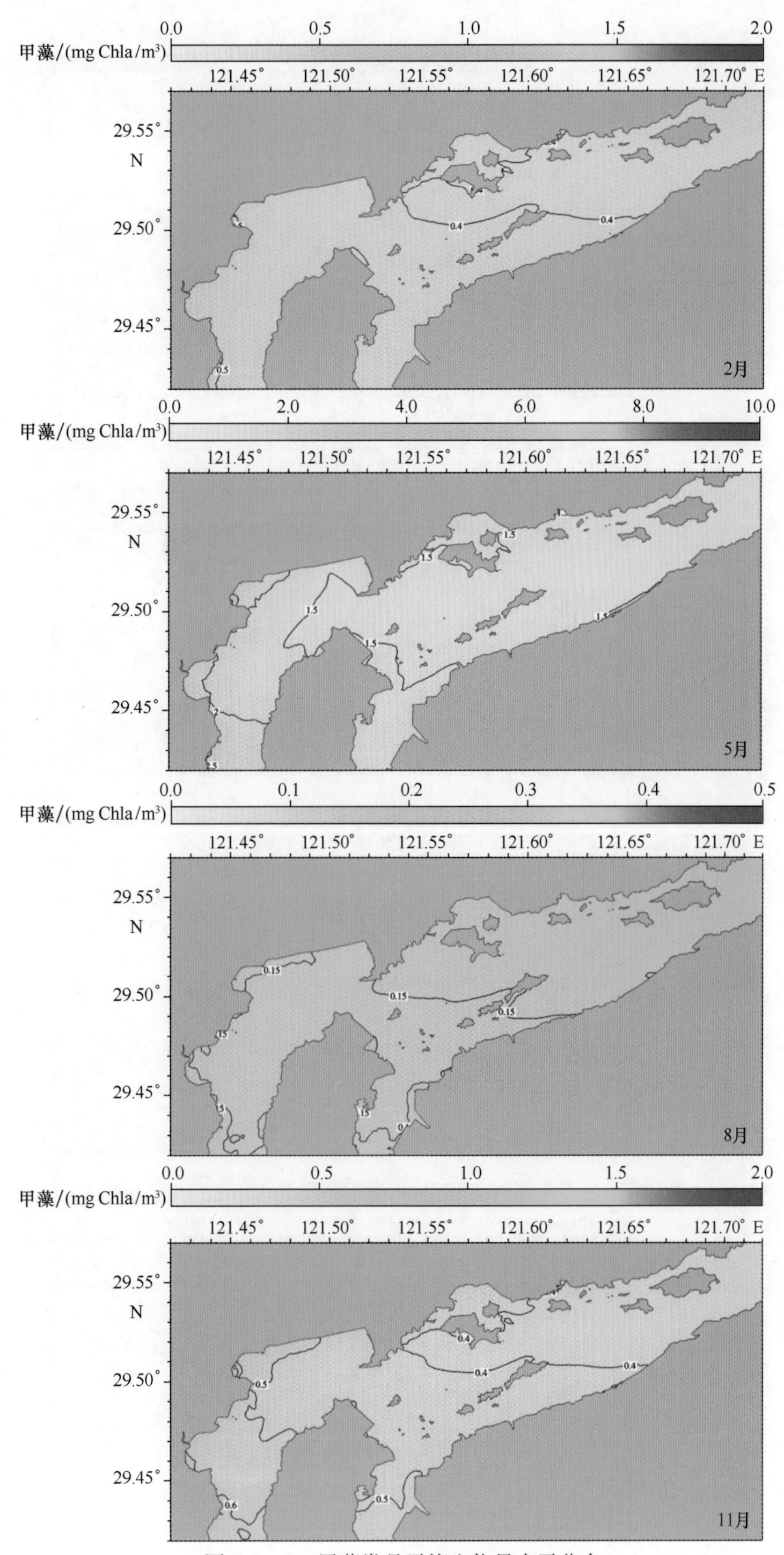

图 6.5-9　甲藻类月平均生物量水平分布

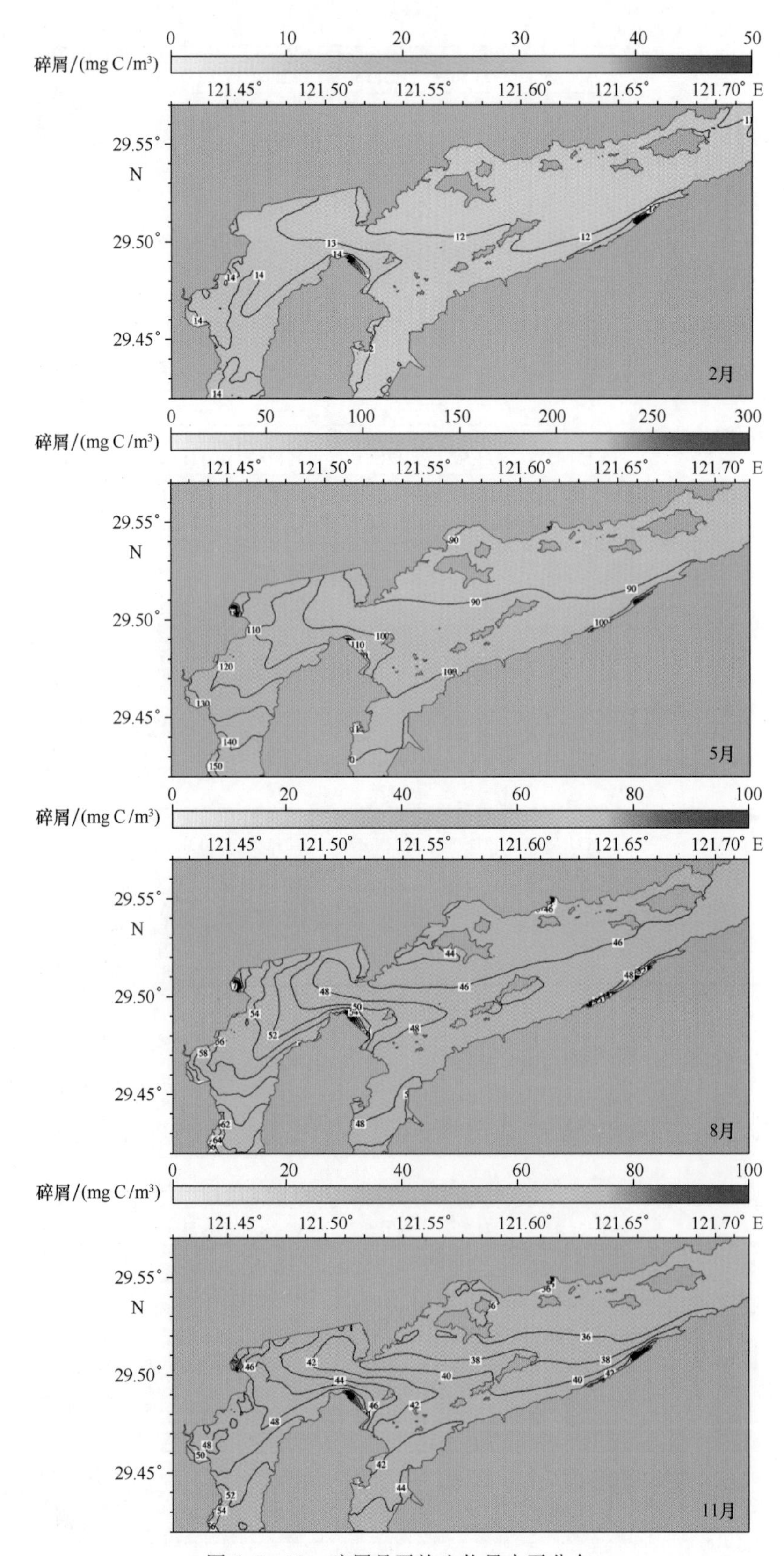

图 6.5－10　碎屑月平均生物量水平分布

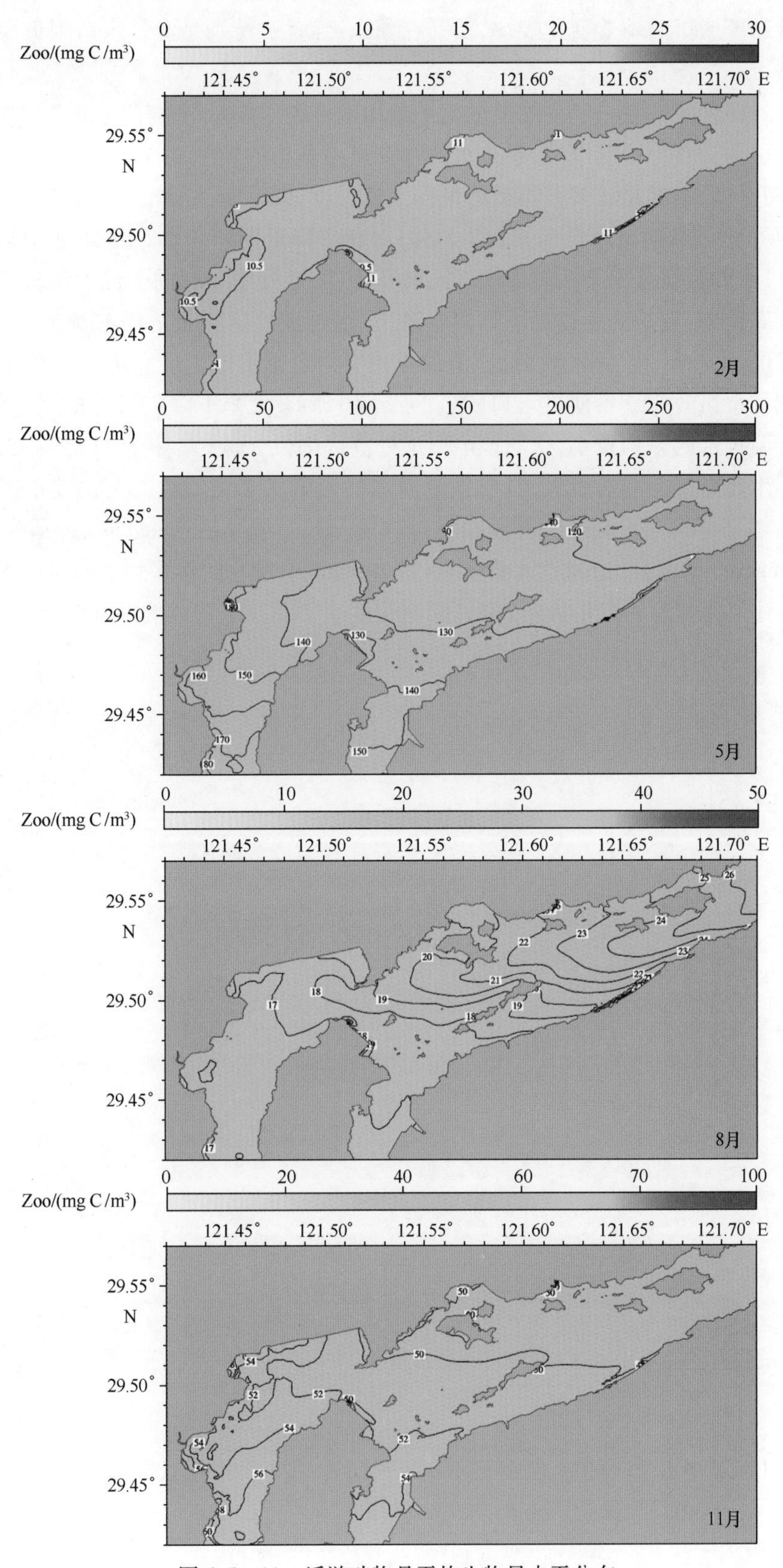

图6.5-11　浮游动物月平均生物量水平分布

动物生物量和碎屑量的季节变化规律，及其在象山港海域、特别是温排水口附近海域水平分布规律。

温排水的温升效应在一定程度上改变了象山港浮游生物量的季节变化规律和空间分布特征。在春季和初夏等增温季节，温排水的存在可使藻华的发生期提前，甚至发生冬季赤潮过程；夏季高温期，水温超过多数藻类的最佳生长温度，则可使浮游植物生物量下降，水温超过 30℃ 的几率增大从而可降低赤潮发生风险；在秋季降温期和冬季低温期，水温低于最佳生长温度，温排水的存在有助于缓解港底水温的下降，一定程度上有助于提高该时期海域的初级生产力。四季中，夏季的生物量下降幅度最大，浮游植物生物量下降 15% 左右，浮游动物生物量下降可达 30%，全年基本维持正值的碎屑生物量也出现了最高达 15% 的下降。温排水合并卷载和余氯效应终年使排水口附近的浮游生物量大幅下降。对于排水口外围海域，乌沙山电厂温排水的影响较小，这与该电厂地处港区中段，流速大、扩散性好有关；国华电厂对港底浮游生态系统的影响较大，且对铁港海域的影响大于黄墩港。在铁港年平均浮游植物生物量（碳）下降可达 6 mg/m^3，浮游动物生物量（碳）下降达到 5 mg/m^3，碎屑生物量（碳）则有 2 ~ 3 mg/m^3 的上升，造成总有机体量（碳）9 mg/m^3 左右的年平均下降量。卷载和余氯杀伤对浮游生态系统有一定的影响，但其影响程度小于温排水造成的温升效应。

7 象山港电厂温升监测技术与温升范围计算方法

滨海电厂温排水产生的影响区域是有限的、局部的,但这小区域的海域水动力条件、生态环境等特别复杂,如要详细掌握这一区域的变化及温排水对其造成的影响,需设置专题进行研究。因项目研究时间有限,有些问题没有深入研究,本章所涉及的监测技术仅指温升的监测技术,并为了探明象山港电厂附近的温升分布范围,选出一个相对合理和相对科学的监测方法。

7.1 象山港电厂附近海域温排水温度分布

7.1.1 国华电厂附近海域温度分布

表 7.1-1 统计了国华电厂附近海域 2011 年夏季和 2011 年冬季两个航次小潮和大潮期间各监测断面的特征温度。图 7.1-1 和图 7.1-2 是国华电厂附近海域 2011 年夏季和冬季航次小潮和大潮期间的表层温度分布图。

表 7.1-1 国华电厂附近海域 2011 年夏季和冬季各断面特征温度 单位:℃

统计项目	断面	2011 年夏季			2011 年冬季		
		最大值	最小值	平均值	最大值	最小值	平均值
大潮涨憩	断面 A	29.39	28.96	29.10	15.75	14.97	15.39
	断面 B	31.04	28.73	29.37	19.65	14.51	15.60
	断面 C	30.50	28.67	29.02	17.46	13.76	14.95
	断面 D	31.30	28.88	29.17	23.76	14.72	15.25
大潮落憩	断面 A	30.76	29.00	29.93	13.83	10.93	12.22
	断面 B	30.28	29.10	29.44	20.31	13.70	16.06
	断面 C	31.46	29.04	29.82	20.91	14.39	15.32
	断面 D	33.41	29.08	29.88	22.48	14.75	15.54
小潮涨憩	断面 A	30.07	29.05	29.78	19.56	17.42	18.39
	断面 B	31.38	29.17	29.69	23.44	17.76	19.53
	断面 C	32.10	29.02	29.27	22.26	17.50	18.11
	断面 D	31.69	29.21	29.23	27.62	17.73	18.29

续表

统　计 项　目	断　面	2011 年夏季			2011 年冬季		
		最大值	最小值	平均值	最大值	最小值	平均值
小潮落憩	断面 A	35.11	29.02	29.98	16.32	13.50	15.18
	断面 B	35.45	29.16	31.84	22.38	16.24	18.72
	断面 C	35.89	29.04	30.36	22.73	17.41	18.33
	断面 D	35.77	29.82	31.30	25.53	17.23	18.19

由表 7.1－1 可以看出：

①2011 年夏季，测区各断面测得最高温度达 35.89℃，最低温度为 28.73℃，平均温度为 29.82℃。

②2011 年冬季，测区各断面测得最高温度达 27.62℃，最低温度为 10.93℃，平均温度为 16.57℃。

③综观全貌，无论夏季还是冬季监测海域断面 D 温度较高，断面 B 和断面 C 次之，断面 A 温度最低。

④依各潮时而论，夏季海表温度表现出从高到低依次为小潮落憩、大潮落憩、小潮涨憩、大潮涨憩的特征；冬季海表温度有小潮高于大潮的特征。

表 7.1－2 统计了 2011 年夏季和冬季航次小潮和大潮期间各测站各潮时的温度。由表 7.1－2 可以看出：

①2011 年夏季小潮落憩，排水口测站测得表层最高温度达 40.60℃。

②2011 年冬季小潮落憩，排水口测站测得表层最高温度达 27.62℃。

③综观全貌，无论夏季还是冬季，监测海域温度有排水口（表层）＞S10（SW4）＞取水口（表层）＞取水口（6 m）＞W8（表层）的特征。

④依各潮时而论，海表温度表现出从高到低依次为小潮落憩、大潮落憩、小潮涨憩、大潮涨憩的特征。

⑤S10 测站附近的水温受到了两电厂的叠加影响，水温与 W8 表层、取水口 6 m 这两个测站相比偏高；夏季，S10 测站温度比 W8 表层偏高约 0.20～1.43℃，比取水口 6 m 偏高约 0.22～0.51℃；冬季，S10 测站温度比 W8 表层偏高约 0.42～1.29℃，比取水口 6 m 偏高约 0.36～0.93℃。

表 7.1－2　2011 年夏季和 2011 年冬季各测站各潮时的温度　　单位：℃

时间	测站	层次	大潮涨憩温度	大潮落憩温度	小潮涨憩温度	小潮落憩温度
2011 年夏季	取水口	6 m 层	28.78	28.87	29.39	28.75
	取水口	表层	28.93	29.36	29.80	29.10
	排水口	表层	34.40	37.30	35.82	40.60
	W8	表层	27.73	28.03	28.56	28.78
	S10（SW4）	表层	29.16	29.38	29.61	28.98

续表

时间	测站	层次	大潮涨憩温度	大潮落憩温度	小潮涨憩温度	小潮落憩温度
2011 年冬季	取水口	6 m 层	15.30	15.34	16.17	18.05
	取水口	表层	15.69	15.80	16.41	18.32
	排水口	表层	23.76	22.48	24.62	27.53
	W8	表层	15.24	15.30	16.61	17.69
	S10(SW4)	表层	15.66	15.92	16.73	17.98

7.1.2 乌沙山电厂附近海域温度分布

表7.1-3 和表7.1-4 统计了春季、夏季、秋季和冬季航次小潮和大潮期间各监测断面的水温分布范围。图7.1-3 和图7.1-4 是乌沙山电厂附近海域2011 年夏季和冬季航次小潮和大潮期间的表层温度分布图。

表7.1-3 各监测站位大潮期间水温分布范围 单位:℃

站位	春季		夏季		秋季		冬季	
	最小值	最大值	最小值	最大值	最小值	最大值	最小值	最大值
W8(对照点)	12.73	13.98	26.0	28.45	21.31	22.14	14.71	15.88
电厂左侧断面(E1-E2)	13.96	15.22	26.2	31.38	22.15	23.46	14.84	17.07
取、排水口断面(F2-F1)	13.62	22.08	27.41	34.79	22.15	26.93	15.50	27.57
电厂右侧断面(G2-G1)	13.49	14.34	27.44	28.98	22.18	23.05	15.99	17.33

表7.1-4 各监测站位小潮期间水温分布范围 单位:℃

站位	春季		夏季		秋季		冬季	
	最小值	最大值	最小值	最大值	最小值	最大值	最小值	最大值
W8(对照点)	14.21	15.62	27.57	29.65	21.42	21.84	17.42	17.96
电厂左侧断面(E1-E2)	15.52	18.56	29.59	31.43	21.54	22.67	17.67	19.17
取、排水口断面(F2-F1)	15.61	24.72	29.33	36.27	21.44	30.09	17.80	28.09
电厂右侧断面(G2-G1)	14.63	16.46	28.18	30.64	21.83	24.19	17.43	19.95

由表7.1-3 和表7.1-4 中数据可以总结出:

①测区全年水温以夏季最高,达26.0~36.27℃,春季水温最低,为12.71~24.72℃,秋冬季水温介于其间。

②测区全年水温的变化幅度在20℃左右,且取水口和排水口断面(F2-F1 断面)水温最高,其次是左侧断面(E1-E2 断面),右侧断面(G2-G1 断面)水温最低。

③大、小潮期间,排水口水温均呈由近至远逐渐降低的趋势,以排水口附近测站水温最高。如夏季航次小潮期间,距离排放口最近的排水口附近测站水温最高可达36.27℃,而取排水口断面距离排放口较远的测站水温在29~30.5℃之间;大潮期间,排水口附近测站水温

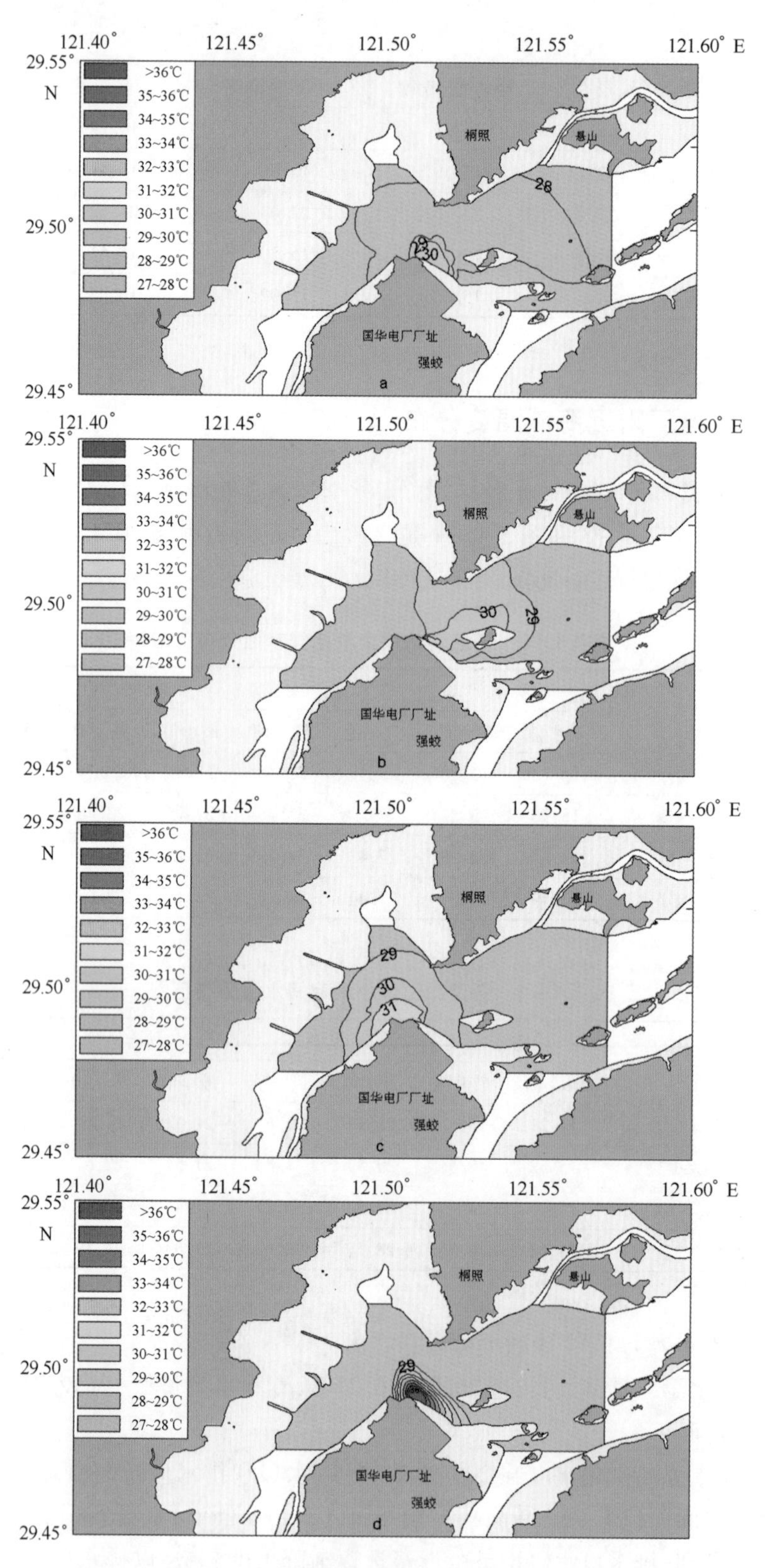

图 7.1－1　国华电厂附近夏季温度分布

a:大潮涨憩,b:大潮落憩,c:小潮涨憩,d:小潮落憩

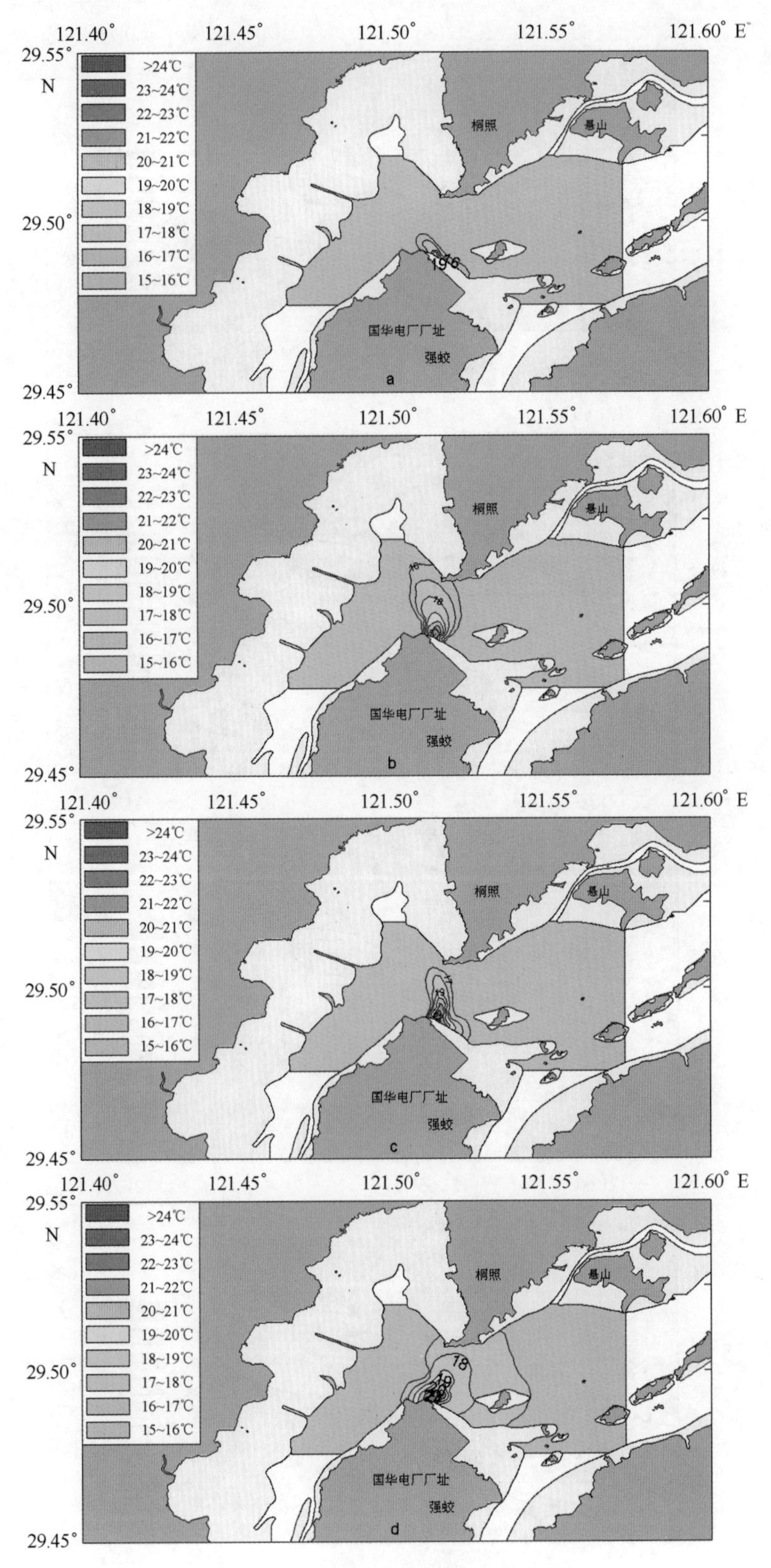

图 7.1－2　国华电厂附近冬季温度分布

a：大潮涨憩，b：大潮落憩，c：小潮涨憩，d：小潮落憩

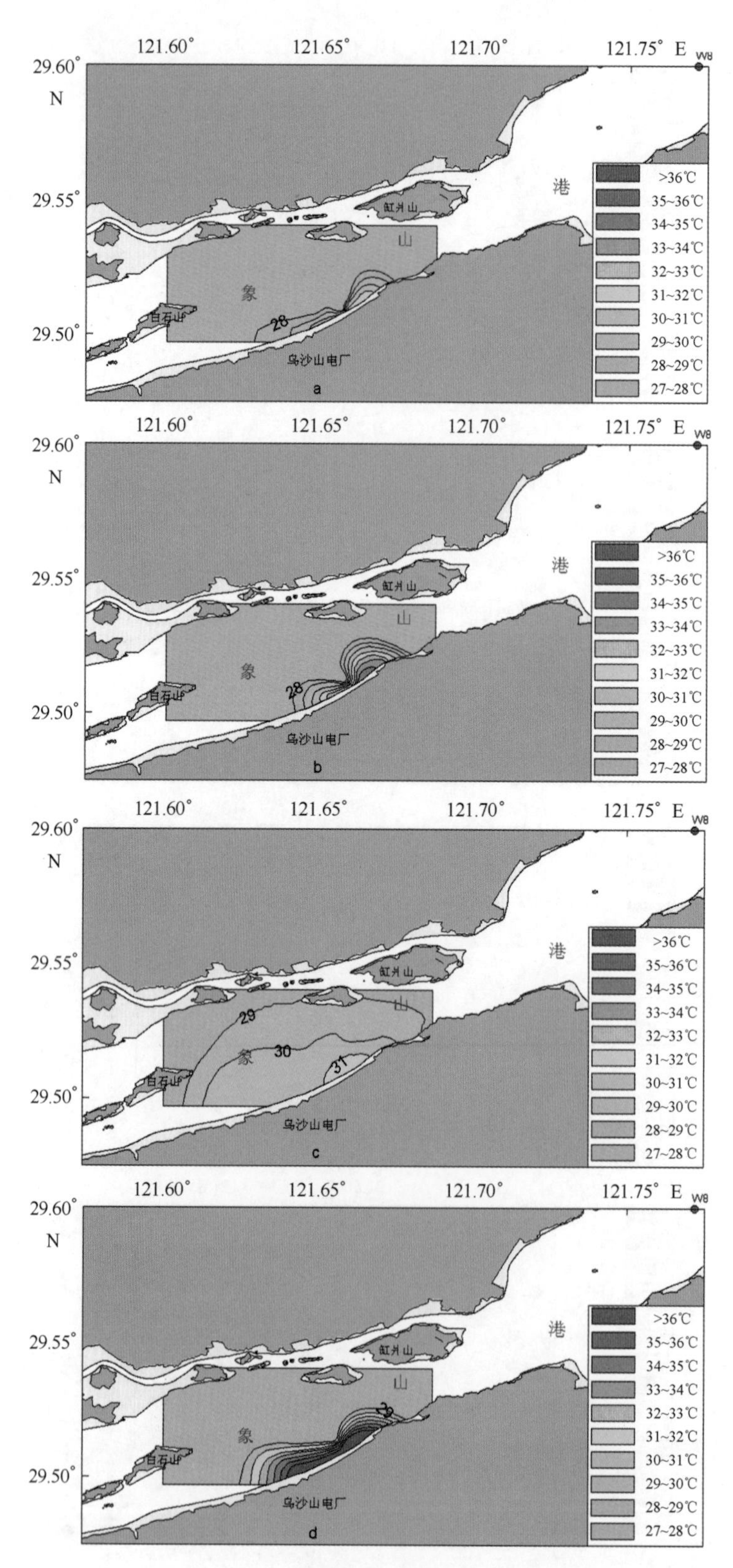

图 7.1-3　乌沙山电厂附近夏季温度分布

a:大潮涨憩,b:大潮落憩,c:小潮涨憩,d:小潮落憩

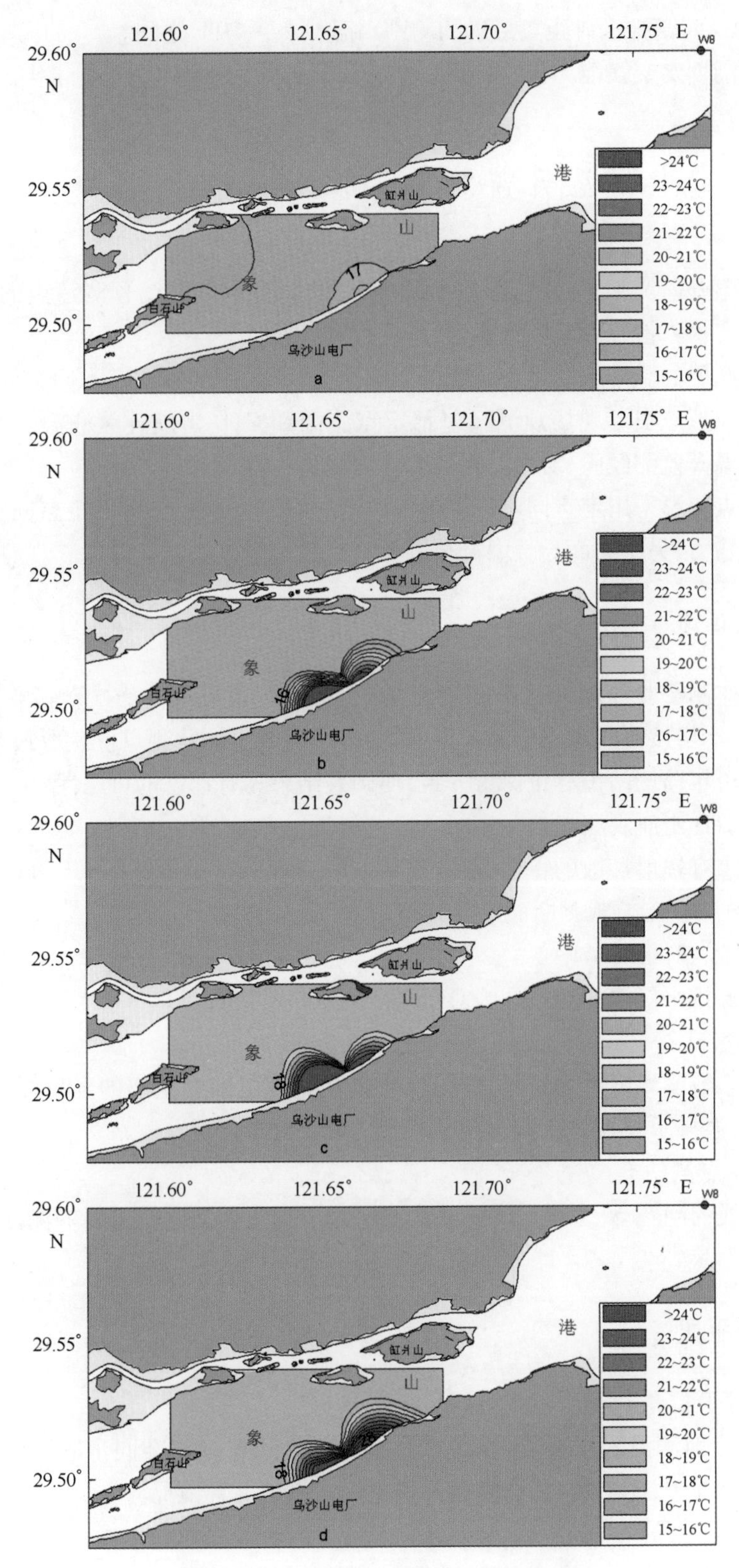

图 7.1－4　乌沙山电厂附近冬季温度分布

a:大潮涨憩,b:大潮落憩,c:小潮涨憩,d:小潮落憩

最高为34.79℃,而距排水口距离最远的测站水温在27～29℃之间。

④由于大潮期水交换能力强,水流流速大,因此各断面水温均小于小潮期。

7.2 象山港电厂温升监测技术探讨

滨海电厂温升监测中,为使监测数据准确反映环境质量现状,预测污染的发展趋势,要求监测数据具有精密性、准确性、代表性、可比性和完整性。

国内外所开展的温排水对生态系统的影响研究,所采用的方法基本归纳为现场观测、遥感观测及数值模拟三类。现场观测又包括定点测温和CTD走航连续测温。本研究根据象山港电厂多年温升监测经验,对温升现场监测方法进行探讨。

传统的定点测温采用定点同步观测的方法,站位较为分散,一方面定点同步观测需要耗费大量的人力物力,另一方面导致温升范围计算时插值带来的误差较大。

7.2.1 站位布设

根据历年监测经验和环评报告的预测结论,将电厂温升可能影响范围作为监测范围。在监测范围内,严格按照监测点位的布设原则,以尽可能少的监测点位获取最有空间代表性的监测数据。历年监测站位尽量保持一致,使调查结果具有动态的可比性。

(1)大面CTD走航观测

由于温排水有辐射扩散的特征,在监测范围内,布设4～6条由排水口出发的CTD走航观测断面,各条CTD走航观测断面扇形分布。

(2)参照点

选取不受温排水影响的测站作为对照点。

(3)取、排水口

考虑到大多数滨海电厂为海底直排式,所以在海域范围内获取的温排水源强有可能存在误差。因此,温排水源强的获取,应直接在取、排水口布设定点测站。

(4)其他定点测站

由于是测线的问题,许多设定的测区监测船跑不到位但又比较重要的测区,需要定点监测站位补充。

7.2.2 监测手段

(1)大面CTD走航观测

采用CTD走航测温的方法,在各测温断面可以得到连续的准同步的温度值,这样在温升范围的确定过程中,能更真实、准确地反映电厂前沿的温升情况。

(2)参照点

为了验证对照点不受温排水影响,并保证对照点数据的连续性,进行周日定点观测。

(3)取、排水口

为了获取连续的取、排水口温度资料,进行周日定点观测。

(4)其他定点测站

对于其他定点监测站位,进行周日定点观测。

7.2.3 监测时间和频率要求

为了掌握极端时刻温升范围,在电厂运营期每年的枯水期和丰水期的大、小潮期间进行每小时一次的连续 26 h 观测。

7.2.4 仪器设备

(1)大面 CTD 走航观测

为了监测表层温度,将 CTD 挂在船舷 0.5 m 处。

(2)定点测站

采用传统的表层温度计。

(3)温度计的检定和比测

测温开始前仪器应测温仪器进行检定。应严格按照《海洋调查规范》要求进行调查。现场调查时,每隔 1 h 进行现场 CTD 水温与颠倒式温度计及其他所使用的水温测量温度计之间的比测,以确保调查数据的准确性。

7.3 象山港电厂温排水温升对照点选取

目前对于电厂温排水对邻近海域环境影响的研究较多,而电厂温排水导致周边海域温升范围与程度的确定一直没有得到很好的解决,主要是由于温升对照点选择的科学性不够,缺乏考虑。传统的温升范围,往往是通过在同时段距离温排水区域较远海域,或在数模计算所得的温升范围外设定一个点作为温升对照点(张文泉等,2004;朱晓翔,2010;苗庆生等,2010),刘慧(2010)和金腊华等(2003)则采用取水口作为对照站来评价温升范围和长度。这些设置对照点的方法存在一些问题,一方面忽略了水温分布的空间性,另一方面对对照点是否受温排水影响缺乏说服力和一定的依据。这严重影响了温排水对周边海域的温升范围和程度的科学性和准确性,确定温排水在排放海域的温升范围和程度是准确评价温排水对周边海域生态环境的影响程度和范围的前提和基础。而水温对照点选取的科学性对温升范围和程度的确定是至关重要的。可以说,温升对照点选择的正确、科学、合理与否,将直接影响电厂温排水对周边海域温升程度、范围确定的准确性和合理性。

本研究通过建厂前后水温分布情况,确定电厂温排水影响区域,并在温升区域距离温升范围尽可能近的区域外设置一个对照点(缸爿山以东 8 km 的 W8 站),并根据对照点区域与温升区域建厂前水温空间分布差异,来校正对照点水温,通过该校正后的对照点水温来进一步确定电厂温排水的温升程度和范围。

7.3.1 对照点的历年变化趋势

从历年各个测站的温度变化规律上来看：电厂运营后的历年监测结果表明，在大、小潮期间，W8 测站各个航次测得的温度比其他测站都要小（表 7.3－1）。

表 7.3－1 各航次监测站位水温分布范围 单位：℃

航次	W8				其他测站			
	大潮		小潮		大潮		小潮	
	最大值	最小值	最大值	最小值	最大值	最小值	最大值	最小值
2006 年冬季	10.86	10.30	10.39	9.80	18.39	10.39	21.32	10.50
2007 年夏季	29.58	26.28	30.21	28.21	33.70	27.82	39.93	29.03
2007 年冬季	14.95	14.61	13.92	12.49	26.55	15.10	21.69	13.15
2008 年夏季	29.30	27.21	29.23	26.67	37.74	27.80	38.07	26.68
2009 年夏季	27.53	25.34	28.38	27.01	33.86	25.92	35.35	27.12
2009 年冬季	8.99	8.74	9.38	9.04	20.49	9.64	22.71	9.26
2010 年夏季	28.52	26.13	/	/	34.08	27.05	/	/
2010 年冬季	10.87	10.33	/	/	19.91	10.65	/	/

从昼夜温差上来看：冬季，W8 测站的昼夜温差在 1.0℃以内；夏季，受昼夜变化影响，温度略有升降，但变化幅度很小，W8 测站的昼夜温差在 2.0℃左右（图 7.3－1）。

7.3.2 对照点周日温差变化趋势

本次研究采用了 2011 年夏季大潮期对照站 W8 水温观测结果，计算了对照站 W8 各 40 min（与外业采样时间一致）的平均温差。对照站 W8 站 24 h 内的温差为 0.02～0.35℃（图 7.3－2）。各时段最大温差大部分在 0.30℃以下，中午时段（12:00～12:50）水温变化较快，最大温差在 0.35℃左右，其他在凌晨 3:50 和下午 16:10 时段出现较高温差 0.33～0.35℃的温差，总体上看，各 30 min 连续间隔内，定点站位的温差较小。

7.3.3 温排水影响区域的确定

建厂前后象山港各区域水温分布特征情况见表 7.3－2。由表可知，建厂前港底、港中、港口区域水温分布较为均匀，区域水温分布差异在 1℃之内。而建厂后港底、港中区域水温分布差异较大，从建厂前水温分布差异（港口区域 0.4℃和港中区域 0.7℃）和定点站位 30 min 内水温变化（0.02～0.35℃）来看，港底、港中区域水温差异大大高于建厂前和水温定点短期内的水温波动程度，由此可见，这两个区域的水温已受到电厂温排水的影响，且分布特征已与建厂前有较大差异。而港口区域水温分布较为均匀，区域水温分布差异不大，区域温差也与建厂前相近，可见港口区域没有受到温排水的影响，可以考虑作为对照点的备选区域，鉴于设置温升对照点的理想位置为距离温升范围最近但又不受温排水影响的区域。

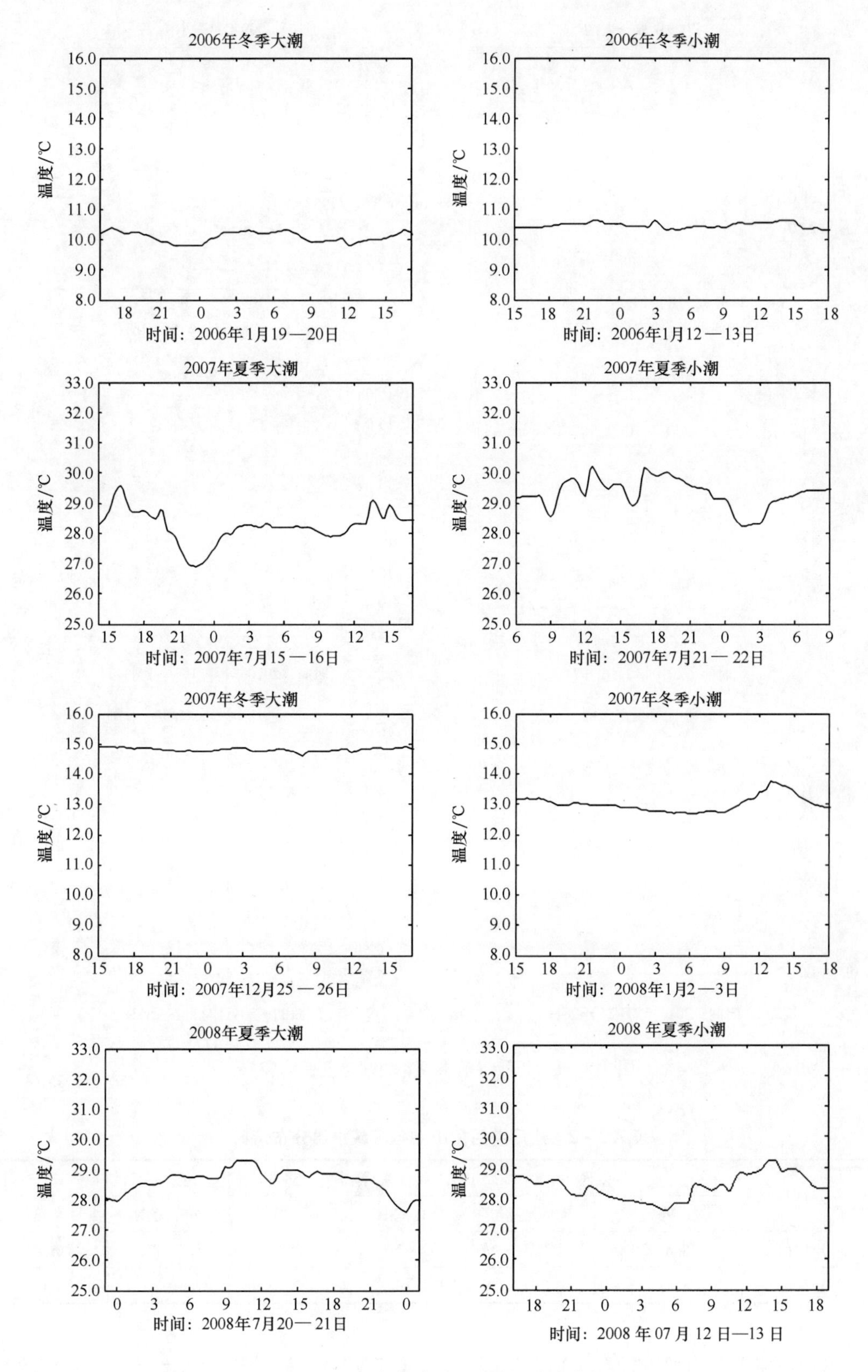

图 7.3－1　历年各航次 W8 测站温度变化图(1)

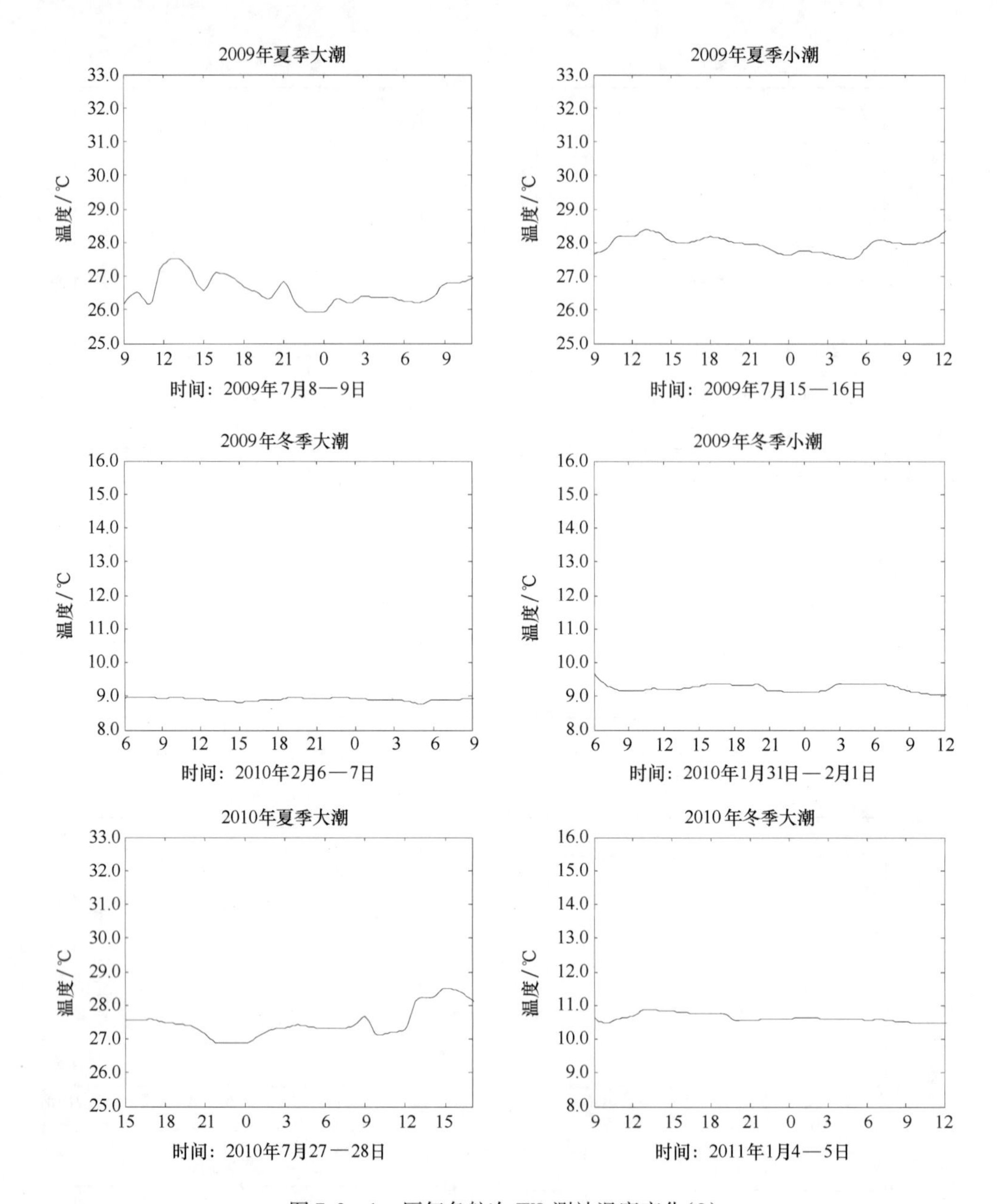

图 7.3-1　历年各航次 W8 测站温度变化(2)

表 7.3-2　建厂前后象山港各区域水温分布情况

时期	港底		港中		港口	
	分布范围	最大温差	分布范围	最大温差	分布范围	最大温差
建厂前	28.8～29.2	0.5	28.7～28.1	0.8	28.3～27.4	0.9
建厂后	28.4～32.1	3.7	27.5～30.2	2.7	27.4～26.4	1.0

本项目将温升对照点设置于缸爿山以东 8 km 的 W8 测站，处于象山港港中与港口的交界位置，一方面距离港中区域有一定的距离，保证该区域不处于温升区域中，另一方面尽可

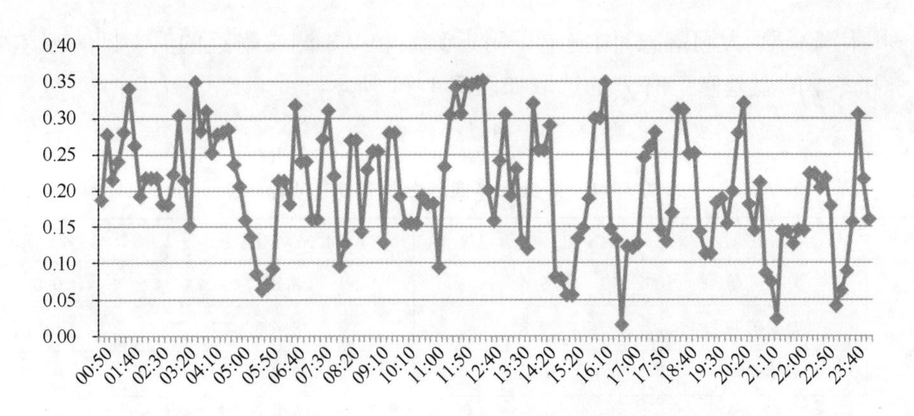

图 7.3－2　40 min 间隔时间最大温差分布

能靠近温升范围，使其在水温空间分布差异性尽可能小。因此 W8 测站作为国华电厂和乌沙山电厂的温升参照点是合适的。

7.4　温升范围计算方法——以国华电厂为例

为了保证温升计算的科学性，本次研究采用三种温升计算方案，对三种方案计算得到的温升作比较分析，从而得到科学合理的温升影响面积。其中方案一和方案二采用历年温升监测的对照点 W8 作为本次研究的温升对照点，各测点的温度直接减去 W8 的温度作为方案一各测点的温升，各测点的温度直接减去 W8 的温度后再利用建厂前本底调查资料作温差修正作为方案二各测点的温升。方案三选择取水位置——取水口 6 m 深处作为本次研究的温升对照点，各测点的温度直接减去取水口 6 m 深处的温度作为方案三各测点的温升。

方案一　选择对照点 W8 作为本次研究的温升对照点。在不同时刻，各断面上各个测点的表层温度减去 W8 测站的表层温度即为各测点的温升。

$$\Delta T_1 = T - T^{W8} \tag{7.4-1}$$

其中，T、T^{W8} 和 ΔT_1 分别为各个测站的温度、W8 测站的温度和方案一计算得到的温升。

方案二　选择对照点 W8 作为本次研究的温升对照点。考虑到象山港为半封闭港湾，水温空间分布具有一定的差异性。因此在不同时刻，各断面上各个测点的表层温度减去 W8 测站的表层温度之后，再利用建厂前本底调查资料作温差修正，即得各测点的温升。

$$\Delta T_2 = T - T^{W8} - T' \tag{7.4-2}$$

其中，T'、ΔT_2 分别为温差修正值、方案二计算得到的温升。

温差修正值 T' 的选取方法如下。

在每年的夏末秋初，国华电厂附近表层水温较高，外海水温较低，外海和近岸温差显著，该温差 T' 是不可忽略的；而在冬季，近岸水温较低，外海水温较高，外海和近岸温差显著，该温差 T' 也是不可忽略的。如将夏季和冬季的近岸和外海的表层温度看成是一致的，那计算得到的是不科学的。

2001 年 7—8 月和 12 月在象山港海域进行了一次表层水温观测（图 7.1－2），比较各个特征时刻(大潮涨憩、大潮落憩)国华电厂附近测站和 W8 测站附近的温差即为温差修正值 T'。夏季和冬季的温差修正值 T' 的选取如表 7.4 -1 所示。

$$T' = T_0^{W8} - T_0 \tag{7.4-3}$$

表 7.4 -1 夏季和冬季温差修正值 T' 的选取

单位:℃

时间	特征时刻	国华电厂附近温度	W8 测站附近温度	温差修正值 T'
夏季	大潮涨憩	29.6	28.8	0.8
	大潮落憩	29.8	28.6	1.2
	小潮涨憩	30.6	30.0	0.6
	小潮落憩	30.0	29.0	1.0
冬季	大潮涨憩	11.5	12.0	-0.5
	大潮落憩	10.4	11.6	-1.2
	小潮涨憩	11.2	12.0	-0.8
	小潮落憩	10.5	12.0	-1.5

方案三 选择取水口 6 m 深处(取水位置)作为本次研究的温升对照点。在不同时刻,各断面上各个测点的表层温度减去取水口 6 m 处的表层温度即为各测点的温升。

$$\Delta T_3 = T - T^{Q6} \tag{7.4-4}$$

其中,T^{Q6}、ΔT_3 分别为取水口 6 m 处的温度和方案三计算得到的温升。

7.4.1 方案一温升计算结果

方案一选择历年监测采用的对照点 W8 作为本次研究的温升对照点。在不同时刻,各断面上各个测点的表层温度减去 W8 测站的表层温度即为各测点的温升。

7.4.1.1 夏季表层温升的分布特征

2011 年夏季航次监测中,大潮涨憩、大潮落憩、小潮涨憩、小潮落憩四个时段排水口附近海域的海表温升分布见图 7.4 -1。取水口在铁港一侧,排水口在厂址围堤北端旁岸边排放,朝向东北。电厂循环冷却水排放以后,受潮水涨落作用,在铁港口门厂址附近形成一个温升区域。大潮涨憩时,1℃高温水舌仍滞留在铁港口门附近,其东南端也局限在厂址附近。大潮落憩时,1℃高温水舌西侧伸入铁港,东侧高温水舌绕过横山岛延伸至铜山以西,且温升范围相对于大潮涨憩较大。小潮涨憩时,1℃高温水舌几乎全部伸入铁港。小潮落憩时,4℃和 1℃高温水舌滞留在铁港口门附近,都没有伸入铁港。

2011 年夏季大、小潮取排水口附近海表温升线覆盖面积见表 7.4 -2。大潮涨憩表层 4℃、1℃的覆盖面积分别为 0、3.9 km^2,大潮落憩表层 4℃、1℃的覆盖面积分别为 0、11.3 km^2,小潮涨憩表层 4℃、1℃的覆盖面积分别为 0、5.3 km^2,小潮落憩表层 4℃、1℃的覆盖面积分别为 0.7 km^2、1.4 km^2。

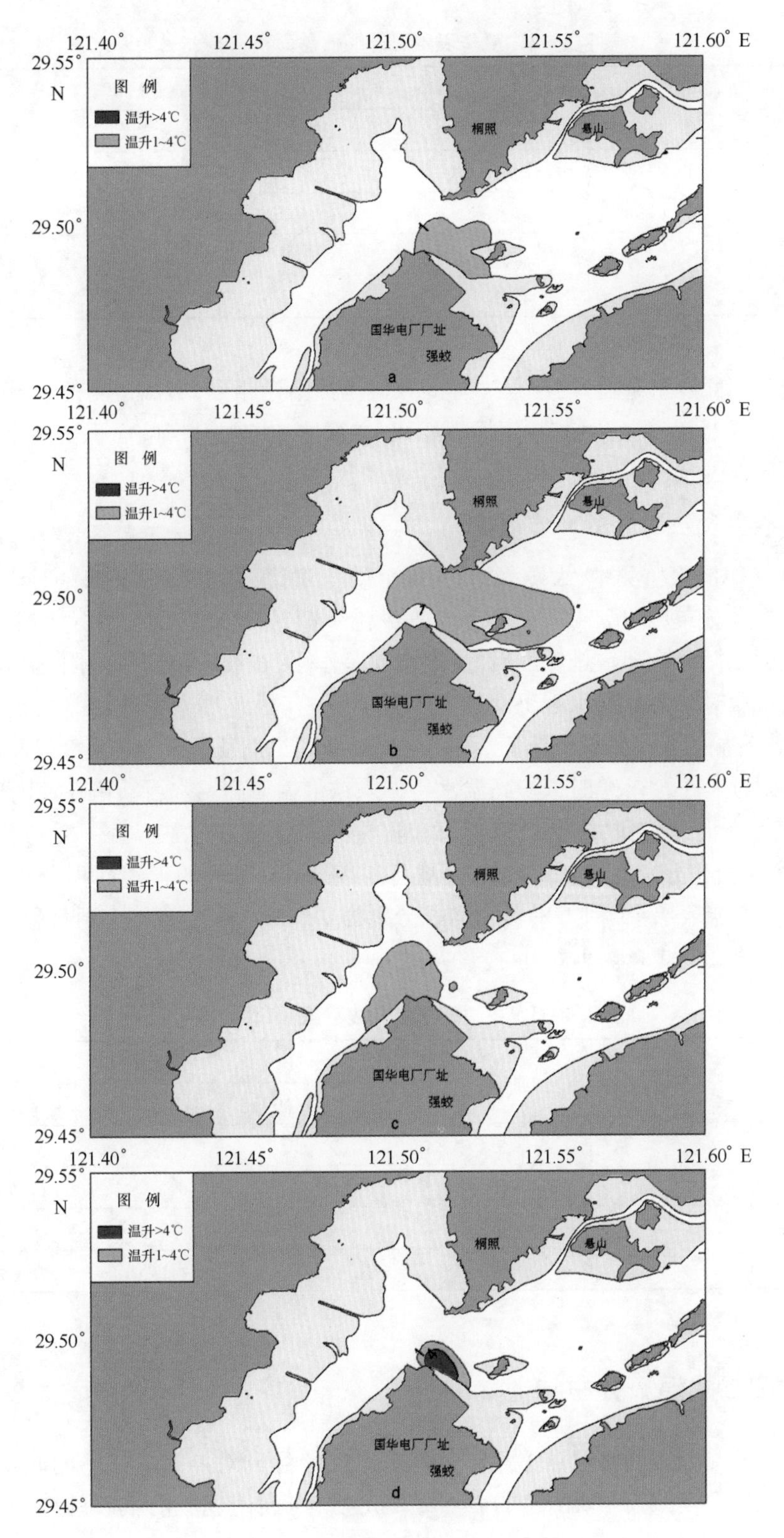

图 7.4-1　夏季海表温升分布(方案一)

a:大潮涨憩,b:大潮落憩,c:小潮涨憩,d:小潮落憩

表 7.4-2　夏季表层温升线覆盖面积(方案一)　单位:km^2

潮次	层次	时段	覆盖面积	
			>4.0℃	>1.0℃
大潮	表层	涨憩	0	3.9
		落憩	0	11.3
小潮	表层	涨憩	0	5.3
		落憩	0.7	1.4

从温升影响面积上来看,与谢亚力等的数值模拟结论相比,本次监测的温升影响面积稍小;但比苗庆生(2010)的实测和数值模拟相比,本次监测的温升影响面积稍大。这一结果可能与温升对照点的选取有一定的关系。

7.4.1.2　冬季表层温升的分布特征

2011 年冬季航次监测中,大潮涨憩、大潮落憩、小潮涨憩、小潮落憩四个时段排水口附近海域的海表温升分布见图 7.4-2。取水口在铁港一侧,排水口在厂址围堤北端旁岸边排放,朝向东北。电厂循环冷却水排放以后,受潮水涨落作用,在铁港口门厂址附近形成一个温升区域。大潮涨憩时,1℃高温水舌仍滞留在厂址附近,其西北端未及铁港。大潮落憩时,4℃和1℃高温水舌局限在厂址口门附近,稍稍向北延伸。小潮涨憩时,4℃和1℃高温水舌局限在厂址口门附近。小潮落憩时,1℃高温水舌伸入铁港,4℃高温水舌滞留在铁港口门附近。

2011 年冬季大、小潮取排水口附近海表温升线覆盖面积见表 7.4-3。大潮涨憩表层4℃、1℃的覆盖面积分别为 0、0.4 km^2,大潮落憩表层 4℃、1℃的覆盖面积分别为 0.1 km^2、0.7 km^2,小潮涨憩表层 4℃、1℃的覆盖面积分别为 0.2 km^2、0.5 km^2,小潮落憩表层 4℃、1℃的覆盖面积分别为 0.1 km^2、1.5 km^2。

表 7.4-3　冬季表层温升线覆盖面积(方案一)　单位:km^2

潮次	层次	时段	覆盖面积	
			>4.0℃	>1.0℃
大潮	表层	涨憩	0	0.4
		落憩	0.1	0.7
小潮	表层	涨憩	0.2	0.5
		落憩	0.1	1.5

7.4.2　方案二的温升分布特征

选择历年监测采用的对照点 W8 作为本次研究的温升对照点。在不同时刻,各断面上各个测点的表层温度减去 W8 测站的表层温度之后,再利用建厂前本底调查资料作温差修正,即得各测点的温升。

7.4.2.1　夏季表层温升的分布特征

2011 年夏季航次监测中,大潮涨憩、大潮落憩、小潮涨憩、小潮落憩四个时段排水口附近

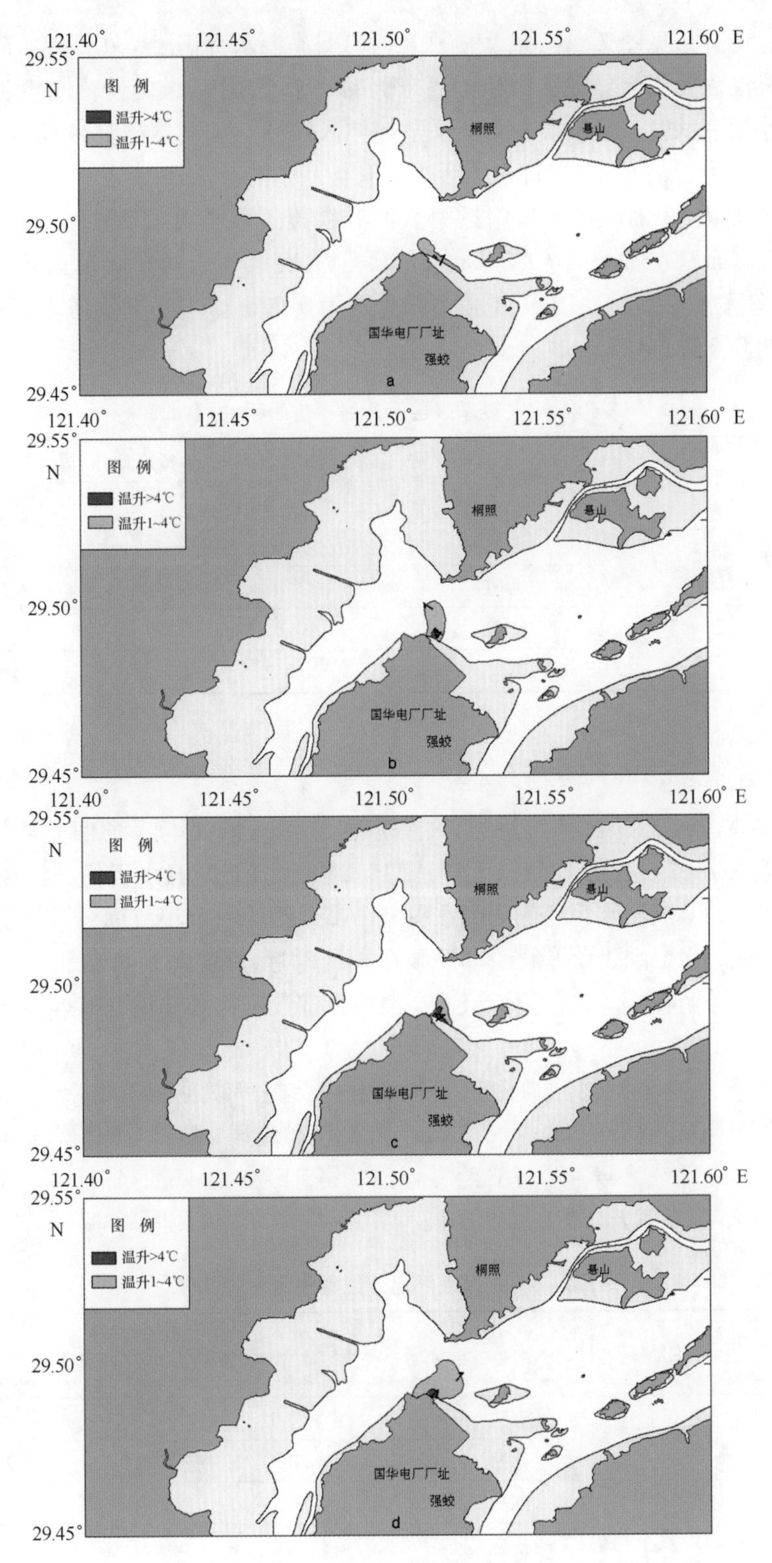

图 7.4－2 冬季海表温升分布(方案一)

a:大潮涨憩,b:大潮落憩,c:小潮涨憩,d:小潮落憩

海域的海表温升分布见图7.4－3。大潮涨憩时，1℃高温水舌仍滞留在铁港口门以东。大潮落憩时，1℃高温水舌西侧局限在白象山嘴东侧的一个小范围，且温升范围相对于大潮涨憩要小很多。小潮涨憩时，1℃高温水舌几乎全部伸入铁港。小潮落憩时，4℃和1℃高温水舌滞留在铁港口门附近，4℃和1℃高温水舌都没有伸入铁港。

2011年夏季大、小潮取排水口附近海表温升线覆盖面积见表7.4－4。大潮涨憩表层4℃、1℃的覆盖面积分别为0、0.8 km^2，大潮落憩表层4℃、1℃的覆盖面积分别为0、1.3 km^2，小潮涨憩表层4℃、1℃的覆盖面积分别为0、2.6 km^2，小潮落憩表层4℃、1℃的覆盖面积分别为0.2 km^2、0.8 km^2。

表7.4－4　夏季表层温升线覆盖面积(方案二)　　单位：km^2

潮次	层次	时段	覆盖面积	
			>4.0℃	>1.0℃
大潮	表层	涨憩	0	0.8
		落憩	0	1.3
小潮	表层	涨憩	0	2.6
		落憩	0.2	0.8

7.4.2.2　冬季表层温升的分布特征

2011年冬季航次监测中，大潮涨憩、大潮落憩、小潮涨憩、小潮落憩四个时段排水口附近海域的海表温升分布见图7.4－4。大潮涨憩时，4℃和1℃高温水舌仍滞留在铁港口门以东。大潮落憩时，4℃高温水舌西侧局限在白象山嘴东侧的一个小范围，1℃等温线稍稍伸入铁港。小潮涨憩时，4℃和1℃等温线都局限在厂址附近，高温水舌有向北延伸。小潮落憩时，4℃高温水舌滞留在铁港口门附近，1℃高温水舌都没有伸入铁港，1℃等温线的范围比其他时刻要大很多。

2011年冬季大、小潮取排水口附近海表温升线覆盖面积见表7.4－5。大潮涨憩表层4℃、1℃的覆盖面积分别为0.1 km^2、0.7 km^2，大潮落憩表层4℃、1℃的覆盖面积分别为0.1 km^2、1.1 km^2，小潮涨憩表层4℃、1℃的覆盖面积分别为0.2 km^2、0.9 km^2，小潮落憩表层4℃、1℃的覆盖面积分别为0.2 km^2、2.5 km^2。

表7.4－5　冬季表层温升线覆盖面积(方案二)　　单位：km^2

潮次	层次	时段	覆盖面积	
			>4.0℃	>1.0℃
大潮	表层	涨憩	0.1	0.7
		落憩	0.1	1.1
小潮	表层	涨憩	0.2	0.9
		落憩	0.2	2.5

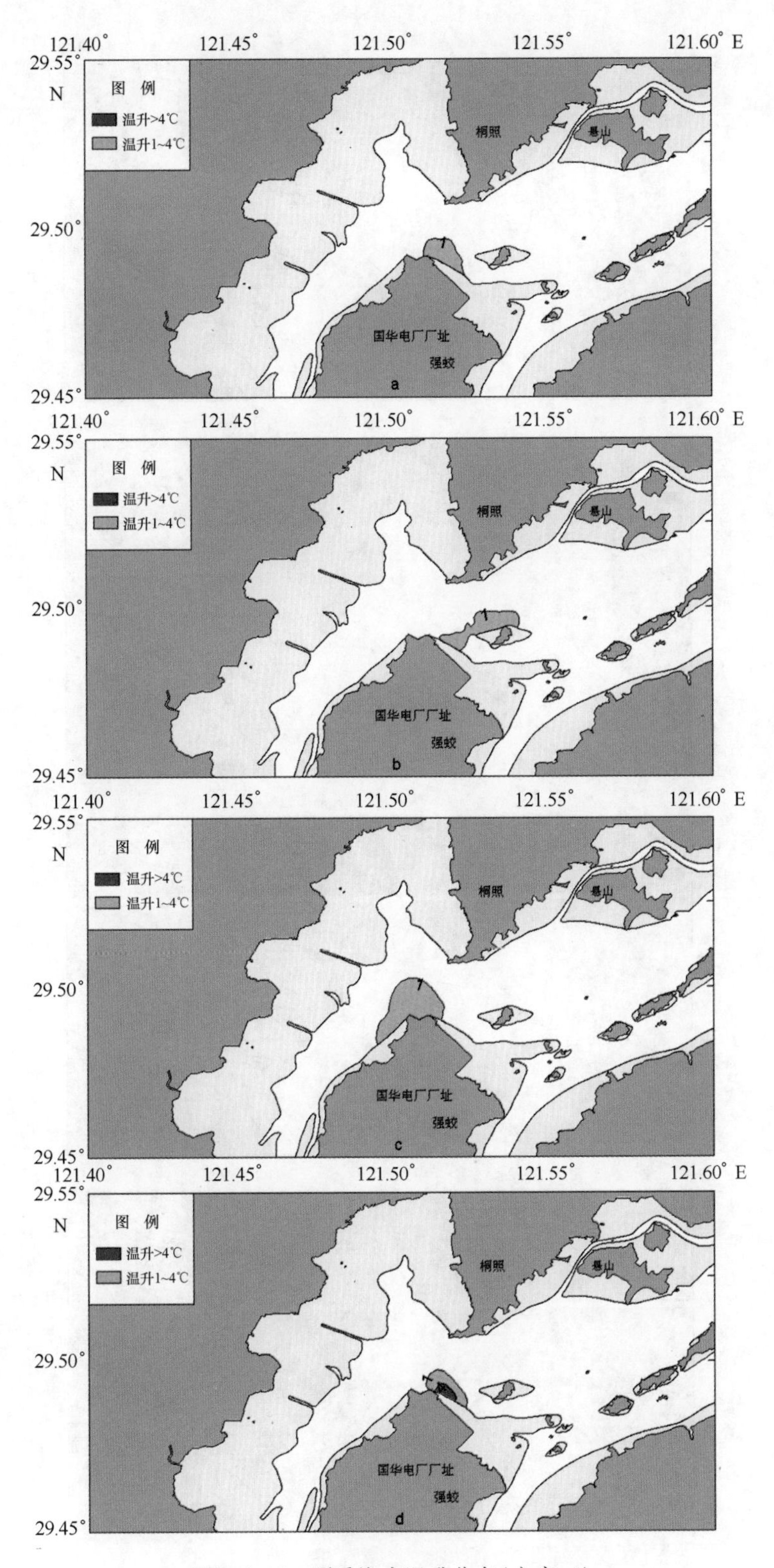

图 7.4－3　夏季海表温升分布（方案二）

a：大潮涨憩，b：大潮落憩，c：小潮涨憩，d：小潮落憩

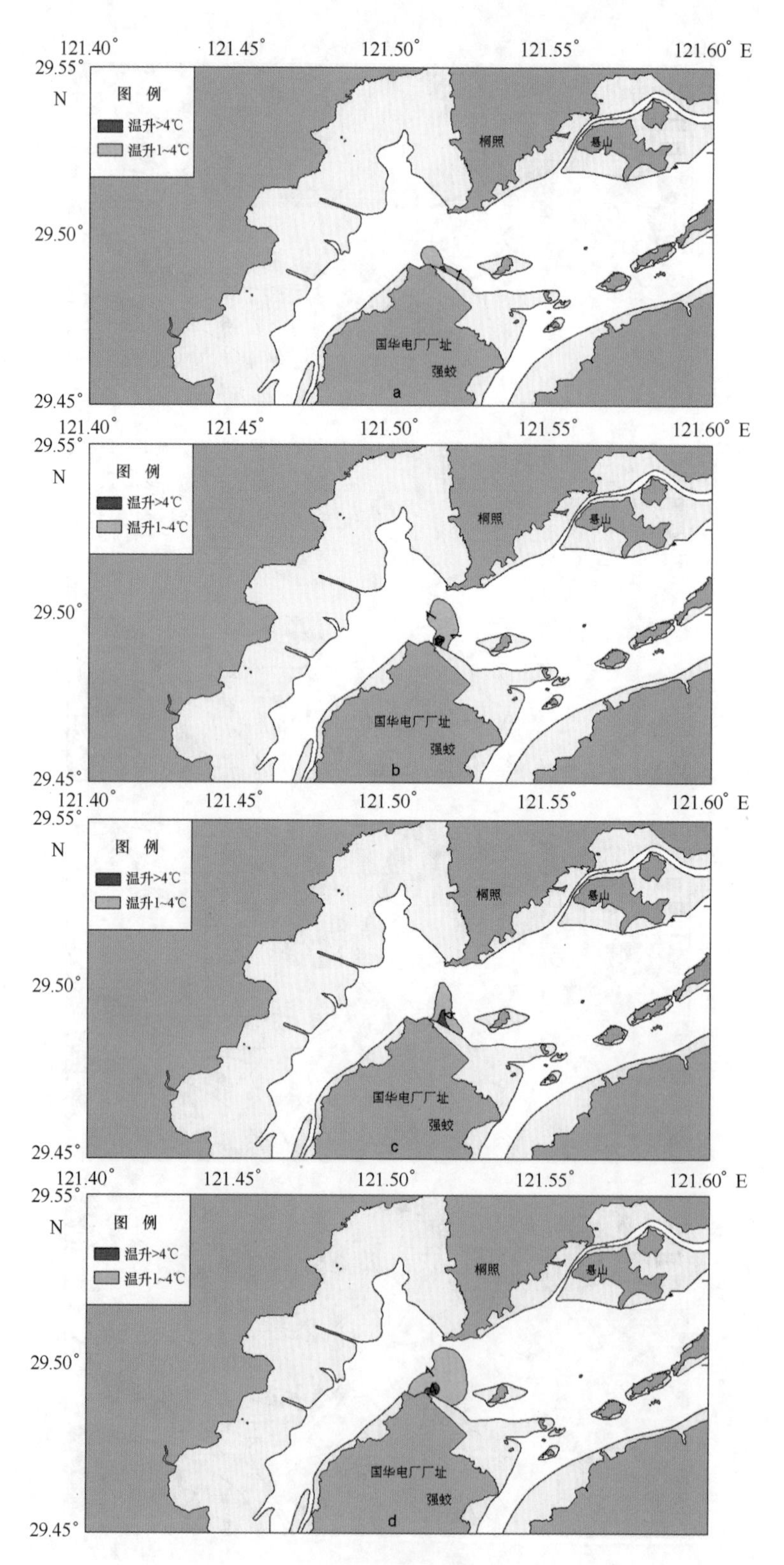

图 7.4－4　冬季海表温升分布(方案二)

a:大潮涨憩,b:大潮落憩,c:小潮涨憩,d:小潮落憩

7.4.3 方案三的温升分布特征

方案三选择取水口 6 m 处作为本次研究的温升对照点。在不同时刻，各断面上各个测点的表层温度减去取水口 6 m 处的表层温度即为各测点的温升。

7.4.3.1 夏季表层温升的分布特征

2011 年夏季航次监测中，大潮涨憩、大潮落憩、小潮涨憩、小潮落憩四个时段排水口附近海域的海表温升分布见图 7.4-5。大潮涨憩时，1℃高温水舌仍滞留在铁港口门以东。大潮落憩时，1℃高温水舌西侧到达横山岛西侧，且温升范围相对于大潮涨憩要大。小潮涨憩时，1℃高温水舌全部伸入铁港。小潮落憩时，4℃和 1℃高温水舌滞留在铁港口门以外，都没有伸入铁港。

2011 年夏季大、小潮取排水口附近海表温升线覆盖面积见表 7.4-6。大潮涨憩表层 4℃、1℃的覆盖面积分别为 0、0.8 km^2，大潮落憩表层 4℃、1℃的覆盖面积分别为 0、2.9 km^2，小潮涨憩表层 4℃、1℃的覆盖面积分别为 0、2.3 km^2，小潮落憩表层 4℃、1℃的覆盖面积分别为 0.6 km^2、1.3 km^2。

表 7.4-6 夏季表层温升线覆盖面积(方案三) 单位：km^2

潮次	层次	时段	覆盖面积	
			>4.0℃	>1.0℃
大潮	表层	涨憩	0	0.8
		落憩	0	2.9
小潮	表层	涨憩	0	2.3
		落憩	0.6	1.3

7.4.3.2 冬季表层温升的分布特征

2011 年冬季航次监测中，大潮涨憩、大潮落憩、小潮涨憩、小潮落憩四个时段排水口附近海域的海表温升分布见图 7.4-6。大潮涨憩时，1℃高温水舌仍滞留在厂址附近，其西北端未及铁港。大潮落憩时，4℃高温水舌西侧局限在白象山嘴东侧的一个小范围，1℃等温线稍稍伸入铁港，稍稍向北延伸。小潮涨憩时，4℃和 1℃高温水舌局限在厂址口门附近。小潮落憩时，小潮落憩时，1℃高温水舌伸入铁港，4℃高温水舌滞留在铁港口门附近。

2011 年冬季大、小潮取排水口附近海表温升线覆盖面积见表 7.4-7。大潮涨憩表层 4℃、1℃的覆盖面积分别为 0、0.4 km^2，大潮落憩表层 4℃、1℃的覆盖面积分别为 0.1 km^2、0.5 km^2，小潮涨憩表层 4℃、1℃的覆盖面积分别为 0.1 km^2、0.5 km^2，小潮落憩表层 4℃、1℃的覆盖面积分别为 0.1 km^2、1.2 km^2。

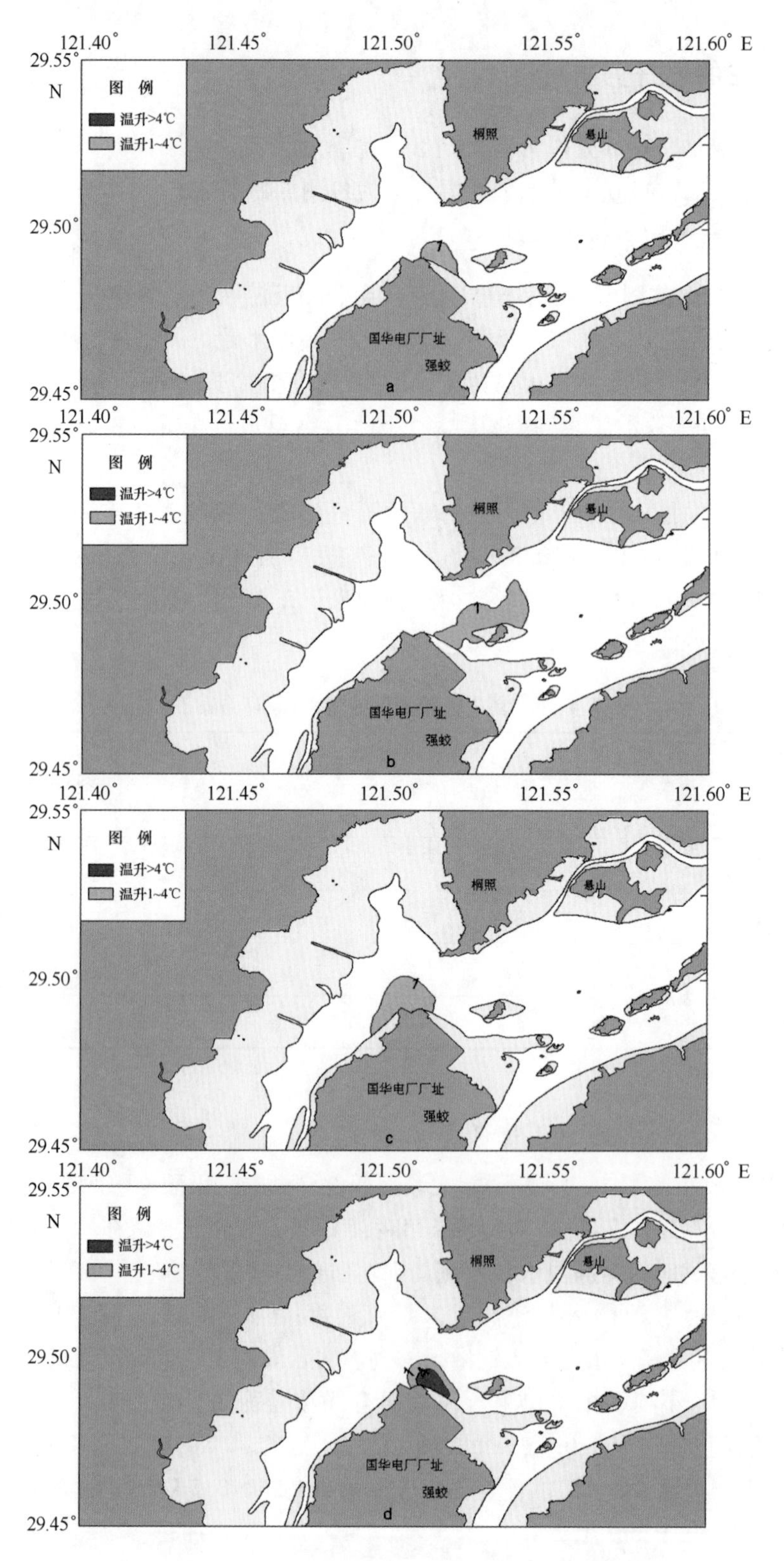

图 7.4－5　夏季海表温升分布(方案三)

a:大潮涨憩,b:大潮落憩,c:小潮涨憩,d:小潮落憩

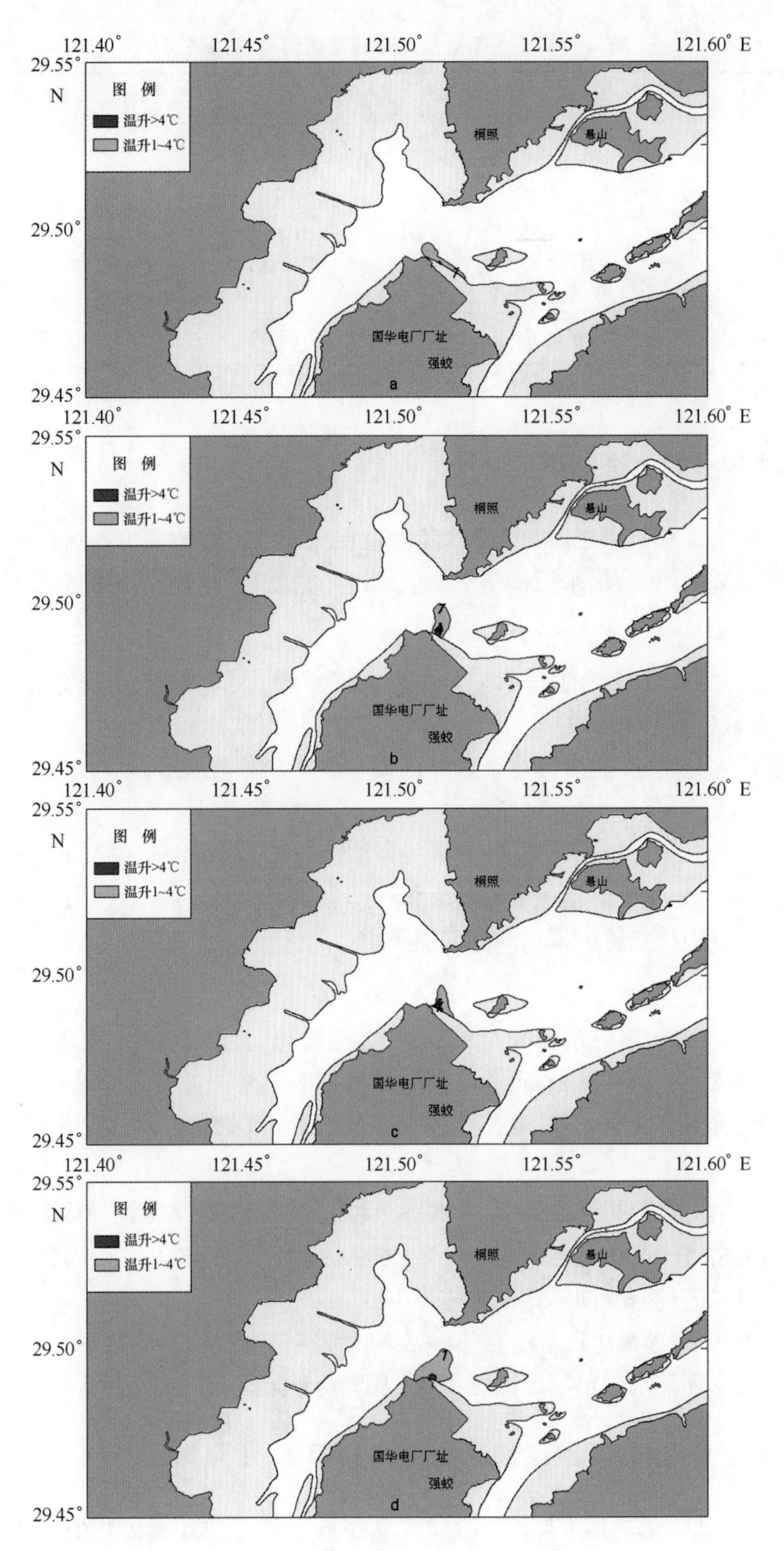

图7.4-6 冬季海表温升分布(方案三)

a:大潮涨憩,b:大潮落憩,c:小潮涨憩,d:小潮落憩

表 7.4－7　冬季表层温升线覆盖面积(方案三)　单位:km^2

潮次	层次	时段	覆盖面积	
			>4.0℃	>1.0℃
大潮	表层	涨憩	0	0.4
		落憩	0.1	0.5
小潮	表层	涨憩	0.1	0.5
		落憩	0.1	1.2

7.4.4　三种方案的比选结果

本项目在进行跟踪监测之前,于 2003 年做过相应的环境影响评价。该报告书中建立了一个二维温排水数值模式,用来模拟国华电厂机组开始运行后厂址前沿的温升分布情况。

1)夏季

方案一、方案二和方案三的比较结果如下:大潮涨憩、大潮落憩、小潮涨憩、小潮落憩时刻,选择 W8 作为对照点的方案一温升影响范围最大,选择取水口 6 m 作为对照点的方案三温升影响范围次之,选择 W8 作为对照点并根据本底资料作温差修正的方案二温升影响范围最小。

与环评报告的对比分析结论如下:方案一跟踪监测 4℃和 1℃的包络范围都比预测的要大,但都没有超出调整方案的函所要求的面积;方案二跟踪监测 4℃的包络范围和预测结果一致,1℃的包络范围比数值模拟预测的范围稍小。

2)冬季

方案一、方案二和方案三的比较结果如下:大潮涨憩、大潮落憩、小潮涨憩、小潮落憩时刻,选择 W8 作为对照点并根据本底资料作温差修正的方案二温升影响范围最大,选择 W8 作为对照点的方案一温升影响范围次之,选择取水口 6 m 作为对照点的方案三温升影响范围最小。

与环评报告的对比分析结论如下:方案一跟踪监测 4℃的包络范围与数值模拟预测的范围相当,1℃的包络范围都比预测的要小很多;方案二跟踪监测 4℃的包络范围与数值模拟预测的范围相当,1℃的包络范围都比预测的要小。

总体上来讲,选择 W8 作为对照点并根据本底资料作温差修正的方案二不仅科学合理,而且其计算结果与环评报告预测结论更接近,因此最为合理。

7.4.5　与航拍遥感监测、定点测温的比对分析

2009 年 12 月 23 日,中国海监东海航空支队协同宁波海洋环境监测中心站分别于上午和下午对国华电厂、乌沙山电厂开展了低潮和高潮时段的温排水海空联合监测。其中,中国海监东海航空支队使用机载多通道扫描仪(MAMS)进行航空遥感监测;宁波海洋环境监测中心站则进行海面现场监测。

1)航空遥感监测

航空遥感资料经过图像预处理、几何校正、温度反演模型建立等步骤,做出的涨、落憩时段海表温度图(图7.4-7和图7.4-8)。

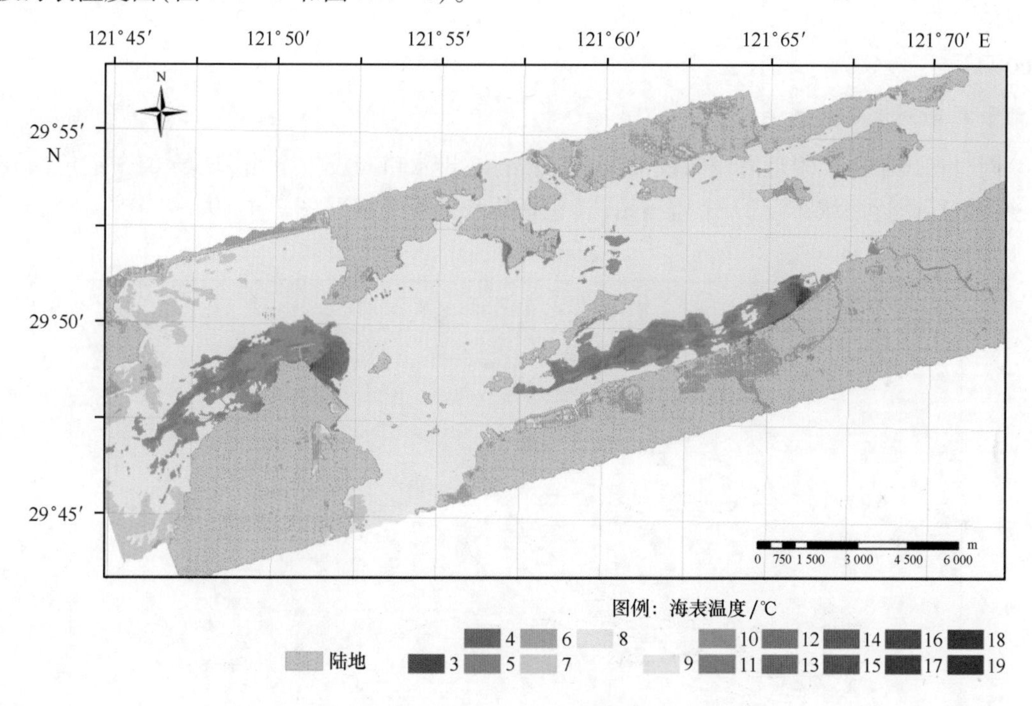

图7.4-7　13:45—14:10 涨潮海表温度(下午)

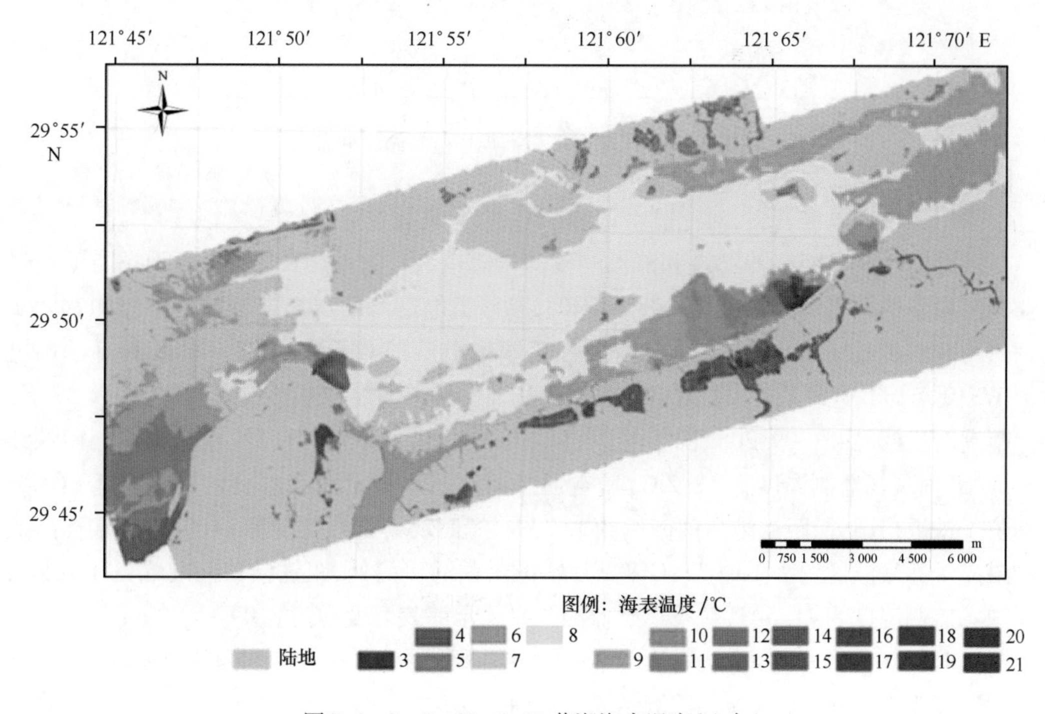

图7.4-8　8:45—9:20 落潮海表温度(上午)

落潮时段(08:45—09:20),国华电厂排水口温排水向湾内扩散近3 km,温升面积较小,4℃、3℃、2℃、1℃温升范围分别为0.71 km^2、1.01 km^2、1.44 km^2、2.04 km^2。

涨潮时段(13:45—14:10),国华电厂排水口温排水向湾内扩散近5 km,温升面积较上午测量时显著增大,4℃、3℃、2℃、1℃温升范围分别为0.16 km^2、0.52 km^2、1.71 km^2、5.60 km^2。

2)海面现场同步定点测温

同时在国华电厂附近海域布设19个监测站位;排水口布设1个站(现场GPS定位);在乌沙山电厂附近海域布设21个监测站位(包括排水口1个站)(图7.4-9)。

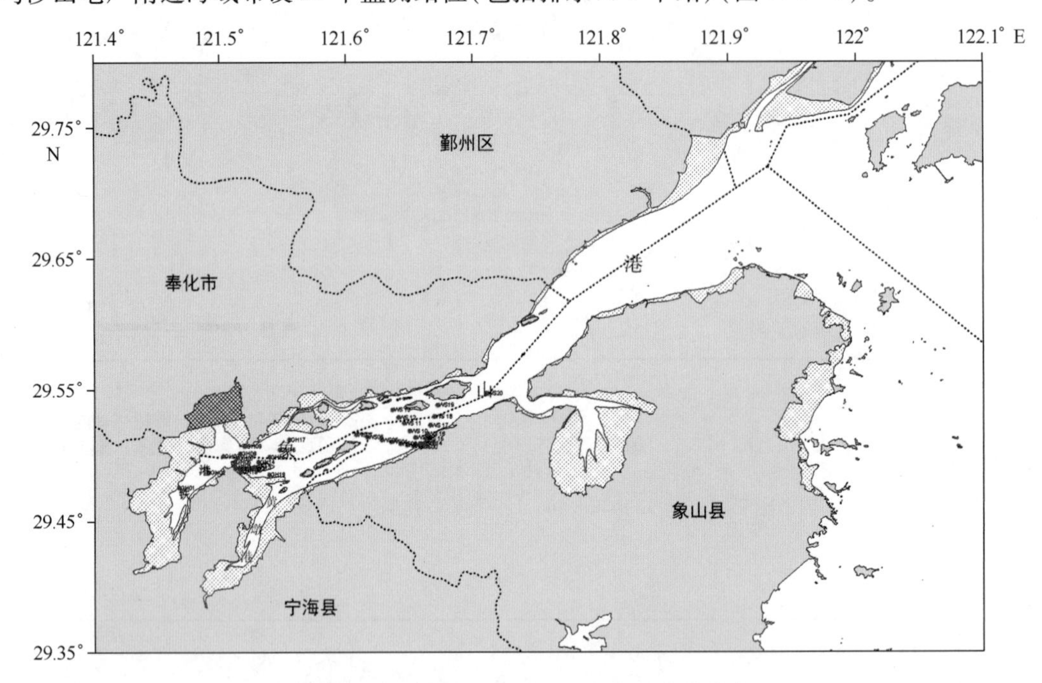

图7.4-9 国华电厂海面现场监测站位分布

根据海面现场监测资料,对比航空遥感结果,以验证航空遥感结果。

在落潮时段(08:45—09:20)和涨潮时段(13:45—14:10),国华电厂海面现场与航空遥感监测都同步的站点为GH06、GH07和GH08,乌沙山电厂海面现场与航空遥感监测都同步的站点为WS10、WS11和WS12。因此,我们用国华电厂的GH06、GH07、GH08和乌沙山电厂的WS10、WS11、WS12这6个站点的海面现场监测结果与航空遥感结果做比较。

落潮时段(08:45—09:20),国华电厂的GH06测站位于铁港口门处,距铁港口门南端约0.6 km,海面现场监测温度为12.2℃,航空遥感监测结果显示海表温度约为12.0℃;GH07测站位于铁港口门处,距铁港口门南端约1.2 km,海面现场监测温度为11.6℃,航空遥感监测结果显示海表温度约为10.0℃;GH08测站位于铁港口门处,距铁港口门北端约1.0 km,海面现场监测温度为11.5℃,航空遥感监测结果显示海表温度约为8.0℃。

落潮时段(08:45—09:20),乌沙山电厂的WS10测站位于排水口北侧约1.5 km,海面现场监测温度为12.6℃,航空遥感监测结果显示海表温度约为14.0℃;WS11测站位于排水口北侧约2.3 km,海面现场监测温度为12.2℃,航空遥感监测结果显示海表温度约为8.0℃;

WS12 测站位于排水口北侧约 3.0 km，双德山西侧约 1.0 km，海面现场监测温度为 12.5℃，航空遥感监测结果显示海表温度约为 8.0℃。

涨潮时段(13:45—14:10)，国华电厂的 GH06 测站的海面现场监测温度为 16.2℃，航空遥感监测结果显示海表温度约为 15.0℃；GH07 测站的海面现场监测温度为 13.3℃，航空遥感监测结果显示海表温度约为 13.0℃；GH08 测站的海面现场监测温度为 12.0℃，航空遥感监测结果显示海表温度约为 12.0℃。

涨潮时段(13:45—14:10)，乌沙山电厂的 WS10 测站的海面现场监测温度为 12.5℃，航空遥感监测结果显示海表温度约为 13.0℃；WS11 测站的海面现场监测温度为 12.7℃，航空遥感监测结果显示海表温度约为 8.0℃；WS12 测站的海面现场监测温度为 12.6℃，航空遥感监测结果显示海表温度约为 8.0℃。

7.4.6 与数值模拟结论的比对分析

1)夏季数值模拟结论

夏季，国华电厂的温排水量达到了冬季的 2 倍，连续温排放的累积效应显著。数值模拟结果显示，1℃的温升范围在象山港内面积过半，底层比表层略小。超过 2℃的温升范围集中在电厂排放口周围，且主要分布在表层，涨落急时刻分别向上下游扩展(图 7.4－10)。

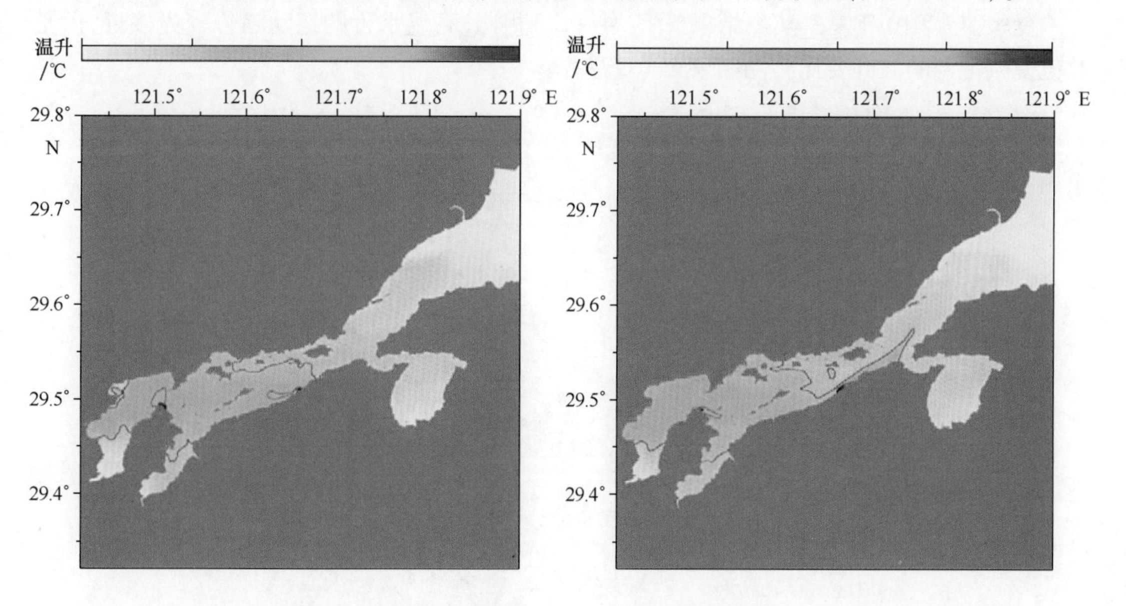

图 7.4－10 象山港内夏季涨急(左)和落急(右)时刻仅考虑国华电厂温排放的表层温升分布

2)冬季数值模拟结论

冬季，由于连续温排放的累积效应，象山港内大部分区域均产生了 0.5℃左右的温升，表层温升略大于底层温升，在港口处向港外温升减小。数值模拟结果显示，超过 1℃的温升范围主要集中在两大电厂附近，说明电厂温排水排出后主要浮于表层。涨急时温升范围向上游扩展，落急时向下游扩展。涨落急时温升范围仍然分别向上下游扩展，但形态略有不同(图 7.4－11)。

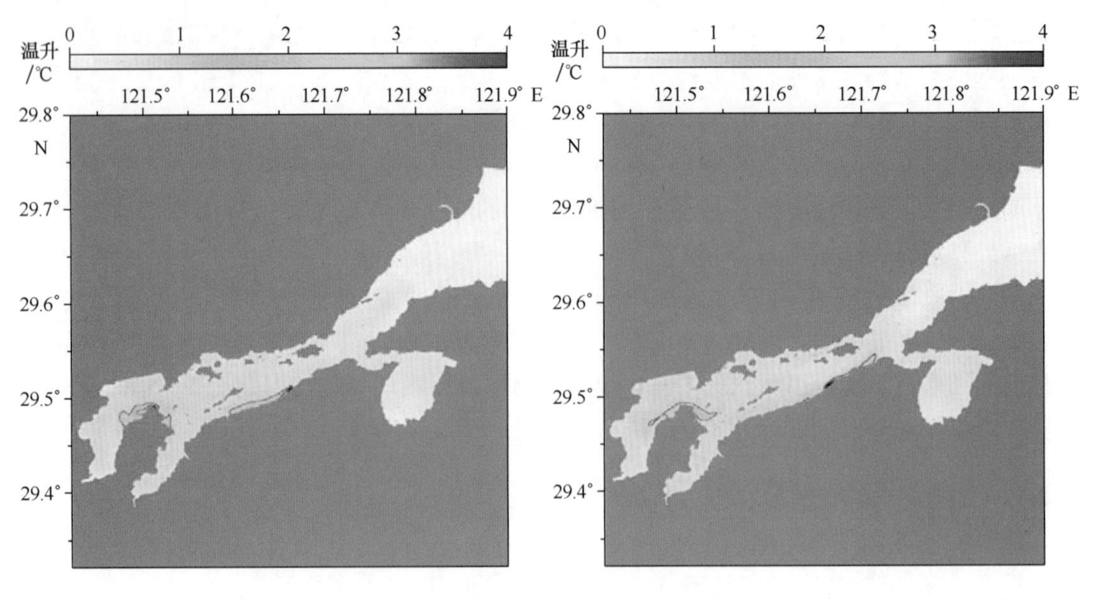

图 7.4－11　象山港内冬季涨急（左）和落急（右）时刻仅考虑国华电厂温排放的表层温升分布

3）实测与数值模拟结论比较

夏季：与 2010 年夏季实测结果（图 7.4－12）相比，高温水舌的运动趋势较为接近，但是数值模拟得到的温升要比实测结果大 1℃左右。

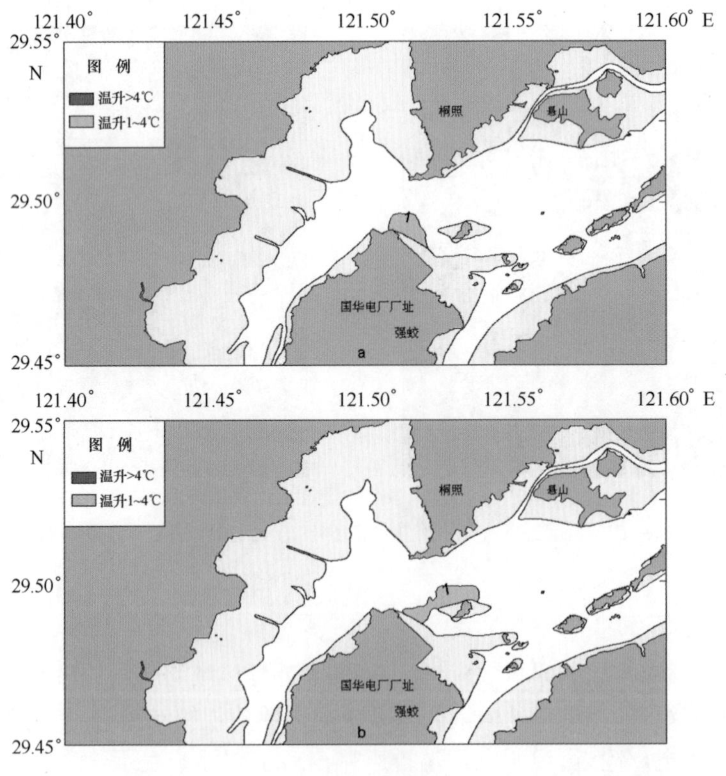

图 7.4－12　夏季实测海表温升分布（方案二）

a：大潮涨憩，b：大潮落憩

冬季:与2010年冬季实测结果(图7.4-13)相比,涨潮时刻高温水舌的运动趋势较为接近,落潮时刻实测高温水舌偏北,而数值模拟高温水舌偏东;数值模拟得到的温升与实测结果较为接近。

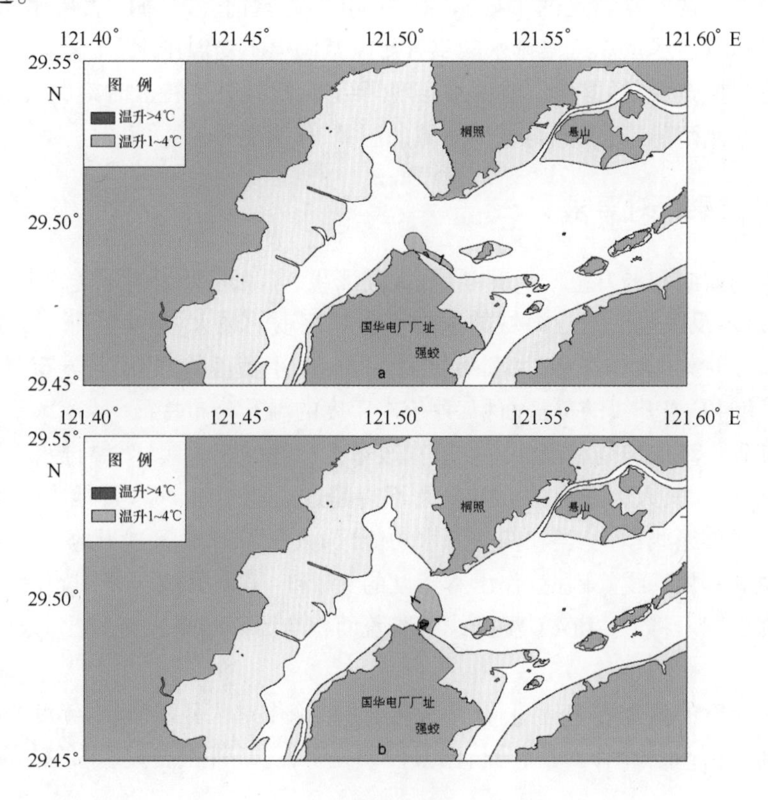

图7.4-13 冬季海表温升分布(方案二)

a:大潮涨憩,b:大潮落憩

从总体上看,冬季,数值模拟得到的温升与实测结果(方案二)较为接近;夏季,高温水舌的运动趋势较为接近,但是数值模拟得到的温升要比实测结果(方案二)大1℃左右。数值模拟结果在夏季温升最大,而实测资料显示在冬季温升最大。

7.5 温升范围计算方法探讨

在滨海电厂运营期监测之后,采用合理的温升面积计算方法,可有效掌握运营阶段的温升影响范围和程度,从而为电厂所在海区的环境影响和生态损失评估提供依据。

7.5.1 数据处理要求

按《海洋调查规范》规定进行资料整理、处理,对资料分布、分类管理制度进行控制,加强离群数据的检验。对数据进行预处理,并通过采用与历史观测资料的比较,找出观测资料中可能存在的问题,并分析其产生误差的原因,然后选择合适的资料处理方法进行校正。

7.5.2 温升对照点的选取及温差修正要求

温升对照点的选取要满足两个要求:第一,电厂运营前观测海区表层水温水平差异较小;第二,电厂运营后尽量靠近温排水的温升影响范围但不受温排水影响。

选定温升对照点后,根据建厂前的水温观测结果,比较各个特征时刻(大潮涨憩、大潮落憩、小潮涨憩、小潮落憩)对照点与电厂海域的温差,作为温差修正值。

7.5.3 温升结果比对要求

根据历年的监测和温升范围计算结果,大潮涨憩、大潮落憩、小潮涨憩、小潮落憩这四个特征时刻,能基本反映电厂附近海域的温排水影响范围的最大、最小特征。因此,作出夏季和冬季各个特征时刻(大潮涨憩、大潮落憩、小潮涨憩、小潮落憩)的温升分布图,计算各个特征时刻的1℃和4℃温升线的覆盖面积,评价本年度的温升分布特征。

根据浙江省环境保护局和浙江省发展和改革委员会的相关规定:温排水口用海,对一类和二类海水功能区,其人为造成的温升夏季不得超过当地当时1℃,其他季节不得超过2℃的海水所波及的外缘线;对三类和四类海水功能区,人为温升不超过当地当时4℃的海水所波及的外缘线为其界址线。因此,作出本年度的1℃和4℃温升线包络图,并计算1℃和4℃温升线的覆盖面积。将1℃和4℃温升线的覆盖面积与历年结果进行对比,分析温升历年变化趋势。

为了将本年度的温升影响范围与《环评报告》结论作对比分析,将本年度的1℃和4℃温升线包络图与《环评报告》作对比,分析温升面积是否在《环评报告》要求的范围内。

7.6 小结

目前滨海电厂温排水对海洋环境影响的研究较多,而温排水导致的邻近海域温升范围的确定一直是个难点,主要是由于温升对照点选择的科学性不够,缺乏考虑。本研究通过对电厂前后象山港水温分布特征分析,来确定温升对照点的设置区域,创新性地提出了温升计算方法,为电厂温升范围的研究提供一种新的思路。

①通过建厂前后水温分布情况,确定电厂温排水影响区域,并在温升区域距离温升范围尽可能近的区域外设置一个对照点(W8站)。根据对照点区域与温升区域建厂前水温空间分布差异,来校正对照点水温,通过该校正后的对照点水温来进一步确定电厂温排水的温升程度和范围。

②从站位布设、监测手段、监测时间和频率要求以及仪器设备四个方面,探讨了象山港电厂的温升监测技术。

③为了更科学地说明温升影响程度,设计了三种温升面积计算方案,对三种方案计算得到的温升面积作比较分析,结果表明,选择W8作为对照点并根据本底资料作温差修正的方案二更为科学合理。

④CTD连续走航测温与定点测温、航空遥感结果和数值模拟结论比对,结果显示CTD

连续走航测温比海面现场同步定点测温更接近航空遥感结果，且与数摸模拟结果也比较接近。

⑤从数据处理要求、温升对照点的选取、温差修正要求及温升结果比对四个方面，探讨了象山港电厂的温升范围计算方法。

8 象山港电厂温排水的生态影响评估

8.1 国内外滨海电厂温排水的生态影响评估进展

鉴于海洋环境的重要性、滨海电厂温排水对海洋生态系统影响的严重性以及滨海电厂温排水的生态影响(损害)评估技术研究的缺乏性,对滨海电厂温排水生态影响(损害)评估技术研究显得十分重要。我国目前滨海电厂温排水生态影响(损害)评估主要是通过对电厂周围海域的环境质量现状和生态状况进行调查,了解电厂给周围水域环境带来的影响,并以电厂附近海域的水质、渔业生产、生态环境以及温排水的影响,作为评价重点对污染损害进行评估。

由于滨海电厂的选址大多靠近海湾、河口、湖泊、水库等,因此必将对周围的生态系统产生影响。滨海电厂温排水大多数直接排放至近海水域,是一种潜在的大范围污染源。温排水对环境的影响主要包括两个方面:余氯和温升。目前,国内外关于温排水的模型研究以及温排水中余氯和温升对浮游动植物、底栖动物单方面的研究比较多。美国、西欧、苏联等国家和地区早在20世纪50年代就开展了有关温排水对环境影响的研究。苏联A. 阿里莫夫等出版了生态热影响论文集;日本的I. Kokaji以Takahama核电站为例评价了温排水对自然环境的影响(金岚,1993);我国在温排水热效应方面的研究起步比较晚,是从20世纪80年代后期才开始的。

美国是目前环境自然资源损害评估方法最完备的国家,海洋污染事故可经由执行自然资源损害评估(Natural Resource Damage Assessment,NRDA)计划完成损害赔偿金额的评估。我国对污染事故的损害评估主要集中在清污费用、渔业经济损失、财产损失等方面,而对污染造成的海洋生态系统服务功能、环境容量损失、生境破坏等环境损害,由于缺乏法律认可的污染损害与索赔的评估方法,无法进行科学的量化,以致我国发生的化学品泄漏事故往往得不到充分的赔偿。国家海洋局北海环境监测中心在“塔斯曼海”油轮生态污损索赔案研究中,首次提出了海洋溢油环境与生态影响(损害)评估技术理论框架,对海洋溢油环境与生态损害特点、评估的主要内容以及程序、评估采取的方法等进行了较为系统的研究与总结。之后,国家海洋局北海环境监测中心以“塔斯曼海”油轮海洋溢油环境与生态损害评估理论及技术方法为基础,制定了《海洋溢油生态损害评估技术导则》。但该导则仅针对已经发生的污染事故,并非对环境风险的评估;虽然提出了生态评估的技术方法,尚未提出生态补偿标准的确定方法;仅为针对油品泄漏的生态损害评估技术与标准,对于有毒有害的化学品,尤其是可溶性的化学品,目前尚无评估技术与标准。因此,该导则无论是从生态补偿标准还是实施模式的研究方面都不够成熟。

滨海电厂温排水方面,在国际上,主要的海洋国家都对温排水排放制定了一些管理规定。我国目前还没有专门的冷却水排放标准,仅在有些水环境质量标准中对水体的温升提出了明确的规定。我国近些年也开展了电厂温排水对环境生物影响的研究。但尚缺乏关于温排水对海洋生物影响(损害)的补偿研究。

为了降低生产成本,电厂经常采用间歇通氯的方式防止污损生物在冷却系统中的附着,但排放的冷却水中留有的大量余氯会对排放区域水体水生生物产生有害影响。国内外相关的研究主要集中在余氯对水体中海洋生物的毒理效应和生物量变化影响等方面。Rajagopal S 等(1996,2003)和 Masilamoni G 等(2002)都对余氯对海洋生物毒性效应进行了详细研究。我国曾江宁等(2005)研究了余氯对水生生物影响;温伟英等(1993)对电厂冷却水余氯对海洋环境影响进行了探讨;徐兆礼等(2007)也曾对于机械卷载和余氯对渔业资源损失量进行评估研究。但就余氯的污染生态影响(损害)补偿方面的研究还显得相当薄弱。

8.2 温排水海洋生态影响(损害)的概念的提出

8.2.1 温排水海洋生态影响(损害)的概念

滨海电厂温排水排入海洋后引起了一系列的环境与生态效应,主要包括在一定范围内水体的升温,对营养盐、光照强度、水温和 pH 值等水体环境因子的综合影响,对鱼类产卵场、索饵场、养殖场以及鱼类的产卵、卵化、生长能力产生一定的负面影响,导致局部海域底栖生物与渔获物组成改变、自然资源受损、补充群体减少,甚至造成些鱼类的畸形或死亡。

滨海电厂温排水的排放改变了原有海域、滩地的理化性质随季节周期性变化的特点,使原有生物周期性规律消失,改变了生物种类,导致了生物多样性指数下降,生态净化功能受阻,生态系统变得脆弱、生态缓冲能力下降。

根据温排水对海洋生态环境影响的特点,笔者认为,温排水海洋生态影响(损害)是指,滨海电厂运营后产生的大量经机械卷载滤过的、富含热量、余氯、核素等的冷却水携带入海而导致的局部海域环境质量的下降、海洋生物资源受损,甚至群落结构的改变及海洋生态服务减弱的损害。

8.2.2 温排水海洋生态影响(损害)的内涵

滨海电厂对邻近海域造成的影响(损害)最主要的是由其冷却系统排放的温排水所引起的。虽然一次冷却水排放所携带的废热不是很高,但循环冷却水排放量巨大,其含余热量还是相当可观的。温排水造成的生态环境影响(损害)除了废热排放引起的热污染,还包括循环冷却水卷载机械作用对海洋生物的损害以及冷却水中所含有的余氯对水质的影响。冷却水中之所以加氯,是为了防止冷凝器附着生物形成绝热层,影响冷却效果甚至堵塞冷却系统。投放氯气可以清除管道中附着的藻类微生物。热污染、余氯一方面会对电厂邻近海域的水质造成影响,另一方面会影响到这些海域生态系统的结构、功能、物质循环过程等,从而进一步影响到该生态系统生态服务价值的实现。

温排水引发的海洋生态影响(损害)是造成人类生存和发展所必须依赖的海洋生态环境的任何组成要素或者其任何多个要素相互作用而构成的整体的物理、化学、生物性能的任何重大退化,而绝不是简单的某一单项或几项要素的衰退,必须从海洋生态系统有机性与关联性的高度出发,认识这一生态影响(损害)类型,并引起高度重视。但就目前我们的技术水平而言,温排水对海洋生态造成的影响(损害)主要包括三个方面:海洋生物资源损害、海洋环境容量损害和海洋生态系统服务损害。

海洋生物资源损害是指机械卷载对冷却水水体中浮游生物、鱼卵仔鱼等导致的生物损伤。海洋环境容量损害是指携带有大量热量、余氯、核素的水体进入受纳水域后,局部海域出现水体温度升高、溶解氧含量下降以及其他理化指标的改变而导致相应的海洋环境容量的损害。就目前情况而言,主要是热容量损害。海洋生态系统服务损害是指因水体的理化性质改变而导致水体浮游生物、底栖生物、鱼类等产生的负面影响造成包括生产功能(初级生产力)、调节功能(光合作用)、支持功能(营养物质循环和避难所)和休闲娱乐功能(景观和美学价值等)的部分受损。

8.3 温排水海洋生态影响(损害)评估的理论基础

8.3.1 生态学原理

众所周知,生态学是研究生物与生物之间以及生物与环境之间相互关系的科学。从宏观上来讲,生态学研究的目的是通过研究生物生存条件、生物及其群体与环境相互作用的过程及其规律,指导人与生物圈(即自然、资源与环境)的和谐发展。

耐受性定律是生态学的定律之一,是美国生态学家 V. E. Shelford 于 1913 年提出的。生物对其生存环境的适应有一个生态学最小量和最大量的界限,生物只有处于这两个限度范围之间才能生存,这个最小到最大的限度称为生物的耐受性范围。生态学上发展了一系列与耐受性定律有关的术语,如温度,根据生物对温度耐受范围的宽窄,可将生物区分为广温性(Eurythermal animals)和狭温性(Stenothermal animals)。温排水持续不断地排放至电厂周围海域,水体的海洋生物类群因各自的耐受性范围不同,所受到的影响不同,表现的反应也不同。凡周围水温超出耐受性范围,生物的生长、发育等都会受到严重影响,甚至死亡。温排水海洋生态影响(损害)中对海洋生物资源的价值评估与水体生物对温度的耐受性密切相关。因此研究出相关海洋生物的温度耐受范围,是科学评估生物资源损害的关键要素之一。

当然,海洋是一个庞大的生态系统,是人类赖以生存和发展的基础。相对于其他生态系统而言,海洋生态系统因为其整体性、动态性、平衡性、开放性显得更加复杂。这也要求人类认识到海洋生态系统是一个高度复杂的生态系统,保持海洋生态系统结构和功能的稳定、维持海洋生态系统平衡,尽力防止向海洋生态系统输入造成海洋生态影响(损害)的物质能量,并创立完善的海洋生态损害恢复制度,保护海洋生态系统良性循环。

8.3.2 生态系统服务及价值评估理论

生态系统为人类提供了多种服务,而且其产生的服务是有价值的,国内外学者也对其进行了评估。Costanza 等(1997)研究认为,生态系统服务是指人类直接或者间接从生态系统功能中获得的收益,并将生态系统服务分为 17 类,并推断全球生态系统服务每年的价值达到 33 万亿美元。陈仲新等(2000)根据 Costanza 等的研究成果,按照面积比例,评估出我国生态系统服务的经济价值大约为 7.78 万亿元。

海洋生态系统是人类生存和发展的物质基础和基本条件。海洋生态系统服务是指海洋生态系统及其物种所提供的能满足和维持人类生活需要的条件和过程,是指通过海洋生态系统服务功能直接或间接所提供的产品和服务(张朝晖等,2007)。

海洋生态系统既能提供可以用市场价格衡量的具有私人品属性的经济价值,如提供食物、生化药剂、自然药品等产品,也包含难以估算的、无形的生态价值,如支持和产生所有其他生态系统服务的基础服务,基因资源,海洋生物多样性等。Costanza 等 (1997)评估了河口、珊瑚礁、大陆架、红树林湿地等各海岸带生态系统提供的干扰调节、营养物循环、废物处理等 9 项服务价值,结果表明,全球海岸带生态系统服务的年度价值为 14 万亿美元,占全球的 43.08%。

滨海电厂温排水的排放对生态系统服务的影响(损害),主要表现为,通过邻近海域环境的改变,逐渐转变为生物种群和群落的改变,最后到生态系统的改变,而影响到生态系统服务的发挥。如,水体温度的升高,浮游植物生物量随之改变,光合作用受到影响,吸收固定 CO_2 和释放 O_2 的功能会受到影响,调节服务的功能受到影响,像提供物质产品、维持营养物质循环等功能也会受到影响。当然,因所处海域不同,受到影响的范围、类型、程度亦有所差别,在价值评估中,可区别考虑。

8.3.3 海洋环境容量及价值评估理论

海洋环境容量指海洋环境对污染物的最大容纳量,它是海洋生态环境、污染控制与建设以及环境承载力研究的基础。海洋环境容量的概念主要应用于海洋环境质量管理,由日本环境厅于 1968 年首先提出。

在可持续发展观普遍被全球所接受的今天,海洋环境容量价值已经被认可,并通过各种方式在实践中被体现(如排污收费、海域有偿使用等)。从广义上讲,海洋环境容量价值属于海洋生态价值的一部分。对海洋环境容量价值的评估,主要对自然生态系统在承受、消解环境污染上的功能进行价值评估。

海域热环境容量是在温排水引起海洋水环境热污染问题基础上提出的。不同学者根据自己的研究,给出了海域热环境容量的定义。张慧等(2009)研究认为,海域热环境容量是指在规定的环境目标下,某海区一定海域范围内所容纳的热量(温升与排水量的乘积),也即满足海区环境质量标准要求的最大允许热负荷。陈新永(2007)对此也进行了研究,分析认为,近岸海域热环境容量指海域水生态环境对热污染物的最大容纳量,即在近岸海域某一具体功能区内,在水生生物对水体温升值最大承受力基础上,受纳水体对温排放热量的最大容纳量。这两位学者在定义最大热容纳量时,提到了"一定海域范围"或

"受纳水体",提到了"环境质量标准"或"水生生物最大耐受水体温升值",这也就是热污染控制即管理问题。

至于对热环境容量价值评估,笔者认为可把热量视为污染物,参照其他污染物消解去除所需的货币量,转化为海洋热环境容量价值。海域热环境容量价值的估算一方面可从管理上为滨海电厂温排水的排污收费提供一定的参考;另一方面可有效促进电厂业主改进工艺,减少热污染排放,设法解决余热的综合利用,修复水体热污染,最大限度降低温排水对海洋生态环境的损害。

8.4 温排水海洋生态影响(损害)评估内容、指标体系和评估方法研究

8.4.1 评估内容

温排水进入水体后,对水质、海洋生物及海洋生态系统均产生了不同程度的影响,从受影响的直接和间接对象入手,温排水海洋生态影响(损害)评估的内容主要有4项:水环境污染损害评估、渔业资源污染损害评估、生物资源污染损害评估、生态系统服务污染损害评估。

8.4.2 评估指标体系构建

8.4.2.1 评估指标的选择原则

科学的评估指标体系是综合评价的重要前提,为使评价结果具有更好的科学性及实用性,在构造综合评价体系框架时,初选的评价指标可以尽可能的全面。在指标体系优化的时候则需要考虑指标体系的SMART原则,即明确性、可测性、可实现性、相关性和限时性原则。

温排水造成的生态环境影响(损害)除了废热排放引起的热污染,还包括循环冷却水卷载机械作用对海洋生物的损害以及冷却水中所含有的余氯对水质的影响。

据大量的文献资料、项目研究实验和现场调查结果表明,余氯对海洋生态影响(损害)范围处于温升的影响范围之内。余氯对海洋生物的安全阈值较高,为0.2 mg/L,而滨海电厂温排水实际的余氯含量水平较低,加之余氯对海洋的生态影响(损害)评估尚在研究探讨中,因此本研究报告重点探讨温排水温升、机械卷载对海洋生态环境及海洋生态系统的影响。

在滨海电厂温排水生态污染损害评估指标选择上以温升和机械卷载的生态影响(损害)评估为依据。在对每项评估内容分析的基础上,选择不同的指标用以评估污染损害。

8.4.2.2 评估指标的筛选

在温度变化直接或间接影响的水环境、渔业资源、生物资源和生态系统服务四个块面中,各自有着不同的评估指标。举例来讲,水环境生态污染损害评估中,水质数据有pH值、溶解氧、化学需氧量、温度等;化学元素有余氯、水体总氮、水体总磷、水体中各金属离子等,即仅仅考虑由于电厂温排水而导致的水体、生态圈及生态环境变化而引起的污染损害。

1）水环境

水环境指标有pH值、溶解氧、化学需氧量、余氯、营养盐、硫化物、重金属等，即仅仅考虑由于电厂温排水而导致的水体生态环境变化而引起的污染损害。

COD_{Mn}：化学需氧量。利用化学氧化剂（高锰酸钾）将水中可氧化物质（如有机物等）氧化分解，根据残留的氧化剂可计算出氧的消耗量，温排水影响的区域，水生动植物由于不适而部分死亡，水体中有机物含量增加，化学需氧量也相应增加。故此指标可以间接监测水体受温排水影响程度。

pH：水体pH值。温排水导致水体部分生物死亡，水体酸碱度改变，此指标也为温排水所主要影响的指标之一。

溶解氧：根据海上围隔实验，水温变化影响水体溶解氧的含量，而溶解氧偏低则会直接导致水生生物的死亡，对生态环境带来影响，因此设立这一指标，甄别水体是否对于水生生物的生存造成影响。

温度：水体的温度是温排水直接导致的影响之一，温度变化导致水环境中各个指标的浮动，从而对于生态环境产生一系列的影响。

2）渔业资源

在渔业资源一项，为避免与下面提到的生物资源重复，故不单纯考虑水生生物因素，而是考虑渔民的渔获捕捞和养殖收入因素，故在渔业资源生态影响（损害）评估中，设立养殖量减少和捕捞量减少两个指标。

3）生物资源

在生物资源一项，考虑受温排水导致的水体温度升高，溶解氧含量变化，水质恶化等因素影响的水生生物资源，包括浮游植物、浮游动物、鱼卵仔鱼、成体鱼虾蟹等指标，另外由于温排水造成的卷载作用生物量损失也划为生物资源生态影响（损害）评估，故需添加这一指标（表8.4－1）。

表8.4－1　滨海电厂温排水对邻近海域海洋生物资源影响评估指标体系

序号	影响因素	评估指标
1	温升	底栖生物
2	温升	鱼卵仔鱼
3	卷载作用	鱼卵仔鱼
4	温升	浮游植物
5	温升	浮游动物

4）生态系统服务功能

国外科学家Costanza在研究中得出，生态系统服务功能生态补偿包括大气循环，水循环等17项指标。在滨海电厂温排水生态影响（损害）评估与补偿过程中，仅考虑生物生产、生境损害、休闲旅游、人文景观等指标（表8.4－2）。

表 8.4-2　滨海电厂温排水对邻近海域海洋生态系统服务影响评估指标体系

序号	服务类型	评估指标
1	生产服务	食物生产
		水资源供给
2	调节服务	大气调节
		干扰调节
		水分调节
		废物处理
		生物控制
3	支持服务	营养循环
		栖息地
		原材料
4	休闲娱乐服务	娱乐
		文化

8.4.3　评估方法

8.4.3.1　历史资料收集和社会调查

收集相关滨海电厂环境评价报告书、温排、核素排放和使用量、水质环境要素、生物资源分布变化数据，以及常规监测资料。社会调查主要了解滨海电厂的生态补偿的支付能力和支付意愿，滨海电厂周边旅游价值和生态恢复投入。

8.4.3.2　污染生态效应分析研究

(1)热污染生态影响分析

根据对滨海电厂的温排水热污染进行生态影响实验，分析研究温度变化对鱼类及其仔稚鱼、大型底栖生物的生长和致死效应，来确定温排水的生态影响程度，为温排水的生态影响(损害)评估和生态补偿标准制定提供参数。

(2)电厂温排水对邻近水域鱼卵、仔鱼的影响分析

象山港进水口水域和出水口水域之间以及出水口水域的不同站位的调查资料比较，并结合历史资料进行综合分析，从数量、种类和死亡率等方面来评价滨海电厂温排水对鱼卵和仔鱼的影响。

(3)鱼类和底栖生物亚致死温度实验分析

根据本项目其他子任务围隔实验，模拟正常水温变化、亚致死温度和致死温度水体对鱼类和大型底栖生物进行培养，检测其存活率的变化，来反映温排对生物的影响。

选择象山港电厂邻近海域主要经济养殖鱼种和底栖生物，通过常温培养驯化后，进行升温影响实验，升温速率采用1℃/d，统计持续暴露时间采用24 h，把鱼体和底栖生物体失去平衡能力作为死亡记录标准，获得起始致死温度(IL T) 和最大临界温度(CTMax)。

(4)余氯生态毒理学控制实验研究分析

根据滨海电厂污染损害监测评估及生态补偿技术研究项目(200905010)子任务——对滨海电厂的余氯进行生态毒理学实验室控制实验,研究鱼类、浮游生物、环境生物富集进行生态毒理效应,来确定余氯影响的安全浓度,评估产生的生态影响(损害)程度,为余氯损害的生态补偿标准制定提供科学数据。

8.4.3.3 评估值比较参数依据

温排水造成的海水温度升高程度与范围存在差异,本研究中根据温排水的温升影响范围和《海水水质标准》(GB 3097—1997)、《海洋监测规范》(GB 17378)、《海洋调查规范》(GB 12763)以及吴健等(2006)关于热排放对水生生态系统的影响及其缓解对策研究,本研究规定温升2℃会对海洋生态系统造成影响。

根据滨海电厂温排水现场围隔实验研究,平均温升0.8℃会对浮游植物产生损害,温升0.4℃的损失率为26%,本研究取温升1℃为浮游植物温升影响包络线范围。

本研究根据电厂实测数据的评估结果,给出温排水污染损害监测评估方法相关参数的取值范围(表8.4-3)。

表8.4-3 评估参数参考值一览表

评估参数	含义	取值	参考出处
l_1	温排水造成鱼卵仔鱼的损失率	80%~100%	徐兆礼等(2007)
l_2	卷载作用造成的鱼卵仔鱼损失率	50%~70%	
l_3	温排水造成浮游植物的损失率	5%~15%	本研究
m	鱼卵仔鱼长成成鱼的平均重量	0.25 kg/个	实验调查
w	鱼卵仔鱼长成成鱼的存活比例	0.05%~0.15%	叶金聪(1997)
P_2	成鱼的商品价格	0.002万元/kg	市场调查
P_4	浮游动物作为鱼类育苗开口饵料的商品价格	0.024万~0.03万元/kg	市场调查

8.4.3.4 污染损害价值评估方法

根据生态经济学、环境经济学和资源经济学的研究成果,滨海电厂温排水生态影响(损害)价值的评估方法主要为:直接市场法,包括生产效益法和市场价值法;替代市场法;模拟市场法,如条件价值法。其中,生产效益法主要用于直接使用价值的计算,市场价值法主要用于间接使用价值的计算,而条件价值法则用于非使用价值的计算。

滨海电厂温排水对海洋生态系统的损害较多,可用于损害价值评估的要素较多,本研究报告主要从海洋生物资源损害价值评估和海洋生态系统价值损害评估进行方法探讨。

1)海洋生物资源损害价值评估

海洋生物资源损害价值评估主要考虑电厂温排水对海洋生物资源影响的主要因子,包括底栖生物损害(B_1)、温升对鱼卵仔鱼损害(B_2)、电厂卷载作用对鱼卵仔鱼损害(B_3)、温升对浮游植物损害(B_4)和温升对浮游动物损害(B_5)五个方面,具体的损害价值评估计算公式如下:

$$B = B_1 + B_2 + B_3 + B_4 + B_5 \quad (8.4-1)$$

式中：

B——海洋生物资源损害评估总价值，单位为万元；

B_1——潮间带底栖生物损害评估价值，单位为万元；

B_2——温升对鱼卵仔鱼损害评估价值，单位为万元；

B_3——电厂排水口卷载作用对鱼卵仔鱼损害评估价值，单位为万元；

B_4——温升对浮游植物损害评估价值，单位为万元；

B_5——温升对浮游动物损害评估价值，单位为万元。

（1）温升对底栖生物损害

电厂温排水对于海洋生态系统造成了巨大的影响，改变排水口区域潮间带和潮下带的底栖生物生存环境。本规则只针对温排水导致大型底栖动物损害价值进行评估，计算公式如下：

$$B_1 = q \times S_1 \times P_1 \quad (8.4-2)$$

式中：

B_1——大型底栖动物损害价值，单位为万元；

q——电厂温排水温升2℃影响区域内底栖动物生物量，单位为 kg/m^2；

S_1——电厂温排水超过2℃温升影响区域的年度平均面积，单位为 m^2；

P_1——底栖动物的单位价格，按主要经济种类当地当年的市场平均价计算（如当年统计资料尚未发布，可按上年度统计资料计算），单位为万元/kg。

（2）温升对鱼卵仔鱼损害

电厂温排水造成海水水质环境的变化，改变鱼卵仔鱼的生存环境，导致电厂区域鱼卵仔鱼死亡或减少。电厂温排水导致的鱼卵仔鱼损害价值以损害的鱼卵和仔鱼长成成鱼的价值来表示，分别对鱼卵和仔鱼的损害价值进行计算，具体的计算公式如下：

$$B_2 = k \times S_1 \times H \times l_1 \times m \times w \times P_2 \quad (8.4-3)$$

式中：

B_2——电厂温排水温升造成的鱼卵仔鱼损害价值，单位为万元；

k——电厂温排水2℃区域鱼卵仔鱼的密度，单位为个/m^3；

S_1——电厂温排水超过2℃温升影响区域的年度平均面积，单位为 m^2；

H——电厂温排水超过2℃温升区域内的平均水深，单位为 m；

l_1——温升造成鱼卵仔鱼的损失率；

m——鱼卵仔鱼长成成鱼的平均重量，单位为 kg/个；

w——鱼卵仔鱼长成成鱼的存活比例，%；

P_2——成鱼的商品价格，以当地市场价格为准，单位为万元/kg。

（3）卷载作用对鱼卵仔鱼的损害

利用电厂进出水管道使发电机组冷却，海水的温度被提升，此过程中鱼卵仔鱼因电厂的卷载作用而死亡。卷载作用对鱼卵仔鱼的损害价值以损害的鱼卵仔鱼长成成鱼的价值来表示，具体的计算公式如下：

$$B_3 = v \times t \times k \times l_2 \times m \times w \times P_2 \quad (8.4-4)$$

式中：

B_3——卷载作用造成的鱼卵仔鱼的损害价值，单位为万元；

v——电厂排水口的温排水流速，单位 m/s；

t——电厂年运营时间，单位为 s；

k——电厂取水口区域鱼卵仔鱼的密度，单位为个/m^3；

l_2——卷载作用造成的鱼卵仔鱼损失率；

m——鱼卵仔鱼长成成鱼的平均重量，单位为 kg/个；

w——鱼卵仔鱼长成成鱼的存活比例，%；

P_2——成鱼的商品价格，以当地市场价格为准，单位为万元/kg。

(4)温升对浮游植物的损害

电厂温排水温升导致海水中浮游植物的生存环境改变，部分浮游植物出现死亡。本评估规程以浮游植物叶绿素 a 的初级生产力来表示浮游植物的数量，利用瑞典政府颁布的碳税率来确定温升对浮游植物的年损害价值，具体的计算公式如下：

$$B_4 = 365 \times I \times Chla \times D \times Z \times S_2 \times l_3 \times P_3 \times 1\,000/2 \qquad (8.4-5)$$

式中：

B_4——温升导致的浮游植物损害价值，单位为万元；

I——海域生产力系数，取 1.24 $mgC \cdot mgChla^{-1} \cdot h^{-1}$；

$Chla$——水体中叶绿素 a 含量，单位为毫克/升(mg/L)；

D——白昼长短，取 12 h；

Z——真光层深度，取平均透明度的 3 倍；

S_2——电厂温排水超过 1℃温升影响区域的年度平均面积，单位为 m^2；

l_3——温排水造成浮游植物的损失率；

P_3——碳税率价格，单位为万元/t，以瑞典政府规定的取 150 美元/t、人民币汇率按评估年份汇率折算。

(5)温升对浮游动物的损害

电厂温排水温升导致海水中浮游动物的生存环境、饵料等改变，部分出现死亡。本评估规程假设浮游动物以均匀分布为前提，以转为饵料的价钱来表示浮游动物的损失价值。具体的计算公式如下：

$$B_5 = \Delta m \times S_1 \times H \times P_4 \qquad (8.4-5)$$

式中：

B_5——温升导致的浮游动物损害价值，单位为万元；

Δm——表示浮游动物温排水影响区域内外的评价生物量差值，单位为 kg/m^3；

S_1——电厂温排水超过 2℃温升影响区域的年度平均面积，单位为 m^2；

H——电厂温排水超过 2℃温升区域内的平均水深，单位为 m；

P_4——浮游动物作为鱼类育苗开口饵料的商品价格，单位为万元/kg，以当地市场实际价格为准。

2)海洋生态系统服务价值评估

海洋生态影响(损害)导致的海洋生态系统服务价值损失根据国内外生态系统服务价值

理论及应用研究的范例，特制定适合我国滨海电厂温排水对海洋生态系统服务造成损害的价值评估体系。温排水生态影响(损害)导致的海洋生态服务价值损失主要包括四个部分：生产服务(E_1)、调节服务(E_2)、支持服务(E_3)和文化休闲服务(E_4)。

海洋生态系统服务总价值的计算公式如下：

$$E = E_1 + E_2 + E_3 + E_4 \quad (8.4-6)$$

式中：

E——海洋生态系统服务总价值，单位为万元；

E_1——生产服务价值，单位为万元；

E_2——调节服务价值，单位为万元；

E_3——支持服务价值，单位为万元；

E_4——文化休闲服务价值，单位为万元。

海洋生态系统服务价值评估指标价值的计算公式如下：

$$E_i = \sum_{p=1}^{n} m_p \times S \quad (8.4-7)$$

式中：

E_i——生态系统服务第 i 种服务类型的价值，$i=1,2,3,4$，单位为万元；

m_p——第 p 种评估指标的单位价值，以一年为统计单元，单位为万元/($hm^2 \cdot a$)，指标的年平均价值参见表8.4-4；

S——电厂温排水超过1℃温升影响的年度平均面积，单位为 hm^2。

表8.4-4　不同类型海洋生态系统的服务价值　　单位：万元/($hm^2 \cdot a$)

评估指标	生态系统类型					
	河口和海湾	海草床	珊瑚礁	大陆架	潮滩	红树林
食物生产	0.052 1		0.022	0.006 8		
气体调节					0.109 1	
干扰调节	0.464 9		2.255		3.722	1.508
水分调节					0.012 3	
水资源供给					3.116	
营养循环	17.302	15.581 6		1.173 4		
废物处理			0.047 6		3.425 1	5.490 7
生物控制	0.064		0.004 1	0.032		
栖息地	0.107 4				0.249 3	0.138 6
原材料	0.020 5	0.001 6	0.022 1	0.001 6	0.086 9	0.132 8
娱乐	0.312 4		2.466 6		0.470 7	0.539 6
文化	0.023 8		0.000 8	0.057 4	0.722 4	

(1)生产服务

生产服务主要为食物生产和水资源供给,其中由于温排水导致的海水温度升高会影响到饵料生物的数量,从而对于食物链及生物的食物组成产生影响。滨海电厂温排水生态系统服务评估指标体系中生产服务包括的食物生产和水资源供给,各项指标的价值利用公式(8.4-7)计算,指标的单位价值参照表8.4-4。

(2)调节服务

调节服务由气体调节、干扰调节、水调节、废物处理、生物控制组成,其中主要指对大气、水交换的影响。滨海电厂温排水生态系统服务评估指标体系中调节服务包括气体调节、水调节、干扰调节、废物处理和生物控制,各项指标的价值利用公式(8.4-7)计算,指标的单位价值参照表8.4-4。

(3)支持服务

支持服务主要包括营养循环、栖息地、原材料,主要指对于生态系统稳定起到支持作用的一系列过程。滨海电厂温排水生态系统服务评估指标体系中支持服务包括营养循环、栖息地和原材料,各项指标的价值利用公式(8.4-7)计算,指标的单位价值参照表8.4-4。

(4)文化休闲服务

文化休闲服务主要包括娱乐和文化服务,其中以该区域可能产生的娱乐及文化休闲价值进行评估。滨海电厂温排水生态系统服务评估指标体系中文化休闲服务包括娱乐和文化,各项指标的价值利用公式(8.4-7)计算,指标的单位价值参照表8.4-4。

8.5 实例分析

2010年结合海洋公益性行业专项“滨海电厂污染损害监测评估及生态补偿技术研究”项目的实施,通过开展象山港海域温排水监测调查,主要结论如下。

①国华电厂温排水温升1℃夏季影响面积约为1 347 193 m^2,冬季影响面积约为661 752 m^2。

②国华电厂温排水温升2℃夏季影响面积约为360 343 m^2,冬季影响面积约为169 228 m^2。

③国华电厂年排水量为1.91×10^7 m^3,机组年运行时间约为5 924 h,温排水平均温升8℃。

根据国华电厂野外调查数据、统计资料、电厂监测数据,结合《海洋调查规范》(GB 12763)、《海洋监测规范》(GB 17378)、《海水水质标准》(GB 3097—1997)等,建立国华电厂温排水污染损害评估数据(表8.5-1)。利用本研究建立的温排水监测评估方法,结合国华电厂温排水监测调查数据,进行国华电厂温排水污染损害评估(表8.5-2)。其中,海洋生物资源的损害价值为2 876.5万元;海洋生态系统服务总价值为1 705.92万元,研究以生态系统服务价值的60%为损害价值,即1 023.55万元。

表 8.5－1　国华电厂温排水生态影响损害评估主要参数数据

参数	单位	数值
温升 1℃平均影响面积	m^2	1 004 472.5
温升 2℃平均影响面积	m^2	264 785.5
温升 2℃平均水深	m	2
底栖生物量密度	kg/m^2	2
底栖生物平均价格	万元/kg	0.002
鱼卵仔鱼密度	个/m^3	5
鱼卵仔鱼损失率	%	100%
鱼卵仔鱼长成成鱼均重	kg	0.25
鱼卵仔鱼长成率	%	0.1%
鱼卵仔鱼平均价格	万元/kg	0.002
叶绿素 a 含量	mg/L	5
白昼时间	h	12
真光层深度	m	3
浮游植物损失率	%	10%
碳税率价格	万元/t	0.094 5
浮游动物生物量差值	kg/m^3	0.03
浮游动物调查区平均水深	m	3
饵料价格	万元/kg	0.03

表 8.5－2　国华电厂温排水生态影响损害评估结果

价值类型	指标	价值/(万元/a)
海洋生物资源损害价值	潮间带底栖生物	1 059.14
	鱼卵仔鱼	1.32
	卷载作用鱼卵仔鱼	1 429.38
	浮游植物	386.66
	浮游动物	714.92
海洋生态系统服务损害价值		1 023.55

8.6　小结

本研究通过对国内外温排水污染生态影响(损害)的评估现状进行分析,认为滨海电厂温排水造成的生态影响(损害)不仅仅只针对排水口的生态系统,对于邻近的海洋生态系统都会造成影响,而且这种影响往往是较长时间的,由此提出了滨海电厂温排水海洋生态影响(损害)的概念。

由于滨海电厂温排水温升对于海洋生态系统的损害类型较多，本研究主要针对温升引起的潮间带底栖生物、鱼卵仔鱼、卷载作用、浮游植物及浮游动物的损害价值进行评估，并借鉴生态系统服务分类体系，进行损害海域生态系统损害价值评估。以国华电厂为实例，进行了滨海电厂温排水生态污损害评估，结果是海洋生物资源的损害价值为 2 876.5 万元；海洋生态系统服务损害价值为 1 023.55 万元。

9　我国滨海电厂温排水研究与管理展望

9.1　象山港电厂温排水温升的监测及其影响评估

象山港是浙江省东北部沿海半封闭型的港湾，是宁波市发展规划的重点区域。象山港区域经济蓬勃发展，沿岸经济产业布局复杂，主要包括国华电厂、乌沙山电厂、春晓油气田、象山港大桥等一批能源和基础设施以及化工、修造船、电镀、物流等工业园区，同时象山港海洋生态环境也将面临着极大的压力。特别是，随着象山港沿港热电厂国华电厂、乌沙山电厂的建设运营，电厂温排水持续排入港中，大量热污染对电厂附近海域海洋生态系统产生了明显的影响，使得整个象山港海洋生态系统发生了一定程度的变化。

①通过电厂运营前后对象山港海域整体环境状况比较分析发现，象山港水温变化较明显。电厂运营前港口、港中、港底区域水温分布较为均匀，区域温差在1℃之内，而电厂运营后港底、港中区域水温分布差异较大，最大温差有3.7℃。这说明象山港底部和中部（电厂区）的水温已受到电厂温排水的影响。电厂运营前后象山港海域水体中营养盐含量有所增加，而有机污染物则有所下降，这可能与象山港周边海域大环境影响有关。而沉积物质量总体良好，硫化物、有机碳、石油类含量均保持一类海洋沉积物质量标准。从电厂运营前后浮游生物调查结果来看，象山港浮游生物优势种变化较为明显，且从象山港生态区系比较得出，象山港口、中部水动力条件相对较好，电厂温排水影响不明显，而狮子口以西及西沪港港底部分生态群落存在一定范围内的异源演替过程，且在国华电厂排水口附近检测到热带种类，说明国华电厂温排水局部持续扰动对浮游生物群落产生了明显的影响。

②象山港电厂温排水对邻近海域的生态环境影响较为显著。电厂温排水对局部海域水质和沉积物产生了一定影响。水体中pH、DO、活性磷酸盐呈下降态势；而COD、石油类、氨氮呈升高态势；沉积物中石油类呈升高态势，其他指标相对较稳定。浮游植物、浮游动物、底栖生物、潮间带生物的优势种存在一定的演变，且不同温升区内浮游生物的种类数、密度、多样性指数都差异明显，说明温排水在某种程度上影响了浮游生物的生长。本研究认为象山港电厂温排水对邻近海域海洋生态系统产生了影响，使得海洋生态系统发生了演变，但演变过程尚未完成。

在象山港电厂温排水长期影响下，象山港海域的赤潮发生出现了新的特点。赤潮发生区域从港口和中部向港底扩散，发生时间从气温较高的5—9月提前至气温较低的1—3月，赤潮生物种类从多种类趋于单一化。初步分析这与电厂温排水的排放在冬季和冬春之交使象山港中底部海域水温升高有直接关系。

③通过室内急性热冲击实验、室内亚急性热冲击实验、海上围隔实验，研究温排水对水

生生态系统的影响，为量化温排水对海洋生态环境影响、为温排对生物多样性损害的生态补偿估算等提供基础。

太平洋纺锤水蚤、菲律宾蛤急性热冲击实验研究表明，温度对太平洋纺锤水蚤的影响显著，细微的温升即会导致该种类的死亡；而温度影响菲律宾蛤仔的滤食率及其活性，严重时甚至能使其死亡，其 $UILT_{50}$ 为 39.21℃（24h）随着温度的升高，菲律宾蛤仔的死亡率逐渐增大。

鱼、虾、蟹和贝四类生物亚急性热冲击实验研究表明，贝类生物对于温度变化的适应能力较强。不同季节中，四类生物对于温度升高的适应程度各不相同，在冬季所受的影响相对最小，春、秋季所受的影响稍强于冬季，而夏季温度升高对于四种实验生物所造成的影响最大、最致命。

象山港国华电厂温排水生态影响的围隔实验得出了在不同温升区内，COD、DO 与叶绿素 a 相关性差异显著，间接反映了温升对浮游植物的影响。并得出了温升与叶绿素 a 和浮游植物的定量关系即平均温升 0.8℃，叶绿素 a 平均浓度下降 45%；平均温升 0.4℃，叶绿素 a 平均浓度上升 26%；水温升高 1.0℃，琼氏圆筛藻的生物量减少约 6.38%；水温升高 2.0℃，琼氏圆筛藻的生物量约减少 26.17%。

④近几十年，随着计算机和数值模拟技术的迅速发展，数值模拟方法越来越多地应用到温排水研究中，是获取海湾温排水温升范围和形态分布的最为广泛的技术方法。本研究利用 FVCOM 模型建立了象山港三维水动力模型，并采用海气热界面平衡方程，综合考虑太阳辐射、海面有效回辐射、潜热通量和感热通量，在模型中嵌入块体公式计算感热和潜热通量，对在温排水影响下典型海域的温度场进行了数值模拟，并得到了温升场。根据数值模拟结果，讨论了冬季和夏季象山港温排水对海域温度和温升的影响，并计算了其温升总量。并基于 ECOM－si 的象山港海域水动力模型，建立了象山港海域的浮游生物生态动力学模型，给出了浮游植物、浮游动物生物量和碎屑量的季节变化规律，及其在象山港海域，特别是温排水口附近海域的水平分布规律。温排水的温升效应一定程度上改变了象山港浮游生物量的季节变化规律和空间分布特征。模型计算得出在春季和初夏等增温季节，温排水的存在可使藻华的发生期提前，甚至发生冬季赤潮过程。

⑤滨海电厂温排水温升监测技术和温升范围的确定一直是个难点，本研究从站位布设、监测手段、监测时间和频率要求以及仪器设备四个方面，探讨了象山港电厂的温升监测技术。通过对电厂运营前后象山港水温分布特征分析，来确定温升对照点的设置区域，创新性地提出了温升计算方法，并从温升对照点的选取、温差修正要求及温升结果比对等四个方面探讨了象山港电厂的温升范围计算方法。为科学合理监测滨海电厂温升范围，提供了一种新的思路。

⑥就温排水环境影响的特点，初步建立了一套科学的温排水污染损害影响的评估方法，通过评估海洋生物资源损害价值、海洋生态系统服务损害价值、海水温度异常区生境修复费用和海洋调查费用四个方面，初步确定滨海电厂污染损害的价值。同时，以象山港国华电厂为例，开展监测调查与污染损害评估，评估结果是海洋生物资源的损害价值为 2 876.5 万元；海洋生态系统服务损害价值为 1 023.55 万元。

9.2 滨海电厂温排水研究与管理工作展望

滨海电厂是海洋工程的一个重要类型,温排水是兼含能量(余热)、物质(余氯、核素)的复合的污染方式。对海洋生态系统来说,滨海电厂温排水是一个能对生态系统造成显著影响的生态因子,它以热污染为特征,是海洋工程环境影响评价的一个重要内容。同时,温排水包络线面积也是海域确权、海籍管理和海域使用金数额核定的重要依据之一。在我国,尽管滨海电厂前期建设都有环评,后期明文规定要开展跟踪监测,但多数电厂的监测监管机制不完善,监测工作不系统,缺乏相应的技术标准体系,没有形成业务链体系。对温排水污染损害也没有形成评估技术体系,缺乏相应的补偿机制。此外,要深入开展温排水影响涉及到监测技术研究、评估技术研究、生态补偿技术研究等,首先应了解滨海电厂的建设和运行对海洋环境的可能影响,并梳理出可能涉及的监测、评估和生态补偿等关键技术。

通过象山港滨海电厂温排水的专题研究发现,电厂群温排水的影响是象山港局部海域生态系统发生演变的一个重要因素。通过对2005—2011历年跟踪监测资料的系统分析,我们对电厂温排水的温升监测与影响评估开展了若干重点问题研究与探讨,初步梳理了滨海电厂温排水研究中的八大科学问题,供以后的温排水研究参考。这八大科学问题分别是(邓邦平等,2013):①温升分布及迁移扩散;②余氯分布、迁移扩散与影响;③温排水监测技术;④数值模拟:边界确定、参数率定与模型验证;⑤温排水的生态累积影响;⑥温排水的生态影响(损害)评估;⑦温排水的生态补偿;⑧温排水管理:标准与规定。

1)温升分布及迁移扩散

温升的分布范围及迁移扩散规律是滨海电厂温排水研究中的热点问题。温排水从电厂排出后如何扩散,主要取决于沿海的海况、地形、潮汐、海流及排水口的形态、排水量、流速等多种因素。电厂热水排入海域水体上层后,一方面随潮流作平面上的运动和扩散,另一方面在密度梯度影响下沿水深作垂直运动和扩散以及与空气的热交换作用,形成具有明显温升的水温分布场一般在距排放口500 m处表层水温差不超过4℃,在靠近出水口2 km处更降至约为0.5~1.5℃作用(黄锦辉等,2004)。当涨、落潮流速较大时,大量热水都能被潮流带走,此时排水口温升较低;当流速较小或平潮时,温升较高。夏季和冬季的最大温升均出现在低潮时刻,而且在废水排放口附近。温升情况随潮汐涨落变化很小,其主要原因是由于在排放点周围的较大区域潮流流速均相当小的缘故。也就是说,对流作用对热污染的迁移影响不显著。关于温排水影响范围研究尚不多,日本水产资源保护协会谷井法根据他自己对温排水的多次实测调查,提出了一种简便的算法,即温排水的扩散范围大致上是每秒排水量(吨数)乘上20 m(许学龙,1982)。照此算法,核电站温排水的影响范围一般在1~2 km以内(林昭进,2000;刘书田,1984)。

在滨海温排水研究中,对温升的研究是最多的,且主要是温升的影响面积,即包络线问题。但是,其中有诸多关键问题尚未得到彻底解决。首先碰到的第一个关键问题是如何制定科学的温升面积计算方法,如参照点的选择。第二个关键问题是水面综合散热系数,在"滨海电厂污染损害监测评估及生态补偿技术研究"(编号:200905010)中进行了一定的研究，但许多科学问题还有待于进一步研究探讨。

2）余氯分布、迁移扩散与影响

余氯是滨河、滨海企业冷却水常用的防治污损生物的处理剂。美国早在1924年便采用氯进行电厂污损生物的控制（Holmes，1970）。20世纪40年代开始，加氯和生产废水中的余氯对水域自然生态的负面影响逐渐为国外学者所关注，Turner（1948）研究了氯对海水管道中附着生物的影响。之后，不同研究者陆续在余氯对水域生产力的影响、余氯对水生生物的毒性及毒性机理、不同形态余氯的毒性差异、余氯和温升对水生生物的交互作用等方面进行了广泛研究。而我国关于余氯对水生生物影响研究起步较晚，至今还没有冷却水余氯排放标准（曾江宁，2005）。冷却水中的余氯自然会对海域生态和养殖环境产生一定负面影响，如养殖鱼类受网箱等限制，不能逃离氯污染区域，此外氯气与自然水体中有机质、NH_4^+等反应生成多种具有毒性的副产物。Cohen等（1977）研究发现，余氯对鱼鳃有损伤作用，使鱼鳃发生组织病变，如组织增生、上皮组织脱离、鳃中累积大量黏液等，从而影响并阻碍鱼鳃与水中溶解氧的交换。另外，Zeitoun（1977）研究认为。因此，为了充分利用海水资源和兼顾保护海域生态的平衡，就必须限制工业冷却水中余氯的排放浓度，给定一个允许标准，而且该标准必须以主要经济生物及其他水生生物的最大耐受浓度值为依据。

因此，针对我国不同海区的主要电厂排放的余氯影响研究具有重要现实意义，这也是滨海电厂温排水研究中的重大难点问题。目前，有关滨海电厂温排水余氯的分布、迁移扩散与影响规律的研究刚刚起步，尚未系统开展研究。

3）温排水监测技术

当前对温排水的监测具有一定困难。温排水左右摆动，监测项目多，包括潮位、潮流的流速及流向、余流；水温、盐度、波浪要素、含沙量、悬沙颗分、底质颗分、低放核素及余氯的本底浓度；气象：干湿球温度，相对湿度，降雨量和蒸发量，太阳辐射和日照时数、云量、风速和风向，不利风向时风速大小和可能的持续时间等要素。另外，站位布设与监测时间如何安排、测定数据如何利用、SPOT卫星监测是否可行等都是影响监测结果的重大问题。

目前，监测手段主要有现场观测（船舶走航、大面站）、连续观测（连续站、浮标）和遥感观测。现场观测和连续观测主要适用于温升、余氯及其生态影响的研究，遥感监测主要适用于温升方面的研究。每种观测、监测手段均具有一定的局限性，几种手段结合起来方能较为系统地对温排水进行科学监测分析，但是需要的人力物力资源较为庞大，这方面仍然需要开展大量科学实用的方法手段研究。

除了以上关键问题外，滨海电厂温排水监测中涉及的关键问题还有：

①空间抽样与站位优化。空间抽样与站位优化是温排水监测技术中的一个重要问题，直接关系到所获得的数据能否准确地反映滨海电厂温排水对邻近海域生态系统的影响。从生态学上来说，站位优化是一个空间抽样问题，主要考虑站位布设的范围、间距与数量，以及对照点的选择，可以利用数值模拟来辅助解决，数值模拟在站位优化中可以发挥非常重要的作用。

②数据处理与统计推断。数据处理决定着监测数据能否有效地说明电厂温排水及其有关问题的规律，统计推断是其中的重要工作。当然，还有其他的数据处理方法尚未很好建立，如航空遥感反演温排水的扩散规律。

③航空遥感图片反演。滨海电厂温排水的扩散影响有一个特点就是影响范围一般比较小,通常的卫星图片分辨率较小,难以反演推断温排水的影响范围;另外一个重要原因是卫星图片频率小、周期长,一天只有一次,难以反映温排水在一天一个周期内的扩散规律。因此,对于扩散规律的研究,航空遥感是一个很好的手段,但就这一监测方法来说,目前尚没有成熟的技术规程与工作程序。

4)数值模拟

数值模拟是预测温排水运动流场、温度场的主要方法。在国外,美国学者从20世纪70年代就开始了温排放流场和水质变化的研究。1975年Louivsliie大学开始预测温排放的温度分布,1980年出版的《电厂直流冷却水对水生态系统影响的预测》对预测的理论依据、思想方法及数学模型等做了比较系统的论述。Downey(1986)等对Vermont Yankee核电站对环境影响做了评估;Palhegyi(2001)等分析了Peach Bottom核电厂温排水对Conowingopond水温的影响;Carlos E. Romero(2005)基于人工神经网络原理,开发出在一定的环境条件约束下对电厂温排水进行控制的软件,取得了较好的结果;此后在单一鱼类种群致死效应以及种群影响的定量预测模型研究方面也取得了一定进展。

我国学者从20世纪80年代开始着手相关研究,到现在已经有了比较成熟的技术体系。80年代吴江航提出的扩散模型分步杂交法,它是在不规则的三角形网格上建立求解平面二维流动问题的分步杂交格式,对运动方程中的对流项及扩散项分别给予各自最适合的处理格式,从而大大削弱了伪振荡现象,保证了数值模拟的合理性,是一种简单、准确快速的数值模拟方法。该方法现在已经被广泛地应用于冷却水动力、热力的数值模拟中,但它的缺点是需要根据工程经验给出扩散系数,受人为因素影响较大。李燕初(1988)等以浅水方程以及相应的定解条件为模型,采用交替方向隐式差分方法(即ADI方法),对拟建篙屿电厂温排水及废水排入水体后在附近海域的温度分布及浓度分布进行计算,给出了电厂温排水在附近水域的平面特征,阐述了在对流作用占主导地位的港湾,温排水的稀释扩散主要靠水体的对流作用,而扩散及水面散热的作用都相对较弱,且热水影响厚度对计算结果影响较大,对不同海域应选用不同的热水影响厚度来计算,但该简化模型存在一定局限性,只适用于远区的垂直平均状况。河海大学李光炽(2005)等采用正界拟合坐标变换模拟复杂的边界,全隐式涡合模型离散基本方程,矩阵追赶解代数方程组,建立了分叉型海湾温水排放数学模型,以包络图的方法评价影响范围,能够为工程设计和环境评价提供依据。

温排水温升分布及流场数值模拟计算涉及源强的模式表达、海面散热系数的确定、结果的包络线表达等问题。因此模型的选择、边界的确定、参数的确定及技术规程制定也是温排水温升及流场数值模拟中最为关键的核心问题。数值模型涉及的参数很多,不同的水流状态决定着所采用的模型的控制方法和边界条件不同,其扩散的估值也不同。在数值模拟过程中,主要参数有涡黏系数、扩散系数、表面综合散热系数等。

数值模拟是研究水流流动、污染扩散问题的重要技术和方法,通过此类方法并借助于地理信息系统、计算机图形图像学以及科学可视化等理论和技术实现模拟过程。在数值模拟不断发展的过程中,国内外学者提出并完善了众多值解法,建立了多种多样适合各种情况的数学模型,由其研究的发展可以看出温排水数值模拟在计算简单和易于编程方面以有限差分方法为主导,出于边界的要求由结构化网格向无结构化网格过渡,出于质量守恒的要求由有分和有限单元向有限体积过渡。如今温排水数值模拟在理论上和计算技术上发展迅速，可以预见，今后温排水数值模拟将不断地朝着高效、高精度、可视化、软件化等方向发展。

5）温排水的生态累积影响

温排水的生态累积影响，主要体现在生物种类组成、数量分布与消长规律、群落结构与生物多样性、生物基因的遗传表达以及生态灾害（如赤潮）等方面。很多学者在温排水对海洋生物生态影响进行的研究，主要集中在原生动物、浮游植物、浮游动物、底栖生物和养殖业等方面。

对原生动物的影响。研究表明原生动物群落的结构和功能以30℃为最佳，继续增温将使群落结构变简单，功能下降（金琼贝，1988）。

对浮游植物的影响。热冲击、加氯均显著影响浮游植物细胞数量的恢复，加氯的影响最大，季节次之，热冲击影响最小，但热冲击增强了氯对浮游植物的毒性（江志兵等，2008）。电厂温排水中的余氯是损害浮游植物的主要因素，而温排水的热冲击对浮游植物的影响不大（Hamilton，1970）。0.2 mg/L 的氯可以直接杀死冷却水中 60% ~80% 的藻类（Langford，1988）。不同水质条件下，氯对浮游植物的影响程度不一，当海水中总颗粒物和溶解有机碳占比例较高时，则同样浓度的氯对浮游植物的影响较小，因为大量氯主要被前者所消耗。有室内模拟实验表明，滨海电厂浓度为 1 ~2 mg/L 的加氯处理对浮游植物影响较大，但温升 8 ~12℃的热冲击对浮游植物影响不大（江志兵，2008）。大亚湾核电站运行后，大鹏澳区域平均水温上升约 0.4℃，浮游植物种群结构明显变化，首先是种类数量显著减少，其次是秋末至冬初细胞数量显著升高，就种群组成而言，甲藻与暖水性种类的数量有增多的趋势，造成了群落组成的小型化趋向（刘胜，2006；杨清良，1991）。

对浮游动物的影响。浮游动物虽是水生生态系统的重要组成部分，但目前对浮游动物受氯影响的研究报道不多。浮游动物对氯较敏感，较低浓度的氯即可对浮游动物产生明显的影响；浮游动物受氯连续暴露影响的浓度低于间歇暴露的浓度（曾江宁，2005）。有模拟实验表明浮游动物中中华哲水蚤对余氯忍受能力随 ΔT 增大、驯化温度升高而减弱（江志兵，2008）。另有研究结果表明温排水对浮游动物死亡率影响不显著，热作用不是浮游动物死亡的主要原因（Marlene，1986）；杨宇峰等研究表明温排水使得浮游动物群落结构发生了改变，群落组成呈小型化趋势（Yang et al.，2002）；也有学者认为温排水对排水口附近活动能力强、质量大的浮游动物种类的分布有较大影响，对活动能力弱的中、小型浮游动物种类分布影响较小（徐晓群等，2008）；温排水受热水体中浮游动物多样性指数高于对照水体，高温季节的大幅度增温降低了浮游动物群落结构的复合性（金琼贝，1989），生物多样性及群落结构聚类分析均表明，电厂温排水对浮游动物群落的群落结构和生物多样性有明显影响。

对底栖生物的影响。底栖生物长期栖息在水底底质表面或底质的浅层中，它们相对固定不太活动，迁移能力弱，因而在受到热排放冲击的情况下很难回避，容易受到不利影响，主要反映为底栖生物在强增温区的消失，说明热排放会造成底栖动物栖息场所的减少。对连云港核电站周围海域大型底栖生物研究表明，底栖生物种类数在电站运行后有所减少，优势种组成结构发生了较大变化，并且底栖生物的生物量大大减少（陈斌林，2007）。

对养殖业的影响。余氯对养殖品种（如鱼类和贝类）也有很大的影响，余氯对鱼鳃有损伤作用，使鱼鳃组织发生病变，如组织增生、上皮组织脱离、鳃中积累大量黏液、生成动脉瘤等，从而影响并阻碍鱼鳃与水中溶解氧的交换，并且温排水区域鱼卵仔鱼种类组成也会发生一定改变（林昭进，2000）。余氯可造成贝类滤食率、足活动频率、外壳开闭频率、耗氧量、足丝分泌量、排粪量等亚致死参数的降低，从而使贝类失去附着能力。Masilamoni（2002）等认为余氯对贝类致毒的机理可能为：①氯直接对贝类鳃上皮细胞造成伤害；②由氯造成的氧化作用破坏贝类呼吸膜，导致其体内缺氧，窒息而死；③氯直接参加贝类酶系统的氧化作用。

温排水评估的第一个问题就是生态影响分析。从大量的研究成果来看，电厂温排水温升对邻近海域生态系统的影响是肯定的，但对其影响程度、数量与范围的定量上，尚不十分明确。这一个问题可以从三个方面进行探讨：一是用排水口的距离来衡量影响；二是种类组成分类上要细化评估；三是寻求除种类、数量以外的指标。

此外，在温排水的生态影响中还有一个重要问题是温升对海洋生物的影响阈值。这是一个分析与评估温排水生态影响的重要参数。我们确定影响的阈值后才能开始评估温排水的影响。温度是一个重要的生态因子，任何生物均明显受到温度变化的深刻影响。温排水对于海洋生态系统来说，具有一个加热效果，有正向效应与负向效应之分。对于地球生物来说，根据谢尔福德（V. E. Shelford）（1913）耐受性定律（Shelford's law of tolerance），任何一种环境因子对每一种生物都有一个耐受性范围，范围有最大限度和最小限度，一种生物的机能在最适点或接近最适点时发生作用，趋向这两端时就减弱，然后被抑制。此外，在温排水的生态影响（损害）影响评估中，需要确定各个大类，如浮游植物、浮游动物、底栖生物与潮间带生物的耐受性范围，尤其是产生有利影响与不利影响的阈值，方能根据这个耐受性阈值来确定影响范围面积。一般来说，这个阈值要通过现场调查，结合围隔实验与室内实验相结合，通过统计推断得到。在本研究中，通过象山港围隔实验与统计推断，我们确定 1℃（实际计算得到是 0.8℃，我们以近似 1℃看待）作为温排水对浮游植物的温升影响阈值（见第 6 章）。那么其他生物呢？浮游动物、底栖生物、潮间带生物，还有数量众多的微微型与微生物呢？这些均有待于进一步深入研究。

6）温排水的生态影响（损害）评估

温排水是复合污染源之一，分热污染（余热）损害、物质（余氯、核素）污染损害和卷载效应三个方面。目前国内外关于温排水的生态影响（损害）评估没有先例可循，仅能对其中的热污染与余氯的影响损害进行简要评估。目前我国尚没有针对温排水制定相关的水温环境控制标准，也没有制定温排水排放的规范，现行的水质评价体系中部分涉及水温的规定，但也十分笼统。对温排水污染损害也没有形成评估技术体系，缺乏相应的补偿机制。《污水综合排放标准》（GB 8978—1996）中对温排水的排放强度也没有规定，在确定取排水口位置、温排水排放强度的环境可行性等方面缺少依据；对温升（降）范围即等温升包络线或热（冷）混合区没有规定，也没有宽度或面积的量化指标。因此，在判断这类项目时缺少判定标准，对于热污染混合区面积的计算结果缺少评价的依据。

关于滨海电厂温排水生态影响（损害）评估是一个全新的研究课题，因此其中涉及诸多的关键技术，如①生境修复中的平衡时间确定问题；②鱼卵仔鱼的分析评估问题，关于成长率的确定问题；③卷吸（载）效应评估中关于排水量的估算问题。下面以卷载效应为例进行详细剖析。

卷吸效应又叫卷载效应，据有关文献提出的概念，卷载效应是指电厂取、排水过程对于水中能通过滤网系统而进入冷凝器的小型浮游生物、卵、大型生物及鱼类幼体所造成的损害。它主要包括三个内容:系统内的瞬时高温冲击(热效应)、机械损伤(机械效应,包括压力变化)、化学因素(在一些电厂包括为防止管道堵塞而人为投放液氯)。但是,这三者作用强度在不同条件下产生的效果各异。高温冲击作用夏季较明显;化学因素通常受其浓度与溶解扩散等因素影响;而机械损伤则是三者中最经常和最主要的危害因素。

对卷载效应的评价着重于冷却水系统对水生物的卷吸数量,该量可以用卷吸率来表征。卷吸率定义为取水口处运移物(水生物)的浓度与取水水量的乘积(取水卷吸的量)除以源处产生运移物(水生物)的数量。显然,卷吸率越大,循环冷却水系统产生的卷吸作用严重,水生物损失相应也越大;反之,水生物损失则小。卷吸效应涉及水动力,物质输移和扩散,水生物特性等方面的知识,其机制是十分复杂的。在实际应用中,为了便于模拟计算卷吸效应造成水生物的损失量,常常忽略水生物特性因素的影响,将水生物看做是被动的,其在水中垂直方向上均匀分布,水平方向上的输移分布则符合物质输移和扩散规律(沈楠,2007)。

电厂卷载效应对游游生物损伤的研究,国外早在20世纪50年代就已达到盛期,而国内的研究还刚刚起步。有研究表明,电厂卷载效应对浮游藻类的损伤程度与其自身的形态结构和群落组成有关,被电厂卷载的浮游藻类,受损率为11.98%~27.08%,其数量恢复过程符合Logistic方程。浮游动物的数量损伤率为31%~90%,受损伤最重的类群是桡足类和无节幼虫。受损伤后恢复最快的是最原生动物,最慢的是桡足类(盛连喜等,1994)。

7)温排水的生态补偿

温排水的生态补偿评估关系到渔业资源的保护、渔民生计和社会的安定和谐,这在我国一直是一个重要问题,但有关该方面的研究与实践工作起步不久,虽然在相关法律条文中有规定,但还没有明确的管理规范细则。在我国,尽管滨海电厂建立都有前期环评,后期明文规定要开展跟踪监测,但多数电厂的监测监管机制不完善,监测工作不系统,缺乏相应的技术标准体系,没有形成业务链体系,这给生态补偿评估带来了困难。

在我国,温排水属于电力工业废水,在环境学词典属污水中的城市污水,在《污水综合排放标准(GB8978—1996)》中属污水。温排水特点也说明了温排水在学术领域属于污水的范畴。温排水中的热如污染物一样,进入环境后干扰了环境的正常组成与性质,直接或间接影响了环境,导致环境质量恶化;进入河流、湖泊、海洋或地下水后,使水体的水质和水体底泥的物理、化学性质或生物群落组成发生变化,从而降低了水体的使用价值和使用功能的现象造成水污染;并引起水域温度升高的水体水质污染形成水体热污染。建议加强温排水的生态补偿评估研究,早日实现温排水执行排污收费管理方式,对混合区内满足温排水排放标准的温排水建议执行政策排污费管理,对混合区内不满足排放标准的应收取处罚金并令其整改。这些将有助于海洋环境保护以及渔民利益的保障。

8)温排水管理:标准与规定

滨海电厂温排水管理标准的确定是电厂温排水管理中的一个重要问题,这些温排水管理标准包括以下几个:①温排水排放温度标准;②混合区概念的界定,这决定温排水影响面积的多少,关系到海域使用确权与温排水生态影响(损害)评估;③温排水是否为污水?这是一个涉及温排水收费方面的管理问题。

温排水的管理标准涉及混合区概念、温升排放标准、排放收费标准和评估标准等。根据

《中华人民共和国海洋环境保护法》规定,温排水必须做到离岸低潮位水下排放,禁止漫滩排放。各国对温排水的管理不太一样,主要是从温升、排放口绝对温度和混合区边缘温升几方面对温度进行限制,并对温排水有关参数进行标准限制。各国对混合区定义也不同,如日本对取排水在法律上没有强制规定,国家发布行政性指导文件,要求电站建造方与地方政府签订减少温排水对海洋环境影响的协议,电厂根据温排水1℃温升扩散范围给予地方补偿,规定1976年以后建设的火力发电站、核电站的凝汽器温升限制为7℃。对于温排水的允许排放温度和允许影响水域范围,目前我国还没有规定明确的限制标准,只是有些行业对用水水温进行了限制(黄燕等,2008)。现有的与水温有关的水质标准规定包括:①《地表水环境质量标准》(GB 3838—2002),其中规定了人为造成的环境水温变化应限制在每周平均最大温升不大于1℃;平均最大温降不大于2℃;②《农田灌溉水质标准》(GB 5084—92),规定农田灌溉的水温不大于35℃;③《渔业水质标准》(GB 11607—89),规定“排污口所在水域形成的混合区不得影响鱼类洄游通道”;④《海水水质标准》(GB 3097—1997),指出温水排放引起海水水温升高超过当地、当时水温4℃时,可视为热污染。

对核电厂气态和液态放射性废物排放口的位置、放射性污染物浓度、年排放量等,我国在《辐射防护规定》(GB 8703—88)、《核电厂环境辐射防护规定》(GB 6249—86)、《放射性废物管理规定》(GB 14500—2002)等国家标准中有明确的规定。《辐射防护规定》(GB 8703—88)规定“低放废液向江河和海洋排放时,在排放口位置、排放总活度和浓度等方面,都必须得到环境保护部门的批准”。随着社会公众环境意识的提高,各种标准也在升级改版中,有关规定和限制将会越来越严格。目前国家标准中与液态放射性物质排放有关的规定主要在以下几个方面:①对放射性废液排放口设置的规定。气态和液态放射性废物的排放口应考虑设置在居民区、水源或生态保护区的下风处或下游,并具有良好的弥散条件。排放口应避开集中取水口、经济鱼类产卵场、洄游路线、水生生物养殖场、盐场以及游泳和娱乐场所等环境敏感点。对于内陆厂址,排放口下游1 km范围内禁止设置饮用水取水设施。含有长寿命放射性核素(放射性半衰期大于30 a)的废液,严禁向封闭式湖泊排放。

对排放口的放射性污染物浓度的规定。对于滨海厂址,排放罐出口处的放射性流出物中除氚外其他放射性核素浓度不高于3 700 Bq/L;对于内陆厂址,排放罐出口处的放射性流出物中除氚外其他放射性核素浓度不高于370 Bq/L,且排放口下游1 km处受纳水体中总β放射性浓度不得超过1 Bq/L。

对气载和液态放射性流出物的年排放量的控制。正常运行工况下,每座核电厂释放的放射性物质对任何个人(成人)造成的有效产剂量当量,每年应小于0.25 mSv(25 mrem)。此外,每座压水堆型核电厂气载和液体放射性流出物的年排放量,一般还应低于下列控制值:气载流出物,惰性气体2.5×10^{15} Bq,碘7.5×10^{10} Bq,长寿命粒子(半衰期不大于8d) 2×10^{11} Bq;液体流出物,氚1.5×10^{14} Bq/a,其余核素7.5×10^{11} Bq/a。

温排水是不是污水、该不该收费(如何收费)是温排水管理中的一大现实问题。温排水在世界各国的定位不一样。在我国,温排水属于电力工业废水,在环境学词典中属污水中的城市污水,在《污水综合排放标准(GB 8978—1996)》中属污水。温排水的特点,也说明了温排水在学术领域属于污水的范畴。温排水中的热等和污染物一样,进入环境后干扰了环境的正常组成与性质,直接或间接影响了环境,导致环境质量恶化;进入河流、湖泊、海洋或地下水后，使水体的水质和水体底泥的物理、化学性质或生物群落组成发生变化，从而降低了水体的使用价值和使用功能的现象造成水污染；引起水域环境温度升高形成水体热污染。应早日实行温排水执行排污费管理制度，对混合区内满足温排水排放标准的温排水建议执行政策排污费管理，对混合区内不满足排放标准的应收取处罚金并令其整改。

综上所述，滨海电厂温排水研究必须系统地开展，才能从技术上建立管理体系。2005 年颁布的《海水利用专项规划》指出，全球直接利用海水作为工业冷却水总量每年超 $6\ 000 \times 10^8\ m^3$ 左右，到 2010 年，我国海水直接利用能力将达到 $550 \times 10^8\ m^3/a$，2020 年将达到 $1\ 000 \times 10^8\ m^3/a$。当前，我国亟须建立滨海电厂对海洋生态环境的污染损害影响业务化监测与评估规范、生态补偿机制，亟须建立健全海洋资源有偿使用制度和生态环境补偿机制。以我国滨海电厂（核电厂、火电厂）的温排水（余热、余氯等）对生态环境的污染损害为研究重点，建立在线监测系统，系统开展温排、余氯、核素污染对生态系统损害和生态累积效应的影响监测与评价技术研究，应用示范案例研究，编制滨海电厂余热、余氯等要素污染损害监测与评估技术规程以及相应的生态补偿标准体系，为海洋行政主管部门及涉海企事业单位开展业务化监测评估及海洋管理提供技术服务。

参考文献

柏怀萍．1984. 象山港浮游动物调查报告．海洋渔业,6(6):249－253.

毕闻杉．2008. 滨海电厂温排水管理研究．2008 年硕士学位论文．青岛:中国海洋大学．

蔡泽平,陈浩．2005. 大亚湾两种重要经济虾类热效应．生态学报,25(5):1 115－1 122.

蔡泽平,陈浩如．1999. 热废水对大亚湾三种经济鱼类热效应的研究．热带海洋, 18(2):11－19.

曹颖,朱军政．2007. 基于 FVCOM 模式的温排水三维数值模拟研究．水动力学研究与进展,24(4):432－439.

陈斌林,方涛, 张存勇,等．2007. 连云港核电站周围海域 2005 年与 1998 年大型底栖动物群落组成多样性特征比较．海洋科学,31(3):94－98.

陈炳章,王宗灵,朱明远．2005. 温度、盐度对具齿原甲藻生长的影响及其与中肋骨条藻的比较．海洋科学进展,23(1):60－64.

陈华．2002. 后石电厂温排水的数学模型研究．厦门大学．10－30.

陈金斯,李永飞．1996. 大亚湾无机氮分布特征．热带海洋,15(3):92－97.

陈清潮,章淑珍．1965. 黄海和东海的浮游桡足类 Ⅰ 哲水蚤目．海洋科学,科学出版社, 21－119.

陈全震,曾江宁,高爱根,等．2004. 鱼类热忍耐温度研究进展．水产学报, 28(5):562－566.

陈新永．2007. 近岸海域电厂温排水数值模拟及热环境容量研究——以曹妃甸海域为例．2007 年硕士学位论文,南京:河海大学.

陈艳拢,赵冬至,杨建洪,等．赤潮藻类温度生态幅的定量表达模型研究．海洋学报,2009,31(5):156－160.

陈镇东,汪中和,宋克义,等．2000. 台湾南部核能电厂附近海域珊瑚所记录的水温．中国科学(D 辑),30(6):663－668.

陈仲新,张新时．2000. 中国生态系统效益的经济价值．科学通报,45(1):17－22.

程舸,林慧贤, 胡国栋,等．1996. 大亚湾核电站运转前后附近地区动物体肝组织、红细胞中超氧物歧化酶活性．海洋环境科学,8－11.

邓邦平,叶属峰,纪焕红,等．2013. 滨海电厂温排水研究的八个问题评述．海洋通报,32(增刊):1－11.

邓光,耿亚洪,胡鸿钧,等．2009. 几种环境因子对高生物量赤潮甲藻——东海原甲藻光合作用的影响．海洋科学,33(12): 34－39.

丁德文,孙廷维,于永海．1995. 华能营口电厂取水口防冰工程数值模拟与分析．冰川冻土,17:112－118.

费尊乐．1984. 近海水域漫衰减系数的估算．黄渤海海洋,2(1): 26－29 .

高会旺,杨华,张英娟,等．2001. 渤海初级生产力的若干理化影响因子初步分析．青岛海洋大学学报,31(4):487－494.

国家海洋局．2007. 海洋溢油生态损害评估技术导则(HY/T 095—2007).

国家环境保护局． 1997. 海水水质标准(GB3097—1997).

国家环境保护局．1989. 渔业水质标准(GB11607－89).

国家环境保护局．1991. 景观娱乐用水水质标准(GB12941－91).

国家环境保护局．1996. 污水综合排放标准(GB 8978—1996).

国家环境保护总局,国家质量监督检验检疫总局． 2002. 地表水环境质量标准(GB3838—2002).

国家环境保护总局．1986. 核电厂环境辐射防护规定(GB6249－86).

国家环境保护总局．1988. 辐射防护规定(GB8703－88).

国家环境保护总局．1997. 海水水质标准(GB3097—1997).

海洋图集编委会．1991. 渤海、黄海、东海海洋图集．北京:海洋出版社．

韩康,张存智,张砚峰,等.1998. 三亚电厂温排水数值模拟. 海洋环境科学, 17(2):55-58.

郝瑞霞,韩新生.2004. 潮汐水域电厂温排水的水流和热传输准三维数值模拟. 水利学报,8.

何东海,任敏,等.2009.宁海国华电厂前沿海域水环境监测专题研究分析报告. 宁波:国家海洋局宁波中心站.

何琴燕,龙绍桥,何东海,等.2013. 象山港电厂群温排水温升的叠加影响研究. 海洋通报,31(1):115-120.

贺益英. 关于火、核电厂循环冷却水的余热利用问题.2004 中国水利水电科学研究院学报,2(4):315-316.

侯继灵,张传松,石晓勇,等.2006. 磷酸盐对两种东海典型赤潮藻影响的围隔实验. 中国海洋大学学报(自然科学版),36(21):163-169.

胡德良,杨华南.2001. 热排放对湘江大型底栖无脊椎动物的影响. 环境污染治理技术与设备,2(1):25-28.

胡国强.1989. 水体热污染. 环境导报,(3):27-28.

华祖林,郑小任.1996. 贵溪电厂二期扩建温排放试验研究. 电力环境保护,12(3):21-29.

黄锦辉,李群,张建军.2004. 鸭河口火电厂温排水对鸭河口水库溶解氧影响预测研究. 北方环境, 29(2):22-23.

黄平.1996. 汕头港水域温排水热扩散三维数值模拟. 海洋环境科学, 15(1):59-65.

黄秀清,王金辉,蒋晓山,等.2008.象山港海洋环境容量及污染物总量控制研究. 北京:海洋出版社.

黄燕,张明波,徐长江.2008. 对几类电厂取(排)水影响水环境问题的探讨. 人民长江, 39(17):12-14.

霍文毅,俞志明,邹景忠,等.2001. 胶州湾中肋骨条藻赤潮与环境因子的关系. 海洋与湖沼,32(3):311-318.

江洧,林佑金,陆耀辉.2001. 惠州 LNG 电厂循环冷却水工程模型试验研究. PEARL RIVER,4:9-12.

江志兵, 曾江宁, 陈全震, 等. 2009. 滨海电厂冷却系统温升和加氯对浮游植物联合作用的模拟研究. 环境科学学报, 29(2):413-419.

江志兵, 曾江宁,陈全震,等. 2008. 滨海电厂冷却水余热和余氯对中华哲水蚤的影响. 应用生态学报, 19(6): 1401-1406.

江志兵,曾江宁,陈全震,等. 2008. 滨海电厂冷却水余热和余氯对中华哲水蚤的影响. 应用生态学报, 19(6): 1401-1406.

江志兵,曾江宁,陈全震,等.2010. 不同升温速率对桡足类高起始致死温度的影响. 热带海洋学报, 29(3):87-92.

姜礼燔. 热冲击对鱼类影响的研究.2000. 中国水产科学,7(2):77-81.

金腊华,黄报远,刘慧璇,等. 2003. 湛江电厂对周围水域生态的影响分析. 生态科学, 22 (2):165-167.

金岚.1993.水域热影响概论. 北京:高等教育出版社.

金琼贝,盛连喜,张然.1989. 电厂温排水对浮游动物的影响. 环境科学学报,9(2):208-217.

金琼贝,盛连喜,张然.1991. 温度对浮游动物群落的影响. 东北师范大学学报(自然科学版),4:103-111.

金琼贝,张然,王敬恒. 1988. 热排水对原生动物群落的影响. 环境科学学报,8(3):316-323.

李德尚,焦念志,刘长安.1991. 浅水水库中磷的周年变动及其影响因素. 海洋与湖沼,22(2):104-110.

李德尚,杨红生.1998. 一种池塘陆基实验围隔. 青岛海洋大学学报:自然科学版,28(2):199-204.

李光炽,饶光辉,王船海.2005. 分叉型海湾温水排放数学模型. 水利水运工程学报,3:20-25.

李沫,蔡泽平.2001. 核电站对海洋环境及生物的影响. 海洋科学,25(9):32-35.

李雁宾.2008.长江口及邻近海域季节性赤潮生消过程控制机理研究.2008 年博士毕业论文,青岛:中国海洋大学.

李燕初,蔡文理.1988. 沿海港口电厂温排水、废水远区影响数值模拟. 台湾海峡,7(3):235-240.

林昭进,詹海刚.2000. 大亚湾核电站温排水对邻近水域鱼卵、仔鱼的影响. 热带海洋, 19 (1):44 -51.
刘广山,周彩芸.2000. 大亚湾不同介质中137Cs和90Sr的含量及行为特征. 台湾海峡,19(3):261 -268.
刘海成,陈汉宝.2009. 非结构化网络在印尼亚齐电厂温排水模型中的应用. 水道港口, 30(5):316 -319.
刘浩,尹宝树.2006. 渤海生态动力过程的模型研究Ⅰ模型描述. 海洋学报,28(6):21 -31.
刘慧.2010. 海水热泵对海水温度影响分析. 海洋科学与管理,35(1):53 -56.
刘兰芬,郝红,鲁光四.2004. 电厂温排水中余氯衰减规律及其影响因素的实验研究. 水利学报,5:94 -98.
刘胜,黄晖, 黄良民,等.2006. 大亚湾核电站对海湾浮游植物群落的生态效应. 海洋环境科学,25 (2):9 -25.
刘书田. 1984. 核动力站对海洋环境的影响. 海洋通报, 3(4):83 -90.
刘永叶.2010.核电厂温排水的热污染控制研究.2010硕士毕业论文. 北京:中国原子能科学研究院.
刘镇盛,王春生,杨俊毅,等.2004. 象山港冬季浮游动物的分布. 东海海洋,22(1):34 -41.
柳瑞君,胡渭淼,张传利.1995. 火电厂温排水溶解氧初探. 电力环境保护,02:18 -22.
鲁光四,李平衡,覃宗善,等.2001. 陡河水库富营养化趋势分析与防治对策——电厂温排水对陡河水库富营养化影响研究之三. 水资源保护,(3):22 -25.
鲁光四,李平衡,覃宗善,等.2001. 陡河水库热影响与富营养化调查及生物学评价——电厂温排水对陡河水库富营养化影响研究之一. 水资源保护,(1):26 -30.
苗庆生,周良明,邓兆青.2010. 象山港电厂温排水实测和数值模拟研究. 海岸工程,29(4):1 -11.
宁波市海洋与渔业局. 2007.2006年宁波市海洋环境质量公报. 宁波:宁波市海洋与渔业局.
宁修仁,胡锡钢,等.2002. 象山港养殖生态和网箱养鱼的养殖容量研究与评价. 北京:海洋出版社. 68 -77.
彭本荣,洪华生,陈伟琪,等.2005. 填海造地生态损害评估:理论、方法及应用研究. 自然资源学报,20(5):714 -726.
彭云辉,陈浩如,王肇鼎.2001. 大亚湾核电站运转前和运转后邻近海域水质状况评价. 海洋通报,20(3):45.
钱树本,陈怀清. 1993. 热污染对底栖海藻的影响. 青岛海洋大学学报(自然科学版),23 (2):22 -24.
全国核能标准化技术委员会辐射防护分技术委员会.2002.放射性废物管理规定 (GB14500—2002).
山东省质量技术监督局.2009.山东省海洋生态损害赔偿和损失补偿评估方法(DB37/T1448—2009).
沈楠.2007.长山热电厂取排水对库里泡浮游生物影响及卷载效应的研究. 沈阳:东北师范大学2007届硕士学位论文.
盛连喜,侯文礼,赵国,等.1994. 电厂冷却系统对梭幼鱼和对虾仔虾卷载效应的初步探讨. 环境科学学报,14(1):47 -55 .
盛连喜,孙刚.2000. 电厂热排水对水生生态系统的影响. 农业环境保护,19(6):330 -331.
盛连喜,王显久,李多元,等.1994. 青岛电厂卷载效应对浮游生物损伤研究. 东北师大学报(自然科学版),2:83 -89.
孙百晔,梁生康,王长友,等.2008. 光照与东海近海中肋骨条藻 (*Skeletonema costatum*)赤潮发生季节的关系. 环境科学,29(7): 1 849 -1 854.
孙百晔,王修林,李雁宾,等.2008. 光照在东海近海东海原甲藻赤潮发生中的作用. 环境科学,29(2):362 -367.
孙大伟,欧林坚.2010. 广东大亚湾中肋骨条藻种群动态及其与环境因子的相关性分析. 热带海洋报,29(6):46 -50.
孙秀敏.2001. 热电厂温排水排海环境影响预测方法及应用. 辽宁城乡环境科技,21(1):30 -31.
台湾环境署.1987.水污染防治事业放流水标准.

覃志豪, LI Wenjuan, ZHANG Minghua,等 . 2003. 单窗算法的大气参数估计方法 . 国土资源遥感,2: 37 – 43.
汪一航,魏泽勋,王勇刚,等,2006. 潮汐潮流三维数值模拟在庄河电厂温排水问题中的应用 . 海洋通报,25(1):66 – 70.
王爱军,王修林,韩秀荣,等 . 2008. 光照对东海赤潮高发区春季赤潮藻种生长和演替的影响 . 海洋环境科学, 27(2):144 – 148.
王春生,何德华,刘红斌,等 . 1996. 东海东南部浮游桡足类生物量的分布特征 . 海洋学报(中文版),11(3):420 – 421.
王春生,刘镇盛,何德华,等 . 2003. 象山港浮游动物生物量和丰度季节变化 . 水产学报,27(6):595 – 599.
王桂兰,黄秀清,蒋晓山,等 . 1993. 长江口中肋骨条藻赤潮的分布与特点 . 海洋科学,3:51 – 55.
王金辉,黄秀清 . 2003. 具齿原甲藻的生态特征及赤潮成因浅析 . 应用生态学报,14(7): 1 065 – 1 069.
王友昭, 王肇鼎 . 2004. 近 20 年来大亚湾生态系统的变化及其发展趋势 . 热带海洋学报,23 (5):85.
王正方,张庆,吕海燕 . 2001. 温度、盐度、光照强度和 pH 对海洋原甲藻增长的效应 . 海洋与湖沼,32(1): 15 – 18.
王宗灵, 李瑞香, 朱明远, 等 . 2006. 半连续培养下东海原甲藻和中肋骨条藻种群生长过程与种间竞争研究 . 海洋科学进展, 24(4):495 – 503.
韦献革,温琰茂,王文强,等 . 2005. 哑铃湾网箱养殖区底层水中各种形态 P 的含量和季节变化 . 海洋环境科学 . 24(4):28 – 32.
温伟英,黄小平,吴仕权,等 . 1993. 电厂冷却水余氯对海洋环境影响的探讨 . 热带海洋学报,12(3):99 – 103.
吴碧君,吴时强 . 1996. 阳宗海电厂改建工程温排水对湖水温度预测及对水生物影响分析 . 电力环境保护, 12(4):31 – 37.
吴传庆,王桥,王文杰 . 2006. 利用 TM 影像监测和评价大亚湾温排水热污染 . 中国环境监测,(22): 80 – 84.
吴健, 黄沈发, 杨泽生 . 2006. 热排放对水生生态系统的影响及其缓解对策 . 环境科学与技术,29(增刊): 127 – 129.
谢亚力,黄世昌 . 2005. MIKE21 软件在宁海电厂温排放数值模拟中的应用 . 浙江水利科技,5:44 – 46.
刑前国,陈楚群,施平 . 2007. 利用 Landsat 数据反演近岸海水表层温度的大气校正算法 . 海洋学报,29(3): 23 – 30.
徐国成,顾云场 . 2007. 日本蚪养殖技术研究 . 科学养鱼,7:37.
徐镜波,马逊风,侯文礼,等 . 1994. 温度、氨对鳞、缩、草、鲤鱼的影响 . 中国环境科学,14(3):214 – 219.
徐镜波 . 1990. 电厂热排水对水体溶解氧的影响 . 重庆环境科学,12(6):24 – 28.
徐鹏飞 . 2010. 脊尾白虾秋冬季养殖技术 . 科学养鱼,11:40.
徐晓群,曾江宁,曾淦宁,等 . 2008. 滨海电厂温排水对浮游动物分布的影响 . 生态学杂志,27(6): 933 – 939.
徐啸,匡翠萍,顾杰 . 1998. 漳州后石电厂温排水数学模型 . 台湾海峡,17(2):195 – 200.
徐兆礼,张凤英,陈渊泉 . 2007. 机械卷载和余氯对渔业资源损失量评估初探 . 海洋环境科学,26(3): 246 – 251.
许炼烽 . 1990. 试论滨海火电厂温排水对水体富营养化的影响 . 环境污染与防治,12(6):6 – 8,40.
许学龙 . 1982. 日本如何处理核电站与渔业的关系 . 东海水产研究所, 7 – 17.
杨海燕 . 2005. 具有潮流影响的电厂温排放试验研究 . 贵州水力发电,19(2):75 – 78.
杨建强,张秋艳,罗先香 . 2011. 海洋溢油生态损害快速预评估模式研究 . 海洋通报,30(6):702 – 712.
杨清良,林金美 . 1991. 大亚湾核电站邻近水域春季浮游植物的分布及其小时间尺度的变化特征 . 海洋学报,13(1):102－113.
叶安乐,李凤岐.1992. 物理海洋学. 青岛:青岛海洋大学出版社.
叶金聪.1997. 温、盐度对鲈鱼早期仔鱼生长及存活率的影响. 福建水产,3(1):14－17.
叶新荣,卢冰.1995. 长江河口及其邻近海区的有机污染物－第四章. 东海海洋,13(3－4):72－83.
易志全,杨艺文,张季标,等.2011. 湛江港海水中铜、锌、铅、镉的周年变化与水质评价. 广东海洋大学学报,1:73－79.
银小兵,李静.2000. 中性水体pH与水温的关系及在环境评价中的应用. 石油与天然气化工,29(5):271－272.
尤仲杰, 焦海峰.2011. 象山港生态环境保护与修复技术研究. 北京:海洋出版社.
于萍,张前前,王修林,等.2006. 温度和光照对两株赤潮硅藻生长的影响. 海洋环境科学, 25(1):38－40.
於凡,张永兴,杨东.2010. 滨海核电站温排水的混合区设置. 水资源保护,26(1):53－56.
曾江宁, 陈全震, 郑平,等.2005. 余氯对水生生物的影响. 生态学报, 25(10): 2717－2724.
曾江宁,陈全震,郑平,等.2005. 余氯对水生生物的影响. 生态学报,25(10):2717－2713.
曾江宁.2008. 滨海电厂温排水对亚热带海域生态影响的研究. 浙江大学博士论文.
张朝晖,周骏,吕吉斌,等.2007. 海洋生态系统服务的内涵与特点. 海洋环境科学,26(3):259－263.
张慧,孙英兰,余静.2009. 黄岛电厂附近海域热环境容量计算. 海洋环境科学,28(4):430－432,437.
张继伟,杨志峰, 汤军健,等.2009. 海上化学品泄漏环境风险生态损害价值评估. 台湾海峡,28(4):526－533.
张丽旭,蒋晓山,蔡燕红.2006. 近4年来象山港赤潮监控区营养盐变化及其结构特征. 海洋通报,25(6):1－8.
张穗,黄洪辉 ,陈浩如,等.2000. 大亚湾核电站余氯排放对邻近海域环境的影响. 海洋环境科学,19(2):14－18.
张维翥.1996. 核电站温排水对大亚湾鲷科鱼卵、仔鱼分布的影响. 热带海洋,15(40):8－84.
张文全,周如明.2004. 大亚湾核电站和岭澳核电站循环冷却水排放的热影响分析. 辐射防护,24:257－262.
张秀芳,刘永健.2007. 东海原甲藻(*Prorocentrum donghaiense* Lu)生物学研究进展. 生态环境,16(3):1053－1057.
张学庆.2003. 胶州湾三维水动力学数值模拟及环境容量研究. 中国海洋大学硕士论文.
张正斌,陈镇东,刘莲升,等.1998. 海洋化学原理和应用—中国近海的海洋化学[M]. 北京:海洋出版社. 170－176.
中国海湾志编纂委员会.1993. 中国海湾志第五分册. 北京:海洋出版社. 294－295.
中华人民共和国国家质量监督检验检疫总局.2007. 海洋调查规范(GB/T 12763—2007).
中华人民共和国国家质量监督检验检疫总局.2007. 海洋监测规范(GB17378—2007).
中华人民共和国农业部.2005. 农田灌溉水质标准(GB5084—2005).
中华人民共和国农业部.2007. 建设项目对海洋生物资源影响评价技术规程(SC/T 9110—2007).
周成旭,汪飞雄,严小军.2008. 温度盐度和光照条件对赤潮异弯藻细胞稳定性的影响. 海洋环境科学,27(1):19－21.
周巧菊.2007. 大亚湾海域温排水三维数值模拟. 海洋湖沼通报,(4): 37－46.
朱晓翔,刘建琳,王凤英.2010. 核电站温排水环境影响研究方法调查评价. 电力科技与环保,26(1):8－10.
邹仁林.1996. 大亚湾海洋生物资源的持续利用. 北京:科学出版社.11.
Anderson A, Haecky P, Hagstrom A. 1994. Effect of temperature and light on the growth of micro－, nano－and pico－plankton: impact on algal succession. *Marine Biology*, 120(4):511－520.
Bamber R N. 1990. Power station thermal effluents and marine crustaceans. *Journal of Thermal Biology*, 15:

91 – 96.

Benitez – Nelson C R. 2000. The biogeochemical cycling of phosphorus in marine systems. *Earth Science Reviews*, 51:109 – 135.

Blake N J, Doyle L J, Pyle T E. 1976. The Macrobenthic Community of a Thermally Altered Area of Tampa Bay. Florida, CONF – 750425, 296 – 301.

Brett J R. 1952. Temperature Tolerance in Young Pacific Salmon , genus Oncorhynchus. J. *Fisheries Research Board of Canada*, 9(6):265 – 323.

Cairns J, Niederlehner B R, Pratt J R. 1990. Evaluation of join toxicity of chlorine and ammonia to aquatic communites. *Aquatic Toxicology*, 16(2):87 – 100.

Capuzzo J M, Lawrence S A, Davidson J A, et al. 1976. The differential effects of free and combined chlorine on juvenile marine fish. *Estuarine Coastal Marine Science*, 5:733 – 741.

Carl W Chen, Laura H Z Wein traub, Joel Herr, et al. 2000. Impacts of a thermal power plant on the phosphorus TMDL of a reservoir. *Environmental Science and Policy*, (3):217 – 223.

Carlos E, Romero, Jiefeng Shan. 2005. Development of an artificial neural network – based software for prediction of power plant canal water discharge temperature. *Expert Systems with Applications*, 29: 831 – 838.

Chen C, Beardsley R C, Cowles G. 2006. FVCOM User Manual.

Chen Y L. 1992. Summer Phytoplankton Community Structure in the Kuroshio Current – Related Upwelling Northeast of Taiwan. *Terrestrial*, *Atmospheric and Oceanic Sciences*, 3:305.

Chen Y L. 1992. Summer Phytoplankton Community Structure in the Kuroshio Current2Related Upwelling Northeast of Taiwan. *Terrestrial*, *Atmospheric and Oceanic Sciences*, 3:305.

Cohen G M, Valenzuela J M. 1977. Gill damage in the mosquitofish, gambusia affinis, caused by chlorine in fresh water. *Science of Biology Journal*, 361 – 371.

DanLing Tang, Dana R. Kester, Zhaoding Wang, et al. 2003. AVHRR satellite remote sensing and shipboard measurements of the thermal plume from the Daya Bay, nuclear power station, China. *Remote Sensing of Environment*, 84:506 – 515.

Downey P C, Marx D J. 1986. Vermont Yankee Connecticut River system – eclogical – studies of The Ichthyofauna of The Connecticut Riner near Vernon, Vermont. *American Journal of Botany*, 73(5):679 – 679.

Drago M, Cescon B. 2001. A three – dimensional numerical model for eutrophication and pollutant transport. *Ecological Modeling*, 145:17 – 34.

Elliott J A. 1995. A comparison of thermal polygons for British freshwater teleosts. *Freshwater Forum*, 5:178 – 184.

Eppley R W, Renges E H, Williams P M. 1976. Chlorine reaction with seawater constituents and inhibition of photosynthesis of natural marine phytoplankton. *Estuarine and Coastal Marine Science*, 4:147 – 161.

Epply R W. 1972. Temperature and phytoplankton growth in thesea. *Fish Bull*, 70:1063 – 1085.

Friedlander M. , D. Levy and H. Hornung. 1996. The effect of cooling seawater effluents of a power plant on growth rate of cultured Gracilaria conferta (Rhodophyta). *Hydrobiologia*, 332(3):167 – 174.

G Masilamoni, KS Jesudossa, K Nandakumarb, et al. 2002. Lethal and sub – lethal effects of chlorination on green mussel Perna viridis in the context of biofouling control in a power plant cooling water system. *Marine Environmental Research*, 53:65 – 76.

Hamilton D H, Jr Flemer D A, et al. 1970. Power plants: Effects of chlorination on estuarine primary production. *Science*, 166: 197 – 198.

Holmes N J. 1970. The effects of chlorination on mussels (Report No. RD/L/R/16723). Central Electricity Research Laboratories, Leatherhead, Surrey,

HydroQual, Inc. 2002. A Primer for ECOMSED (Users Manual):27 - 28.

Lalli C. M. 1990. Enclosed experimental marine ecosystems: a review and recommendations - A contribution of SCOR WG85. Springer - verlage, NewYork, NY, USA, Coastal and Estuarine Studies, 37:218.

Landford T E. 1988. Ecology and cooling water use by power station. *Atom*, 385:4 - 7.

Langford T E. 1988. Ecology and cooling water use by power stations. *Atom*, 385:4 - 7.

M Shafiq Ahamed, K Suresh, G Durairaj, et a1. 1993. Effect of cooling water chlorination on primary productivity of entrained phytoplankton at Kalpakkam, east coast of India. *Hydrobiologia*, 271:165 - 168.

Marlene S, Glenn J, Donna I. 1986. The effects of power plant passage on Zooplankton mortalities. Eighe years of study at the Donald C. Cook Nuclear Plant. *Water Research*, 20(6):725 - 734.

Masilamoni G, Jesudossa K S, Nandakumarb K, et al. 2002. Lethal and sub - lethal effects of chlorination on green mussel Perna viridis in the context of biofouling control in a power plant cooling water system. *Marine Environmental Research*, 53: 65 - 761.

Mónica S H, Eduardo R T. 2001. Morphometric variables and individual volume of Eurytemora Americana and Acartia tonsa females (Copepoda, Calanoida) from the Bah ´ıa Blanca estuary, Argentina. *Hydrobiologia*, 459: 73 - 82.

Palhegyi G E. 2001. A scaled hydraulic model of the peach bottom atomic power station discharge. *Joural of The American water resources association*, 37(1):35 - 46.

Rajadurai M, Poornima E H, Narasimhanb S V, Rao V N R, Venugopalan V P. 2005. Phytoplankton growth under temperature stress: Laboratory studies using two diatoms from a tropical coastal power station site. *Journal of Thermal Biology*, 30 (4):299 - 305.

Rajagopal S, Venugopalan V P, Van der Velde G, et al. 2003. Tolerance of five species of tropical marine mussels to continuous chlorination. *Marine Environmental Research*, 55(4):277 - 29.

Rajagopal S, Nair K V K, Azariah J, et al. 1996. Chlorination and Mussel Control in the Cooling Conduits of a Tropical Coastal Power Station. *Marine Environmental Research*, 41(2):201 - 221.

Riou, J. 1989. Hydroecol, 2:19 - 31.

Robert Costanza, Ralph D' Arge, Rudolf de Groot, et al. 1997. The value of the world' s ecosystem services and natural capital. *Nature*, 387:253 - 260.

Roemmich D, McGoWan J. 1995. Climate warming and the decline of zooplankton in the Califomia Current. *Science*, 267(5202):1 324 - 1 326.

Rokeby B E. 1991. Manual on marine experimental ecosystems. Scinentific Committee on Ocean Research, UN Educational, Scientific and Cultural Organisation. Paris, France, 178.

Sandstroem O, Abrahamsson I, Andersson J, et al. 1997. Temperature Effects on Spawning and Egg Development in Eurasian Perc. *Journal of Fish Biology*, 51 (5):1015 - 1024.

Saravanane N, Satpathy K K, Nair K V K, et a1. 1998. Preliminary observations on the recovery of tropical phytoplankton after entrainment. *Joumal of Themal Biology*, 23(2):91 - 97.

Shelford, V E. 1913. Animal communities in a temperate America. University of Chicago Press, Chicago.

Shoener Brian Olmstead Kevin. 2003. Thermal impact modeling, WEFTEC Paper.

Spencer, C. P. 1975. The micronutrient elements, in Riley, J. P. and Skirrow, G. *Chemical Oceanography*, 2(2): 245 - 300.

Strickland J D H, Terhune L D B. 1961 The study of in situ marine photosynthesis using a large plastic bag. *Limnology and Oceanography*, 6:93 - 96.

Suresh K, Durairaj G, Nair K V K. 1996. Harpacticoid copepod distribution on a sandy shore in the vicinity of a power plant discharge, at Kalpakkam, along the east coast of India. Indian *Journal Of Marine Sciences*, 25(4): 307 - 311.

Turner H J, Reynolds D M, Redfield A C. 1948. Chlorine and sodium pentachlorphenate as fouling preventives in seawater conduits. *Industrial & Engineering Chemistry Research*, 40: 450 - 453.

Wei H, Sun J, Andreas Mollc, et al. 2004. Phytoplankton dynamics in the Bohai Sea - observations and modeling. *Journal of Marine Systems*, 44: 233 - 251.

Wong C S. 1992. Marine ecosystem enclosed experiments. Proceedings of a Symposium Held in Beijing, China. 9 ~ 14 May 1987. Otlaway Ont. 10RC.

Yang Y F, Wang Z D, Pan M X, et al. 2002. Zooplankton community structure of the sea surface microlayer near power plants and marine fish culture zones in Daya Bay. *Chinese Journal of Oceanology and Linmology*, 20(2): 129 - 134.

Zeitoun I H. 1977. The effect of chlorine toxicity on certain blood paramerters of rainbow trout (Salmo gairdneri) environtment. *Environmenta Biologu of Fishes*, 1: 189 - 195.